工程經濟學 與 決束程序

ENGINEERING ECONOMY and the
Decision-Making Process

精簡版

原著
Joseph C. Hartman

編譯
鄭純媛　曾兆堂

全華

目　錄

第 3 章　利息公式

第 4 章　經濟性等值

第二部份　針對專案計畫的決策分析

第 5 章　　單一專案計畫的確定性評估

第 6 章　　多個專案計畫的確定性評估

第三部份　稅後決策

第 7 章　建立稅後現金流

第四部份　附　錄

選擇題解答

利率因子

中英名詞對照

前　言

在「工程經濟學與決策程序」這本書(完整版)原文作者的前言之前，我們先簡要介紹這本書中文精簡版所涵蓋的內容。本書分為三部份，各部份的重點如下：

第一部份：工程經濟學原理。第 1 到 4 章呈現了工程經濟學中的基礎題材。我們介紹了各種基本概念，包括金錢的時間價值、利息、購買力、現金流圖以及經濟性等值。我們為讀者建立了利息公式，讓讀者能夠評估現金流。我們呈現了許多源自於各種從事工程活動的企業或公司的案例，以描述這些概念。

第二部份：專案計畫的決策分析。在第 5 章 (原文書的第 9 章) 介紹單一專案計畫的決策分析。既然我們現在已經產生了投資替代方案，也評估了現金流，讀者便已準備好可以分析這些方案，以做出明智的決策。我們會檢視接受或拒絕單一專案的決策。本章內容以確定性決策分析為主，首先介紹評估方案所需了解的基本觀念，包括決定最小可吸引的報酬率和研究期間。然後，介紹絕對性價值評估準則 (現值法、未來值法、年金值法) 以及相對性價值評估準則 (內部報酬率法、外部報酬率法、利益成本分析)。在第 6 章 (原文書的第 12 章) 介紹多個專案計畫的決策分析。這些專案計畫 (或替代方案) 可能是互斥、有限制的或彼此獨立的情形。首先，依據各專案計畫彼此的關係或限制，找出互斥的專案計畫組合，再運用總投資分析法與絕對性價值評估準則進行決策分析，或以增量投資分析法與相對性價值評估準則進行決策分析。本章針對可用年限相同與不同兩種狀況以及營利型與服務型兩種不同類型專案計畫，分別以案例介紹其決策分析方法

第三部份：稅後的決策分析。第 7 章 (原文書的第 8 章) 的主題是關於稅後現金流的建立與決策分析。本章先介紹折舊與所得稅的計算方法，再以案例說明稅後現金流的建立與決策分析。

「工程經濟學與決策程序」(完整版) 原文作者的前言：

請想想過去幾年間，一些由工程師所協助進行的決策：

- 英代爾公司宣布，該公司將會投資 35 億美元興建在一座新的 300 毫米晶圓製造廠 (Fab 28)，以使用 45 奈米的製程技術製造微處理器。

- 空中巴士公司投資了 120 億美元，設計 550 人座的 A380「超巨無霸」噴射機，這是史上生產過最大型的商業客機。

- 法航與英航將協和號除役，協和號是唯一曾使用於商務服務的超音速噴射機。此型飛機是於 1960 年代末期與 1970 年代初期投資超過 30 億美元所開發。

- 荷蘭皇家殼牌公司宣布該公司 2006 年的預算為 190 億美元，其中有 100 - 110 億美元是分配給能源專案與後續探索的開發與興建。

當我們在考量這些決策的規模與影響時，很顯然地，所有的工程師都必須對於工程經濟學擁有基本的理解。這門學問提供了工程師在經濟效益上評估其決策並設計所需的分析工具。它也讓工程師能夠與「商業」的世界相互溝通，後者通常比較關注於斤兩錙銖，而非工程的技術與規格。

　　鑑於工程經濟學的重要性，已有許多的教科書可供學生、教師以及從業人員使用。那麼，本書有何與眾不同之處呢？我的看法是，工程經濟學儼然成為金融數學的同義詞：一種將利率因子運用在現金流圖上的程序，以決定某種後續用來進行決策的價值評估準則 (例如現值或未來值)。雖然此主題相當重要，但我們不該因此忽略當考量整個決策程序時，金融運算其實相當簡單直接。亦即，在我們能夠以數學方式分析專案計畫之前，我們必須先估計其財務狀況。此項程序包括了估計所有相關的現金流以及瞭解其輸入值。此外，當我們在分析決策時，也必須慎重地將這些財務估計值與生俱來的風險與不確定性納入考量。本書與其他教科書的不同之處在於，我們會帶領學生或從業人員經歷整個決策程序。在介紹過工程經濟學的基礎概念 (利息、金錢的時間價值以及等值性) 之後，我們會開始決策程序的步驟，從定義問題到執行專案計畫後的分析，就像我們在為管理階層撰寫企畫案，以進行資本投資決策時所做的一樣。

　　此種教學方法的靈感源自於工程經濟學之「父」們，包括 Eugene Grant、John C. L. Fish 以及 Gerald Thuesen。研讀他們撰寫於 20 世紀初的書籍，我們注意到這些書包含了大量的題材。特別是 Grant 的書籍，不僅涵蓋了基礎原理 (金融數學)，也包含了事實搜尋、評估以及主觀判斷，這些都是在處理資本投資決策的困難點時非常關鍵性的議題。

　　因此，在本書中我們透過大量使用試算表與電腦工具，詳盡解釋了關於評估、風險、多重評估準則以及不確定性的議題。本書的終極目標是使讀者能夠成為更佳的決策者。

涵蓋題材 (完整版)

　　本書分為五部份，各部份的詳盡介紹如下：

　　第一部份：工程經濟學原理。第 1 到 4 章呈現了工程經濟學中的基礎題材。我們介紹了各種基本概念，包括金錢的時間價值、利息、購買力、現金流圖以及經濟性等值。我們為讀者建立了利息公式，讓讀者能夠評估現金流。我們呈現了許多源自於各種從事工程活動的企業或公司的例題，以描述這些概念。

　　第二部份：決策基礎概念。第 5 到 8 章會引領讀者歷經決策程序的前三步驟：辨認問題或機會、建立或設計投資替代方案以處理此問題或機會以及評估各式各樣與各可行替代方案有關的資料。第 5 及第 6 章著重於問題的定義以及解決替代方案的產生，這兩個概念通常與工程經濟學無關，但對於決策程序來說是很基礎的概念。第 7 章的主題是關於現金流的建立，該章提供了傳統的工程經濟學評估技術，並且對於預測做了概要的介紹。我們會解釋這些技術在建立供評估使用的現金流估計值時，所扮演的角色。此部份最後會以稅務的介紹，以及稅後現金流的建立做總結。

第三部份：針對單一專案進行決策。既然我們現在已經產生了投資替代方案，也評估了現金流，讀者便已準備好可以來分析這些方案，以做出明智的決策。第 9 到 11 章會檢視接受或拒絕單一專案的決策。每一章都建立在前一章的基礎上，內容從確定性的決策分析爲主，首先介紹評估方案所需了解的基本觀念，包括決定最小可吸引的報酬率和研究期間。然後，到風險下的分析 (同時包含決定性與機率性的方法)，到多重評估準則的分析，後者也包含了非經濟性因素的考量。請注意，這一部份利用還本期、專案結餘、敏感度分析、收支平衡分析、情境分析以及模擬分析等方法，花費了許多時間在處理風險的概念。

第四部份：針對多個專案進行決策。第 12 到 14 章所考量的是多個替代方案 (可能是互斥或是有限制的，彼此獨立) 的情形。因爲有許多用來檢視單一專案的分析方式可直接運用在此情況中，所以我們花費了大部份的時間在比較不同屬性的多個專案計畫時必須處理的困難點。我們也討論了大規模問題的解決方式。在第 13 章詳盡地考量了由時間所定義的互斥替代方案，例如牽涉到延遲方案的專案計畫或是包含階段性擴展的專案計畫。

第五部份：執行計畫後的分析。在第 15 及 16 章，我們會強調決策程序並不會隨著專案計畫的選擇而結束的事實。反之，就像我們透過專案追蹤所描述的，決策程序的此一步驟與未來決策的第一步驟密切相關，因爲我們會追蹤成本以改善未來的成本估計值。我們也會將追蹤的概念連結到財務與作業基礎的成本估計上。更重要的是，我們會描述追蹤專案計畫會如何造成中止、擴展、或汰換決策。與擴展相關的決策涵蓋於本書較前面的部份，但是中止與汰換的決策則會在最後一章詳盡地加以分析。

本書的重要特色

本書的基本任務是在決策的框架下，呈現工程經濟學的概念，使讀者能夠瞭解所需的工具及其運用方式。爲了鼓勵讀者的學習，本書擁有以下特色：

- **本書從頭到尾詳盡地說明整個決策程序**。從問題或機會的定義；到替代方案的產生；到成本的評估與稅後現金流的建立；到確定性下、風險下、與不確定性下的分析；到在時間中考量方案；到考量多重判斷準則與專案的可接受度；以及最後到執行專案計畫後的分析。此項程序會依序於第 5 到第 16 章中呈現，而不僅是在一個介紹性的章節中用各步驟的列表帶過。

- **擷取自真實世界的實際案例，出現於全書各處**。我們花費了大量的時間從各式各樣的來源 (例如：華爾街日報、道瓊通訊社以及金融時報) 累積與過往於眞實世界所進行之資本投資決策有關的資訊。本書沒有產品甲乙丙，沒有程序一二三，也沒有公司 ABC。我們的例題取材自工程公司，亦即從事於工程活動的公司與從工程活動中獲利的公司所面臨到的問題與機會。書中出現的行業包括汽車、化學、電腦硬體、電腦軟體、消費品、國防與太空、能源、工業貨品與服務、金屬與採礦、紙類與林業產品、藥物與生技、半導體、電信、運輸以及公用事業部門。這種包羅萬象的行業與公司，讓本書能夠涵蓋所有工程類別會遭遇到的問題。此書中出現的例題與習題，總計參考了將近 400 篇文章。

- 本書各章章末的習題分為四部份：(1) **觀念題**、(2) **習作題**、(3) **應用題**以及 (4) **為讀者準備工程經濟基礎測驗預習的問題**。在觀念題一節中，我們會詢問讀者以檢視本章所呈現的各個主題的意義。習作題一節會呈現典型的問題，讓同學能夠練習使用本書所呈現的工具。應用題一節會呈現發想自業界與政府單位實際所進行的決策的問題。這些分析讓同學能夠完全瞭解決策程序及其複雜層面。每一章的最後，都以和工程經濟基礎測驗相同格式的選擇題作結束，工程經濟基礎測驗是取得專業工程師執照的第一步。這些問題的編寫方式，讓讀者可以利用美國國家工程及測量考試委員會 (Clemson, SC, www.ncees.org) 所提供之 *Fundamentals of Engineering Supplied-Reference Handbook* 來解答。所有工程經濟基礎測驗習題的解答，都提供於附錄之中。本書總計有將近 800 題習題平均分配在這四類習題之中。

- **本書將介紹電腦與試算表的使用，並將其使用整合在經濟性分析之中。**我們會在第 2 章為初學的使用者介紹試算表，並描述它們可透過何種方式協助工程經濟學分析的進行。建立在此基礎上，我們會在全書各處呈現更進階的題材，包括如何在 Excel 中建立圖表，以及使用內建函數、目標搜尋、規劃求解、與 Visual Basic for Applications。

教師的補充教材

我們花費了大量的時間在設計本書的例題與應用題，以幫助教師將現實帶入課堂之中。為了更進一步減輕教學的負擔，我們提供了下列補充教材。

- **兩種格式的投影片：完整 (中英文版) 與不完整的 (英文版)。**我相信提供學生「不完整」的投影片，是一種刺激課堂參與 (與出席率！) 的良好方法。也就是說，同學不需花費整堂課在書寫上 (而因此不參與)。反之，他們只需要填入被移去的關鍵主題 (例如推導過程的最後等式、例題的解答等等)。教師則會被提供以「完整的」投影片，讓學生可以在課堂上填入缺少的部份。(當然，要不要使用不完整的投影片，是你個人的選擇權。)

- **包含不同例題的投影片。**學生並不希望教師講課只是在重複書本中的內容。雖然我們所提供的投影片包含了本書中所有的主題，但是投影片中不會重複任何書中出現過的例題，以讓你的教學更具多樣性，並且帶給同學們更廣泛的視野。這些例題會延續參考實際決策的作法，以將真實世界帶入教學經驗之中。

- **一份關於「在你的日常生活中運用工程經濟學」的講題的投影片 (中英文版)。**我在教授本書課程時，最後一堂課是由工程經濟學概念在真實生活中的應用案例所構成的：購買房子、為退休儲蓄、等等。學生通常對於這些案例有相當高的接受度，從而為此課程畫下良好的句點。

- **整理真實世界資本投資案例的資料庫**。我們在網站上引用、摘要、並提供了源自於各式各樣來源的文章，包括金融時報與華爾街日報。這些文章按主題分類，並伴隨著簡短的問題。因此，它們可以針對特定的群眾選擇使用，以用來加強課堂討論或做為例題或隨堂測驗的基礎。這些資訊的整理會持續地被更新與維護，因此教師在其授課上永遠能夠提供即時的，反映時事的案例。這些資訊也宜於用來進行案例研究。

- **有多種試算表工具可取得**。我們提供了 Visual Basic for Applications 程式碼 (可以完全無問題地整合進 Microsoft Excel 中) 以產生習作問題 (與出現在許多章章末的習作題類型相同)。教師可以使用這份程式碼來產生額外的作業、測驗、考試等問題。請注意，教師如果希望的話，也可以自己改寫這份程式碼。我們也提供了一份以 Visual Basic for Applications 在 Excel 中建立的稅後資本投資分析工具，以及一份可使用在 Excel 中以產生利息因子的「活動」試算表。

- **可取得所有本書習題的解答**。在可行之處，我們也提供了相關的試算表。
  這些檔案只有教師能夠取得，可以在 www.prenhall.com/hartman 找到；我們並不允許學生透過此網站存取這些檔案。

如何使用本書

本書包羅萬象，它在決策的架構下，涵蓋工程經濟學的各種主題。由於其主題的眾多，本書可以依教師的需求或希望擷取章節。表 0.1 提供了一些本書在大學課程上的建議使用方式。這份表格根據學生的年級作更進一步的區分，三四年級的學生在學習上已經接觸過較多數學概念，讓我們能夠較快速地涵蓋介紹性的內容，從而留下更多時間討論進階的議題。

我們也依據 20 個教學時數 (2 小時的季度課程)、30 個教學時數 (2 小時的學期課程或 3 小時的季度課程)、或 45 個教學時數 (3 小時的學期課程) 建議了各種學生層級的教學時間。我們所建議的教學時數，為教師留下了一些彈性空間 (例如，3 小時的學期課程總計 45 小時的教學時數中，我們只建議了 41 小時)。

如果教師補充以案例研究 (針對碩士學生) 或期刊論文 (針對博士學生)，本書也可以使用在較為進階的層級上。在這些層級的利用上，你可以直接聯繫本書作者以獲取建議。

表 0.1　本書取決於需求的建議課程大綱。

部分	章	主題	大一大二學生授課時數			大三大四學生授課時數		
			20	30	45	20	30	45
I	1	工程經濟學與決策	1.0	1.0	1.0	1.0	1.0	1.0
	2	現金流與金錢的時間價值	3.0	4.0	4.0	3.0	4.0	4.0
	3	利息公式	4.0	4.0	4.0	3.0	3.0	3.0
	4	經濟性等值	2.0	3.0	3.0	2.0	3.0	3.0
II	5	定義問題	選	0.5	0.5	選	0.5	0.5
	6	產生替代方案	選	選	1.0	選	0.5	1.0
	7	評估現金流	選	0.5	1.0	選	1.0	2.0
	8	稅後現金流	2.0	3.0	4.0	2.0	3.0	3.0
III	9	單一專案：決定性分析	3.0	4.0	4.0	3.0	3.0	4.0
	10	考量風險	2.0	2.0	4.0	2.0	2.0	4.0
	11	考量多重屬性	選	選	2.0	選	選	2.0
IV	12	多個專案：確定性分析	2.0	3.0	5.0	2.0	3.0	5.0
	13	在時間中考量替代方案	選	選	2.0	1.0	1.0	2.5
	14	考量多重判斷準則	選	選	1.0	選	選	2.0
V	15	執行後的分析	選	1.0	2.0	選	1.0	2.0
	16	中止與汰換	選	1.0	2.5	選	1.0	2.0
		總時數	19	27	41	19	27	41

備註：選＝選讀。

給讀者們

希望你對於我們將要學習的決策之困難度與重要性都能有所瞭解。我們所面臨的問題很困難，因為它們通常牽涉到在今日進行投資，以求未來增加更多的收入或利益，或減少出現在之後的時間點 (也就是由風險及不確定性所定義的未來) 中的成本。本書會描述處理這些困難問題的方法。

在為工程經濟學原理奠定基礎之後，我們會逐步介紹整個決策程序，考量所有真實世界的決策中與生俱來的風險及特性。在進行上述過程時，我們會評估來自世界各地，各種產業的各個工程師所遭遇到的問題。我們希望同學們能夠：

- 對於資本投資決策相關的困難度、複雜度以及風險有所瞭解。
- 獲得分析問題的技術，以及向他人表達分析結果的能力。
- 取得對於金錢時間價值的直覺，及其在普遍與金錢相關的決策中的重要性。
- 瞭解到工程經濟學是全世界運作的各種產業中，所有工程師都需要瞭解的問題。

本書會將讀者放在決策者的「寶座」上。這會讓你對於與投資決策相關的重要議題，以及要達成投資決策所牽涉到的難處，有切身的瞭解。

致謝

我想要感謝許多幫助本書誕生的人。

我對於經濟學、金融、與投資方面的興趣，是在年幼時受到父親點滴的耳濡目染，他是一位會計師與稅務律師。當我踏上自己的工程之路時，非常感謝他在許久以前教導我關於金錢的基礎知識，因為這些知識轉換成了我所熱愛的職業生涯的基礎。

對於工程經濟學的興趣，是我在喬治亞理工研究所學習時，與 Jack Lohmann、Gunter Sharp、以及 Gerald Thuesen 一起工作時萌生的。Jerry Thuesen 給了我第一個教學的機會，他當時是個研究生 (將近 15 年前)，他建議我撰寫一本關於工程經濟學的書籍。他甚至幫助我與 Prentice Hall 牽上線。我在此領域的成功，有許多部份要歸功於他。

同樣的，我在研究所學習時，還遇到許多此領域知名的教科書作者，包括 Ted Eschenbach、Wolter Fabrycky、Jerome Lavelle、Jim Luxhoj、Don Merino、Chan Park、William Sullivan、以及 John White。這些教育者全都對於我這些年來的工作有所影響。我也無法折價 (一點小小的金融幽默) 我與美國工程師教育學會及工業工程師研究所工程經濟學部門的同事，以及與 *The Engineering Economist* 一起共事的伙伴之間的互動的價值。我不能不提這些年來與 (順序沒有特別意義) Kim LaScola Needy、Heather Nachtmann、Janis Terpenny、Hamp Liggett、Marlin Thomas、Jane Fraser、Sarah Ryan、Kevin Dahm、Phil Jones、Hemantha Herath、Hamid Parsaei、Miroslaw Hajdisinski、Tom Boucher、Paul Kauffman、Bill Peterson、Dick Bernhard、Deborah Thurston、Dennis Kulonda、Phillip Ostwald、以及 John Ristroph 的討論！

我也想感謝 Lehigh 大學工業與系統工程系對於我撰寫本書的支持。在任職期間，我與兩位主任，Louis Martin-Vega 與 S. David Wu，有著愉快的工作經驗，兩位都強力鼓勵我完成本書。我也要感謝蘇格蘭愛丁堡大學的管理學校，我在 2003-2004 學年度於該處度過我的休假。我感謝 Tom Archibald 與 Kevin Glazebrook 創造了理想的工作環境。

以下學者在籌畫與審閱階段對於本書的內容提供了寶貴的意見：阿拉巴馬大學 Huntsville 校區的 Phil Farrington、北卡州大的 Richard Bernhard、佛羅里達大學的 Sergey Sarykalin、西密西根大學的 Bob White、南達科他理工的 Carter J. Kerk、Clarkson 大學的 John Mullen、以及康乃爾大學的 Pete Loucks。

除了這些審閱者以外，還有一些人也協助審閱了手稿的一些特定部份：Robert Storer (Lehigh 大學) 詳盡地審閱了所有有關統計、機率、以及模擬的章節；Raymond Hartman (Triton 學院) 詳盡地審閱了所有關於稅務的章節；以及 Helen Linderoth (喬治亞理工的研究生) 仔細校閱了整份手稿。我也感謝 Holly Stark、Dorothy Marrero、Scott Disanno、Nicole Kunzmann、與 Marcia Horton 來自於 Prentice Hall 的支援。

當然，如果不感謝這些年來我在 Lehigh 大學與喬治亞理工學院所教授過的數百位大學生與研究生，那就是我的疏失了。我在課堂上所學習到的教訓，對於我的教學方式與本書的編排，都有巨大的影響。特別是，我想要感謝一些大學部的研究助理，他們在這些年來幫助我改進了與工程經濟學相關的教學材料:Amy Reddington、Alison Totman、Erin Willey、Patricia Kosnik、Alison Kulp、Alison Murphy、Lauren Ross、Jennifer Rudnicki、Ingrid Schafrick、Maura Misiti、Colleen Sullivan、Alexandra Feinstein、與 Sara Miller。特別感謝 Pinar Keles 與 Huseyin Mac 幫助我建立解答。這些新材料與本書的其中一部份也是由 National Science Foundation 的 CAREER award 所贊助 (DMI-9984891)。我相當感激這份支持。

Joseph C. Hartman

講座教授

Lehigh 大學工業與系統工程系

第一部分
工程經濟學原理

01 工程經濟學與決策程序

(波音 (Boeing) 公司提供)

實際的決策：航空霸權爭奪戰

波音公司與空中巴士公司[1] 主導了大型商用客機市場。2003 年空中巴士商用噴射機交貨量，首度超越了波音。[2] 這項情勢的變化，讓兩家公司的訂單競爭更形白熱化。從此之後，兩家公司都進行了許多重要的長期投資決策，諸如以下：

- 波音 747 又稱為「巨無霸客機」 (Jumbo Jet)，於 1965 投入開發，是全球首款生產出的廣體民航客機。自 1970 年投入服務後，到 2007 年空中巴士 A380 投入服務前，波音 747 保持長達 37 年全世界「最大載客量飛機」的紀錄。波音 747 最大載客量可達 524 人。截至 2020 年，波音公司共獲得 1571 張訂單，交付 1560 架飛機。[3]

---

[1] 80%的股權為歐洲航空防務與太空公司 (European Aeronautic Defence & Space Co.，EADS) 所擁有，20% 為英國航太系統 (BAE Systems, PLC) 所擁有)

[2] Lunsford, J.L., "Bigger Planes, Smaller Planes, Parked Planes," *The Wall Street Journal Online,* February 9, 2004.

[3] 波音公司官網 (https://www.boeing.com)。

- 2000 年 12 月，空中巴士從歐洲數家公司結盟改組為單一實體公司 (EADS)。[4] 有了全新的公司結構，空中巴士公司開始研發一種足以和當時唯一的巨無霸客機—波音 747 相匹敵的機型 A380，其原型機於 2004 年首次亮相。首架 A380 客機於 2005 年 4 月試飛成功。2007 年 10 月首先交付給新加坡航空公司。此時，A380 客機是全球載客量最高的客機，是真正的雙層客機，可乘載約 555 名乘客，比波音 747-8 大超過 40%，打破波音 747 長期保持「最大載客量飛機」的紀錄。A380 自 2001 年至 2006 年累積 156 張訂單，每架在 2017 年的造價約為 4.369 億美元。至 2019 年 12 月底，空中巴士共生產 246 架 A380 客機。[5]

- 2004 年 4 月，波音**開始**研發 7E7 Dreamliner，這架飛機後來被稱為 787，成本據估計在 70 億到 100 億美元之間。這架飛機可節省燃料，是 767 的替代方案，卻擁有更高載運量，在 2011 年投入勤務，可載運 248 到 336 位乘客。[6] 及至 2020 年 8 月 11 日，波音已經接到 1507 張訂單，並交付 981 架。每架 787 飛機在 2020 年 8 月定價介於 2.48 億至 3.26 億美元之間。[7]

- 2005 年 1 月，波音宣布即將在 2006 年**停產**其 100 人座的 717 噴射機，原因是訂單縮減。[8]

- 2005 年 10 月，空中巴士**開始**研發 A350 噴射機，並於 2006 年改進飛機設計，生產出名為「A350XWB」 (Extra Wide Body 超廣體) 的全新系列，開發成本估計為 120 億歐元 (約為 153 億美元)。[9] A380 在 2014 年分別獲得歐洲飛行安全局與美國聯邦航空總署的認證。截至 2020 年 12 月 31 日，空中巴士收到全球 50 家客戶 915 架 A350 訂單。[10] 每架 A350-900 的售價約為 3.2 億美元。[11]

- 由於 2019 新型冠狀病毒（COVID-19）疫情引發全球大流行，導致航空客運需求大減，波音公司於 2020 年 7 月宣布將於 2022 年停產所有 747 系列飛機。[12]

- 由於 A380 耗油過大，且載客量雖很大，但卻無法滿載，造成許多航空公司縮減 A380 的訂單。甚至最早使用 A380 的新加坡航空公司已開始將其 A380 除役。因此，2019 年 2 月空中巴士公司宣布停產，最後一架 A380 將在 2021 年完成交付並全面關閉服役 14 年

[4] 歐洲航空防務與太空公司 (EADS) 於 2014 年重組並改名為空中巴士集團，又於 2017 年改名為空中巴士公司 (資料來源：空中巴士官網 (https://www.airbus.com))。

[5] Wikipedia (https://en.wikipedia.org/wiki/Airbus)。

[6] 波音公司官網 (https://www.boeing.com)。

[7] Statusta 官網 (https://www.statista.com/statistics/273941/prices-of-boeing-aircraft-by-type/)。

[8] Christie, R., "Boeing to Recognize Charges for USAF 767 Tanker Costs and Conclusion of 717 Production,"

[9] Reuters (路透社)，2009 年 6 月 16 日新聞。

[10] 空中巴士官網 (https://www.airbus.com)。

[11] Jens Flottau(18 November 2019). "Emirates Converts Airbus A380 Order Into A350s". Aviation Week & Space Technology.

[12] Thomas Pallini, "Boeing will stop making its 747 Jumbo Jet after more than 50 years of passenger flight," business insider, July 30, 2020.

的生產線[13]。另由於 2019 新型冠狀病毒（COVID-19）疫情對全球航空業造成巨大創傷，法國航空公司全數退役 A380。[14]

以上這些決策，每一項都是工程經濟學的核心，這引發一些有趣的問題：

1. 這些決策跟工程經濟學有何關連？
2. 這些決策對於從事工程活動的公司來說，是典型的嗎？這些決策有風險嗎？
3. 設計程序與投資決策程序有何關連？

除了回答這些問題之外，在研讀過本章之後，你也將能夠：

- 定義工程師所扮演的角色，並闡明工程經濟分析對工程師工作的重要性。(1.1 節)
- 將工程經濟學定義為所有工程師的關鍵競爭力。(1.2 節)
- 典型的工程經濟分析可依照下列計畫類型而分類：提高利潤、控制成本、公共改善，而這些計畫的決策類型可能是擴展、替換、或中止。(1.3 節)
- 定義工程經濟決策程序的步驟，並描述決策程序與工程設計程序之間的關係。(1.4–1.5 節)

13　空客 A380：空中「巨無霸」黯然退場的背後，BBC News 中文網站，2019 年 2 月 15 日 (https://www.bbc.com/zhongwen/)。

14　法航 A380 完成告別飛行，法國國際廣播電台(RFI)，2020 年 6 月 26 日 (https://www.rfi.fr/cn/)。

我們藉由使用工程經濟學的工具，來開啓我們對於工程投資決策程序的旅程。本章將會介紹所要學習的各種問題類型、所要運用的各種分析以及身為工程師的你 (妳)，在決定是否要投資某個工程計畫的程序中所扮演的角色。儘管工程師被認為具有分析與設計的技能，但他們的「商業」技能卻經常被忽視。本書所呈現的工程經濟學工具，將會有助於工程師跨越工程與商業間的鴻溝而獲得成功。

1.1 工程師

工程師是被訓練來提供問題的解答。透過嚴謹地學習科學及其在各類問題上的應用，工程師會學習在其研究領域設計並執行解決方案。這些方案可能會被用來解決問題或開啓新的機會。如本章開頭所言，一架飛機的設計與製造是一個非常昂貴的程序，需要包括各類工程師的許多專業人員的投入：

- 航太工程師可能需設計擁有最佳抬升力與最小風阻的機身與機翼。
- 化學工程師可能需要分析並減低噴射機燃料的腐蝕性，以防止油箱破裂。
- 土木工程師可能需要在不損害機體結構完整性的前提下，減少機殼的重量。
- 電腦或資訊工程師可能需要開發自動起降程序的軟體。
- 電機與電腦工程師可能需要設計用來控制飛機的硬體、電路以及感測器。
- 環境工程師可能需要設計過濾器，以減少飛機排氣系統所排放的污染物。
- 工程經理可能需要協調整個團隊的活動。
- 工業工程師可能需要設計飛機的製造程序 (包含工作與人員的排程) 以及規劃的設施。
- 材料工程師可能需要開發新的複合材料，以減少飛機的重量。
- 機械工程師可能需要設計渦輪引擎，讓飛機更安靜且更節省燃料。

飛機的設計與製造是一件艱鉅的任務，因為飛機的每個組件與子系統都很複雜。其零組件，不管是在自家工廠設計製作或向其他廠商購買，都必須精準無間隙地整合到整架飛機的設計中。整個設計程序可能需要許多的決策。雖然這些工程師的任務彼此可能差異相當大，但是在整個程序中，他們都有共同的最終目標：

1. **技術可行性**。為了確保設計的可執行性，工程師所提供的解決方案必須遵循自然與科學法則。
2. **技術性效益**。因為一個問題可能會有多個解決方案，我們必須找到最佳的技術性方案。例如設計產生最少耗損、耗用最少能源、在不利條件下能可靠地飛行、以及易於生產或維護等方案。

雖然滿足這兩項目標似乎符合一個工程師所需的合理工作說明書，但其實這兩項目標僅代表工程師一部份的責任。除了遵循技術規格外，工程師也必須關注經濟性考量：

1. **經濟可行性**。工程師所提供的解決方案必須低於預算上限。
2. **經濟性效益**。從一個問題的許多技術性解決方案中，選擇最具經濟效益的方案。

工程師肩負著同時滿足工程上的條件 (解決方案必須遵守科學與自然法則) 與經濟性條件 (解決方案必須滿足預算要求，並達到最高的可能報酬) 的重擔。這兩項條件都不簡單。只要擁有無窮無盡的經費預算，任何人，不管是不是工程師，都有辦法設計出某些飛機組件。然而，能夠使用最低的成本，設計出在任何情況下都符合規格的組件或系統的工程師，才是會獲得成功的工程師。這在分析上必需有所取捨，因為技術性效益與經濟性效益兩者可能會有衝突。

　　一旦有問題發生，提供問題的解答便是工程師所要扮演的角色。為了確保所選擇的是最佳的可能方案，我們應該要設計多個解決方案並加以評估。這些解決方案，儘管彼此各異，卻都必須要能夠解決眼前的問題。對航太工程師而言，可能需要檢查各種機翼設計構造，使阻力與燃料花費減至最低。對機械工程師而言，可能需要檢查冷卻引擎的各種熱傳導方法。對土木工程師而言，可能需將用於支撐機體的材料用量減至最低，但同時保持機體結構的完整性。對材料工程師而言，則必須檢驗多種材料，包括天然的與人工合成的。對化學工程師而言，則必須評估多種替代燃料。對工業工程師而言，必須分析各種不同的工廠佈置和物料流程以及不同的工廠位址。

　　當這些不同的工程師在設計不同的解決方案時，工程經濟決策分析會為所有的工程師提供方法，讓他們能夠決定要採用哪一種解決方案。工程經濟學提供了從金錢價值的角度來評估各方案所需的工具。如果工程師設計出來的所有解決方案在技術上都是可行的，則工程經濟學的工具可讓工程師能夠執行在技術上與經濟上都具效益的解決方案。

1.2 工程經濟學

要成為具競爭力的工程師——能夠在其專業領域上提供在技術上具可行性與效益性的解決方案——需要花費許多年的學習與實作。這些訓練過程包括學習一般性科目 (如數學與物理)，和各個工程學科的專業主題，例如針對機械工程師的控制理論以及針對工業工程師的線性規劃。在本書中，基本上我們會假設手邊已經有技術性的解決方案可取得或是已經設計完成。那是因為這些解決方案是針對特定專業。

　　每一項技術性解決方案，不論是由機械工程師或由電子工程師所設計，都會有財務上的結果。這些結果包括執行或維護方案所需的成本，以及執行這項方案所獲得的收入或節省。

例如，土木工程師可能會考慮多種緩解城市交通壅塞的方案選項，這些選項包括興建替代道路，或是增設新模式的交通號誌燈。興建替代道路的成本可能包含取得所需土地和興建特定長度與寬度道路的成本，此外，還需考慮定期的道路維護成本。增設新模式交通號誌燈所需的成本包括可能需移除現有的號誌與標記以及購買並安裝新增的紅綠燈與號誌。此外，還需考慮交通號誌的維護以及因交通量增加的路面維護。一旦這些經濟性變數被確定並估算，決策分析便不再與各專業學科相關，而工程經濟學的角色便變得清晰了。

工程經濟學是一種方法，它提供了根據工程專案計畫的經濟特性來描述與評估該計畫所需的工具。任何工程計畫都可以透過其現金流入與流出來定義。現金流出包括所有的花費，而現金流入則包括所有執行專案計畫所獲得的節省或收入。工程經濟學定義一個專案畫在財務或經濟層面要如何被評估。當有多個方案可以用來解決某個問題時，我們便可以評估每個方案的經濟性結果，並選擇最佳的方案來執行。

請注意，雖然開發技術性解決方案是與專業學科相關，但方案在財務方面的經濟效益評估則是屬於一般性的。也就是說，工程經濟學定義了可以被所有工程師所使用的工具。這是個超越專業學科的一般性主題，因為現金是一種普遍的評估標準，對所有的工程師或其他專業人員皆然。這就是為什麼工程經濟學在美國是工程基礎 (Fundamentals of Engineering; FE) 考試的科目之一，FE 考試是取得專業工程師 (Professional Engineer; PE) 證照的第一步。

也請注意，經濟效益的評估也是工程師的責任，而不僅是財務部及會計部人員的責任而已。還有誰會比設計出解決方案的工程師本人更適合分析這個方案在經濟上的優勢呢？工程師永遠不該以為經濟效益分析的任務是肩負在那些擁有商學、會計、金融、或經濟學位的人身上。工程師的任務是開發在經濟效益層面上可行的技術性解決方案。因此，工程師必須衡量方案的經濟效益層面，而不僅是技術性的優點。

當工程師在為某個問題研發解決方案時，這個解決方案終究必須上呈給管理階層，以進行評估與可能的執行。工程師的報告中可能包含合理的建議以及 (或) 一個簡報。雖然管理階層是最終負責決策的人，但經理人通常會假設工程師的解決方案在技術上是可行的。也就是說，他們會假設工程師所呈現的解決方案可以將眼前的問題給解決掉。畢竟，這就是他們要雇用工程師的原因。管理階層比較有可能關注的，則是該方案在經濟效益的可行性。管理階層會想要知道「這划得來嗎？」、管理階層會想要知道「執行你的工程解決方案是否能夠讓公司或企業體獲得更多利潤？」。要回答這些問題，需要先評估該方案在經濟效益的優點以及你是否有能力明智地「講解」這個方案對於財務與經濟效益所造成的影響。工程經濟學提供了這項評估的工具，而這本書則會將身為工程科系學生的你 (妳) 定位在經濟效益評估者的工程師角色上。

1.3　工程經濟的決策

工程師為問題設計並開發解決方案，同時規劃替代方案來抓住機會。要執行某個解決方案，我們通常必須進行投資 (花錢) 以期望增加利潤或達到某個程度的節省成本。

　　我們將本書中會加以分析的決策分為幾類。一般而言，大多數投資都可以被歸為以下三類之一：

1. **提升利潤的計畫** (Profit-enhancing programs)。一家公司為了增加銷售量而可能會擴充生產量、生產線或服務。這些具風險的投資通常需要可觀的資金，以期望增加收入。以下是幾個案例：

    *   開發新產品 (New-product development)。2020 年全球聞名的英國吸塵器品牌戴森 (Dyson) 宣布在未來 5 年內，會再投入 27.5 億英鎊 (約 36.7 億美元) 進行產品及技術研發，並聚焦在軟體、AI 人工智慧及機器人等。戴森計劃將該公司的產品種類在 2025 年增加一倍，並且要將產品「帶出家門之外」，以挑戰新的領域。[15]

    *   取得新產品 (New-product acquisition)。思科 (Cisco) 公司是企業網路設備的領導級供應商，在 2003 年時花費 5 億美元購買 Linksys 系統，以將其觸角伸入家用網路市場。[16] 接著更進一步，思科公司在 2005 年秋天以 69 億美元併購了一家製造家庭娛樂用電視機上盒的領導級廠商 Scientific-Atlanta。[17]

    *   擴大產能 (Production capacity expansion)。2005 年夏天，英代爾 (Intel) 公司宣布將在亞利桑納州建造一座 300 毫米的晶圓製造廠，以便為多個專案計畫生產微處理器。這家暱稱 Fab 32 的製造廠，預計會投資 30 億美元，並提供 1,000 個新的工作機會。[18]

    *   擴大服務量能 (Service capacity expansion)。谷歌 (GOOGL-US) 公司的資料處理量日益龐大，因此需要新數據中心來滿足需求。2019 年谷歌公司宣布擬投入約 6.7 億美元 (約 6 億歐元)，建立位於芬蘭南部海岸的 Hamina 新數據中心，且目前正力求建造更多類似的數據中心，以及能夠獨立儲存更多線上資料的雲端平台。[19]

    *   改善顧客服務 (Improved customer service)。2003 年春季，T-Mobile USA 宣布一項針對北電網路 (Nortel Networks) 的 3 億美元投資案，以升級 T-Mobile 的網路，讓客戶能夠完整

[15]　鉅亨網，2020 年 11 月 27 日新聞 (https://www.cnyes.com)。

[16]　Thurm, S., "Cisco to Buy Home-Networking Leader," *The Wall Street Journal,* April 21, 2003.

[17]　Kessler, M., "Cisco Raises the Stakes in Digital Home Entertainment; Company to Buy Set-Top Maker Scientific-Atlanta," *USA Today,* November 21, 2005, p. B3.

[18]　Rogow, G., "Intel to Build New 300-mm Wafer Factory in Arizona; $3 B Investment for Future Generation Platform Products," *Dow Jones Newswires,* July 25, 2005.

[19]　鉅亨網，2019 年 05 月 28 日新聞 (https://www.cnyes.com)。

地使用該公司的所有產品，包括視訊通訊、即時訊息、網頁瀏覽以及線上遊戲等。[20] 2004 年多天 T-Mobile 在前述的宣告後，計畫再多花費 3 億美元在諾基亞的設備上，以更進一步地擴充功能。[21]

2. **成本控制計畫** (Cost control program)。工程師經常被要求修正系統中的錯誤——錯誤會花費金錢。設計與執行解決方案也會花費金錢，至少包含工程師花費時間與勞力在尋找問題的解答。我們期盼的是，工程師所提出的解決方案在長期能節省更多金錢。案例如下：

- 改善效率 (Improving efficiency)。鴻海集團 2021 年持續推動建設燈塔工廠，預計將實現 20 座燈塔工廠。鴻海集團旗下工業富聯日前在中國衡陽智造谷展示燈塔工廠整體解決方案，工業富聯指出可提升生產效率 30%、降低庫存週期 15%、減少生產人力 92%的目標。(註：2018 年世界經濟論壇 (WEF) 與麥肯錫公司 (McKinsey & Company) 從全球 1000 多家製造業工廠中，挑選出布局第四次工業革命技術表現出色的廠商，以「燈塔工廠」(Lighthouse) 稱之。[22]

- 精簡業務 (Streamlining operations)。龐巴迪公司 (Bombardier, Inc.) 在 2003 年夏天以 12.3 億加幣 [23] 出售了它的消費品部門，以專注在小型噴射機與火車的生產上。其消費品部門生產雪車與船隻。[24]

- 減少浪費 (Eliminating waste)。Norampac, Inc.在 2004 年秋天宣布，要在其生產瓦楞紙產品的 Cabano 工廠購買並裝設一部剩餘木料焚化爐。加幣 540 萬元的焚化爐每小時能夠使用廢木料生產 100,000 磅的蒸汽，減少了工廠對於石化燃料的仰賴。[25]

- 減少責任 (Reducing liabilities)。2004 年春季，美國電力公司 (AEP) 宣布會投資 35 億美元在其燃煤發電廠的環境控制持續到 2010 年。AEP 是全美國最大的電力生產者，但也是最大的二氧化碳排放源。AEP 表示，會有 18 億被用來符合目前美國環境保護局 (EPA) 規範，而剩下的投資則會用在符合未來的規範上。[26]

---

[20] Thomas, S., "Nortel Networks Gets T-Mobile USA Pact," *Dow Jones Newswires,* May 7, 2003.

[21] Wallmeyer, A., "T-Mobile USA Chooses Nokia Equipment for Network Upgrades in a $300 MPact," *Dow Jones Newswires,* February 11, 2004.

[22] 中央社，2021 年 01 月 14 日產經新聞 (https://www.cna.com.tw)。

[23] C$代表加幣。

[24] Chipello, C.J., "Bombardier to Sell Subsidiary to Group Led by Bain Capital," *The Wall Street Journal Online,* August 27, 2003.

[25] King, C., "Norampac to Invest C$5.4M to Increase Energy Efficiency," *Dow Jones Newswires,* November 3, 2003.

[26] Kamp, J., "AEP Coal Plants Will Keep Up with Air Quality Rules—CEO," *Dow Jones Newswires,* March 24, 2004

3. **公眾改善計畫** (Public-improvement programs)。政府單位通常會進行投資，但目標並非增加利潤，而是增加某些層面的公眾滿意度。以下為一些案例：

- 　增進公眾滿意度 (Increased public satisfaction)。美國郵務系統在 2003 年 10 月 1 日開始的會計年度撥出 6.37 億美元的預算 (比前一年度的 4.35 億美元增加) 以幫助處理客戶最常抱怨的排隊冗長的問題。[27]

- 　增進公眾安全 (Increased public safety)。瑞士營運中的核電廠位於伯爾尼州的米勒貝格 (Mühleberg)，在運轉 47 年後，已經在 2019 年 12 月 20 日正式退休，同時瑞士也開始長達 15 年的拆除工程。預計米勒貝格核電廠拆除作業會在 2030 年前完成，2034 年後這片地就能改作他用，預計拆除、管理放射性廢棄物的成本為 30 億瑞士法郎 (約新台幣 922 億元)。[28]

- 　改善基礎建設 (Improved infrastructure)。紐約市的經濟開發公司 (Economic Development Corp.) 提出升級曼哈頓西側設施以及在布魯克林興建兩處新的遊艇泊位計畫。從 2004 年開始，這項計畫 10 年內總共會花費 2.5 億美元。[29]

　　上述的各分類定義出投資的理由。一家公司不是想要透過增加生產量或推出新產品來達到成長，就是想要透過改善營運來達到節省金錢。因此，投資是用來增加未來的收入，或是減少未來的支出。工程經濟學的工具便是用來檢視在「現狀」與「當下投資以獲取未來的節省或收入」兩者之間的取捨。政府單位則會有不同的關注點，因為他們並非為了利潤，而是為了公眾的滿意度。

　　促成這些改善或增加收入的實際決策彼此差異可能相當大。例如，為了提升利潤，某家公司可能會考慮建造新工廠來增加收入，或者這家公司也可能會考慮整合業務來節省金錢支出。我們將這些決策分為三大類 (1) 擴展、(2) 替換、(3) 中止，舉例說明如下：

1. **擴展** (Expansion)。擴展可能以多種型態出現，包括擴展目前產品的生產量、透過新產品或新服務擴展到新的市場等。案例如下：

- 　設計與研發新產品 (New-product design and development)。晶圓代工龍頭台積電 (TSMC) 持續擴大研發規模，2019 全年研發費用為 29.59 億美元 (約新台幣 880 億元) 創下歷史新高，較 2018 年成長約 4%，約占總營收 8.5%，創下臺灣科技業界年度研發支出最高紀錄。台積電 2019 年 7 奈米強效版技術已可量產以及 5 奈米技術成功試產，在開發 3 奈米第六

[27] 'Brooks, R., "Postal Service to Lift Budget for Construction, in Effort to Speed Delivery, Cut Lines," *The Wall Street Journal Online,* September 11, 2003.

[28] 科技新報 (TechNews)，2019 年 12 月 23 日新聞 (https://www.technews.tw)。

[29] "NYC Unveils Plan to Improve Ports for Cruise Ships," *Dow Jones Newswires,* February 4, 2004.

代三維電晶體技術平台的同時，亦開始進行研發 2 奈米技術，並針對 2 奈米以下的技術同步進行探索性研究。[30,31]

- 擴展目前的設施 (Expansion of current facility)。三洋電機花費 75 億日圓[32] 來增加其位於大阪府的工廠之太陽能電池發電量。這項投資可在 2005 初將發電量從每年 33 百萬瓦增加到 103 百萬瓦。[33]

- 新設施的興建 (Construction of new facility)。吉列 (Gillette) 公司宣布將會在波蘭的 Lodz 投資 1.2 億歐元建造佔地 80,000 平方公尺的設施，以生產拋棄式刮鬍刀與電動刮鬍刀。這間廠房預計能夠在 2007 年完全營運。[34]

- 獲取產能 (Acquiring capacity)。美國晶片大廠超微半導體 (AMD) 同意以全股票交易方式併購同業賽靈思 (Xilinx)，交易價值高達 350 億美元，此為 2020 年全球第二大半導體業併購案。此交易可望提升超微在數據中心晶片市場的競爭實力，成為英特爾 (Intel) 難以忽視的強勁對手。[35]

- 設備、製程、或技術的選擇 (Equipment, process, or technology selection)。美國政府與太空探索技術公司 (Space Exploration Technologies Corp.) 簽下約 3,000 萬美元的合約，使能在 2007 夏天利用該公司的 Falcon 9 火箭將一顆人造衛星發射到低軌道。而過去超過 21,000 磅的衛星發射市場一向是由波音及洛克希德馬丁公司所主導的。[36]

2. **替換 (Replacement)**。公司可能會想要繼續某個部門的營運或服務，但是用更具經濟效益的方式運作。這可能會導致設備的替換、製程的變更或是地點的改變。以下是一些案例：

- 設備、製程、或技術的選擇 (Equipment, process, technology selection)。中油在 2021 年初表示，舊四輕啟用逾 37 年，目前年產 38 萬公噸乙烯，無法充分供應廠商。2017 年向中美和公司購入高雄廠 31 公頃土地，空污排放配額也一同購入，因此擇定為新四輕廠址。預計投入新台幣 823 億元，2025 年動土、2028 年投產，乙烯年產量可達百萬公噸。[37]

- 自製或外包 (In-house versus outsourcing)。汽車零件製造商 Visteon 向 IBM 購買電腦系統作為資料中心與服務台的運作。這筆 10 年的交易合約於 2003 年簽訂，價碼估計超過 20 億美元。[38]

---

[30] 工商時報，2020 年 06 月 26 日新聞 (https://ctee.com.tw/livenews)。

[31] 工商時報，2020 年 06 月 26 日新聞 (https://ctee.com.tw/livenews)。

[32] YEN 代表日圓。

[33] "Sanyo Elec to Boost Solar Cell Output Capacity—Kyodo," *Dow Jones Newswires,* February12, 2004.

[34] McKinnon, J., "Gillette to Build New Manufacturing, Packaging and Warehouse Facility in Poland," *Dow Jones Newswires,* March 16, 2004.

[35] 工商時報，2020 年 10 月 28 日新聞 (https://ctee.com.tw/livenews)。

[36] Pasztor, A., "Space Exploration Gets New Rocket Contract, *The Wall Street Journal,* September 7, 2005.

[37] 中央社，2021 年 01 月 17 日新聞 (https://www.cna.com.tw/news/afe/202101170113.aspx)。

[38] "Visteon and IBM to Partner in Transformation of Visteon's Worldwide IT Services," *IBM Press Release,* www.ibm.com, February 11, 2003.

3. **中止 (Abandonment)**。這雖然看起來不太像投資決策，但是決定停止某個專案計畫，例如關閉某個設施，仍是一項非常重要的經濟性決策。中止也代表了決策程序的最後階段。中止包括以下類型：

- **停止生產 (Cease production)**。網路設備大廠思科 (Cisco) 在 2021 年 1 月喊停一項幫助城市與地方政府實現數位化的智慧城市計畫，同時停止相關產品銷售與服務。這不僅打擊該公司將業務重心從硬體轉爲軟體服務的努力，更凸顯科技公司進軍新領域絕非易事。[39]

- **停止生產線 (Cease production line)**。卡特彼勒 (Caterpillar) 在 2002 年將其製造與行銷 Challenger 品牌的牽引機生產線出售給農用設備製造商愛科公司 (AGCO Corporation)，以專注於其核心的營建業務。[40]

- **關閉設施 (Close a facility)**。當電信業的榮景衰退時，康寧在 2003 年春季前以封存 (暫時關閉) 或中止四家光纖電纜製造廠來應對，只留下一家工廠完全營運。[41]

- **退役設備 (Retire equipment)**。英航與法航在 2003 年退役了由 12 台協和號 (Concords) 組成的聯合機隊，終結了唯一的超音速客用飛機。在 1960 年代末與 1970 年代初，這些飛機的研發成本總計 30 億美元。[42]

請注意，這些中止決策通常不會單獨進行。如果某家公司決定要開闢某個新領域 (新產品的開發)，在生產上通常也會需要更多的產能 (擴展)。設施的備置也需要評估各種不同的生產技術 (設備與製程的選擇)。這所有決策最終都必須面對中止的問題。

我們必須瞭解到這些決策有多重要以及有多困難。請想想執行某個解決方案的結果。我們會投入一筆資金，期望在未來能減少成本或增加收入。通常，收入會實現在長遠的未來。但是我們是活在一個變動的世界：需求尚未出現、產品測試和研發有可能不成功、消費者的喜好改變了、公司改變了他們的重點、全球市場時開時關、幣值一直波動著、法令也可能修改了。這些與我們預期的投資結果不同的差異，定義了投資的風險——有可能造成金錢損失的風險。如果這種狀況太常發生，公司有可能會面臨破產。

爲了描述工程專案計畫會牽涉到的風險，我們舉出某個石油業界的案例。2003 年冬天，亞塞拜然 (Azerbaijan) 的國立石油公司 (SOCAR) 表示，外國公司已花費了超過 5 億美元在搜尋裏海 (Caspian Sea) 的各個區域，卻仍未發現任何可以回收成本的商用等級石油。許多工程專案計畫因爲缺乏發現而夭折。[43] 這只是工程專案計畫牽涉到風險的一例而已。我們進行投資是爲了獲得未來的報酬或節省，但是這些都不保證會實現。

---

[39] 工商時報，2021 年 01 月 01 日新聞 (https://ctee.com.tw/livenews)。

[40] "Our Company:History of AGCO," www.agcocorp.com.

[41] Berman, D.K., "Corning Tries to Adapt to Changing Times," *The Wall Street Journal,* March 6, 2003.

[42] Michaels, D., "Concorde Flights to End, a Coda for Sound of Speed," *The Wall Street Journal,* April 11, 2003.

[43] Sultanova, A., and A. Raff, "Socar:Foreign Oil Cos.Lost $500M on Offshore Exploration," *Dow Jones Newswires,* December 2, 2003.

　　這就是爲什麼身爲工程師的你 (妳) 必須完整地分析問題以判斷最佳的行動方針。要這麼做需要深入的研究，因爲我們必須找出可能的替代方案，也必須完全瞭解執行這些替代方案的可能結果。一旦對各方案做出估計，就可以開始著手考量風險的分析。只有在完成這些調查之後，才能做出最後的決策。請注意，這個過程不能操之過急。2004 年 2 月，全球最大的資源公司必和必拓 (BHP Billiton) 表示，該公司會進行一項可行性的研究，以決定是否應該擴展其在西澳洲的鐵礦產能。總裁 Chip Goodyear 預計在 12 到 15 個月內做出擴展與否的決策。[44] 請注意，這並非進行擴展產能所需的時間，而僅是研究是否擴展而已。因爲這些投資具風險性，他們必須完整地加以研究，不應草率投入。

　　我們的學習目標是能夠在變動與具風險性的環境下做出良好的決策。因此，我們的決策程序必須是動態的，在評估各種投資替代方案時，各方案的資金預算程序必須持續地進行。公司的財務主管可以選擇以每季度或每年度爲基準做出決策，也可在有需求時或問題發生時以滾動方式來評估方案。無論在何時做出決策，針對一個投資方案都會有三種可能的結果：

1. **投資** (Invest)。這種「同意」或「可進行」的決策會釋出專案計畫所需的資金。

2. **延遲** (Delay)。這種「等待」的決策會提供時間來收集更多有關該投資未來展望的資訊，或只是爲了等待投資環境的轉變。一方面來說，延遲的決策有可能發生在「可進行」決策之前。例如，新設施的破土動工可能要等到某個經濟環節改善後才會進行。另一方面來說，這類決策也可能發生在「可進行」決策已被啟動之後。例如，某個設施的結構外殼可能已經完工，但是在經濟條件改善之前，並不會安裝設備來進行運轉。

3. **不投資** (Do not invest)。這種「拒絕」或「不進行」的決策會將一個方案刪除且不做進一步的考量。這類決策也包含了中止某個專案計畫的資金，如同在中止決策中描述過的情形。

上述決策包含了決策者所有可選擇的替代方案。請注意這些選擇並非互不相關。公司有可能會決定投資 (進行) 某個工廠的新生產線。然而，這項決策會在此部門的需求達到某個程度之後才會被執行 (等待)。在開始生產之後，到了某個時間點我們就必須決定要繼續生產 (進行) 或停止生產 (不進行) 來讓資金能夠轉往其他方向。

　　工程經濟學的工具便是用來評估這些決策在經濟效益上的意義。雖然我們的重點會放在營利單位的決策上，例如到目前爲止我們所列出的許多公司，不過，我們也會從目標非常不同的政府單位的角度來檢視決策。我們將經濟效益分析嵌入在嚴謹的決策架構中，以確保我們能夠檢視到決策的所有層面，並且做出明智的選擇。

44　"BHP Billiton:Approves Study for Iron Ore Expansion," *Dow Jones Newswires,* February 13, 2003.

1.4 決策程序

我們已經確立的事實是工程師會解決問題並規劃各種替代方案來抓住機會。他們的訓練使他們具有工程專業知識，以提供技術上的解決方案。工程經濟學提供了必要的工具來評估工程師所提的解決方案在金錢層面價值。為了確保所選擇的是最佳解答 (方案)，這些工具會被整合成一個決策程序。佩翠西亞歐勒曼斯 (Patricia Oerlemans) 是歐洲最大的消費性電子產品製造商飛利浦電子的發言人，她描述了一個用來評估供應商的新計畫。在被問到對供應商的新需求要如何執行時，她說：「我們是一家工程公司，所以一切都按步驟進行。」[45] 這是對於在做決策時一句絕佳的忠告 (不管是不是工程公司！)。工程經濟學的分析步驟如下：

1. **辨識並定義問題或機會** (Recognition and definition of problem or opportunity)。要解決問題，必須先確認問題，以及其所期望的解決方案所需的特性。除非這第一個步驟已經進行，否則決策程序無法開始。

   除了解決問題外，工程師也會提供抓住機會的方案。雖然問題可能會突然出現，例如某個設備的失效，但投資一個機會通常比較難以捉摸。要找尋這些機會，我們必須檢視可用的技術能力，並且有創意地尋找這些能力的其他可能用途。例如，英代爾將其個人電腦晶片技術的知識運用在通訊上 (如手機中所使用的晶片)，以期能增加收入。[46] 或者，市場的需求也可能會自己浮現，而引出更多的機會。例如，2019 新型冠狀病毒 (COVID-19) 疫情造就了遠距視訊會議設備的商機，也將帶動居家娛樂與運動休閒商機。2021 年全球視訊會議設備市場將逼近 40 億美元。目前 Zoom、Teams、Meet、思科 Webex 等遠距互動雲端會議平台是市場領導者。[47] 與「問題」相同，在規劃行動計畫之前，「機會」也必須嚴謹地被定義。

2. **產生解決方案** (Generation of solution alternatives)。一旦定義了問題或機會之後，我們就必須確立各種解決方案。確立這些替代方案需要工程師具備完整的訓練、創造力以及技術，因為這個階段必須設計出所有的工程解決方案，才能進行後續的經濟效益評估。大量的可能解決方案會讓我們比較有可能找到經濟上可行的替代方案。通常工程師會組成團隊來擴展視野並探索各種不同的解決方案。

   這個步驟也需要訓練，因為我們避免對於特定解決方案做出最終的評斷。這個階段著重的是產生替代方案，而不是評估這些替代方案。這並不是說，設計程序應接受不符合技術規格的解決方案。然而，在這產生方案的創造性程序中，應使用判定機制，以免可行的替代方案太早被淘汰。

---

[45] "Philips to Make All Suppliers Conform to Standards," *Dow Jones Newswires,* March 23, 2004.

[46] Pringle, D., K.J. Delaney, and D. Clark, "PC Industry's Foray into Cellphones is a Siege," *The Wall Street Journal,* February 18, 2003.

[47] 馮欣仁，2021 年回不去的改變，先探投資週刊，2020 年 12 月 17 日。

這表示，在產生大量可行的替代方案與產生一些以現有資源可分析的一些替代方案之間，存在一條微小的界線。雖然似乎產生的方案越多越好，因為這可以確保最終的良好決策，然而可用來分析替代方案的資源是有限的。因此，我們必須產生一組數量合理的替代方案。這需要工程上的判斷來確認不合宜的提案 (那些很有可能會失敗的方案)並且確保這些提案能及早被淘汰，如此一來就不用浪費有限的資源來分析它們。

3. **發展可行方案的現金流與資訊收集** (Development of feasible alternative cash flow and information gathering)。一旦確認了替代方案後，就必須對之加以研究。在評估工程方案的經濟效益與成本時，我們可能需考量各種因素，包括所有預期的收入與支出。

   除了探討相關的現金流之外，這步驟的研究程序也包含收集相關的資訊，以便做出有根據的決策。其中可能牽涉到有形的與經濟性的風險，這些風險也必須被評估。這包含計算成功的機率與失敗可能性。每個替代方案的所有其他效益與成本都必須被確認 (即使是沒法簡單地用金錢表示)。例如，亞特蘭大的哈茨菲爾德 (Hartsfield) 機場興建了一條長達 5.5 英哩長的輸送帶來支援總價 3.5 億美元的第五條跑道增建計畫，這輸送帶用來運出工地的碎石，並運入施工所需的基石。這條輸送帶被認為比卡車要節省成本，而且還能減少卡車所造成的交通量、廢氣量以及噪音等額外的好處。[48] 後者的好處不容易用金錢作量化衡量，但是顯然會對決策造成影響。

   估計現金流通常被認為是決策程序中最困難的一個步驟，因為所有的現金流都預計會發生在不確定的未來。通常我們能夠減少估計誤差，但是永遠無法將之消除。這些估計值以及它們的不確定性，便是下一個決策步驟的經濟性審查的主題。

4. **替代方案的評估** (Evaluation of alternatives)。前一步驟所定義的現金流會被嚴謹的分析，以判斷一個替代方案在經濟效益上的可行性。此處關注的重點是檢視替代方案之間的**差異性**，而非其相似性。本書為基礎課程，故主要針對在靜態環境所進行的確定性分析方法，提供具體描述；對於動態環境的不確定性與風險情況的分析僅會簡略說明。除了經濟性因素的分析外，與各個替代方案有關的非經濟性特性也都會被檢視。在可能的情況下，這些特性都會被轉換成金錢有關的評估用語。

5. **最佳替代方案的選擇與執行** (Selection and implementation of best alternative)。一旦所有的替代方案都已完成經濟效益分析，我們便可選出最佳方案。因為非經濟性特性也有可能列入決策的考量，所以在最後決策時進行判定便是工程師的責任。這項決策可能會導致某個工程解決方案被執行、某項投資被延遲到較晚的日程、或如果難以保證經濟上會成功則決定放棄投資。

---

[48] Harris, N., "Airports Keep Growing Despite the Slowdown," *The Wall Street Journal Online,* October 14, 2002.

6. **執行後的分析與評估** (Post-implementation analysis and evaluation)。選擇某個解決方案並未完成決策程序。在執行解決方案之後，我們還必須追蹤這項方案，並且定期確定這項方案是否要繼續執行下去。我們曾經提過，投資決策所考量的是一個不確定的未來。當未來轉變為現在之際，專案計畫的方向有可能需要調整，以順應時機。這有可能會造成專案計畫各階段的加速或延遲、專案計畫的擴展、專案計畫某些層面的替換、或將專案計畫完全中止。只有在執行解決方案後仍密切關注的情況下，我們才能明智地做出這些決策。

我們也會追蹤專案計畫，以提供資訊給未來的投資決策使用。新的經濟效益分析所需的各項估計值通常衍生自先前的估計值，就如同在設計程序中一樣，先前的設計也會提供資訊給新的設計。因此，緊密的追蹤與專案計畫有關的成本和收入，將可提供我們一個資訊庫，以使改善未來預測的準確度，結果將連結到未來投資的決策程序之第 1, 2, 3 步驟。

上述 6 個步驟引導著任何決策，從最初到解決方案的執行，以及最終的淘汰和結束。我們可以說，透過這 6 個步驟從頭到尾便可做出決策。為了確保分析的嚴謹，每個步驟都必須完整完成。圖 1.1 描繪了工程經濟的決策程序。

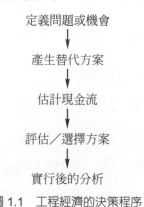

圖 1.1　工程經濟的決策程序

1.5 / 工程設計程序

工程師檢視決策程序各步驟時，可能會注意到決策程序其實類似於工程設計程序。在發展投資替代方案時，設計程序是關鍵的步驟 (顯然地落在決策程序的步驟 2)。例如，波音公司在判斷要在飛機上安裝何種引擎時，需考量所能選擇的替代方案。波音可以向供應商購買引擎，如奇異 (GE)、勞斯萊斯 (Rolls-Royce)或普惠 (Pratt & Whitney) (聯合技術公司 (United Technologies Co.) 的子公司)，然後將它們整合到現有的系統中，或者波音公司也可以由自己來設計與製造引擎。這些都是針對飛機的推力與動力問題的可行解決方案。如果波音決定自行設計與製造引擎,則波音就必須進行一項個別的工程設計程序。同樣地,被選擇的供應商也會進行類似的程序。此程序所牽涉到的步驟如圖 1.2 所示。

　　在本書中,我們所關注的是執行工程計畫的整體決策程序。設計程序顯然是其中的關鍵步驟,因為它定義了要被評估的所有替代方案。由於設計技術偏向各特定專業,故我們將重點放在確保經濟效益的分析上,這對於所有工程師來說是共同都要了解的。然而,重要的是,工程師要瞭解設計程序在整個決策程序中所扮演的角色,而極重要的是,工程師得瞭解本書所教授的經濟效益原理也同樣適用於設計程序中的各個步驟。例如,在一項設計中選擇要使用何種材料或製程時,除了技術性分析之外,也應包含經濟效益分析。這項經濟效益分析應要依循前一節所強調的決策程序的步驟。

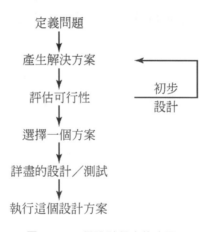

圖 1.2　工程設計程序的步驟

　　為了更進一步地說明整合工程經濟決策與工程設計的重要性,請考量在一個設計程序中忽略經濟性因素會產生的後果。假設某個工程設計團隊決定使用鍍金的連接器以確保電子零組件具有最佳的連接性。雖然從工程規格的觀點來看,黃金是最佳的選擇,但若考量經濟效益因素,黃金就不見得是最好的選擇。例如,如果該電子零件是高產量、低成本的產品,則材料的成本可能會不利於銷售。此外,如果該零件在應用上並不需要極高等級的傳輸清晰度,則較便宜的替代方案,例如鋁,可能就足夠了。不幸地,如果這些經濟效益因素並未在設計程序初期被辨認出來,則結果可能會很悲慘。假設這設計繼續進行,而生產計畫也已經完成。生產線的設備可能已經選擇好,而卻要將某個零件整合到其他製程與設計,此時可能為了新的接點而需重新設計製程。如果材料規格要從金變成鋁,則所有相關的決策都有可能要改變。明顯地,整個程序進展的越多,若要做改變的代價就越昂貴。

　　對大多數產品而言,從設計到生產的程序都相同,如圖 1.3 所示。一項專案計畫的累積成本會在設計或開發階段有顯著地成長。一旦設計階段完畢,專案計畫會移至前製階段,最終會到達生產階段。生產的準備程序可能花費昂貴，因為這個階段牽涉到工廠的興建以及設備的購買。直到生產階段，累積的成本才會開始趨緩，才會開始獲得投資的報酬。

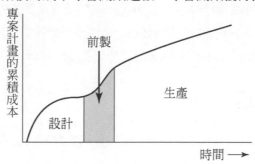

圖 1.3　工程專案計畫的各階段，設計到生產到最終處置或報廢

　　從一條一般性的規則可知，在專案計畫的生命週期各階段所承擔的成本，有 80%會出現在設計與預備階段。當一個產品終於要開始生產時，它所需要花費的成本大部份都已經花出去了。這解釋了為什麼投資是具有風險性：在我們能得到任何回報之前，已經花費了大量的時間與金錢。這也重申了為什麼變更設計是極為昂貴，因此在設計程序必須永遠考量到經濟上的後果，而不幸地，這些後果通常要到遙遠的未來才會被看清楚。

1.6　檢視實際的決策問題

我們回到一開始關於空中巴士和波音公司這幾年的投資決策案例以及其所呈現的問題：

1. 這些決策與工程經濟學有何關連？

　　工程經濟學為兩家工程公司提供了長期投資決策的工具。開發和製造新的飛機需要大量的資本額投注，而中止某項新設計或是停止生產可以將資金釋出到其他事業上。投資的決策並不容易，因為它們是建立在不確定的未來。這些困難的決策評估是工程經濟學的核心。

2. 這些決策對於從事工程活動的公司來說，是典型的嗎？這些決策有風險嗎？

　　空中巴士與波音在各時期都做過中止、擴展以及替換等決策——對大多數公司來說，這些投資決策是常見的。A380 代表空中巴士在產品方面的擴展 (然而它最後仍將被停產)，A350 則是其 A330 的替換方案。波音研發 787 噴射機可以看做是 767 的替換方案，而波音在研發新飛機前，中止了 717 的生產。此外，購買這些飛機的航空公司，通常是為了擴展它們的服務或是替換較舊的飛機。

　　這些決策每一個都帶有巨大的風險，因為牽涉到龐大的資金 (研發成本超過 100 億美元) 以及從投資到銷售獲利之間的時間差距 (通常 3 至 5 年)，如果專案計畫在產品上市之前便已中止，這筆投資便將泡湯。如果訂購量不足，這筆投資有可能得不到有利的報酬，這會讓公司未來的財務陷於危機之中。

3. 設計程序與投資決策程序有何關連？

  如本章前面所言，明顯地，這兩個程序是相互交纏在一起。在決定投資一項專案計畫之前，必須先評估各種不同的設計方案。此外，一旦啟動專案計畫後，必須設計一些子系統以符合專案計畫的規格。A380 與 787 的研發都會使用到新的技術以及新的複合材料。波音與空中巴士都相當仰賴它們的工程專業知識來讓這些研發變成可行。

1.7 重點整理

1. 工程師會提供多種可行的方案來解決問題或提出各種機會來使企業成長。

2. 好的解決方案不僅是技術上可行的，也是經濟上可行的。

3. 雖然工程師的訓練會讓他們的解決方案具有技術性效率，然而經濟性效益則判定一項投資是否會成功。

4. 工程經濟學的決策通常會圍繞著提升收入、減少成本或改善某些效用指標，如顧客滿意度。

5. 經濟性的決策通常可以分為擴展、替換或中止等三類決策。

6. 投資決策既重要又具有風險，因為它們提供公司成長的管道，但它們的回報是建立在不確定的未來。

7. 決策是一種動態的程序，而且並非所有決策都可以用「是」或「否」來判定。

8. 工程師是最適於進行工程經濟決策分析的人，因為他們瞭解執行解決方案在技術性與經濟性的意義。

9. 工程經濟學是一種方法學，它能夠評估工程專案計畫在財務上的優點。

10. 決策程序概述了制定一項決策的必要步驟。這些步驟包含決策從開始 (定義問題) 到完成 (中止) 的過程。

11. 設計程序與決策程序彼此相互依賴：設計程序會產生解決的替代方案，以提供決策程序的後續評估作業。

12. 設計團隊必須意識到其決策會造成的經濟性影響，因為變更設計的代價有可能極為昂貴。

1.8 習題

1.8.1 觀念題

1. 請問工程師在組織中所扮演的角色為何？

2. 為什麼工程師應關注其決策的經濟性結果？

3. 請問技術性效率與經濟性效益有何差異？是否某一項較為重要？試解釋之。

4. 試解釋為什麼工程師相當適合執行工程計畫的經濟效益分析。

5. 針對提升利潤的計畫，其目標為何？請問提升利潤的計畫與成本控制的計畫有何不同？你覺得兩者的分析方式會相同嗎？

6. 政府所進行的投資與業界所進行的投資有何不同？兩者有什麼相似之處？試解釋之。

7. 試定義擴展、替換以及中止的決策。三者之間有何關連？

8. 在考量一項投資時，決策者通常有哪些決策可以選擇？試分別定義這些決策。

9. 為什麼延遲投資的決策很重要？

10. 在決策程序中哪個步驟是最困難的？請提出你的理由。

11. 決策程序與工程設計程序有何相似之處？

12. 請問設計程序是決策程序的其中一個步驟嗎？還是反過來？試解釋之。

1.8.2 習作題

請針對下列情境，定義該專案計畫是提升利潤計畫、成本控制計畫、還是公眾改善計畫。如果可能的話，請更進一步定義該情境是擴展決策、替換決策、或是中止決策。

1. 起亞 (Kia) 汽車 (南韓現代 (Hyundai) 汽車的一個事業單位) 宣布將會在斯洛伐克 (Slovakia) 的日利納 (Zilina) 投資 11 億歐元興建一座汽車製造廠。這間工廠預計會在 2006 年投入生產，產能為 300,000 台汽車。[49]

2. BP (世界最大民營石油公司之一) 表示，從現在到 2010 年將會投資 10 億美元以升級其在德克薩斯 (Texas) 市煉油廠的製程控制系統與維護程序，這間煉油廠在 2005 年發生的爆炸奪去了 15 條人命並造成 170 人受傷。美國勞工部揭發超過 300 起健康與安全違規，招致 2,100 萬美元的最高罰款。[50]

3. 三星電子 (Samsung Electronics) 於 2019 年宣布將砸 1160 億美元投資旗下晶圓代工業務後，近期三星高官透露，三星預計 3 奈米晶片將於 2022 年起量產趕上晶圓代工龍頭台積電 (TSMC)，以搶食蘋果、超微 (AMD) 等公司的先進製程代工大單。[51]

4. 距上海約 90 英哩的洋山港，在 2005 年 12 月啟用了其船運設備的前 5 個泊位。這是投資的第一階段，此計畫在 2020 年將會有多達 50 個深水泊位，以提供上海地區的船運容量。上海市政府所擁有的上海國際港務集團是這些泊位的獨佔營運者。[52]

---

[49] "Kia Motors Increases Funds for Slovak Plant to $1.35 Billion," *Dow Jones Newswires,* March 19, 2004.

[50] McNulty, S., "BP to invest Dollars 1bn in Texas plant—OIL & GAS," *The Financial Times,* London edition, p. 21, December 10, 2005.

[51] 鉅亨網，2020 年 11 月 17 日新聞 (https://www.cnyes.com)。

[52] Stanley, B., "China to Open First 5 Berths of Planned Mega-Port," *The Wall Street Journal Asia,* December 9, 2005.

5. 近年跨進容器平台 (Container Platform) 市場的網路大廠思科 (Cisco) 於 2020 年 10 月宣布收購以色列提供容器原生的安全平臺供應商 Portshift。這次收購 Portshift 有助於思科提供容器及服務網格 (service mesh) 防護。[53]

6. BP 公眾有限公司 (BP PLC) 在 2003 年春季同意將北海與墨西哥灣較舊的油田以 13 億美元出售給休士頓的阿帕契公司 (Apache Corporation)，[54] 原因是這些油田的獲利率較低。[55]

7. 本田汽車 2004 年宣布，計畫興建一座佔地 250,000 平方英呎的新自動傳動裝置工廠，這座新廠每年能夠以 1 億美元的成本生產 300,000 個組件。[56]

8. DHL Worldwide Express, Inc. 2005 年宣布將會在該公司位於俄亥俄、賓州、與加州的倉儲上，投資 1.6 億美元以將包裹分類的程序自動化。[57]

9. Regal Petroleum 2005 年底發現其位於羅馬尼亞的 RSD-1 探井無法找到具商業開採量的碳氫化合物後，表示它們將會中止這座探井。[58]

10. 加拿大的 TC (Transcontinental) 公司於 2004 年底投資 5,300 萬加幣，將該公司位於安大略的歐文灣市 (Owen Sound) 以及魁北克省的博斯維爾 (Beauceville) 的 7 台印刷機換成 3 台高斯 (Goss) 全新印刷機與自動化印後加工設備。[59]

11. Apogee 企業在美國西南部投資 2,500 萬美元建造一間建築用的玻璃工廠，以因應 Viracon 公司對建築玻璃日益增加的需求。這家工廠預計於 2007 年開始運作。[60]

12. 部門 56 (Department 56) 公司於 2005 年秋季以 1 億 9,650 萬美元併購了藍納克斯 (Lenox) 公司 (一家精緻瓷器與禮品的製造商)。同時宣佈將會以大約 750 萬美元的成本來關閉其位於紐澤西州波莫納 (Pomona) 的生產設備，原因是象牙瓷器的需求日益減少。[61]

---

[53] iThome，2020 年 10 月 02 日新聞 (https://www.ithome.com.tw)。

[54] "BP Assets in Gulf of Mexico Are Acquired for $509 Million," *Dow Jones Newswires,* March 19, 2003.

[55] GBP stands for Great Britain pounds.

[56] Siegel, B., "Honda Confirms to Build Transmission Plant in Georgia as Part of $270 M North American Powertrain Strategy," *Dow Jones Newswires,* November 9, 2004.

[57] Souder, E., "UPDATE:DHL to Spend $160M to Automate Mail-Sorting Ops," *Dow Jones Newswires,* March 24, 2005.

[58] Garnham, P., and R. Orr, "Small-Caps:Regal Petroleum to Abandon Romanian Well," *The Financial Times,* London Edition, p. 44, November 29, 2005

[59] Moritsugu, J., "Transcontinental Plans C$53M Capital Investment in State-of-the-Art Equipment," *Dow Jones Newswires,* November 16, 2004.

[60] Rojas, T., "Apogee Announces Plans to Build New Glass Fabrication Plant," *Dow Jones Newswires,* September 13, 2005.

[61] Derpinghaus, T., "Lenox Intends to Consolidate its Fine China Production and Close 31 Retail Stores," *Dow Jones Newswires,* September 13, 2005.

13. ATH 資源公司 (全英國最大的煤產商之一) 於 2005 年宣布將會花費 5,600 萬加幣向芬寧國際 (Finning International) 公司購買 83 部開拓重工 (卡特彼勒) (Caterpillar) 公司的設備，以取代其現有的機隊並提供新的設備。交易內容包括傾卸卡車、挖煤機、剷土機以及推土機等。[62]

14. 臺灣代工大廠仁寶電腦工業公司自 2018 年起就投入 5G 模組研發，近年也推出 5G 智慧應用解決方案，包含 5G RAN 產品、通訊模組、無線網路分享器、VR、MR 等智慧穿戴裝置等產品，布局 5G 企業專網。[63]

15. 臺灣中鋼公司於 2020 年決定投資 59.09 億元進行「動力一場鍋爐汽輪發電機汰舊換新計畫第一期工程」，預計以 5 年 10 個月時間完成。這項計畫案主要在改善發電效率、穩定公司內汽電供應，可提升自行發電比例，另也增設空污防制設備改善環境。[64]

16. 2005 年秋季，葛蘭素藥廠 (GlaxoSmithKline, Inc.) 宣布將花費 2,300 萬加幣擴展其位於安大略省密西沙加 (Mississauga) 的設施。擴增 7,000 平方英呎面積的廠房來增加該工廠的產能與技術，這家工廠負責生產治療人類免疫缺乏 (愛滋) 病毒 (HIV) 感染、瘧疾以及過敏的藥物。[65]

17. 美國費城在 2005 年 10 月選擇 Earthlink 公司來提供其全市的高速無線網際網路連線。Earthlink 將會花費 1,000 萬到 1,500 萬美元興建並營運 135 平方英哩的無線網路，提供該市 150 萬人口使用，無線基地台主要設於公用路燈柱上。Earthlink 預計以每戶每月 20 美元 (低收入戶 10 美元) 的費用提供該項服務，同時在公共場所如公園提供免費的連線。外來的旅客可以購買以小時計、天計、或週計的連線服務。[66]

18. Statkraft 公司在 2005 年 10 月預計投資 13 億挪威克朗[67] 在北挪威斯莫拉 (Smoela) 公園的一組風力發電站上。這組設施每年發電量將達 450 十億瓦特 (gigawatts) 的電力。[68]

19. Essroc 是北美第 5 大的水泥生產商，在 2003 年將其位於賓州拿撒勒 (Nazareth) 的採石場與水泥工廠間每日靠傾卸卡車來回 245 趟的運送方式替換成一條 1.7 英哩長的輸送帶系統，該系統價值 2,000 萬美元。[69]

---

[62] King, C., "Finning Announces C$53 Million Equipment Sale to UK Coal Producer," *Dow Jones Newswires,* August 24, 2005.

[63] 鉅亨網，2020 年 10 月 21 日新聞 (https://www.cnyes.com)。

[64] 聯合報，2020 年 05 月 04 日新聞 (https://udn.com)。

[65] King, C., "GlaxoSmithKline Announces Expansion of Mississauga Facility," *Dow Jones Newswires,* September 29, 2005.

[66] Richmond, R., "Earthlink Philly Wi-Fi Win Could Pave Way for More Pacts," *Dow Jones Newswires,* October 4, 2005.

[67] NOK 代表挪威克朗。

[68] Talley, I., "FOCUS:Statkraft Aims to Build Big Green-Power Empire," *Dow Jones Newswires,* October 11, 2005.

[69] Esack, S., "Essroc Blasts Its Way to a Quieter Nazareth," *The Morning Call,* p. B1, February 7, 2003.

20. 歐洲鋼鐵生產商 Arcelor 於 2005 年 9 月在 Carinoux 啓用了新的不鏽鋼工廠。這間工廠以 2.41 億歐元費時 26 個月興建，不鏽鋼的年產量最高將達到每年 100 萬公噸。[70]

21. 2005 年 12 月 9 日是「倫敦巴士」(一種雙層的，半駕駛艙的巴士，有著老式風格的搖鈴與車掌) 在倫敦的主要路線上行駛的最後一日。這項改變的原因包括新的巴士較安全、更便於殘障人士搭乘、較舒適，因爲不需要車掌，營運支出也較低，。這些新巴士每部售價爲 10,000 英鎊。[71]

22. 請查閱任何媒體，找出三篇文章，描述企業從事工程活動所進行的投資。試將這些投資分類爲擴展、替換或中止。

23. 請選擇一家你中意的公司，然後翻閱其網站上可以找到的新聞稿。請找出兩篇與產能 (服務或生產) 有關的決策的文章。試將這些決策分類爲擴展、替換或中止。

1.8.3 選擇題

1. 工程經濟學很重要，因爲工程師
   (a) 必須設計出具經濟效益的解決方案。
   (b) 可能會需要跟會計及財務部門打交道。
   (c) 需要一種機制來比較各種解決方案。
   (d) 以上皆是。

2. 在一組只能選擇其一的方案中，最佳的方案
   (a) 並不符合技術性目標，並且超出預算限制。
   (b) 符合技術性目標並且在預算限制內。
   (c) 超越技術性目標，但是超過預算限制。
   (d) 不符合技術性目標，但是在預算限制內。

3. 一家公司通常會投資工程專案計畫以達到
   (a) 消化全部的資金預算。
   (b) 減少未來的收入。
   (c) 減少未來的成本。
   (d) 減少未來的產能。

[70] "Arcelor Starts New Belgian Stainless Steel Plant," *Dow Jones Newswires,* September 29, 2005.

[71] Briscoe, S., "End of the road for the traditional London bus," *The Financial Times*, www.FT.com, December 9, 2005.

4. 政府單位會在什麼時候進行工程經濟學的研究？

   (a) 通過與幹細胞研究有關的立法時。

   (b) 建立有害的煙霧等級評比時。

   (c) 考量改善公眾的基礎建設時。

   (d) 估計所需的警力數量時。

5. 請問下列何者最貼切地描述與工程專案計畫投資有關的財務風險？

   (a) 可確保未來的收入或成本節省。

   (b) 投資所帶來的節省或收入是發生在不確定的未來。

   (c) 初始的資本投資通常較小。

   (d) 資金通常是無限的。

6. 下列何種情況需要工程經濟學的分析？

   (a) 在兩種技術之間選擇要執行何者。

   (b) 決定要在何時替換某項資產。

   (c) 將某項工程專案計畫的開始延遲一段時間。

   (d) 以上皆是

02 現金流與金錢的時間價值

(龐巴迪公司 (Bombardier Inc.) 提供)

實際的決策：運輸系統的維護

亞特蘭大市政府將哈茨菲爾德 – 傑克遜 (Hartsfield – Jackson) 國際機場自動化大眾運輸系統的 10 年營運與維護合約交給龐巴迪運輸公司 (Bombardier Transportation)，這個運輸系統共包含 49 組車輛。龐巴迪公司在 1980 年安裝了最初的系統，並一直予以維護。龐巴迪公司也將運輸系統延伸到新的候機大廳，並供應 24 輛 CX-100 作為替換車輛。這份合約價值 9,800 萬美元，包含兩次 5 年續約的條款。[1] 這個案例呈現一些有趣的問題：

1. 如果在這份 10 年的合約中，9,800 萬美元的價值是每年平均支付 (從 2006 年開始)，我們要如何在試算表中具體地分析這份合約呢？
2. 如果龐巴迪公司使用 3.5% 的季利率來分析一項工程專案計畫，那麼針對這份合約的分析，該公司應使用何種利率呢？

---

[1] Moritsugu, J., "ombardier Gets $98M US Operations, Maintenance Contract with City of Atlanta," *Dow Jones Newswires*, October 4, 2005.

除了回答上述問題外，在研讀本章後，你也將學會：

- 使用現金流圖來描述一項工程計畫 (投資機會) 在不同時間的金錢流入與流出。(2.1 節)
- 建立現金流分析的試算表，其中包含介紹資料、變數、函數、以及參照的使用案例。(2.2 節)
- 以效用、購買力以及利息來詮釋金錢的時間價值概念。(2.3 節)
- 將利息定義為在特定利率下金錢在時間中移動而得的錢財。(2.4 節)
- 辨識名目利率與實際利率 (有效利率) 以及將利率轉換到適當的期間以進行分析。(2.5 節)
- 繪製現金流圖，使現金流發生的間隔時間和利率的複利週期具一致性。(2.6 節)

第 1 章強調本書將會分析的一些決策。這些決策所牽涉到的工程計畫或專案計畫有一項共同的特點，便是它們通常需要初始的投資，以期望能夠獲得未來的成本節省或收入增加。因此，我們會從某一段期間的財務層面來描述這些計畫或專案計畫。為了分析一項專案計畫，我們必須建立對於「金錢在不同時間點的價值不同」的瞭解，因為今日的一筆金錢在經濟上顯然不等值於數年後相同金額的一筆金錢。也就是說，如果要在兩筆相同金額的金錢 (現在或未來) 之中作選擇，我們顯然地會偏好現在這筆金錢。金錢的時間價值 (the time value of money) 這個概念描述了金錢隨時間不同而產生不同的價值，這項概念是定義在利率與購買力觀念的基礎上，這些觀念將會在本章中介紹。

2.1 現金流與現金流圖

要從財務的角度分析工程專案計畫，我們需要使用現金流 (*cash flow*) 來對這些專案計畫建立模型。就字面上來說，現金流代表的是金錢在某個特定時間或在某段期間的流動或轉移。流出 (*outflows*) 代表現金從某個帳戶轉出，例如提款。資金流出通常被稱為花費 (*expense*) 或是支出 (*disbursement*)。流入 (*inflows*) 則代表現金轉入某個帳戶，例如到期的存款。流入通常被稱為收入 (*revenue* or *receipt*)。

　　我們將工程師所提供的「解答」定義為工程專案計畫。這些專案計畫代表公司的投資機會。一項工程專案計畫可以視為具有流入與流出的帳戶。流出包括執行與維護該專案計畫的成本，而流入則代表該計畫的收入或節省成本。現金流的流動可以使用現金流圖 (cash flow diagram) 加以視覺化地呈現，舉例如下。

 例題 2.1　現金流圖例題

佩里曼公司 (Perryman Co.) 是一家位於賓州的鈦產品製造商，其在 2005 年購買了 1,000 萬美元的軋延機以擴展其營運。新購設備將使該公司年產鈦錠增加超過 60%，達到 700 萬磅，這些鈦錠可用來製造圈狀或棒狀產品。[2] 假設這部新軋延機是在 2005 年初購入並安裝，且在 10 年內都可以用最高產量營運 (每年產出 437.5 萬磅)。更進一步假設每磅的產出都可以獲得 9 美元的收入，而生產成本則為每磅 3.90 美元：第一年的設備維護費為 1,000 萬美元，之後每年增加 100 萬美元。最後，在 10 年後這部設備會被報廢並獲得 50 萬美元。假設所有的花費與收入都出現在年底，請為此項投資繪製現金流圖。

---

[2]　Glader, P., "Perryman to Boost Titanium Ops Amid Aerospace Demand," *Dow Jones Newswires,* December 17, 2004.

🔍 **解答**　個別現金流圖與淨現金流圖分別如圖 2.1 (a) 及 (b) 所示。每一期間 (時間點) 的淨現金流就是該期間 (時間點) 所有個別現金流的總和。

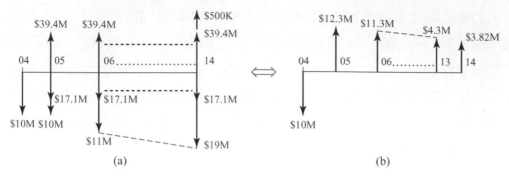

圖 2.1　以現金流圖表示鈦生產的擴展，使用 (a) 個別現金流，以及 (b) 淨現金流表示

在圖 2.1 (b) 中，從橫軸向下的箭頭表示流出。箭頭尾端標記該筆現金流的大小。反之，從橫軸向上的箭頭則表示流入，這些箭頭也同樣標記現金流的大小。橫軸則表示時間。每一筆現金流都從水平線的某一時間點向上或下連出，以表示該筆現金流發生的時間。

請注意，箭頭的方向很重要，因為流出 (向下) 代表「負」現金流。箭頭尾端的標記只表示現金流的大小，而不需標示正負號 (流出為負而流入為正)，現金流的正或負則是由箭頭的向上或向下表示。這點必須要釐清。

在整個工程專案計畫的計畫期間，現金流圖提供所有現金流入與流出的彙總資訊。它提供了幾乎所有工程經濟分析所需的資訊。現金流圖包含兩種類型：離散型與連續型。離散型的現金流最為常見，代表在特定時間發生的現金交易。在例題 2.1 中，我們假設現金流為離散型。一般而言，在時間 n 發生的離散型現金流會被定義為 A_n (後續會介紹)，P、F 以及 A 也被用來表示發生在特定時間的現金流。

連續型的現金流則是在一段期間內，現金的流入或流出以**速率** (*rate*) 來定義。我們可以把此種類型的現金流想像成真實的水流，金錢以某個速率從一個帳戶移轉到另一個帳戶，就像水會透過水管從一個儲水池流動到另一個儲水池一樣。符號 $\bar{A}$ 代表擁有固定速率的連續型現金流。圖 2.2 描繪以下例題的連續型現金流。

 例題 2.2　連續型現金流的現金流圖

請再次檢視例題 2.1，其實鈦錠廠商是以銷售鈦錠獲得收入，假設鈦錠的生產速率為每年 437.5 萬磅，而使得收入變成連續型。其他所有的現金流都維持為離散型，請重新繪製其現金流圖。

🔍 **解答**　個別現金流的現金流圖如圖 2.2 所示，不過圖 2.2 假設生產與銷售在這段期間是連續性的。在此例中，我們使用面積來表示某一段期間內的金錢流動。

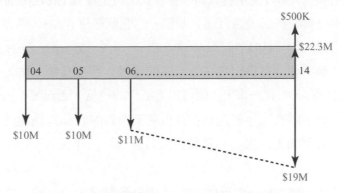

圖 2.2　將包含連續性收入的投資機會表示爲現金流

　　連續型的現金流交易確實相當罕見，因爲會計方法通常需要設定明確的 (離散的) 資金移轉。因此，在本書中我們不會花費太多篇幅來討論連續型的現金流，不過你可以在網路上取得更多資訊。(將現金流的流動設爲連續性，有時可以讓工程經濟分析的數學運算較爲簡易。)

　　一般而言，我們不能低估現金流圖的重要性，因爲它描述的是工程專案計畫的財務層面。正確地透過現金流圖來描述專案計畫，可以確保決策者瞭解正在進行分析的投資計畫。工程經濟分析會遵循嚴謹的協定，而這些協定需假設我們能夠正確地繪製現金流圖。**每當**我們進行工程經濟分析時，就必須繪製現金流圖。

2.2 使用試算表來表示現金流

現金流圖也可以呈現在電腦的試算表上。有一些試算表可以提供使用者解決在工程經濟學的問題。在本書中，我們僅討論微軟的 Excel 試算表。這項決定完全是市場因素考量，因爲 Excel 是市面上最廣爲使用的試算表軟體。我們在介紹一些概念時，會假設讀者對於試算表及電腦有一定的熟悉度。

　　試算表軟體的功能相當強大，它們在工程經濟分析上的重要性變得不可估量。複製與再利用資訊的強大功能加速了決策分析的發展程序，特別是針對長時期的工程經濟問題；它也讓決策者能夠將重點放在資訊的收集與實際的決策上。此外，試算表也可使資訊以各種不同類型的圖表來呈現，以協助正在建構商業個案的工程師。

2.2.1　試算表的基礎概念

一般而言，當使用者開啟試算表應用程式時，會看到一份工作表 (*worksheet*)。這份工作表就像是一張方格紙，上頭會有許多直線將頁面分割為一個個儲存格 (*cell*)。儲存格的位置是由其欄 (*column*) 與列 (*row*) 所表示。欄是以字母 A、B、C、⋯、Y、Z、AA、AB 等等為標記；列則以數字為標記。這些數字和字母會出現在工作區的邊緣。選擇其中一格，會使得其相對應欄的字母及列的數字被反白，如此一來，你便可以追蹤你的位置。活頁簿 (*workbook*) 通常在同個檔案中包含多份工作表。這些工作表通常會在目前工作表的底部以標籤命名。我們可以透過點擊標籤來重新命名各別的工作表，其預設標籤名稱為「工作表 1 (Sheet1)」、「工作表 2 (Sheet2)」等。

使用者可以在選擇的儲存格 (會反白)中輸入資料到試算表中。輸入的資料通常可分為五種：

- **數據** (Data)。數據構成所有可用來分析的數值資料。在輸入時，數值會被放入儲存格中，作為在任何時候參照之用。請注意，一旦數值被輸入到儲存格之後，此數值便不會改變 (除非使用者變更了該儲存格的輸入值)。

- **變數**。變數是數據的反面，因為變數並非固定，而是能夠改變的。我們可以透過參照其他儲存格來定義試算表中的變數。如果被參照的儲存格改變了，則由該項參照所定義的儲存格內容也會改變。儲存格的參照是透過「=」符號加上要參照的儲存格來構成。例如，如果我們點選儲存格 C10，然後輸入「= B4」，則被指派給儲存格 C10 的數值就會相等於儲存格 B4 中的數值。(請注意，你也可以鍵入「=」然後再點擊儲存格 B4 即可，而不需要鍵入「B4」。) 如果儲存格 B4 包含資料數值「4」，則數值「4」就會被指派給儲存格 C10。如果儲存格 B4 包含資料「Hi」，則「Hi」就會被派給儲存格 C10。如果儲存格 B4 是空白的，則數值「0」就會被指派給 C10。我們所要瞭解的重點是，如果被參照的儲存格 B4 改變了，則指派給 C10 的資料也會改變，因為它是一個變數。我們馬上就會對於參照加以討論。

- **函數**。Excel 有許多函數以幫助我們尋求各式各樣的解答。我們可以藉由鍵入「=FUNCTIONNAME (arguments)」來輸入函數，其中「FUNCTIONNAME」為函數的名稱，而「arguments」則是該函數所需的輸入值，由逗號分隔。我們也可以從螢幕頂部的「插入」下拉式選單來輸入函數。

- **複合輸入**。顯而易見地，我們可以輸入包含變數 (另一個儲存格的參照)、函數、以及數據的資訊到儲存格中。例如，鍵入「= B4 + ABS(C3)」會在函數 (絕對值函數) 中使用參照，並且將此函數加到另一個被參照的儲存格上。

- **標記**。最後一種輸入是標記，能夠改進試算表的可讀性。標記包括粗體、斜體、底線或顏色的使用，或是使用線條或顏色來強調某個儲存格。這些標記並不會有助於解答的運算，而是會協助維護輸入與輸出的條理。

2.2.2　試算表的用途

雖然試算表提供使用者進行經濟效益分析的彈性，但還是有一些原則是我們永遠應該要遵循的，以便讓我們不會遺失資訊，也不會浪費時間在「重新學習」許久未看到的試算表。針對每一份試算表，我們都應該採取以下步驟：

1. 應有一句簡短的標題或片語指出所進行的問題及分析為何。
2. 資料部份應與分析部份分開標記及維護，所有的單位及時間單位都應加以標註。這些資訊存放的位置稱做「資料中心」。
3. 現金流圖應清楚標記出時間單位。
4. 應該要盡可能地格式化標記，諸如粗體、底線、顏色以及貨幣符號等 (當然，要在合理的範圍內)，來讓試算表便於閱讀。

這些步驟看來可能理所當然，但是，就像其他種類的工作一樣，草率而不正確地準備試算表，只會導致我們必須耗費時間重做而已。讓我們一起建立一份試算表的模型，以描述輸入值與儲存格的參照。

 例題 2.3　輸入資料到試算表中

2005 年 10 月，Vedanta Resources 宣布在其印度 Jharsuguda 的冶煉廠投資 20 億美元，使得每年能生產 40 萬噸的鋁。此項設施預計需要 3 年時間才能上線。[3] 假設興建只需 1 年，而第 1 年的產量會達到 10 萬噸，之後每年增加 5 萬噸產量，直到達到最高產量 40 萬噸。進一步假設生產成本為每噸 900 美元，每一噸鋁的收入則是 1,950 美元。最後，假設每年的維護成本為 200 萬美元，而在 15 年的生產之後，該座冶煉廠的殘餘價值為 5,000 萬美元。請利用試算表，繪製此項投資案的現金流圖。

解答　圖 2.3 顯示此投資專案計畫所建立的試算表。資料中心包含了輸入資料與所需的輸出資訊。輸入資料包括總投資成本、殘餘價值、利率以及在 15 年營運期間的生產參數 (產出量、成本和收入)；輸出資訊包括「現值 (Present Worth)」與「內部報酬率 (IRR)」(我們會在後續的章節中予以討論)。

我們藉由參照資料中心的輸入資料來建立試算表。我們將儲存格 A18 以反白來描繪**相對性**參照的使用，其可寫成

$$=A17+1$$

如此一來，試算表便會使用 A17 中的數值加 1，使儲存格 A18 顯示數值「14」，因為儲存格 A17 中的數值是「13」。要快速的建立試算表，我們可以在儲存格 A4 中鍵入數值「0」，然後在儲存格 A5 中撰寫「=A4+1」。這會被定義為相對性參照。接著我們便可以複製 (在「編輯」選單中) 儲

3　Bream, R.," Vedanta Ready to Invest Dollars 2bn in Aluminum Plant," *Financial Times,* p. 21, October 19, 2005.

存格 A5 的內容，將其「貼上」(同樣在「編輯」選單中) 到儲存格 A6 中。這會使得儲存格 A6 變成「＝A5＋1」。我們可以繼續在 A 欄往下貼上，直到第 19 列，以達到 15 年分析的最後結果。請注意，我們也可以用另一種方式簡單地標記整欄 (從儲存格 A6 到 A19) 然後一口氣將之貼上。

	A	B	C	D	E	F
1	Example 2.3: Aluminum Smelter Investment			Input		
2				Investment	$2,000,000,000.00	
3	Period	Cash Flow		Initial Production	100000	tons
4	0	-$2,000,000,000.00		Production Increase	50000	tons
5	1	$103,000,000.00		Max Production	400000	tons
6	2	$155,500,000.00	=-E2	Unit Cost	$900.00	per ton
7	3	$208,000,000.00		Unit Price	$1,950.00	per ton
8	4	$260,500,000.00		Operating Cost	$2,000,000.00	per year
9	5	$313,000,000.00		Salvage Value	$50,000,000.00	
10	6	$365,500,000.00		Interest Rate	8%	per year
11	7	$418,000,000.00		Production Period	15	years
12	8	$418,000,000.00	=$E$3+$E$4*(A10-1)*($E$7-$E$6)-$E$8			
13	9	$418,000,000.00		Output		
14	10	$418,000,000.00		Present Worth	$246,345,390.55	
15	11	$418,000,000.00		IRR	9.87%	per year
16	12	$418,000,000.00				
17	13	$418,000,000.00	=$E$5*($E$7-$E$6)-$E$8			
18	14	$418,000,000.00				
19	15	$468,000,000.00				
20		=A17+1				
21						

圖 2.3　鋁冶煉廠投資案可能的試算表版面配置

相對性參照是試算表中一項極為強大的工具。當相對性參照將一個儲存格「複製」「貼上」到另一個儲存格時，參照也會隨之變更。在此例中，儲存格 A5 被定義為指向儲存格 A4 的參照。因此儲存格與參照之間的「距離」便是一列。如此一來，當我們將此參照複製到另一個儲存格時，它便會指向指定儲存格正上方的儲存格 (相隔一列)。

如果我們定義儲存格 A5 為參照儲存格 B2，然後將這份參照複製到儲存格 D12，會使得儲存格 D12 參照到儲存格 E9，因為 D12 與 E9 之間的「距離」是 1 欄與 3 列，與儲存格 A5 及 B2 之間的距離相同。

現在，第零期的現金流 (儲存格 B4) 參照到資料中心的投資成本，如下

$$=-E2$$

請注意，我們需要參照中的負號，因為我們的資料中心將投資額定義為絕對值。

儲存格 B5 代表冶煉廠第 1 年的營運狀況，即生產 10 萬噸鋁的收入。這會使第 1 年的營運產生以下的淨收入：

$$100,000 \text{ 噸}\left(\frac{\$1950}{\text{噸}}-\frac{\$900}{\text{噸}}\right)-\$2M=1.03 \text{ 億美元}$$

有多種方式可以將此公式撰寫在代表該年冶煉廠產量的儲存格中。例如，我們可以在儲存格 B5 中鍵入下列公式 (我們並不需要鍵入儲存格的參照，在需要輸入參照時，可以點擊適當的儲存格，不過我們必須手動加上「$」)：

$$= \$E\$3*(\$E\$7-\$E\$6)-\$E\$8$$

公式中的$定義了**絕對性** (absolute) 參照。當絕對性參照被複製到另一個儲存格時,參照並不會改變。

不幸地,這種定義儲存格 B5 的方法沒有辦法令其被複製,因為在後續每一年的產量增加中,我們都必須調整每個儲存格 (這稱為算數梯度,我們會在下一章中予以討論)。為了能夠正確的複製此參照,我們可以同時使用絕對性與相對性參照如下

$$= (\$E\$3+\$E\$4*(A5-1))*(\$E\$7-\$E\$6)-\$E\$8$$

儲存格 A5 的參照是相對性的,而其他儲存格的參照則都是絕對性的。因為 A5 的數值為 1,所以 50,000 噸的增量 (儲存格 E4) 會被乘以零,使得第一年的產量為 10 萬噸 (儲存格 E3)。這種新方法的優點在於,如果我們將此函數從 B5 複製貼上到 B6,其結果將會是

$$= (\$E\$3+\$E\$4*(A6-1))*(\$E\$7-\$E\$6)-\$E\$8$$

請注意,絕對性參照並未改變,但是相對性參照卻從 5 變成 6。如果我們以此方式進行參照,我們便可以將定義好的儲存格 (B5) 一路向下複製到現金流圖的第 8 期 (儲存格 B11),同時確定答案是正確的,因為參照是正確的。然而,我們不能夠複製超過第 8 期,因為我們已經達到最大產量。為說明之便,在圖 2.3 中我們將 B10 予以反白。

要決定第 9 期之後的現金流,我們只需要將參照改變為最大產量 40 萬噸 (儲存格 E5),如此一來儲存格 B12 到 B19 便可以定義為

$$= \$E\$5*(\$E\$7-\$E\$6)-\$E\$8$$

針對儲存格 B19,我們還需要減去儲存格 E9 所定義的殘餘價值。

這種方法很好用,並呈現在試算表上,不過其實在定義上我們可以更聰明一點,讓需要更改的部份更少一點。請注意產量一開始是每年 10 萬噸,之後每年會增加 50,000 噸,但是不能夠超過 40 萬噸。這項條件在 Excel 中可以用 MIN 函數來加以表示,定義為

$$MIN(number1, number2, \ldots)$$

其中引數 (number1、number2 等) 可以是數字或是包含數值之儲存格的參照。此函數會傳回此集合的最小值。已知現金流的期數,我們便可以利用梯度計算出生產量,就像我們定義儲存格 B5 的方式一樣,然後使用 MIN 函數,將之和最大產出值相比。接著 MIN 函數所傳回的數值,便可以用來計算淨收入。因此,我們可以將儲存格 B5 定義為

$$= (MIN(\$E\$3+\$E\$4*(A5-1),\$E\$5))*(\$E\$7-\$E\$6)-\$E\$8$$

此函數會傳回 $100,000+50,000 (n-1)$ 與 400,000 二者的最小值,取決於期數 n 為何。現在,這種儲存格的定義方式,便可以一直複製到儲存格 B19。(殘餘價值還是必須要加入到儲存格 B19 中。)

　　當具有準確地使用絕對性與相對性參照的能力，加上使用資料中心來輸入資料，便可以得到功能強大的試算表。如果我們決定更改某個輸入值，則試算表中任何參照到此變更輸入值的儲存格，也都會馬上自動更新。因此，以此方式來建構試算表，使用者便可以不需要改變模型，就能夠測試各種不同的資料組合。在此例中，投資成本、初始現金流、生產率、產量年增率、最大產量、生產成本、維護成本、殘餘價值以及利率都可以被變更。只要這些參數有其中之一改變了，現金流便會跟著改變，而輸出的現值與內部報酬率也會改變。(以此方式「調整」輸入參數，通常被稱作敏感度分析。) 因此，決策者不需建立新的試算表就可以檢驗多種情境！等到我們瞭解輸出儲存格的意義之後，才會編碼定義這些儲存格。我們也會繼續在本書各處介紹試算表的功能。

2.3　金錢的時間價值

　　現金流圖表示某個專案計畫、某個帳戶或某個人的流入及流出。擁有金錢的人可以隨心所欲的花錢。某人可能會買票進戲院，土木工程公司則可能會買新的貨車給公司的工程師。這些購買行為會為購買者帶來效用或滿意度。這就是錢為什麼有價值的原因——它帶給我們效用。

　　不過，擁有金錢的人或公司可能不會選擇馬上將錢花掉；它們可以 (1) 將其保留在日後使用，或 (2) 拿去投資。這兩種選擇相當的不同，但是對於工程經濟學中被稱為**金錢的時間價值** (time value of money) 這個基本概念至關重要。

　　簡單的說，金錢的時間價值就是今天的一塊錢不等於明天的一塊錢的道理。雖然比較今天和明天的一塊錢的例子看起來微不足道，然而隨著進行比較的時間長度增加，差異便會更加明顯，這樣一來，今天的一塊錢在經濟上並不等於一個月或一年之後的一塊錢。在正常的狀況下，你應該會比較偏好今天的一塊錢。然後你可以 (1) 花掉它或 (2) 存起它。

　　如果你決定花掉這一塊錢，那麼，理論上，你會得到某些**效用** (utility)。效用是一種滿意程度的衡量指標，但只能由個人來定義。例如，某人可能會把錢花在新的電玩遊戲上，另一個人卻可能會拿去買一條糖果。事實上這兩個人都可以從其各自的購買行為中獲得相同的愉悅，我們可以將其描述為事實上這兩人擁有不同的效用函數，他們會從不同的事物中獲得不同程度的滿意度。通常，在工程應用中，工程公司會從節省成本或增加利潤中獲得效用，或從降低未來損失的可能性中獲得效用。

　　如果你決定不要把錢花掉，那麼你還有一些其他的選擇。你可以把錢放進銀行以進行投資，在銀行中錢會以某種速率增長，如此一來，在未來的某個時間點，這筆錢就不再只是一塊錢。這項改變是由銀行支付給你 (投資者) 的**利息** (interest) 所定義。或者你也可以將這筆錢塞進你的皮夾裡，然後就讓它經年累月的待在那裡。雖然這筆錢表面上看來可能並未改變，但是你會注意到你可能沒辦法再用這筆錢買下一樣多的東西，因為價格改變了。儘管就某些商品來說，實際上你也有可能買到比以往更多的東西。不過，比較有可能發生的情況是，你必須接受只能買到比以往少的東西。這種情境稱為購買力的改變，而購買力的改變通常是由於價格的改變。

這些例子提供了為什麼今天的一塊錢並非**在經濟上等值於** (economically equivalent) 明天的一塊錢的理由：利息與購買力。當我們說兩樣物品是等值的時候，表示我們並不在乎要持有哪一樣物品。也就是說，兩種選擇之間的差異是零。我們已經描述了某日的一塊錢在經濟上並不等值於未來 (或過去) 某個時間點的一塊錢的概念。因此，兩個時間點的一塊錢在經濟上並不是等值的。之前，我們也指出過，大多數工程專案計畫需要初始的投資，以求未來的節省成本或增加收入作為回報。因此，在決定是否要進行初始投資時，金錢的時間價值扮演了關鍵性的角色，因為它定義了這項投資是否在經濟上等值於未來的收入或節省。

2.4 利息與利率

利息可以代表成本或收入，取決於你是出借方還是借用方。如果你將錢儲存到某個存款帳戶中，銀行就會支付你 (存款人) 一筆被定義為利息的費用。你會收到這筆款項，因為銀行使用你的錢而支付你費用。(顯然地，你無法花用你的錢，如果它們正在銀行裡的話。) 反過來，銀行會透過抵押和貸款，將這些錢借給其他人或公司。在此種情況中，兩者的角色便反過來，銀行會向借款人收取利息。顯而易見地，銀行支付給你 (存款人) 的利息必然會少於銀行向其客戶 (借款人) 收取的利息，以便從中獲利。

不管利息是支付給存款人的收入，或是借款人所支付的成本，利息支付款項的計算都是相同的。利息支付款項的價值取決於牽涉到的本金總額以及利率。**本金** (principal) P 表示借款或貸款的金額，通常會被稱做資本 (capital)。**利率** (interest rate) i 則是在某一段期間針對借款所索取的費用對應本金的百分比。利率包含各式各樣的組成因素，包括基本利率、獲利率、損失風險以及管理支出等。基本利率是銀行在借用資金時所需支付的費率。因為銀行通常沒有足夠的存款來付給客戶的貸款，所以銀行也可能會借用資金。一般而言，銀行會向政府借用這些資金 (透過聯邦儲備銀行)，並以基本利率支付政府利息。因此，如果銀行要花 3.5%的利率獲取資金來貸款給客戶，銀行便會向客戶索取超過這個數值的利率，以從中獲利。如果銀行認為這貸款是有風險，則甚至有可能會提高利率。實際計算所需支付的利息則取決於借貸的契約條款。

2.4.1　單利

單利 (simple interest) 不牽涉到複利計算：所支付的利息直接是本金的某個比例。在數學計算上，在 N 期中，針對本金總額 P，所需支付的利息總額 I 爲

$$I = PiN \tag{2.1}$$

其中，利率 i 被定義爲每週期的某個百分比。因此，如果貸款與其累積的利息要在 N 期之後歸還，則所要歸還的總額爲

$$F = P + I = P + PiN = P(1+iN)$$

我們一定要確實將貸款期間對應到利率所定義的期間，因爲利率的定義取決於時間。以下例題將會描述此項概念。

 例題 2.4　單利

2004 年，波音宣布，將在 2007 年生產新型 7E7 Dreamliner (後來命名為 787)，其售價將會高達 1.275 億美元。[4] 如果某家新興航空公司，借了這些金額並且接受每年 5.5% 的利率 (單利)，請問這家公司的這筆借貸在 4 年後應支付多少錢？

解答　這筆貸款的現金流圖如圖 2.4 所示。這家航空公司取得貸款，並需在 4 年後還款。
4 年後所積欠的利息可以用公式 (2.1) 計算如下：

$$I = PiN = (\$127.5M)(0.055)(4) = 28.05M = 2,805 \text{ 萬美元}$$

未來總共要歸還的金額爲

$$F = P + I = \$127.5M + \$28.05M = 155.55M = 1 \text{ 億 } 5,555 \text{ 萬美元}$$

如果貸款要在第 4 年後的第 1 季結束後歸還，則利息會是

$$I = PiN = (\$127.5M)(0.055)\left(4+\frac{1}{4}\right) = 29.80M = 2,980 \text{ 萬美元}$$

額外多出的 1 季會造成利息費用多出 175 萬美元。

圖 2.4　取得貸款並在 4 年後還款的現金流圖

4　Hadhi, A., "U.S. Boeing to Sell New 7E7 Plane for up to US\$127.5M, " *Dow Jones Newswires,* February 24, 2004.

雖然這個例題很簡單，不過在實際操作上，通常不會採用單利的概念。也就是說，我們所需支付的利息通常是根據尚未償還的本金以及所累積的利息，我們將在下一節討論。

2.4.2　複利

與單利不同，複利 (compound interest) 是根據本金總額與所有先前隨時間而增生或累積的利息來支付。使用複利，所投資的資金會增長的遠比使用單利來得快速。同樣地，貸款的利息成本也會增長的快速許多。在一段時間之後所需支付的利息是取決於本金總額、利率、複利期間以及還款計畫。**複利期間** (compounding period) 代表產生利息款項的期間。如果利息並未支付，便會增加到之後的複利計算中。讓我們再次檢視例題 2.4，但是這次我們假設使用複利。

?? 例題 2.5　複利

請考量波音 787 之 1.275 億美元的購買成本，不過 5.5%的利率是以每年複利計算。如果貸款必需在 4 年後還款，請計算總共需支付的利息為何。

解答　這筆交易的現金流圖與圖 2.4 相同，但是利息款項的計算較為困難，因為利息是依據本金與所有增生的利息來計算。在第 1 年 (第 1 個複利期間) 年底，借款人積欠利息為

$$I_1 = Pi = (\$127.5\text{M})(0.055) = 7.0125\text{M} = 701 \text{ 萬 } 2,500 \text{ 美元}$$

然而，這筆貸款都不會被歸還，直到第 4 年結束，因此所產生的利息也不會被支付，而是使利息累積。在第 2 期 (年) 年底，所積欠的利息金額為

$$I_2 = (P + I_1)i = (\underbrace{\$127.5\text{M}}_{\text{本金}} + \underbrace{\$7.0125\text{M}}_{\text{增生的利息}})(0.055) = 7.3981875\text{M} = 739 \text{ 萬 } 8,187.50 \text{ 美元}$$

我們計算金額到分 (小數 2 位) 以便讓你能夠加以驗證。完整的複利時程如圖 2.5 的試算表所示。

	A	B	C	D	E	F	G
1	Example 2.5: Airplane Loan Analysis				Input		
2					Loan Principal	$127,500,000.00	
3	**Period**	**Interest Accrued**	**Total Owed**		Interest Rate	5.5%	per yr.
4	0	--	$127,500,000.00		Periods	4	years
5	1	$7,012,500.00	$134,512,500.00				
6	2	$7,398,187.50	$141,910,687.50		**Output**		
7	3	$7,805,087.81	$149,715,775.31		Total Owed	$157,950,142.95	
8	4	$8,234,367.64	$157,950,142.95	=C5+B6			
9			=$F$3*C7				
10							

圖 2.5　使用每年 5.5%的複利所累積的利息與積欠的貸款總額

這個例題應該說明了單利與複利之間的差異，因為所積欠的利息顯然相當地不同。在複利的例子中，除了原本的購買金額 1.275 億美元外，4 年後總共積欠的利息為 30,450,142.95 美元。此例的總金額比起單利的例子多出 2,400,142.95 美元。

要使用數學方法分析此種情況，我們可以利用單利的原理。在第 1 次複利期間 ($n=1$) 之後，積欠的利息金額相等於 1 期的單利：

$$I_1 = Pi$$

此時積欠的總金額 (本金 + 利息) 為

$$F_1 = P + I_1 = P + Pi = P(1+i)$$

圖 2.6 的現金流圖描繪了如果貸款要在第 1 期結束時償還的話，所需支付的款項。在現金流圖上以弧線連接兩個時間點 (第 0 期期末和第 1 期期末)，並標註利率，強調了總金額是以速率 i 增加的事實。

現在我們延伸此項分析，假設貸款並不會在第 1 期結束償還。在第 2 期結束時，積欠的利息金額是根據第 1 期的利息與本金計算。

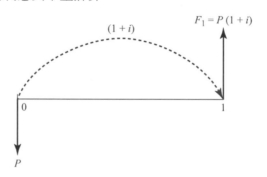

圖 2.6　初始貸款 P 以及在 1 期後的應付款項 F_1

針對單利，我們的計算會忽略第 1 期的利息。針對複利，增生的利息會被加入本金之中，使得第 2 期期末積欠的利息金額為

$$I_2 = (P + I_1)i = (P + Pi)i$$

數值 I_1 代表第 1 期增生的利息，會被加入到原始的本金中，使得第 2 期期末所積欠的總金額為

$$F_2 = P + I_1 + I_2 = P + Pi + (P + Pi)i = P + 2Pi + Pi^2 = P(1+i)^2$$

圖 2.7 描繪了如果貸款要在第 2 期期末償還，則經過兩個週期的複利計算後，所產生的應付款項 F_2。

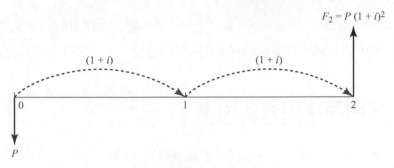

圖 2.7 在兩期的複利之後所需償還的貸款

　　要計算第 3 期期末所積欠的總金額，我們可以從所借貸的本金金額開始，然後計算每一期增生的利息金額，一如我們針對第 1 期與第 2 期所做的。不過檢驗圖 2.7 的兩期，我們便會瞭解到第 3 期期末積欠的總金額，就等於第 2 期期末累積的總額再加上 3 期的利息，或等於

$$F_3 = F_2 + F_2 i = F_2(1+i) = P(1+i)^2(1+i) = P(1+i)^3$$

顯而易見地，某種模式正在浮現出來。在針對本金 P、每個期間 n 以及利率 i，我們可以使用 N 期期末所積欠的本金加利息的總額 (F) 來描述一般性狀況，如圖 2.8 所示。F 通常會被稱爲現在 (時間零) 總額 P 的未來價值，因爲 F 包含了複利的影響。

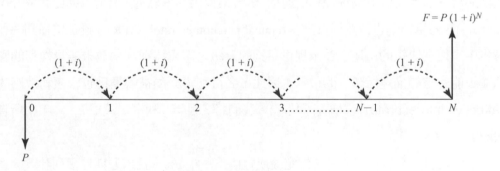

圖 2.8 N 週期複利的未來值

　　針對會累積利息的每一期，我們都乘以 $(1+i)$ 而得到

$$F = P(1+i)^N$$

回到例題 2.5，我們可以輕易的求出解答：

$$F = P(1+i)^N = \$127.5M(1+0.055)^4 = 1 \text{ 億 } 5{,}795 \text{ 萬 } 0{,}143.00 \text{ 美元 } (\approx 157.95M)$$

針對這筆貸款應付的利息爲

$$I = \$157{,}950{,}143.00 - \$127{,}500{,}000.00 = 3{,}045 \text{ 萬 } 0{,}143.00 \text{ 美元 } (\approx 30.45M)$$

這與我們在圖 2.5 中所看到的解答相同，圖 2.5 會計算出每一期應付的利息款項。請注意，計算應付的利息與積欠的金額，需要利率與複利期間相匹配，下一節將會加以討論。

2.5　名目利率與有效利率

我們已經描述過使用現金流圖來描述某項投資或借貸機會的一系列現金流量。在以下的章節中，我們會描述要如何操作這些現金流，並使用利息來評估。在計算中所使用的利率取決於複利週期以及借貸或投資的現金流發生時間點。因此，我們必須對於不同類型的利率以及這些利率要如何轉換成適合分析的利率有所瞭解。

當你為了向銀行貸款而查詢利率時，銀行可能會提供給你兩個數字。這怎麼可能？銀行難道允許你挑選較低的利率來貸款嗎？雖然能夠用較低的利率會是件好事，不過銀行所提出的這兩種利率通常是等值的。由於各式各樣的原因，包括行銷目的、借貸與投資機會通常會以名目利率及有效 (實際) 利率兩種形式進行宣傳。

2.5.1　名目利率

金融機構通常會以年度為基準，不計入複利的影響來提供利率數據，這稱為**名目利率** (nominal interest rate)。名目利率也稱做年百分率 (annual percentage rate，APR)。雖然這種利率普遍出現在廣告中，但在決策的用途上並未提供足夠的資訊，因為這種利率並未考量複利的影響，使得它並不能完整的描述所產生的付款。因此，名目利率必須被轉換為包含複利效應的**有效利率** (effective interest rate) (或稱實際利率)。我們將名目年[5] 利率定義為 r，一年中所包含的複利次數則為 M。

使用上述定義，名目利率通常會被定義或宣傳為每年 $r\%$，且以週期性複利計算。這些措辭通常會被簡化為「$r\%$，週期性複利」。在此，複利有可能每年、每季、每月、每週、每日、或連續性地出現。例如，「12%，每月複利」的 12% 是一種名目年利率。對於任何離散的複利期間且一年有 M 次複利來說，

$$i = \frac{r}{M} \tag{2.2}$$

定義了每個複利期間 (由 M 所定義) 的利率，亦即每個複利期間的有效利率。我們馬上便會討論連續性的複利。在下個例題中，我們會描述如何轉換成有效利率。

---

[5]　請注意，名目利率不一定是年利率。然而，因為在實務上我們最常以年利率的方式定義名目利率，在本書中我們假設其為年利率。

例題 2.6 名目利率

第一量子礦業公司 (First Quantum Minerals, Ltd.) 針對其礦業營運，向渣打銀行取得 3,000 萬美元的信用額度。這項信用額度的利率為倫敦銀行同業拆借利率 (London Inter-Bank Offered Rate；LIBOR) 加上 2.5%，而且要每季還款。[6] 假設 LIBOR 設定為每年 1.37%，所以每年的名目利率為 1.37%+2.50%=3.87%。假設複利是以每季計算，試求有效的季利率。

解答 使用每季複利計算，以公式 (2.2) 定義的每季利率 (i_q) 為

$$i_q = \frac{r}{M} = \frac{0.0387}{4} = 0.009675$$

這意味著每季 0.97%的利率

> **永遠要馬上將名目利率轉換為有效利率！**

同樣的，我們也可以將已知每個複利期間的利率乘以一年中的複利次數，來將之轉換為名目利率，如下例所示。

 例題 2.7 再次檢視名目利率

我們再次檢視前一例題，不過這次我們假設提供給第一量子礦業公司 (Quantum Minerals) 的貸款利率是以季利率 2.78%計算。請問其名目利率為何？

解答 使用公式 (2.2) 求解名目利率 r，我們會發現

$$r = i_q M = (0.0278)(4) = 0.1112$$

或 11.12%，每季複利計算。

正如上述例題所顯示，在比較或分析的用途上，名目利率並沒有什麼用處，因為名目利率並未呈現交易中所牽涉到的有效利率 (以及由此而生的應付款項)。在分析上，我們需要有效 (實際) 利率。因此，我們建議你立刻將名目利率轉換為複利期間的有效利率，也就是 r/M。一旦求出有效利率，我們就可以將之轉換為所需期間的有效利率以進行分析，說明如下。

[6] Thomas, S.,"First Quantum Completes US$30M Loan Facility for Bwana Mkubwa," *Dow Jones Newswires,* November 27, 2002.

2.5.2 有效利率

有效利率 (effective interest rate) 或稱實際利率,也稱為投資的獲利或貸款的真實成本,它遠比名目利率來得有用,因為它們結合了複利的效果。我們已經說明過 r/M 是由 M 所定義的每個複利期間的有效利率。因為名目利率通常是以年度為基準來定義,因此定義有效年利率 i_a 會是很有用的。

請考量每月複利 ($M = 12$) 的名目利率,則

$$i_m = \frac{r}{12}$$

為有效月利率。我們可以利用現金流圖將此月利率轉換為有效年利率。針對月 (有效) 利率,在一年中本金會複利 12 次。我們要回答的問題是「多少利率會讓 P 在一年中累計到總金額 F?」我們將此情形描繪於圖 2.9,圖中的小弧線代表每月的複利計算,而大弧線則代表年度的複利計算。

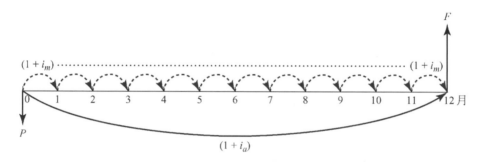

圖 2.9　使用有效月利率與有效年利率的複利計算

檢視此圖,我們可以寫下兩個**等值公式**。首先,對於有效月利率,我們可得

$$F = P(1+i_m)^{12}$$

接著,有效年利率可得

$$F = P(1+i_a)$$

前二個 F 公式是相等的,再除以 P 值,便會得到下列等式

$$(1+i_m)^{12} = (1+i_a)$$

如此可得

$$i_a = (1+i_m)^{12} - 1$$

因此,很明確地,我們可以繪製任兩個利率的現金流圖,然後找出等值的公式。一般而言,有效年利率可以由一年中複利 M 次的名目 (年) 利率求得,如下列公式:

$$i_a = \left(1 + \frac{r}{M}\right)^M - 1$$

　　可想見的是,我們可能會需要一個並非以年為期間的有效利率。假設名目年利率為 12%,每月複利計算。從我們前面已經學會的觀念與方法可知,這句話可轉變成每個月 0.12/12=0.01 (或是 1%) 的有效月利率。如果我們想要知道半年的有效利率又如何求得?這問題可描繪在圖 2.10。

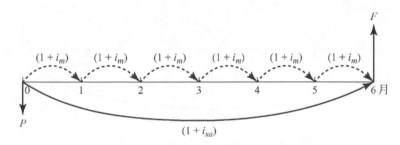

圖 2.10　使用有效月利率與有效半年利率的複利計算

有效月利率在半年內會複利 6 次,這等同於每 6 個月的有效利率 (i_{sa}) 如下:

$$i_{sa} = (1+i_m)^6 - 1 = (1+0.01)^6 - 1 = 0.0615 = 每 6 個月 6.15\%$$

　　如果我們想要計算有效年利率又該如何求得?我們可以套用公式,或是可以採用每年複利 12 次的月 (有效) 利率,或是每年複利兩次的半年 (有效) 利率。我們將這三種情形一起繪製於圖 2.11。

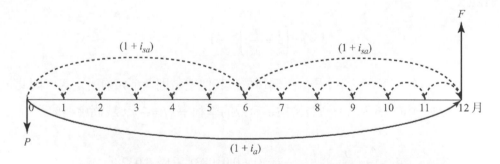

圖 2.11　使用有效月利率、有效半年利率以及有效年利率的複利計算

　　如此一來,使用 i_m (有效月利率),我們可以計算出等值的 i_a (有效年利率) 為

$$i_a = (1+i_m)^{12} - 1 = (1+0.01)^{12} - 1 = 0.1268 = 每年 12.68\%$$

或者,使用 i_{sa} (有效半年利率),如

$$i_a = (1+i_{sa})^2 - 1 = (1+0.0615)^2 - 1 = 0.1268 = 每年 12.68\%$$

　　當我們要從較長複利期間的利率轉換到較短期間時，這個方法也同樣適用。假設你已知年利率 12%，每年複利，而你想要求出有效的季利率 (i_q)。圖 2.12 顯示代表兩種複利期間的現金流圖。

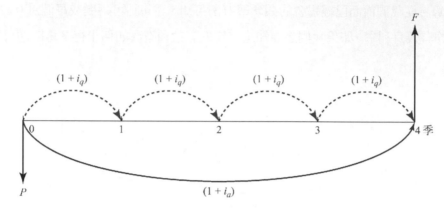

圖 2.12　使用季利率與年利率計算複利

　　一如前述，我們將兩種複利期間的有效利率放入公式如下：

$$(1 + i_a) = (1 + i_q)^4$$

則

$$i_q = (1 + i_a)^{\frac{1}{4}} - 1 = (1 + 0.12)^{\frac{1}{4}} - 1 = 0.0287 = 每季 \, 2.87\%$$

本質上，有效利率可以轉換爲任何期間的對等有效利率。現金流圖可描繪此種轉換，並可整理爲下列公式

$$i = \left(1 + \frac{r}{M}\right)^{lM} - 1 \tag{2.3}$$

利率 i 是 l 期間的有效利率，其中 l 是以年爲單位，其他變數則全都如前所定義。因此，要將名目年利率 r=13%，每月複利 $(M$=12$)$ 轉換爲有效的季利率 $(l = \frac{1}{4})$，我們會寫成

$$i_q = \left(1 + \frac{0.13}{12}\right)^{(\frac{1}{4})(12)} - 1 = (1 + 0.01083)^3 - 1 = 0.0328$$

$$= 每季 \, 3.28\%$$

請不要被這條公式嚇到了。數值 (0.13/12) 只是將名目年利率 (r) 轉換爲有效的月利率 (i_m)，而冪次項 (1/4)(12)=3，則只是將月利率複利 3 次，因爲 1 季共有 3 個月。這與前面描述的先繪製現金流圖再分析有效月利率及有效季利率是完全相同的計算。

　　公式 (2.3) 可以用來轉換離散型期間的利率，例如日、週、月、季或年。但是利息可能是連續性的複利。這會對於公式 (2.3) 造成怎樣的改變？如果利率是以連續性的複利計算，則在

一年內就會有無窮多次的複利。讓我們將焦點放在有效的年利率上，令公式 (2.3) 中 $l = 1$ 而 M 則趨近於無窮大 $(M \to \infty)$。對連續性的複利來說，

$$i_a = \lim_{M \to \infty} \left(1 + \frac{r}{M}\right)^M - 1 \tag{2.4}$$

要分析此公式，我們注意到指數 e 的定義為

$$e = \lim_{x \to 0} (1 + x)^{1/x} \approx 2.718281828$$

在公式 (2.4) 中，因為 $M \to \infty$，故 $r/M \to 0$。因此，要套用 e 的定義，我們可以將公式 (2.4) 改寫為

$$i_a = \left[\lim_{M \to \infty} \left(1 + \frac{r}{M}\right)^{M/r}\right]^r - 1$$

經此設計 $(r/M = x)$，方括號中的算式會化簡為 e，於是上式變成

$$i_a = e^r - 1 \tag{2.5}$$

因此，若已知連續性複利的名目利率 r，我們便可以用公式 (2.5) 求出有效年利率。如果我們需要不同期間 l 的有效利率，其中 l 定義為一年的某個比例，則此公式可以化簡為

$$i = e^{lr} - 1$$

例如，如果我們需要有效半年利率，則 $l = 0.5$，有效的半年利率就是 $i_{sa} = e^{r/2} - 1$。我們會在下個例題中描述連續性複利的計算。

例題 2.8　連續性複利

安森美半導體公司 (ON Semiconductor Corp.) 在 2003 年秋季重新籌措了 3.69 億美元的銀行貸款，利率為 LIBOR 加上 3.25%。[7] 假設 LIBOR 為 1.5%，則這筆貸款的利率為每年 4.75%，若使用連續性複利。試求其有效年利率與半年利率。

解答　有效年利率可由公式 (2.5) 來定義：

$$i_a = e^r - 1 = e^{0.0475} - 1 = 0.04865 = 每年\ 4.87\%$$

---

[7]　Park, J., "ON Semiconductor Refinances \$369M of Credit Facilities," *Dow Jones Newswires,* November 26, 2003.

而有效半年利率則是

$$i_{sa} = e^{r/2} - 1 = e^{0.0475/2} - 1 = 0.02403 = 每六個月 \ 2.4\%$$

其他不同期間的離散型有效利率計算方式也類似。

2.5.3 比較利率

在比較利率時，我們必須使用相同複利期間的有效利率。名目利率不應該用來進行比較。運用前幾節的觀念與方法，我們可應用下列規則來進行比較：

- 透過將名目利率除以一年的複利次數，將所有的名目利率都轉換為複利期間的有效利率：
$$i = r/M。$$
- 將已知複利期間的有效利率轉換為另一個較長複利期間的有效利率。如果較短複利期間的有效利率在較長的期間中會複利 N 次，則
$$(1 + i_{longer}) = (1 + i_{shorter})^N$$
- 將已知複利期間的有效利率轉換為另一個較短複利期間的有效利率。同樣地，如果較短複利期間的有效利率在較長的期間中會複利 N 次，則
$$(1 + i_{shorter}) = (1 + i_{longer})^{1/N}$$

我們應該繪製現金流圖來確保這些轉換是正確的。在下個例題中，我們會從兩種觀點描述此方法。

?? 例題 2.9 比較利率

營造業的設備有可能非常昂貴。例如，特羅蒙德工業公司 (Toromont Industries, Ltd.) 的 CAT 部門在 2004 年初，以大約 1,200 萬加幣將 33 具卡特彼勒 (或稱開拓重工) (Caterpillar) 設備出售給加拿大拉法基公司 (Lafarge Canada, Inc.)，其中包括鋪路設備、壓土機、剷土機、非公路用卡車、平路機以及挖土機等。[8] 雖然我們並不知道這項購案的細節，但通常買家付款方式有許多選擇。假設經銷商以利率為 18%，每月複利的融資 (透過貸款) 提供給買方購買這些設備。或者，買方也可以向某家當地銀行尋求貸款，這家銀行提供 17% 的 APR，連續性複利。請問哪一種利率較佳？

🔍 **解答** 首先，不要只因為 17% 少於 18%，就落入陷阱而接受銀行的利率。這兩種利率都是名目利率，因此無法相比較。兩種利率都必須先轉換成相同期間的有效利率以進行比較。

永遠不要拿 r 來比較！

---

[8] Tsau, W.," Toromont Announces C\$12 million CAT Equipment Order,"*Dow Jones Newswires,* February 9, 2004.

我們先考量經銷商的利率 $r=18\%$，每月複利計算。這意味著有效月利率為

$$i_m = \frac{r}{M} = \frac{0.18}{12} = 0.015 = 每月1.5\%$$

針對銀行提供的利率，我們可以使用公式 (2.5) 來將連續性複利轉換為有效年利率：

$$i_a = e^r - 1 = e^{0.17} - 1 = 0.1853 = 每年18.53\%$$

現在，我們必須判斷 1.5% 的有效月利率是否比 18.53% 的有效年利率來得便宜。讓我們以年為複利期間來比較兩種利率。由於有效月利率在一年中會複利 12 次，所以其對等的有效年利率為

$$i_a = (1 + 0.015)^{12} - 1 = 0.1956 = 每年19.56\%$$

因此，銀行提供給這家工程公司的利率較為便宜。請注意，我們也可以將銀行的有效年利率轉換為有效月利率來得到相同的結論。

$$i_m = (1 + 0.1853)^{\frac{1}{12}} - 1 = 0.0143 = 每月1.43\%$$

我們的決策依然相同，因為銀行所提供的每月 1.43% 有效利率比經銷商的 1.5% 要來得便宜。

　　請注意，上述兩種分析都會得到同樣的結論，亦即銀行提供的利率要來得實惠許多。我們的決策總是相同的，因為這兩種分析是相等的。因此，我們最好選擇一個易於計算的複利期間來進行分析，因為最後的決策並不會受影響。此項分析的關鍵在於要使用相同的複利期間來比較有效利率。

2.6 現金流的時間性與利率

就如我們在前一節所說明的，兩種利率只有當它們都是使用相同複利期間的有效利率時才能相互比較。同樣地，我們也只有在利率的複利期間與現金流發生的間隔時間相符時，才有辦法分析現金流圖。也就是說，如果我們的現金流是每年發生，我們就需要使用有效年利率。如果我們可用的是有效季利率，我們就需要有每季的現金流。在下列兩種狀況下，我們可能需調整有效利率或現金流發生的時機，以達到平衡：

1. 利率的複利次數比現金流的出現來得頻繁 (即複利期間小於現金流出現的間隔時間)。
2. 現金流的出現比利率的複利次數來得頻繁 (即複利期間大於現金流出現的間隔時間)。

在第一種情況中，我們必須調整利率的複利期間以符合現金流發生的時間；第二種情況除了可考慮調整利率的複利期間以符合現金流發生的間隔時間，也可調整現金流出現的間隔時間。我們將用例題來解釋這兩種狀況。

2.6.1　複利期間小於現金流出現的間隔時間

在前一節中，當我們為了比較的目的而調整利率時，其實已經間接地說明了此種情形。在此種情況下，存入帳戶的存款可以賺取多個複利期間的利息，為了使下一章所要進行的分析與計算更容易，我們可以調整複利期間以符合現金流發生的間隔時間。我們已經詳盡描述此程序的數學方法，現在則提供另一個例子以說明此概念。

 例題 2.10　複利期間小於現金流出現的間隔時間

田納西河谷管理局 (Tennessee Valley Authority，TVA) 和肯塔基州及伊利諾州的高含硫煤礦供應商簽下多筆合約，以確保其位於肯塔基州天堂鎮 (Paradise) 的發電廠 3 號發電機的燃料供應。TVA近來也安裝了「洗滌機」，以便能夠在符合聯邦污染標準的情況下，燃燒該區的高含硫煤。在這些合約中，肯塔基州斯洛特 (Slaughters) 的資源銷售公司 (Resource Sales) 將會在 20 年中，每年供應 120 萬噸的煤。這份合約的價值為 8.03 億美元。[9] 雖然煤礦是每週運送，但假設從 2004 年 1月開始，每月支付資源銷售公司應付款項。每年的利率為 11%，連續性複利。

🔍 **解答**　根據此項合約，TVA 在合約期間每一噸煤要支付 33.46 美元。在每個月送交 10 萬噸煤的情況下，意味著每個月的應付款項為 334.6 萬美元。TVA 的一系列成本如圖 2.13 的現金流圖所示。

圖 2.13　購買煤的每月應付款項

　　由於利率是連續性複利，所以複利期間比現金流發生的間隔時間 (每月) 要來得短。因此，我們可以將利率轉換為有效的月利率，以便進行分析。月利率為

$$i_m = e^{r/12} - 1 = e^{0.11/12} - 1 = 0.0092 = 每月\,0.92\%$$

此時，這項有效月利率可以直接使用在現有的現金流圖上，因為現金流的間隔時間 (每月) 與複利期間 (每月) 相同。

9　"VA OKs Contracts Worth up to $3B for Ky Coal Operators," *Dow Jones Newswires,* November 12, 2003.

2.6.2 複利期間大於現金流出現的間隔時間

利率的複利期間也有可能長於現金流出現的間隔時間。例如，如果我們每天都將錢存到會每月支付利息的帳戶中，則現金流出現的間隔時間就會比利率的複利期間要來得短。這種情況會引致一些情境：

1. **每筆款項在存入後，就會賺取到利息。**在我們的簡單例子中，這意味著銀行會提供可以用來計算利息的有效日利率。這種情境類似於複利期間小於現金流出現的間隔時間的情況，因為現金流出現的間隔時間會維持不變，而有效利率的複利期間則會改變。

2. **將現金流出現的間隔時間調整成和複利期間相同。**但這在現實情況未必可行，例如在例題 2.10 中，合約規定應付款項需每月支付，使得現金流的出現間隔時間無法被調整。因此，我們通常習慣於以現金流出現的間隔時間為基準，而讓複利期間被調整成一致。

?? 例題 2.11 複利期間大於現金流出現的間隔時間

TVA 也和 Alliance Resource Partners 簽下 20 年 10.7 億美元的合約，以每年從該公司取得 150 萬噸的煤。[10] 假設這筆合約的款項支付為每月 446 萬美元 (首筆款項支付於 2004 年一月底)，但是利率是每年 12%。

解答 圖 2.14 描繪了在這筆煤供應合約下的現金流圖。即其現金流是每個月發生，利率卻是每年複利。此時，現金流受合約限制而無法改變其出現的間隔時間，我們需將利率轉換為有效月利率

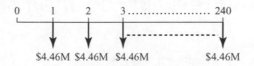

圖 2.14 購買煤的每月款項

針對例題 2.10 與例題 2.11 的兩種情境，我們可以經過調整而令現金流與複利期間能同步相符，以使得現金流間隔時間與複利期間兩者相等。

---

[10] "TVA OKs Contracts Worth up to $3B for Ky Coal Operators,"*Dow Jones Newswires,* November 12, 2003.

2.7 重點整理

1. 現金流代表金錢流入或流出某個帳戶。現金流圖是用來描繪隨著時間而出現的一系列現金流，並且以財務層面描述工程專案計畫。

2. 我們可以將現金流描述爲離散性的，其乃是在單一時間點發生的現金轉移；或可描述爲連續性的，其中現金流會在某段期間內以某個速率流入或流出某個帳戶。

3. 在工程經濟學分析上，試算表是一種功能強大的工具。試算表由儲存格所構成，儲存格由行與列所定義，我們可以在其中輸入各式各樣的資料及參數。我們應永遠將輸入及輸出值放置於資料中心，以便讓我們能夠用不同的參數重新利用同一份試算表。

4. 我們可以輸入資料、變數以及函數到試算表中，以建立分析用的現金流圖。絕對性參照會將一個儲存格的內容複製到另一個儲存格中。相對性參照會根據被複製的儲存格與其參照間相距的列數及欄數，將資料從一個儲存格轉譯到另一個儲存格。

5. 金錢的時間價值描述了金錢在不同時間的價值變更。我們可以把錢花掉 (使用者會得到效用)、拿去投資 (它將會增長)、或是持有它。

6. 利息是因爲向別人借錢所付出的費用，或是因爲借錢給別人所得到的收入。所支付的利息取決於利率的高低。

7. 單利只根據本金的總額計算應付的利息款項。複利則會根據本金與增生的利息來計算應付款項。

8. 名目利率通常是以年利率呈現，它不包含複利的影響。有效 (實際) 利率則包含了複利計算的影響。

9. 在比較利率時，我們應該使用相同期間的有效利率。

2.8 習題

2.8.1 觀念題

1. 什麼是現金流？

2. 利息是一種支出，還是收入？試解釋之。

3. 現金流圖的用途爲何？

4. 什麼是金錢的時間價值？

5. 單利與複利的差別爲何？

6. 名目利率與有效 (實際) 利率有何關連？哪一種利率比較有用？試解釋之。

7. 怎樣的利率才可以相互比較？

8. 在閱讀本書的習題時，你應對於我們所提供的現金流及利率做出何種假設？

2.8.2　習作題

1. 請針對下列情況，繪製個別現金流圖以及淨現金流圖：

   (a) 於時間零投資 10 萬美元，未來 5 年每年會產生 50,000 美元的收入以及 2,000 美元的支出。

   (b) 簽訂一筆爲期 2 年的租約，內容爲未來 2 年內每個月需支付 5,000 美元的租金。

   (c) 於時間零以 25,000 美元購置某部設備。這部設備第 1 年的營運與維護 (O&M) 費用爲 1,000 美元，自第 2 年起連續 4 年每年的 O&M 費用會比前一年增加 500 美元。這項資產會在第 5 年年底以 2,000 美元售出。

   (d) 某公司預計以 4 季 (即 1 年) 的時間建造某項設施，每季的投資金額爲 25 萬美元。在這項設施完成後 (即 1 年後) 才開始營運並有營收。假設設施完成後的第 1 季結束時，該公司的淨收入爲 40,000 美元，且之後每季預期會比前一季增加 2.4%。這項設施會在營運 5 年結束時關閉，並需成本 10,000 美元處理善後。

   (e) 連續 3 年每年存入 75,000 美元到某個帳戶中，而在第 3 年結束時提領 235,000 美元。

   (f) 花費 50 萬美元開發某項新產品。收入部份：第一年爲 10 萬美元，自第 2 年起至第 5 年每年會比前一年增加 10,000 美元，自第 6 年起連續 5 年每年收入比前一年減少 12,000 美元。支出部份：第 1 年的支出爲 15,000 美元，而在這項產品的有效壽命期間 (10 年)，每年支出預計會比前一年增加 3.2%。這項專案計畫並沒有殘餘價值。

   (g) 以面值 10,000 美元購買某項債券，該債券會在未來 5 年內，每 6 個月支付 350 美元的利息。這項債券到期 (成熟) 時會歸還面值的總額給購買者。

   (h) 某人於時間零向銀行貸款 95,000 美元，分 6 年償還，每年還 18,000 美元。

   (i) 在 2005 年底，投資 1,500 萬美元的礦場啓用，在未來 7 年內，每月會產生 300 萬美元的收入以及 120 萬美元的支出。在這座礦場結束營運後，要支付 100 萬美元的復原費用。

   (j) 投資 200 萬美元購買某項資產，這項資產的營運成本爲每年 12.5 萬美元，在第 5 年結束時以 50,000 美元售出。

2. 某筆 25 萬美元的貸款，以單利計息，且要在第 1 年結束時還款。假設年利率爲 7.3%，請問應還多少錢？若貸款時間分別爲 2 年和 $3\frac{1}{2}$ 年，請重新計算各應還多少錢。

3. 一筆 15 萬美元的貸款，以單利計息，若在 4 年後償還 17.5 萬美元。請問年利率爲何？

4. 一筆 85,000 美元的貸款，年利率 4.5% (複利)，要在 5 年後一次償清。請繪製一份表格，定義每年年底所增生的利息以及所積欠的總額。

5. 某筆 40,000 美元的貸款，半年利率 3.8%，若要在 3 年後一次還清。請問這筆貸款總共要支付多少利息？

6. 廣告宣稱 6.25%的利率，每月複利計算。試求

   (a) 有效月利率。

   (b) 有效季利率。

   (c) 有效半年利率。

   (d) 有效年利率。

7. 廣告宣稱 9.5%的利率，每季複利。試求

   (a) 有效季利率。

   (b) 有效半年利率。

   (c) 有效年利率。

   (d) 有效月利率。

8. 廣告宣稱 8.0%的利率，每年複利。試求

   (a) 有效年利率。

   (b) 有效月利率。

   (c) 有效季利率。

   (d) 有效半年利率。

9. 廣告宣稱 7.45%的利率，連續性複利。試求

   (a) 有效日利率。

   (b) 有效月利率。

   (c) 有效季利率。

   (d) 有效半年利率。

   (e) 有效年利率。

10. 廣告宣稱每季 3.2%的利率，試求名目 (年) 利率。

11. 廣告宣稱每月 1.55%的利率，試求名目 (年) 利率。

12. 廣告宣稱每年 10.2%的利率，試求名目 (年) 利率。

13. 以下兩種貸款何者較便宜？每月 1.25%，還是 12.0%且每季複利？

14. 以下兩種投資何者較佳？8.3%且每半年複利，還是每季 2.1%？

15. 以下兩種貸款何者較便宜？每年 7.35%，還是 7.25%且每半年複利？

16. 以下兩種投資何者較佳？每季 4.35%，還是 15.3%且連續性複利計算？

17. 請針對下列情形繪製個別現金流圖以及淨現金流圖：

(a) 電腦科學公司 (Computer Sciences Corp.) 取得 1.5 億美元的合約來提供美國財政部資訊科技服務。[11] 假設這是一筆為期 5 年的合約，財政部每年年底支付等額現金。

(b) 臺灣佳凌科技公司 (Calian Technology, Ltd.) 的系統工程部門取得 1,600 萬加幣的合約，以提供加拿大太空局的人造衛星營運理事會在營運與維護的服務。[12] 假設 2005 年 9 月為時間零，預計從 2005 年 10 月到 2007 年 9 月每月等額付款。

(c) 奧克拉荷馬州奧克拉荷馬市的戴文能源公司 (Devon Energy) 在 2003 年以 53 億美元買下海洋能源公司 (Ocean Energy)，成為全美最大的獨立石油及天然氣生產商。[13] 假設海洋能源在被戴文買下前，每日可生產 200,000 桶石油或石油相關物，每桶石油售價 40 美元，而生產一桶石油的成本則是 14 美元。在 10 年結束時，戴文公司將會以 5 億美元將這些油田售出。假設現金流在年底發生 (每年 250 個生產日)。

(d) 地平線航空公司 (Horizon Air) 簽訂了一項合約，以總價 2.94 億美元向龐巴迪公司 (Bombardier) 購買 12 架 Q400 渦輪螺旋槳飛機。[14] 假設這些飛機每天平均會飛行 3 趟，載客率 60% (這型飛機能載運 70 人)，其中每個座位可以獲得 35 美元的淨收入 (收入減去營運成本)。請將淨收入總結為每月的總額 (每個月 30 天)，假設這些飛機在 5 年後會以原價的 40% 賣出。

(e) 請調整你前一題的答案，這次假設每年的載客率會成長 10% (但是同一年度中每個月份的載客率都相同)，第 1 年開始的載客率為 40%。

(f) 加拿大環境管理方案公司 (Environmental Management Solutions, Inc.) 與史谷脫紙業公司 (Scott Paper, Ltd.) 簽訂了一份 5 年 1,200 萬加幣的合約，以處理並丟棄該公司位於魁北克瑰柏翠市 (Crabtree) 的工廠所產生的脫墨殘餘廢料。[15] 假設這些收入是平均分配在 5 年內。

(g) 富豪汽車公司 (Volvo) 2005 年宣布在印度市場售出約 400 台巴士。[16] 假設總共有 402 台巴士以漸增的方式售出，一月份賣出 6 台，其後每個月成長 5 台，直到十二月份。假設收入是在車輛售出時得到。

---

[11] Paige, M.," NEWS WRAP:Computer Sciences Wins US Treasury Order, " *Dow Jones Newswires,* December 1, 2005.

[12] McKinnon, J.,"Calian Gets C$19M in Two Satellite-Related Operations and Maintenance Contracts," *Dow Jones Newswires,* September 23, 2005.

[13] Devon Energy's holistic strategy for growth redefines the art of getting bigger via mergers and acquisitions," *Oil & Gas Investor*, p. 16, March 1, 2005.

[14] Zachariah, T.," Horizon Air Signs for 12 Bombardier Q400 Airliners," *Dow Jones Newswires,* October 19, 2005.

[15] Tsau, W.,"Environ Mgmt Signs 5-Yr Contract with Scott Paper, " *Dow Jones Newswires,* August 11, 2005.

[16] Pfalzer, J.,"Volvo Says Should Sell about 400 Coaches in India in 2005, " *Dow Jones Newswires,* December 14, 2005.

18. 法航、EDS 與 eBay 都向昇陽訂購新的低耗能 T1000 及 T2000 伺服器。[17] 假設 eBay 以每台 18,000 美元的價格購買 12 台伺服器,當下並未支付任何款項,而是在第 1 年年底支付 228,960 美元,以完成該公司的合約款項。請問有效年利率爲何?請問有效月利率爲何?如果 eBay 決定在第 5 年年底前不支付任何款項,那麼如果利率相同的話,到時該公司會積欠多少錢?

19. 美國威斯康辛州的亞當 (Adams) 郡道路委員會購買了一台 34 萬美元的 Bomag MPH454R 回收機以磨碎柏油鋪面,然後將其混合新的添加物以製作新的且結構性更佳的路基。亞當郡與鄰郡共用這台機器,以減少高昂的購置成本。[18] 假設某家當地銀行提供利率 5%,每日複利,來購買這台機器。假設郡方會在第 4 年年底一次還清本金加利息,請問總共需要支付的利息爲多少?如果有另一家當地銀行提供利率 5.4%,半年複利,請問郡方應該要接受第二家銀行的新條件嗎?

20. 台積電 (TSMC) 在 2005 年秋季,以 5,420 萬歐元向荷蘭半導體設備製造商艾司摩爾 (ASML) 購買曝影機。[19] 如果台積電以每年 5.75%的利率取得貸款,請問如果該公司在一年後償清貸款 (一次還款),較之在兩年後還款 (同樣的,一次還款),該公司能省下多少利息?

21. 假設某位歐洲的農夫想要升級其設備,以 25 萬歐元的價格添購一台科樂收公司 (Claas) 新的多功能收割機。[20] 某家當地銀行提供利率 8.5%,連續性複利,而某家網路銀行則提供每月 0.75%的有效月利率。若完全根據成本來考量的話,這位農夫應該要採取哪一種貸款?

22. AltaSteel, Ltd.花費 1,600 萬加幣購買了一組 8 站的 Danieli 粗軋機組,以升級其棒材工廠的設備。[21] 假設 AltaSteel 考量兩種財務來源:一家地方銀行提供利率 6.5%,連續性複利,另一家商業銀行則提供利率 6.6%,每季複利計算。請問 AltaSteel 應採用何種貸款?

2.8.3 選擇題

1. 某項專案計畫的年收入預期會從第 1 年的 10 萬美元開始,以每年 3%的速率增長,其營運與維護成本預計會保持 75,000 美元不變。則第 3 期的淨現金流最接近於
   (a) 25,000 美元。
   (b) 34,273 美元。
   (c) 31,090 美元。
   (d) 27,318 美元。

---

[17] Boslet, M.,"Sun Micro Expected to Unveil Two Low Power Servers, " *Dow Jones Newswires*, December 6, 2005.

[18] "Bomag's Re-Sized Road Reclaimer Digs In, " *Better Roads Magazine,* www.betterroads.com, January 2002.

[19] "Taiwan TSMC Buys Lithography Machinery for 54.2 Mln Euro from Dutch ASML," *Dutch News Digest,* October 6, 2005.

[20] Milne, R.,"Claas reaps benefits of move into tractors, " *The Financial Times,* London Edition, p. 23, July 18, 2005.

[21] Tsau, W.,"Stelco's AltaSteel Announces Bar Mill Expansion, "*Dow Jones Newswires,* March 29, 2005.

2. 每個產品的單位售價是 15 美元，單位成本爲 9.50 美元，而每期的固定成本爲 10,000 美元。如果每期能售出 20,000 個產品，請問每期的淨現金流爲多少？
   (a) 110,000 美元。
   (b) 100,000 美元。
   (c) 120,000 美元。
   (d) 90,000 美元。

3. 某個帳戶每季會支付 2% 的單利。如果我們在時間零存入 100 美元，請問在一年後該帳戶中會有多少錢？
   (a) 102 美元。
   (b) 104 美元。
   (c) 106 美元。
   (d) 108 美元。

4. 如果固定生產成本爲每季 50 萬美元，而每個產品的淨收入爲 125 美元，則請問每期至少要售出多少個產品，才會得到正值的淨現金流？
   (a) 4000。
   (b) 3500。
   (c) 少於 3000。
   (d) 多於 5000。

5. 某資產 (設備) 運轉的最後一年，其生產成本爲 30,000 美元，而銷售收入爲 50,000 美元，並在最後的殘餘價值爲 25,000 美元。則該年的淨現金流爲
   (a) 45,000 美元。
   (b) －5,000 美元。
   (c) 5,000 美元。
   (d) 75,000 美元。

6. 在每年 4% 單利的帳戶中存入 20,000 美元。4 年後，該帳戶中的總金額最接近於
   (a) 20,000 美元。
   (b) 26,900 美元。
   (c) 超過 30,000 美元。
   (d) 23,200 美元。

7. 12%，每月複利等同於
   (a) 有效月利率爲 1%。
   (b) 有效季月利率爲 4%。
   (c) 有效年利率爲 12%。
   (d) 有效月利率爲 0.08%。

8. 每月 2%的利率等同於

    (a) 有效季月利率爲 6%。

    (b) 每年 24%的名目利率，每月複利計算。

    (c) 有效年利率爲 24%。

    (d) 以上皆非。

9. 每週 0.25%的有效利率最接近於

    (a) 有效年利率爲 13.86%。

    (b) 有效年利率爲 13.00%。

    (c) 每年 13.86%的名目利率，每週複利。

    (d) 以上皆非。

10. 3.5%的有效半年利率等於

    (a) 有效年利率爲 7.12%。

    (b) 每年 7%，每半年複利。

    (c) (a) 與 (b) 皆正確。

    (d) 以上皆非。

11. 名目利率每年 14%，每年複利等同於

    (a) 有效月利率爲 1%。

    (b) 有效半年利率爲 7%。

    (c) 有效年利率爲 14.12%。

    (d) 有效年利率爲 14%。

12. 某家網路銀行以每季 1.5%的利率提供貸款，而某家當地銀行則廣告宣稱每年利率 6%，每月複利。請問下列何者爲眞？

    (a) 網路銀行的利率較高。

    (b) 兩種利率相等。

    (c) 當地銀行的利率較低。

    (d) 當地銀行的利率等同於每季 1.51%。

13. 一台 70,000 美元的推土機可以用每年 5%利率的融資購買。則在第 1 年年底所積欠的利息總額爲

    (a) 35,000 美元。

    (b) 3,500 美元。

    (c) 73,500 美元。

    (d) 66,500 美元。

14. 每季 2.5%的有效利率等同於

    (a) 每年 10%，每季複利。

    (b) 有效半年利率爲 5.06%。

(c) 有效年利率為 10.38%。

(d) 以上皆是。

15. 每年 18%的名目利率，每季複利等同於

(a) 有效年利率為 19.25%。

(b) 有效季利率為 4.25%。

(c) 有效年利率為年 18%。

(d) 以上皆非。

16. 每年 20%的名目利率，連續複利等同於

(a) 有效年利率為 22%。

(b) 有效年利率為 24%。

(c) 有效半年利率為 11%。

(d) 有效年利率為 22.14%。

17. 每年 10%的名目利率，每月複利等同於

(a) 有效月利率為 1%。

(b) 有效半年利率為 5.11%。

(c) 有效年利率為 10%。

(d) 有效半年利率為 4.98%。

18. 某家經銷商提供設備貸款的利率為每年 4.5%，連續複利計算。這利率最接近於

(a) 有效半年利率為 2.28%。

(b) 有效年利率為 4.5%。

(c) 有效年利率為 4.7%。

(d) 以上皆非。

NOTE

03 利息公式

(由蘋果電腦提供)

實際的決策：電商風潮！

2020 一場疫情導致電商崛起，臺灣電商 momo 後來居上超越 pchome。momo 成功的關鍵包括主攻女生客群、最低價日用品吸引客戶定期回購、物流中心的建構、團隊合作和創新力。其中物流中心的建構是最關鍵的因素，在 2017 年 momo 在都會區近郊設置 29 個主倉及衛星倉，以縮短都會區的送貨時間。其中在北區物流中心就投資新台幣 41 億元，這項決策成為成功的關鍵。[1] 假設某戶主倉 2017 年需投資 12.5 億元，這個投資也帶來一些有趣的問題：

1. 假設已知 18%的年利率，請問從 2012 年末到 2017 年，每年的固定準備款項為多少，才會等值於 12.5 億元款項 (支付於 2017 年底)？

2. 如果從 2012 年到 2017 年，每年年末 momo 都會準備固定的款項 12.5 億元存在銀行，請問到了 2017 年底時，這個投資準備金為何？

3. 如果因為 momo 銷售量的增加，每年準備款項都可增加 12%而不是固定，會發生什麼事情？差異顯著嗎？

除了回答這些問題之外，在研讀過本章之後，你也將能夠：

1　曾如瑩，momo 憑什麼超車 pchome，商業週刊，第 1719 期，10 月，2020 年，p78-87。

- 定義經濟性等值的觀念。
- 利用公式、表格、以及試算表來建構稱為利息因子的數學關係，以將現金流圖轉換為另一份等值的現金流圖，假設現金流是離散性的，而利率也是根據離散性的期數來計算複利。(3.1–3.4 節)
- 將單一的現金流或一系列的現金流轉換為等值的末來值。(3.1 節)
- 將單一的現金流或一系列的現金流轉換為等值的現值。(3.2 節)
- 將單一的現金流或一系列的現金流轉換為等值的一系列年金現金流。(3.3 節)
- 利用多重利息因子來分析複雜的現金流。(3.5 節)
- 在利率是連續性複利時的等值計算。(3.6 節)

現在既然我們已經對於利息、利率、與現金流圖有所瞭解了，並已經準備好將金錢移轉至不同時間的等值金額。我們的動機是爲了比較不同時間點的金錢。請回想一下，我們正根據現金流圖來描述稱爲專案計畫的工程性解答。爲了公正的比較兩份不同的現金流圖，我們必須要能夠將兩份現金流圖都轉換爲類似的現金流結構。

請考量以下這個許多工程公司都會面對到的問題：我們開發出某種技術 (某種製程或產品)並爲之申請了專利。這項技術可以用單筆金額售出或是在一段時間內授權給其他公司。如果這項技術是用授權的，則在某個協定的時間範圍內，我們將會收到授權費用。我們會比較偏好哪一種選擇呢？你要怎麼回答這個問題？關鍵點在於將每種選擇方案都轉換爲類似的現金流結構，讓我們可以公正的比較它們。永遠會有人告誡你，千萬別拿蘋果比橘子。這句話對金錢交易來說也是再適合不過了。

本章所建立的利息因子會提供你將金錢轉換至不同時間點的等值金額所需的工具，也讓你能夠將現金流圖轉換爲不同的結構。當我們將一份現金流圖轉換爲另一種結構的示意圖時，我們會說這兩份示意圖是**經濟上等值的** (economically equivalent)。這意味著當我們身爲決策者時，選擇何者並不會有任何差異，因爲兩者在財務上所得的結果是相同的。等值性取決於三項要素。

1. 現金流的**大小** (magnitude)。
2. 現金流的**時間性** (timing)。
3. 相關週期中的**利率** (interest rate)。

有了這些資訊，就可以判斷兩筆現金流或是兩組現金流系列是否在經濟上等值。如果兩者不等值，我們就會比較偏好其中一者。爲了判斷等值性，我們會將現金流轉換爲相同的結構，以便讓兩者可以相比較。我們會在本章中說明現金流圖的轉換方法。

我們第一個要進行分析的案例，假設爲離散性的現金流與離散性的複利計算。如第 2 章所定義的，離散性的現金流是發生在單一時間點的現金交易。這類交易有可能簡單到像是在商店裡付現購買某樣商品，或是複雜到像是在分行間轉移大量金額的大筆銀行匯款。此外，我們也假設用來計算增生與折價的利率是離散性的複利計算 (每日、每月、每季、等等)。連續性複利計算的案例會在本章稍後討論。

我們做以下的一般性假設：

1. 利息是每期複利計算，而且現金流交易的間隔時間與複利期間的時間長度是相同的。也就是說，如果現金流的間隔時間是以月爲單位，便假設使用的是有效月利率。(請參見第 2 章關於利率轉換以及現金流時間性處理的討論。)
2. 在進行分析的期間內，利率並不會改變。雖然這項限制是可以放寬的 (我們會在後續的章節中討論這項議題)，但是放寬限制只會使決策分析變得更加複雜。
3. 時間零是一個隨機的起始點。也就是說，將現金流在時間中移動 5 期，不管開始與結束是從第 0 期到第 5 期或第 3 期到第 8 期，都是一樣的，因爲我們假設利率在任何期間都不會改變。

4. 使用 P 來表示時間零 (的 0 期) 的現金流，F 來表示第 N 期的現金流。重複性的現金流 (系列) 以 A 表示，假設包含 N 期。發生在時間零與第 N 期之間的個別現金流會被記為 A_n，其中 n 可為 1, 2, ..., N 的任一期。

5. 假設所有的現金流都發生在每一期的期末，除非特別聲明。請注意，某一期的期末等同於下一期的期初。

我們會在這些假設下，針對離散性現金流以及離散性複利率推導利息因子。這些能夠有效地將金錢轉換至不同時間點之等值金額的工具，都是從利息與利率的原則中推導出來的。

3.1 複利總額因子

我們先將目光集中在金錢隨時間前進而移動 (或稱增生)。我們的目標是將一組現金流轉換為未來的單一現金流。如此得到的現金流在經濟上等值於初始的現金流。更明確的說，我們想要找出以下四種現金流類型在第 N 期結束時的等值未來值 F，假設每期性利率為 i：

1. 發生於時間零的單筆現金流 P。
2. 連續 N 筆金額相同的現金流。
3. 連續 N 筆現金流，從第 1 期金額為 0 開始，每期都會比前 1 期增加 G。
4. 連續 N 筆的現金流，從第 1 期金額為 A_1 開始，每一期都會比前一期增加固定的比率 g。

在數學上來說，F 是未知數，而其他的參數，P、A、G、A_1、g、i、N，則都是已知的。

3.1.1 單筆款項的分析

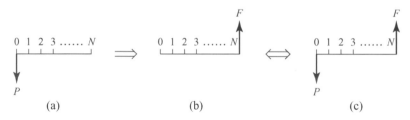

圖 3.1 (a) 發生於時間零的單筆現金流 P。(b) 第 N 期的未來值 F。(c) 單筆款項複利總額因子 (F/P) 的現金流圖

上述現金流圖為發生於時間零的單一現金流 P。這種單一款項轉換為**複利總額因子** (*compound amout factor*) 定義了 F/P 利息因子，亦即在每期利率 i 的情況下，第 0 期的 P 在第 N 期結束的等值金額。我們所需的等值轉換如圖 3.1 所示，(a) 代表時間零的現金流 P，(b) 則代表第 N 期結束的未來值現金流 F。

為了節省空間並幫助我們進行分析，圖 3.1 (c) 描繪了同時包含 P 及 F 的現金流圖。在 F 的推導中，這份示意圖定義了某種投資情境，其中 P 是存入某個帳戶中的金額，此帳戶會於在 N 期中每期(期末)獲得利息比率 i。F 則是第 N 期結束時能從該帳戶中取出的金額。「複利總額因

子」這個名稱源自於當金錢隨時間前進而移動時，在正利率的情況下，將會增生 (或增長)。

　　簡單的說，我們要尋求以下這個簡單問題的答案：

　　　　已知 P，請問 F 為何？

在計算上，我們可以使用第 2 章分析複利時所使用的類似方式來計算 F。如果我們將本金 P 以利率 i 存在帳戶中，則在 1 期之後，帳戶中會有下列金額

$$F_1 = P(1+i)$$

F_1 包含本金 P，以及在第 1 期中賺取的利息 Pi。

　　如果我們把 F_1 繼續存在帳戶中，則它會賺取另一期的利息，使得在兩期之後，帳戶中可以獲得

$$F_2 = F_1(1+i) = P(1+i)^2$$

圖 3.2 描繪了本金在 N 期中增生的利息。

　　如第 2 章所顯示的，上述 F 的公式可以一般化到 P 賺取 N 期的利率 i，使得

$$F = P(1+i)^N \tag{3.1}$$

我們將公式 (3.1) 中的數值 $(1+i)^N$ 稱為單筆款項複利總額因子 (*single-payment compound amount factor*)，並以符號 $(F/P,i,N)$ 表示。我們通常會將公式 (3.1) 撰寫為

$$\boxed{F = P(1+i)^N = P(F/P,i,N)}$$

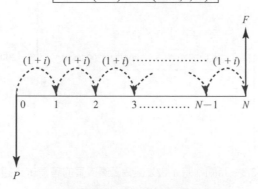

圖 3.2　單筆款項的週期性複利計算

這種利息因子符號提供我們一種可以快速正確地將我們的想法撰寫下來的方法。請將表示「已知 P 求 F」的符號 F/P 視為普通分數。如果我們想要在已知 P 的情況下求 F，只需要將 P 乘以 F/P，就可以得到我們所需的 F。以下例題將會說明這項概念。

❓ 例題 3.1 複利總額因子：單筆款項

希臘的 Sea Satin Corp.向南韓的大宇造船訂下一台 145,700 立方公尺液化天然氣 (有效利率) 運輸船的訂單，這艘船會在 2005 年 12 月 31 日交貨，總價 1,772 億韓圜。[2] 如果購買的價錢是在合約簽訂當下支付 (假設為 2003 年 6 月 1 日)，請問此價格在交貨時的等值未來值為何？假設名目年利率為 20%，每半年複利計算。

🔍 **解答**　此例題的現金流圖如圖 3.3 所示。1,772 億韓圜被繪製為時間零 (時間 2002.5) 的流出，時間 2005 時的未來值 F 則是未知的。

　　我們的現金流圖是以半年為週期來繪製，因此，我們需要半年的利率。由第 2 章可知此例的半年利率就是 r/M，或 20% / 2 = 10%。

　　從現金流圖我們注意到，P 是已知的，我們必須計算 F。使用因子符號，我們可以很快地掌握這個狀況：

$$F = P(F/P, i, N) = KRW177.2B(F/P, 10\%, 5)$$

在寫下此公式之後，我們發現，剩下要做的，就只是計算複利總額因子以及找出 F 值而已了。我們可以利用先前定義的公式 (3.1)，如下：

$$F = P(F/P, i, N) = P(1+i)^N = KRW177.2B(1+0.10)^5 = 2,853.8 \text{ 億韓圜}$$

$$\boxed{\text{直觀：} F > P，如果 i > 0}$$

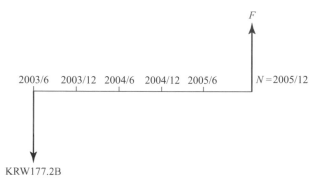

圖 3.3　時間零時 1,772 億韓圜購買案的等值未來值 F

　　或者，我們也可以不使用此公式，改利用附錄中離散性複利計算與離散性現金流利息因子的表格，來查詢此因子的值。就此例題而言，10%的因子位於表 A.16，針對單筆款項的複利總額因子 (F/P) 則位於第一列。向下查閱此列找到 $N = 5$ 的數值，可得到

$$F = P(F/P, i, N) = 177.2B(\overset{1.6105}{F/P}, 10\%, 5) = 2,853.8 \text{ 億韓圜}$$

---

[2] Chang, S.,"Daewoo Shipbuilding Signs KRW177.2B Deal for 有效利率 Vessel, " *Dow Jones Newswires*, September 4, 2003.

請注意，這份表格只包含到小數點後 4 位數的精確度，在與使用公式 (3.1) 求得的答案相比較時，有可能會出現捨入的誤差。一般而言，這項誤差對決策用途來說是無關緊要的。

　　另一種解答方法是利用試算表。如第 2 章所示，我們可以直接將公式撰寫到儲存格中，或是利用內建的函數。要直接撰寫儲存格，我們可以將公式 (3.1) 輸入到圖 3.4 的儲存格 E7 如下：

$$= B4 * (1 + \$E\$3) \wedge \$E\$4$$

請確定正負號是正確的。

　　我們也可以利用 Excel 的 FV 函數 (即未來值函數) 來撰寫儲存格 E7 以得到相同的結果，FV 函數定義如下：

$$= \text{FV(rate, nper, pmt, pv, type)}$$

	A	B	C	D	E	F
1	Example 3.1: LNG Carrier Payment			**Input**		
2				P	KRW 177.20	billion
3	**Period**	**Cash Flow**		Interest Rate	10%	per six months
4	0	KRW 177.20		Periods	5	(semi-annual)
5	1	--				
6	2	--		**Output**		
7	3	--		F	KRW 285.38	billion
8	4	--				
9	5	--				
10					=B4*(1+E3)^E4	

圖 3.4　將公式 (3.1) 撰寫在儲存格 E7 中的試算表

在 FV 函數中，「rate」為 i，「nper」為 N，「pv」則為現值 P。我們稍後才會介紹「pmt」，「type」則代表現金流的時間性。數值「1」代表期初時的現金流；而「0」(是將此引數忽略不寫)，則代表期末時的現金流。

　　因此，我們可以將儲存格 E7 撰寫為

$$= \text{FV(E3, E4, , -B4)}$$

函數括號中多出的逗號是必要的，因為我們在判斷 F 時並未使用到欄位「pmt」。請注意，Excel 會傳回輸入值的負 (−) 值，所以使用輸入值 $-P$，會傳回正值的 F。Lotus 與 Quattro Pro 中也包含類似的函式 (FVAMOUNT 及 FVAL)。請注意，我們可以在「格式」選單中選擇「儲存格」，以在試算表中顯示貨幣符號。如果我們選擇「數值」選項，便可以選擇「貨幣」分類——一個包含各種貨幣及其符號的下拉式選單便會出現。

3.1.2　等額多次付款系列分析

請考量圖 3.5 (a) 所示的現金流圖，其中包含連續 N 筆金額相同的現金流，稱為等額多次付款系列 (或年金系列)，以 A 表示。在此情況下，複利總額因子定義了這一年金系列在第 N 期結束時的等值未來值，以 F/A 表示，如圖 3.5(b) 所示。

　　與之前一樣，我們為了節省空間，將這兩份示意圖合併在圖 3.5(c) 中，在此圖所定義的投資情境中連續 N 筆金額為 A 的款項 (即年金) 被存入某個以每期利率 i 賺取利息的帳戶中。金額

F 是在第 N 期結束時，能從該帳戶中取出的最大總額。請注意，F 在最後一筆金額為 A 的款項存入後，就會立刻被取出。

我們要回答的問題是

已知 A，請問 F 為何？

要找出 F 的值，我們可以簡單地將前一節的單筆款項分析運用在每個 A 值上，然後將結果加總。此方法如圖 3.6 所示，其中每筆現金流 A 都在時間中向前增生至第 N 期 (期末)。

我們從第 N 期的最後一筆款項開始分析。最後一筆款項 A 並不會賺取任何利息，因為所有的資金都會在最後一筆款項存入之後馬上被取出。

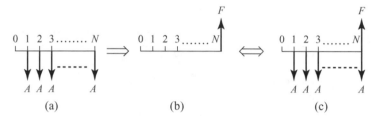

圖 3.5　(a) 第 1 期到第 N 期的一系列現金流 A。(b) 第 N 期的未來值 F。
(c) 等額多次付款系列複利總額因子 (*F/A*) 的現金流圖

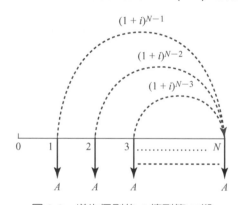

圖 3.6　增生個別的 A 值到第 N 期

前一筆款項，發生於第 $N-1$ 期，會賺取 1 期的利息。發生於第 $N-2$ 期的款項 A 則會賺取兩期的利息。繼續這個邏輯下去，發生於第 1 期的第一筆款項 A 會賺取 $N-1$ 期的利息。利用單筆款項複利總額因子，我們可以藉由將個別 A 增生到第 N 期期末的金額加總來定義 F 如下：

$$F = \underbrace{A(F/P,i,0)}_{\text{第 }N\text{ 期}} + \underbrace{A(F/P,i,1)}_{\text{第 }N-1\text{期}} + \underbrace{A(F/P,i,2)}_{\text{第 }N-2\text{期}} + \cdots + \underbrace{A(F/P,i,N-1)}_{\text{第 1 期}}$$

代入單筆款項複利總額因子 (*F/P*) 的公式，我們會得到

$$F = A(1+i)^0 + A(1+i) + A(1+i)^2 + \cdots + A(1+i)^{N-1}$$
$$= A[1+(1+i)+(1+i)^2+\cdots+(1+i)^{N-1}]$$

方括弧中的運算式是一個等比系列，[3] 我們可以將之導出更精簡的公式，如下列

$$F = A[1 + (1+i) + (1+i)^2 + \cdots + (1+i)^{N-1}]$$
$$= A\left[\frac{1-(1+i)^N}{1-(1+i)}\right] = A\left[\frac{1-(1+i)^N}{-i}\right]$$

因此，

$$F = A\left[\frac{(1+i)^N - 1}{i}\right] \tag{3.2}$$

公式 (3.2) 的方括弧中的運算式便是等額多次付款系列複利總額因子 (F/A) (*equal-payment series compound amount factor*)，並以符號(*F*/*A*,*i*,*N*)表示。與之前相同，我們也可以將公式(3.2)撰寫為：

$$\boxed{F = A\left[\frac{(1+i)^N}{i}\right] = A(F/A, i, N)}$$

因此，如果已知 *A*，想要找出 *F* 的話，將 *A* 乘以因子 *F*/*A*，便能夠得到 *F* 值。我們會在下一例題說明此概念。

❓ 例題 3.2　複利總額因子：等額多次付款系列

全球二大雲端服務業者，Google 和微軟紛紛進入亞洲。2020 年底，微軟宣佈投入約 13 億美元在臺灣建立雲端資料中心。微軟主要看上臺灣完整的軟硬體供應鏈以及專業技術人才庫，這也是微軟 31 年來在台最大的一筆投資案。[4] 假設微軟實際投入 12 億美元，從 2021 年初開始花費 4 年設立此雲端資料中心，每半年必須支付同額的款項 1.5 億美元，共 8 筆。請問這一組等額多次付款系列的未來值為何？假設半年利率為 4%。

🔍 **解答**　此例的現金流圖如圖 3.7 所示。請注意我們所繪製的半年度現金流。

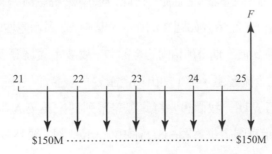

圖 3.7　12 億美元的雲端資料中心等值未來值 *F*

已知 *A* 求解 *F*，我們可以利用因子符號，將 *F* 表示為：

---

[3]　等比系列的定義為 $a + ax + ax^2 + ax^3 + \cdots + ax^{N-1} = a\dfrac{1-x^N}{1-x}$。

[4]　王子承，微軟資料中心大總管首揭為何加碼臺灣，今周刊，第 1256 期，1 月 18 日，2021 年，第 84-85 頁。

$$F = A(F/A, i, N) = \$150M(F/A, 4\%, 8)$$

代換公式 (3.2) 的複利總額因子運算式，我們可以求得 F 如下：

$$F = A(F/A, i, N) = A\left[\frac{(1+i)^N - 1}{i}\right] = \$150M\left[\frac{(1+0.04)^8 - 1}{0.04}\right]$$

$$= 13\,\text{億}\,8,200\,\text{萬美金}$$

直觀：$F > AN$，如果 $i > 0$

等額多次付款系列的複利總額因子可以在附錄表格中的第二列找到。就此例來說，4%的因子位於表 A.10。代入適當的數值，我們會得到

$$F = A(F/A, i, N) = \$150M(F/\overset{9.2142}{A}, 4\%, 8) = 13\,\text{億}\,8,200\,\text{萬美元}$$

請再次注意，這個結果可能包含誤差。

　　同樣地，我們也可以透過試算表，利用 Excel 的 FV 函數來計算 F。請回想一下例題 3.1，FV 的定義為

$$= \text{FV}(\text{rate}, \text{nper}, \text{pmt}, \text{pv}, \text{type})$$

已知 A 求解 F，則透過 FV 函數可得

$$F = \text{FV}(i, N, -A) = \text{FV}(0.04, 8, -150) = 1,382.13$$

單位為百萬美元。請注意，剩下的引數 (pv 與 type) 都可以忽略。Lotus 與 Quattro Pro 也都包含類似 FV 的函數。

3.1.3 等差變額系列分析

現在，我們將目光轉向第 3 種類型的現金流，在此情境中，現金流系列隨著時間每增加 1 期會以定額 G 規律的遞增或遞減。此情況如圖 3.8 所示，其中 (a) 表示遞增的現金流系列。因為這種遞增現金流系列的每一期會比前一期增加相同的金額 G，故被定義為等差變額。請注意，在等差變額的第 1 期，並沒有現金流發生。第 1 次出現金額 G 的現金流是在第 2 期，而後續的現金流會以定額 G 增加，直到第 N 期。我們想要將此等差系列轉換為第 N 期的單筆現金流 F，如圖 3.8(b) 所示。我們將兩份示意圖合併為圖 3.8(c) 的單一示意圖。雖然我們將 G 繪製為正值，但是 G 可以是任何值 (包括負值)。

　　此處，我們試圖回答的問題是

　　　　已知 G，請問 F 為何？

在圖 3.8(c) 所描繪的投資情境中，由等差系列所定義的款項會被存入某個以利率 i 賺取每期利息的帳戶中。在第 N 期結束時，存入最後一筆現金流$(N-1)G$ 後，立刻能從該帳戶領出的金額即為 F。F/G 是由等差變額的複利總額因子所定義。

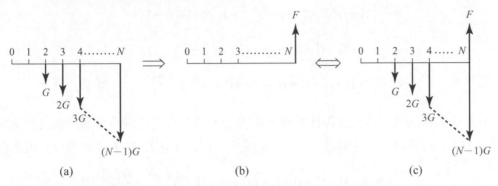

圖 3.8　(a)從第 1 期到第 N 期漸增的現金流 G。(b)第 N 期的未來值 F。(c)等差變額複利總額因子的現金流圖

　　為了推導 F/G 的運算式，將現金流圖重繪如圖 3.9，將會有助於了解運算式的推導。我們將現金流圖以橫向切割成 $N-1$ 個金額為 G 的年金系列。請注意，第 2 期的金額 G 會在後續各期中出現，直到第 N 期(此系列共有 N-1 個 G)。同樣地，第 3 期中第 2 個 G 也會在後續各期中出現，直到第 N 期(此系列共有 N-2 個 G)，依此類推，直到第 N-1 個系列只有一個 G 發生在第 N 期。這些個別的系列不過就是等額多次付款 (年金) 系列，類似前一節所檢驗的情況。差別只在於此處的年金款項定義為 G，而非 A，而且每個系列會延續不同的期數，介於 1 期與 $N-1$ 期之間。

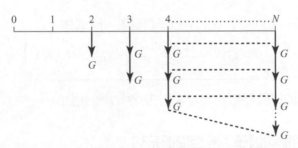

圖 3.9　將等差系列表示為金額為 G 的多個等額多次付款系列

　　請考量第 2 期的款項 G，它會一直重複出現到第 N 期。要將這 $N-1$ 筆金額為 G 的現金流轉換為第 N 期的單筆款項，我們只需使用前一節推導出的 F/A 因子即可。第 2 組現金流系列則是從第 3 期至第 N 期共 N-2 期，每期均出現 G 款項，我們亦使用 F/A 因子將此組現金流轉換為第 N 期的單筆款項。同樣的邏輯適用於圖 3.9 中所有的系列。將這些 N-1 組現金流系列分別透過 F/A 因子轉換至第 N 期的各個 F 值加總起來，便可以得到整體的未來值 F：

$$F = \underbrace{G(F/A,i,N-1)}_{\text{起始於第2期的系列}} + \underbrace{G(F/A,i,N-2)}_{\text{起始於第3期的系列}} + \cdots + \underbrace{G(F/A,i,1)}_{\text{起始於週期}N\text{的系列}}$$

將上式的各個 F/A 因子帶換為對應的運算式，我們會得到

$$F = G\left(\left[\frac{(1+i)^{N-1}-1}{i}\right]+\left[\frac{(1+i)^{N-2}-1}{i}\right]+\cdots+\left[\frac{(1+i)-1}{i}\right]\right)$$

$$= \frac{G}{i}\left[(1+i)^{N-1}-1+(1+i)^{N-2}-1\cdots+(1+i)-1\right]$$

$$= \frac{G}{i}\left[(1+i)+(1+i)^2+\cdots+(1+i)^{N-1}-(N-1)\right]$$

$$= \frac{G}{i}\left[1+(1+i)+(1+i)^2+\cdots+(1+i)^{N-1}\right]-\frac{NG}{i}$$

同樣地，方括弧中的運算式也是等比級數。事實上，這與我們在推導等額多次付款系列複利總額因子 (F/A) 時所發現的系列是一模一樣的系列。因此，已知 G 求解 F 的公式可簡化為

$$F = \frac{G}{i}[1+(1+i)+(1+i)^2+\cdots+(1+i)^{N-1}]-\frac{NG}{i}$$

$$= \frac{G}{i}\left[\frac{(1+i)^N-1}{i}\right]-\frac{NG}{i}$$

$$= G\left[\frac{(1+i)^N-1}{i^2}-\frac{N}{i}\right]$$

將方括弧中的兩項合併，進行最後一次化簡之後變成下列的公式 (3.3)，其方括弧中的運算式就代表等差變額複利總額因子 (F/G)

$$F = G\left[\frac{(1+i)^N-Ni-1}{i^2}\right] \tag{3.3}$$

與先前相同，公式 (3.3) 可以用 F/G 利息因子符號表示簡式如下：

$$\boxed{F = G\left[\frac{(1+i)^N-Ni-1}{i^2}\right]=G(F/G,i,N)}$$

我們會在例題 3.3 中描繪等差變額複利總額因子 (F/G) 的應用。

例題 3.3 複利總額因子：等差變額系列

聯合科技的子公司 Hamilton Sundstrand Corp. 取得一筆 13 億美元的電力系統建造合約，這套系統是中國上海的中航商用飛機公司 500 台區域性噴射機的電力產生與傳送系統。新噴射機預計於 2006 年開始試飛。[5] 假設這筆合約的付款 (每架飛機 260 萬美元) 會在交貨時取得，其中 50 架預計在 2006 年交貨，100 架在 2007 年，150 架在 2008 年，200 架在 2009 年。請問這些收入的等值未來值為何？假設年利率為 8%。

解答 假設 2004 年為時間零，此例的現金流圖如圖 3.10 所示。請注意，第一筆現金流出現在 2006 年。

---

5 "Sundstrand Wins $1.3B 合約 with Chinese Aircraft Co.," *Dow Jones Newswires*, September 19, 2003.

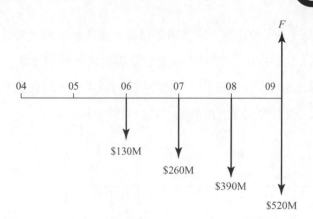

圖 3.10 在 4 年中每年增加 1.3 億美元收入的等值未來值 F

已知 G 求解 F，我們可使用 F/G 因子符號來描述此情境，如下列

$$F = G(F/G,i,N) = 50 \times \$2.6M(F/G,8\%,5)$$

將公式 (3.3) 替代上式的因子符號，我們會得到

$$F = G(F/G,i,N) = G\left[\frac{(1+i)^N - Ni - 1}{i^2}\right] = \$130M\left[\frac{(1+0.08)^5 - (5)(0.08) - 1}{(0.08)^2}\right]$$

$$= 14 \text{ 億 } 800 \text{ 萬美金}$$

8% 的 F/G 因子，可以在附錄的表 A.14 第 3 欄找到。代換適當的因子值，可得

$$F = G(F/G,i,N) = \$130M(F/G,8\%,5) \overset{10.8325}{=} 14 \text{ 億 } 800 \text{ 萬美金}$$

試算表中並沒有用來計算等差變額系列未來值 (F/G) 的函數。不過我們可以直接將公式 (3.3) 撰寫到試算表中，就像圖 3.11 中的儲存格 E7 一樣。現金流表是根據 G 的值以及期別所定義的，如儲存格 B5 所示。

	A	B	C	D	E	F	G
1	Example 3.3: Power Systems Purchase			Input			
2				G	$130,000,000.00		
3	**Period**	**Cash Flow**		Interest Rate	8%	per year	
4	0	--		Periods	5	years	
5	1	$0.00					
6	2	$130,000,000.00		Output			
7	3	$260,000,000.00		F	$1,408,226,560.00		
8	4	$390,000,000.00					
9	5	$520,000,000.00	=$E$2*(A5-1)				
10							
11				=E2*((1+E3)^E4-(E4*E3)-1)/(E3^2)			

圖 3.11 已知 G 求解 F 的試算表解法

　　請注意，等差變額系列的分析會假設第 1 期時並沒有現金流發生。如果現金流圖在週期 1 第 1 期有現金流，且後續的各期是遵循等差變額系列的現金流類型，我們也可以利用前述的分析來計算 F 值。例如，請思考一下圖 3.12 的現金流圖。圖中的 (a) 部份顯示了發生於第 1 期的

現金流 A_1。第 2 期起每 1 期都會比前 1 期增加定額 G，直到第 N 期。要使用公式來分析此示意圖，可以將金額為 A_1 的現金流與每期漸增現金流區隔開來，分別如圖 3.12 (b) 及 (c) 所示。請注意到，圖 3.12(b) 的 A_1 現金流只是簡單的等額多次付款系列，現在我們可以分別分析兩個部份，然後將結果相加。我們會在以下兩個例題進行這種分析。

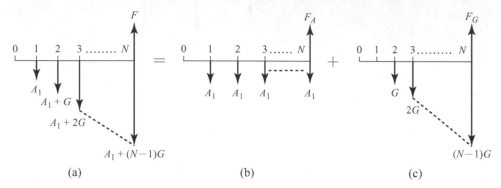

圖 3.12　將 (a) 等額多次付款與等差變額之複合系列分解為 (b) 等額多次付款系列以及 (c) 等差變額系列現金流

例題 3.4　遞增的等差變額與等額多次付款系列

美國鋼鐵動力公司 (Steel Dynamics, Inc) 於 2003 年下半年投資花費了 7,500 萬美元以擴展其位於印第安那州匹茲伯勒 (Pittsboro) 的棒材工廠。這項投資案包含一座軋鋼廠、拉直成形與堆棧設備、一座倉庫、以及一座廢料處理設施。這項投資預計可以將該工廠的年產量增加將近 600,000 噸的棒材製品。[6] 假設 2002 年末為時間零，2003 年的產量為 400,000 噸。更進一步地假設，在之後的 4 年內每年產量都會增加 50,000 噸。如果一噸的鐵棒可以產生 250 美元的收入，請問該座工廠所產出之總收入的等值未來值 (2007 年底時) 為何？假設年利率為 14%。假設鐵棒是以最大產能生產，而且所有產品都會售出。

解答　鋼鐵動力公司的生產收入如圖 3.13(a) 所示。如前所述，這份現金流圖包含兩部份。第一部份是等額多次付款系列，繪製於圖 3.13(b)，第二部份則是等差變額系列，繪製於 (c) 部份。

我們先將目光集中於等差變額系列 (或圖 3.13 (c))。已知 G 求解 F_G (我們會使用 F_G 來標記要求解之 F 值的等差變額 (F/G) 部份)，我們可以利息因子寫出所需的公式：

$$F_G = G(F/G, i, N) = \frac{\$250}{噸} \times \frac{50,000\ 噸}{年} (F/G, 14\%, 5)$$

---

[6]　Henglein, G.," Steel Dynamics Gets OK to Expand Indiana Mill, " *Dow Jones Newswires,* September 2, 2003.

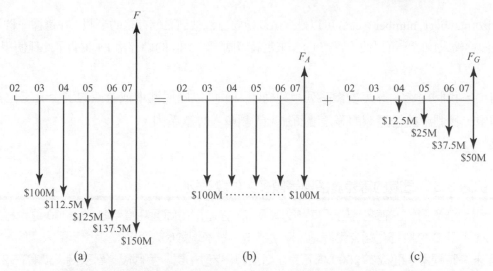

圖 3.13　將 (a) 等額多次付款與等差變額之複合系列分解為 (b) 等額多次付款 ($100M) 系列，及 (c) 等差變額 ($12.5M) 系列現金流的等值未來值 F

圖 3.13(b) 是一個已知 A 求解 F_A 的等額多次付款系列 (F/A)。同樣地，我們可以使用利息因子寫成

$$F_A = A(F/A,i,N) = \frac{\$250}{噸} \times \frac{400,000\ 噸}{年}(F/A,14\%,5)$$

現在，我們可以將想要求解的 F 解寫為

$$F = F_G + F_A - \$12.5M(F/G,14\%,5) + \$100M(F/A,14\%,5)$$

代換等差變額 (F/G) 與等額多次付款系列 (F/A) 複利總額因子值，我們會得到

$$F = F_G + F_A = \$12.5M\overset{11.5007}{(F/G,14\%,5)} + \$100M\overset{6.6101}{(F/A,14\%,5)}$$
$$= \$143.76M + \$661.01M = 8\ 億\ 477\ 萬美元$$

因此，這 5 年的收入等值於 2007 年底的 8.0477 億美元。

　　圖 3.14 呈現了另一種使用試算表來求解 F 值的方法。第 n 期現金流 A_n 被定義為 A 與 $(n-1)G$ 的總和，如 B 欄所示。C 欄利用單筆款項的複利總額因子，定義了每一期現金流的未來值(第 5 期結束)。這讓我們得到 F 的定義，亦即儲存格 C5 到 C9 的每期未來值總和。Excel 的 SUM 函數可用來加總數值。類似第 2 章所介紹的 MIN 函數，SUM 函數的定義為

SUM(number1, number2,...)

	A	B	C	D	E	F	G
1	Example 3.4: Steel Mill Expansion				Input		
2					A	$100,000,000.00	
3	Period	Cash Flow	Future Value		G	$12,500,000.00	
4	0	--	--		Interest Rate	14%	per year
5	1	$100,000,000.00	$168,896,016.00		Periods	5	years
6	2	$112,500,000.00	$166,673,700.00				
7	3	$125,000,000.00	$162,450,000.00		Output		
8	4	$137,500,000.00	$156,750,000.00		F	$804,769,716.00	
9	5	$150,000,000.00	$150,000,000.00				
10		=$F$2+$F$3*(A8-1)		=B5*(1+$F$4)^($F$5-A5)			
11						=SUM(C5:C9)	

圖 3.14　已知 G 與 A，利用個別未來值以求解 F 的試算表解法

其中引數 (number1, number2, etc.) 可以是數值或指向包含數值之儲存格的參照。在選擇一群連續的儲存格做為輸入值時，可以使用冒號「：」來定義範圍。圖 3.14 的儲存格 F8 說明了此種使用方式。

　　稍早，我們提過，等差變額系列複利總額因子可以處理遞增或遞減的現金流變化。在下一例題中，我們會檢視遞減的等差變額加上等額多次付款系列。

例題 3.5　遞減的等差變額與等額多次付款系列

2020 年碰到疫情衝擊，著名老店新東陽反向操作，在迪化街商圈耗資新台幣 2,000 萬元打造新據點。2021 年正式進駐迪化街文青商圈、開賣咖啡、標榜現炒肉鬆和肉乾吸引年輕人認同。[7] 假設 2020 年末為時間零，而成本 2000 萬元會在 2021 年支付。更一步假設，新東陽後續會在 2022 和 2023 年分別加碼投資 1,250 萬元和 500 萬元在這個門市上。假設年利率為 15%，請問這些款項的等值未來值（2023 年時）為何？

🔍 **解答**　圖 3.15 (a) 所示的現金流圖包含兩部份。等額多次付款系列被分割為 (b) 部份，等差變額則被分割為 (c) 部份。

　　我們從圖 3.15 (b) 所示的等額多次付款系列開始我們的分析，其中 A 已知為 2000 萬元而 F_A 是未知的。我們可以使用簡式寫成

$$F_A = A(F/A, i, N) = \$20\text{M}(F/A, 15\%, 3)$$

在圖 3.15 (c) 中，G 已知為 -750 萬元，F_G 則是未知的，因此

$$F_G = G(F/G, i, N) = -\$7.5\text{M}(F/G, 15\%, 3)$$

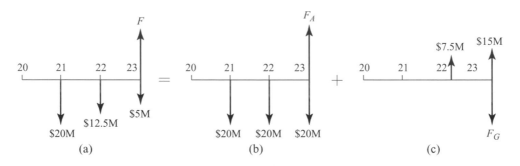

圖 3.15　將 (a) 等額多次付款與等差變額系列分解為 (b) 等額多次付款 ($20M) 系列，及 (c) 等差變額(−$7.5M) 系列現金流的等值未來值 F

---

[7]　游羽棠，年輕人為何要走進來？新東陽慘虧仍攻迪化街關鍵，商業週刊，第 1729 期，1 月 4 日，2021 年，第 34-35 頁。

現在，我們可以撰寫我們所需的 F 值的求解公式：

$$F = F_A + F_G = \$20\text{M}(F/A, 15\%, 3) - \$7.5\text{M}(F/G, 15\%, 3)$$

$$= \$20\text{M}(\overset{3.4725}{F/A}, 15\%, 3) - \$7.5\text{M}(\overset{3.1500}{F/G}, 15\%, 3)$$

$$= \$69.450\text{M} - \$23.625\text{M} = 4582.5 \text{ 萬元}$$

因此，新東陽的投資案在 2023 年底時價值 4582.5 萬元。此問題的試算表解法與例題 3.4 的方法相同。

3.1.4　等比變額系列分析

第 4 種現金流類型會從第 1 期的初始值 A_1 依據某個固定的比率 g 增長或縮減，稱為等比變額系列，如圖 3.16(a) 所示。這種等比變額系列轉換為複利總額因子定義了 $F/A_1, g$，如圖 3.16(b) 所示。兩種類型現金流圖合併於圖 3.16 (c)，同樣地，我們可以視之為某種投資情境。第一筆存入帳戶的金額為 A_1，而後續的每一筆款項都會以速率 g 增長 (或減縮)，直到第 N 期。此帳戶會以利率 i 賺取每期的利息。在最後一期現金流存入後，此帳戶在第 N 期的總價值為 F。

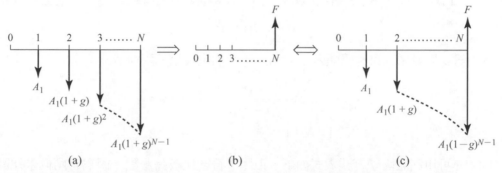

圖 3.16　(a) 現金流的幾何漸增系列，從第 1 期的 $A1$ 漸增長到第 N 期的 $A1(1+g)^{N-1}$。
(b) 第 N 期的未來值 F。(c) 等比變額系列複利總額因子 ($F/A_1, g$) 的現金流圖

我們要問的問題是

已知 A_1 與 g，請問 F 為何？

與先前相同，我們會使用之前所得的觀念，來推導此現金流系列的利息因子之運算式。更明確地說，我們可以使用單筆款項的複利總額因子(F/P)來將每期現金流移轉到第 N 期，得到

$$F = \underbrace{A_1\left(\overset{F/P, i, N-1}{}\right)}_{週期1} + \underbrace{A_1(1+g)(F/P, i, N-2)}_{第2期} + \underbrace{A_1(1+g)^2(F/P, i, N-3)}_{第3期} + \cdots + \underbrace{A_1(1+g)^{N-1}(F/P, i, 0)}_{第N期}$$

將上式的各個 F/P 因子符號代入其對應的運算式，可得

$$F = A_1[(1+i)^{N-1} + (1+g)(1+i)^{N-2} + (1+g)^2(1+i)^{N-3} + \cdots + (1+g)^{N-1}(1+i)^0]$$

$$= A_1(1+i)^{N-1}\left[1 + \frac{(1+g)}{(1+i)} + \frac{(1+g)^2}{(1+i)^2} + \cdots + \frac{(1+g)^{N-1}}{(1+i)^{N-1}}\right]$$

同樣地，上式中方括弧內的式子代表等比級數，因此

$$F = A_1(1+i)^{N-1}\left[\frac{1-\left(\frac{1+g}{1+i}\right)^N}{1-\left(\frac{1+g}{1+i}\right)}\right] = A_1(1+i)^{N-1}\left[\frac{\frac{(1+i)^N-(1+g)^N}{(1+i)^N}}{\frac{(1+i)-(1+g)}{(1+i)}}\right]$$

「整理」上式方括弧內的式子可得到

$$F = A_1\left[\frac{(1+i)^N - (1+g)^N}{i-g}\right]$$

方括弧中的運算式就是等比變額系列複利總額因子($F/A_1,g$)的公式。

在繼續進行分析之前，我們必須瞭解到，i 與 g 是不同意義的比率。比率 g 代表現金流隨時間而增長或減縮的速率，i 則是用來增生或折價這些現金流的利率。顯而易見地，在 i 與 g 相等的狀況中，我們會碰上麻煩。要解決這個問題，我們回頭考量原始的公式：

$$F = A_1(1+i)^{N-1}\left[1 + \frac{(1+g)}{(1+i)} + \frac{(1+g)^2}{(1+i)^2} + \cdots + \frac{(1+g)^{N-1}}{(1+i)^{N-1}}\right]$$

因為 $i=g$，上式方括弧內各分數項次都會變成 1，使得各項次加總後等於 N，則上式變成

$$F = A_1 N(1+i)^{N-1}$$

因此，針對等比變額系列複利總額因子($F/A_1,g$)，我們定義以下兩種情況：

$$F = \begin{cases} A_1\left[\dfrac{(1+i)^N - (1+g)^N}{i-g}\right] & \text{if } i \neq g \\ A_1 N(1+i)^{N-1} & \text{if } i = g \end{cases} \tag{3.4}$$

公式 (3.4) 亦可用利息因子符號表式如下，但因子符號比較長一點，因為有兩個未知數，A_1 與 g：

$$\boxed{F = \begin{cases} A_1\left[\dfrac{(1+i)^N-(1+g)^N}{i-g}\right] & i \neq g, \\ A_1 N(1+i)^{N-1} & i = g. \end{cases}} = A_1(F/A_1,g,i,N)$$

我們會在以下兩個例題中說明 $F/A_1,g$ 因子的應用。

?? 例題 3.6　複利總額因子：等比變額系列

2020 年新冠肺炎使得布口罩成為熱門商品，過去臺灣的襪子聚落社頭也成了布口罩生產重鎮，正在接一百萬個布口罩的外銷訂單。[8] 假設這筆訂單交易新台幣 2 億元，布口罩量平均分成 5 年交貨。於 2021 年開始交貨布口罩價值為 4,000 萬元，而此項價值會以每年 3.5% 的速率增長。請問這筆訂單的未來值 (2025 年) 為何？假設年利率為 12%。

---

[8]　呂國禎，襪子聚落改做口罩套彰化小鎮創新賺疫情財，天下雜誌，第 697 期，5 月 6 日，2020 年。

🔍 **解答** 此例題的現金流圖如圖 3.17 所示。時間 2025 時的價值 F 為

$$F = A_1(F/A_1, g, i, N) = \$40\text{M}(F/A_1, 3.5\%, 12\%, 5)$$

代換公式 (3.4) 中複利總額因子的運算式，可以計算 F 值如下：

$$F = A_1(F/A_1, g, i, N) = A_1\left[\frac{(1+i)^N - (1+g)^N}{i-g}\right] = \$40\text{M}\left[\frac{(1+0.12)^5 - (1+0.035)^5}{0.12 - 0.035}\right]$$

$$= 2\text{ 億 } 7,043 \text{ 萬元}$$

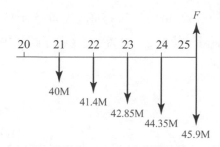

圖 3.17　布口罩訂單的等值未來值 F，其中收入會從一開始的 4,000 萬元，以每年 3.5% 的速率增長

	A	B	C	D	E	F	G
1	Example 3.6:				Input		
2					A1	40,000,000.00	
3	**Period**	**Cash Flow**	**Future Value**		g	3.5%	per year
4	0	--	--		Interest Rate	12%	per year
5	1	40,000,000.00	62,940,774.40		Periods	5	years
6	2	41,400,000.00	58,164,019.20				
7	3	42,849,000.00	53,749,785.60		**Output**		
8	4	44,348,715.00	49,670,560.80		F	270,426,060.03	
9	5	45,900,920.03	45,900,920.03				
10							
11	=$B$5*(1+$F$3)^(A6-1)		=B8*(1+$F$4)^($F$5-A8)			=SUM(C5:C9)	
12							

圖 3.18　已知 A_1 與 g，求解 F 的試算表解法

請注意，如果利率 i 是 3.5%，則因為 $i=g$，所以我們必須使用以下公式計算 F 值

$$F = A_1(F/A_1, g, i, N) = 40\text{M}(F/A_1, 3.5\%, 3.5\%, 10) = A_1 N(1+i)^{N-1}$$

$$= 40\text{M}(5)(1+0.035)^4 = 2 \text{ 億 } 2,950 \text{ 萬元}$$

與等差變額相同，試算表中並沒有計算等比變額系列未來值的函數。圖 3.18 中的試算表是以個別現金流 (B 欄) 的未來值 (C 欄) 來判斷 F，如例題 3.4 所描述的。

因為 F 的公式會隨著 i 與 g 之間的關係不同而改變，所以我們也可以利用 Excel 的邏輯 IF 函數，將公式 (3.4) 撰寫入儲存格 F8。我們會在例題 3.17 中描述此種方法。

？？ 例題 3.7　遞減等比變額系列

在產量顛峰時，位於蘇格蘭北海近海的 Beatrice 油田，每日可以為 Talisman Energy 生產 50,000 桶原油。20 年後，每日產出量已經衰減至 5000 桶。[9] 假設每桶原油的收入為 40 美元，第 1 年生產了 50,000×300 桶原油，之後 20 年每年的產量會減少 11%，請問此案的收入現金流系列的未來值為何？假設 12%的年利率。

🔍 **解答**　在每日產量 50,000 桶，生產 300 日，而每桶收入 40 美元的情況下，第 1 年的收入 (A_1) 總額為 6 億美元。生產量會每年衰減，使得 g=−11%。這定義了圖 3.19 所示的現金流圖。

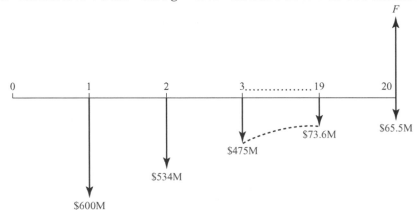

圖 3.19　原油生產收入的等值未來值 F，其中生產量會從一開始每日的 50,000 桶以 11%的速率減少

要計算第 20 年的 F 值，我們先列出包含利息因子的式子

$$F = A_1(F / A_1, g, i, N) = \$600\text{M}(F / A_1, -11\%, 12\%, 10)$$

將公式 (3.4) 代入 $F/A, g$ 因子符號式，我們便可以計算 F 值：

$$F = A_1(F / A_1, g, i, N) = A_1\left[\frac{(1+i)^N - (1+g)^N}{i-g}\right] = \$600\text{M}\left[\frac{(1+0.12)^{20} - (1-0.11)^{20}}{0.12 + 0.11}\right]$$

$$= 249.1\text{ 億美元}$$

在遞減等比系列的情況下，$i=g$ 的情況十分罕見，因為這表示利率是負的。雖然這在數學上是有效的 $(i > -1)$，但是我們通常不會採用這種利率。試算表的解法一如先前所描述的。

9　Symon, K.," Wind Farm to Breathe New Life intoOil Field, " *Sunday Herald,* Business Section, p. 5, August 31, 2002.

3.2 現值因子

現在，我們將目光轉向將金錢沿時間向後搬移，或曰折價。我們的目標是將一組現金流轉換為當下或時間零的單筆現金流。如前，我們會說如此所得的現金流在經濟上等值於原始的這組現金流。更明確的說，針對以下 4 種現金流圖，我們想要判斷時間零的等值現值 P，假設每期的利率 i：

1. 發生於第 N 期的單筆現金流 F。
2. 連續 N 期金額相同的現金流。
3. 第 1 期金額為 0，之後每期均會比前一期增加金額為 G 的現金流。
4. 第 1 期金額為 A_1，之後每期均會比前一期增加 g 百分比的現金流。

在數學上來說，P 是未知數，其他參數 F、A、G、A_1、g、i、N 則都為已知。

3.2.1 單筆款項分析

與先前的推導相同，我們從最簡單的現金流圖開始，在此狀況中，有單筆現金流 F 發生於第 N 期，如圖 3.20(a) 所示。假設每期利率 i 固定不變，則現值因子 (present worth factor) 定義了第 N 期金額為 F 在第 0 期零的等值價值為金額 P。我們所求的現金流如圖 3.20 (b) 所示，並將兩筆現金流同時繪製於 (c)。請注意，這份現金流圖與圖 3.1 的現金流圖是相同的，除了現在我們假設 F 為已知而 P 為未知以外。

圖 3.20 (c) 定義了某種投資情境。金額 P 是時間零時，我們在某個會賺取每期利率 i 的帳戶中所需投資的金額，以使得在第 N 期時可以領出 F，帳戶中不留任何錢。

因為金額 F 是已知的，所以以下問題描述了此種情況：

已知 F，請問 P 為何？

「現值因子」這個詞源自於事實上我們是在當下，或時間零時，描述未來的收入或支出 F。利率會將未來值 F 折價至時間零，作用為除數，如圖 3.21 所示。

要求解 P，我們可以使用與推導單筆款項複利總額因子 (F/P) 大致類似的方式來推導利率因子。不過我們並不需要推導這條利率公式，因為它就是單筆款項複利總額因子 (F/P) 的倒數。求解公式 (3.1) 的 P，我們會得到

$$P = F \frac{1}{(1+i)^N} \tag{3.5}$$

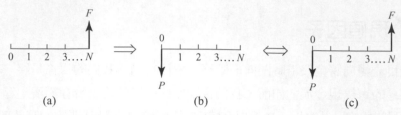

圖 3.20 (a) 發生於第 N 期的單筆現金流 F。(b) 時間零的現值 P。(c) 單筆款項現值因子的現金流圖

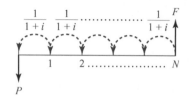

圖 3.21 單筆未來款項的週期性折價

我們將公式 $\dfrac{1}{(1+i)^N}$ 定義為單筆款項現值因子 (single-payment present-worth factor)，並以符號 $(P/F,i,N)$ 表示。我們通常會將公式(3.5)撰寫為：

$$P = F\frac{1}{(1+i)^N} = F(P/F,i,N)$$

符號 $(P/F,i,N)$ 也稱為單筆款項的現值因子。請注意，將未來值 F 乘以因子 P/F，便會得到所需的 P 值。我們會在下一例題中描述此種 P/F 因子的用途。

例題 3.8 現值因子：單筆款項

中華電信 5G 服務於 2020 年 6 月 30 日上路，宣告臺灣手機網路速度邁入全新的行動通訊網路速度。其服務品質決定於基地台的多寡。[10] 假設中華電信在 2020 年初決定再投資東部地方 5G 基地台新台幣 3.6 億元，會在啟用時 (2023 年初) 支付，請問投資的現值 (2020 年初) 為何？假設 18% 的年利率。

解答 現金流圖如圖 3.22 所示。已知 F 為 3.6 億元，我們想要找出 P 值。

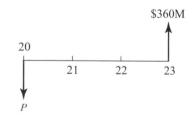

圖 3.22 3.6 億元 5G 投資案的等值現值 P

---

[10] 馬瑞睿，行動通訊邁入新世代臺灣怎麼玩 5G，今週刊，第 1228 期，7 月 6 日，2020 年，第 60-63 頁。

同樣地，我們使用因子符號表示如下：

$$P = F(P/F,i,N) = \$360\text{M}(P/F,18\%,3)$$

直觀：$P < F$，如果 $i > 0$

將符號$(P/F,i,N)$代換為公式(3.5)，我們可以求得現值 P 如下：

$$P = F(P/F,i,N) = F\frac{1}{(1+i)^N} = \$360\text{M}\frac{1}{(1+0.18)^3} = 2\,億\,1{,}911\,萬元 = 219.11\text{M}\,元$$

$(P/F,i,N)$ 因子可以在附錄的利息因子表格的第 4 欄中找到。表 A.24 列出了 18%的因子值。向下查閱 (P/F) 列到 $N = 3$ 的數值，可得

$$P = F(P/F,i,N) = \$360\text{M}(P/\overset{0.6086}{F},18\%,3) = 2\,億\,1{,}911\,萬元$$

公式 3.5 也可以直接撰寫到試算表中，如圖 3.23 的儲存格 E7 所示。或者，我們也可以使用 Excel 的 PV 函數。此函數的定義類似於 FV 函數，如下：

$$= \text{PV(rate, nper, pmt, fv, type)}$$

	A	B	C	D	E	F
1	Example 3.8:			**Input**		
2				F	360.00	million
3	**Period**	**Cash Flow**		Interest Rate	18%	per year
4	2002	--		Periods	3	years
5	2003	--				
6	2004	--		**Output**		
7	2005	360.00		P	219.11	million
8						
9					=B7/(1+E3)^E4	
10						

圖 3.23　公式 (3.5) 的試算表

差異只在於引數「fv」(而非「pv」)。本例題以 PV 函數求解，可表示如下

$$P = \text{PV}(i,N,,-F) = \text{PV}(0.18,3,,-360) = 219.11$$

單位為百萬元。Lotus (PVAMOUNT) 與 Quattro Pro (PVAL) 也都包含類似的函數。

3.2.2　等額多次付款系列分析

現在我們來考量由連續 N 筆金額為 A 的現金流所表示的等額多次付款系列，如圖 3.24(a) 所定義的。此種系列的現值因子定義了時間零的等值價值 P，如圖 3.24(b) 所示，(c) 部份則同時畫出了兩筆現金流。

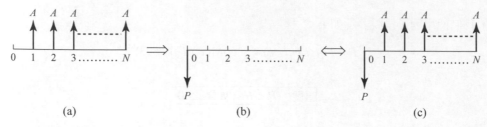

圖 3.24　(a) 從第 1 期到第 N 期的現金流系列 A。(b) 時間零的現值 P。(c) 等額多次付款現值因子的現金流圖

我們也可以將圖 3.24(c) 視為某種投資情境,其中時間零的金額 P 會被存入某個帳戶中並以每期利率 i 賺取利息,在後續的每期中我們能夠連續提領 N 筆金額為 A 的款項,使得於第 N 期提領最後一筆款項後,帳戶中不會剩下任何一毛錢。我們需要找出以下問題的答案:

　　　已知 A,請問 P 為何?

　　檢視圖 3.24,我們可以利用從單筆款項現值因子 (P/F) 所得到的公式來計算 P。如圖 3.25 所描繪,我們可以利用方才所提的 P/F 因子,將每一筆現金流 A 都轉換回到時間零。

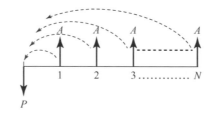

圖 3.25　將個別的 A 值折價至時間零

　　運用此項邏輯,每一筆 A 值都是一筆未來的個別現金流。分別折價每一筆現金流會讓我們得到

$$P = \underbrace{A(P/F,i,1)}_{\text{第 1 期}} + \underbrace{A(P/F,i,2)}_{\text{第 2 期}} + \underbrace{A(P/F,i,3)}_{\text{第 3 期}} + \cdots + \underbrace{A(P/F,i,N)}_{\text{第 N 期}}$$

將上式的單筆款項現值因子(P/F)代入公式(3.5),我們會得到

$$P = \frac{A}{(1+i)} + \frac{A}{(1+i)^2} + \frac{A}{(1+i)^3} + \cdots + \frac{A}{(1+i)^N}$$

在繼續這項分析之前,我們可以注意到,先前推導過等額多次付款系列的複利總額因子 (F/A),而我們可以輕易地將之轉換為時間零的現值總額。請回想一下,公式 (3.2) 定義了已知 A 時可求得 F 值。如果我們應用公式 (3.2) 將一系列的年金值 A 轉換為單一款項的未來值 F,然後便可以利用單筆款項的現值因子 (P/F),求出該未來值 F 的現值總額:

$$P = A\underbrace{(F/A,i,N)}_{A \Rightarrow F}\underbrace{(P/F,i,N)}_{F \Rightarrow P}$$

在數學上,我們可以將之寫成

$$P = A\left[\frac{(1+i)^N - 1}{i}\right]\frac{1}{(1+i)^N}$$

將上式整理後，便會得到

$$P = A\left[\frac{(1+i)^N - 1}{i(1+i)^N}\right] \tag{3.6}$$

方括弧中的公式被定義為等額多次付款現值因子 (*P/A*) (*equal-payment series present-worth factor*)。也就是說，

$$\boxed{P = A\left[\frac{(1+i)^N - 1}{i(1+i)^N}\right] = A(P/A, i, N)}$$

同樣的，符號 (*P/A,i,N*) 也被稱為等額多次付款的現值因子。某個運用此 *P/A* 因子的例題如下。

❓ 例題 3.9 現值因子：等額多次付款系列

日本 UCC (優仕咖啡) 於雲林斗六建 1600 百坪的烘豆廠，並引進日本獨家研發的烘焙機 AROMASTER，為其在亞洲最大投資案，約新台幣 5 億元。在 2019 年 1 月，廠區正式啟用，產能超過 3000 公噸，並載往全家、麥當勞、量販店等各門市。[11] 假設這筆投資從 2015 年 1 月開始，平均在 5 年內支付，每年 1 億元。假設年利率為 15%，請問這一系列款項的等值現值 (2014 年 1 月) 為何？

🔍 **解答** 這一系列款項可描繪為圖 3.26 的現金流，其中 *P* 是未知數。

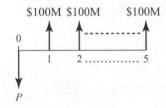

圖 3.26 5 億元分布於 5 年內的工廠投資案的等值現值 *P*

以下以因子符號呈現的公式定義了我們的已知與未知數：

$$P = A(P/A, i, N) = \$100\text{M}(P/A, 15\%, 5)$$

$$\boxed{\text{直觀：} P < AN \text{，如果 } i > 0}$$

我們可以利用公式 (3.6) 來代換 (*P/A,i,N*) 因子並計算 *P* 如下：

$$P = A(P/A, i, N) = A\left[\frac{(1+i)^N - 1}{i(1+i)^N}\right] = \$100\text{M}\left[\frac{(1+0.15)^5 - 1}{0.15(1+0.15)^5}\right] = \$3 億3,522 萬元 = 335.22\text{M 元}$$

等額多次付款的現值因子(*P/A*)可以在附錄的利息因子表格的第 5 欄找到。15%的因子值位於表 A.21。針對 *N*=5，

---

11 黃亞琪，搶攻麥當勞、全家通路，今周刊，第 1202 期，1 月 6 日，2020 年，第 82-83 頁。

$$P = A(P/A,i,N) = \$100\text{M}(\overset{3.3522}{F/A},15\%,5) = 3 億3,522 萬元$$

與例題 3.8 相同，我們也可以利用 Excel 的 PV 函數以求得

$$P = \text{PV}(i,N,-A) = \text{PV}(0.15,5,-100) = 335.22\ (\text{M})$$

單位為百萬元。Lotus 與 Quattro Pro 也包含類似的 PV 函數。

3.2.3　等差變額系列分析

現金流金額會從第 1 期的 0 增加到第 N 期的 $(N-1)G$ 的等差變額系列如圖 3.27(a) 所示，定義時間零的等值 P 位於圖 3.27(b)。與先前相同，我們將兩份現金流圖同時繪製於圖 3.27(c)。

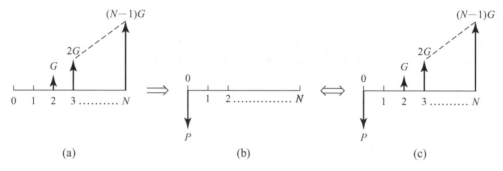

(a)　　　　　　　　　　　(b)　　　　　　　　　　　(c)

圖 3.27　(a) 從第 1 期遞增至第 N 期的現金流系列 G。(b) 時間零的現值 P。(c) 等差變額系列
　　　　現值因子的現金流圖

在 P 為未知數的情況下，此處我們所要回答的問題是

　　已知 G，請問 P 為何？

我們已知等差變額系列的複利總額因子 (F/G) 如公式 (3.3) 所示。如同等額多次付款系列一般，我們也可以利用公式 (3.5) 的單筆款項現值因子 (P/F)，將每一期的未來值折價到時間零，如下：

$$P = G\underbrace{(F/G,i,N)}_{G \Rightarrow F}\underbrace{(P/F,i,N)}_{F \Rightarrow P}$$

在數學上，我們可以將此運算式寫成

$$P = G\left[\frac{(1+i)^N - Ni - 1}{i^2}\right]\frac{1}{(1+i)^N}$$

將上述公式整理後，我們會得到

$$P = G\left[\frac{(1+i)^N - Ni - 1}{i^2(1+i)^N}\right] \tag{3.7}$$

方括弧中的公式便是等差變額系列的現值因子 (P/G)，可表示如下

$$\boxed{P = G\left[\frac{(1+i)^N - Ni - 1}{i^2(1+i)^N}\right] = G(P/G,i,N)}$$

以下例題描述了此種 *P/G* 現值因子的運用。

 例題 3.10　現值因子：等差變額系列

2003 年夏季，世界第三大貨櫃船運公司，根據地位於臺灣的長榮集團宣布，將會向日本的三菱重工購買 12 艘「S 型」船艦。一台「S 型」船艦可以載運 6,724 TEUs (20 呎貨櫃的載運量)，價格約 5,500 萬美元。這些船隻將於 2005 年到 2007 年之間交貨。[12] 假設時間零為 2003 年，兩艘船隻將於 2005 年交貨，四艘於 2006 年，六艘於 2007 年。如果付款是在交貨時進行，請問三菱的收入的等值現值為何？假設 5% 的年利率。

解答　此例的現金流圖如圖 3.28 所示。請注意 2004 年並沒有現金流發生。

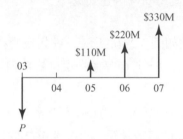

圖 3.28　從 2005 年到 2007 年貨櫃船銷售的等值現值

此份現金流圖的等差變額系列是由每年 $G = 2 \times 5,500$ 萬美元所定義。G 為已知而 P 為未知，我們的解答，以因子符號呈現的公式簡式表示為

$$P = G(P/G, i, N) = \$110\text{M}(P/G, 5\%, 4)$$

將 $(P/G, i, N)$ 現值因子代換為公式 (3.7)，我們計算 P 如下：

$$P = G(P/G, i, N) = G\left[\frac{(1+i)^N - Ni - 1}{i^2(1+i)^N}\right] = \$110\text{M}\left[\frac{(1+0.05)^4 - (4)(0.05) - 1}{(0.05)^2(1+0.05)^4}\right]$$

$$= 5 \text{ 億 } 6,131 \text{ 美金}$$

5% 等差變額系列的現值因子 (P/G) 可以在附錄表 A.11 的第 6 欄找到。代入 $N=4$ 的因子值，我們會得到

$$P = G(P/G, i, N) = \$110\text{M}(P/\overset{5.1028}{G}, 5\%, 4) = 5 \text{ 億 } 6,131 \text{ 美元} = 561.31\text{M} \text{ 美元}$$

如前所述，試算表中並沒有針對等差變額系列的函數。然而，試算表的使用方式類似於計算未來值因子的使用方式，如下一例題將描述的。

---

[12] Dean, J.," Taiwan's Evergreen Plans a $3 Billion Fleet Expansion," *The Wall Street Journal Online*, September 8, 2003.

　　如 3.1.3 節的複利總額因子分析所示，等差變額系列通常會伴隨著等額多次付款系列，因為第 1 期時通常也會有現金流發生。與 *F/G* 複利總額因子的分析相同，此處的現金流圖也可以分解為等額多次付款系列 (*A*) 及等差變額系列 (*G*)。針對此種狀況的例題如下。

 例題 3.11　遞增的等差變額及等額多次付款系列

Ryanair，一家根據地位於愛爾蘭的航空公司，在 2003 年春季簽下一張 100 架波音 737-800 噴射機的訂單。整份訂單的帳面總價為 60 億美元。[13] 假設 Ryanair 照帳面價格，於飛機交貨時付款，而飛機的交貨時程如下：10 架飛機於 2004 年交貨，之後每年增加 5 架。也就是說，從 2004 年到 2008 年，分別會有 10、15、20、25、以及 30 台飛機交貨。請問透過這筆銷售，波音所能獲得的收入的等值現值 (2003 年) 為何？假設 20%的年利率。

🔍 解答　Ryanair 款項的現金流圖如圖 3.29 (a) 所示。就如我們在 *F/G* 複利總額因子分析中詳盡闡述過的，這份現金流圖包含兩部份，其中等額多次付款系列 (*A*) 被分解至 (b) 部份而等差變額 (*G*) 則分解至 (c) 部份。

我們先將目光集中在等差變額系列 (如圖 3.29 的 (c))。已知 *G* 而未知 P_G (我們依循類似先前的標記方式，使用 P_G 來代表要求解之 *P* 值的等差變額 (*P/G*) 部份)，同時注意到一架飛機的價格為 6,000 萬美元，我們可以使用利息因子撰寫所需的公式：

$$P_G = G(P/G, i, N) = 5 \times \$60M(P/G, 20\%, 5)$$

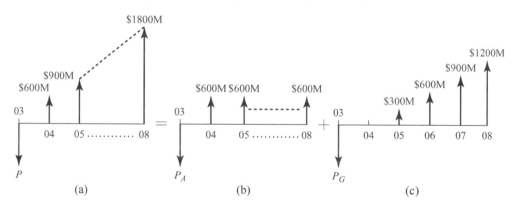

圖 3.29　將 (a) 等額多次付款與等差變額之複合系列分解為 (b) 等額多次付款($600M) 系列，及(c) 等差變額($300M) 系列的等值現值 *P*

---

[13]　Lunsford, J.L.,“ and D. Michaels, "Boeing to Get Order for 100 Planes from Ryanair, " *The Wall Street Journal*, January 31, 2003.

	A	B	C	D	E	F	G
1	Example 3.11: Airline Fleet Expansion				Input		
2					A	$600,000,000.00	
3	Period	Cash Flow	Present Worth		G	$300,000,000.00	
4	0	--	--		Interest Rate	20%	per year
5	1	$600,000,000.00	$500,000,000.00		Periods	5	years
6	2	$900,000,000.00	$625,000,000.00				
7	3	$1,200,000,000.00	$694,444,444.44		Output		
8	4	$1,500,000,000.00	$723,379,629.63		P	$3,266,203,703.70	
9	5	$1,800,000,000.00	$723,379,629.63				
10							
11	=$F$2+$F$3*(A6-1)		=B8/(1+$F$4)^(A8)			=SUM(C5:C9)	
12							

圖 3.30 年度與變額系列現金流的現值

圖 3.29(b) 是一個已知 A 求解 P_A 的等額多次付款系列。我們再次使用利息因子將之整理為

$$P_A = A(P/A, i, N) = 10 \times \$60M(P/A, 20\%, 5)$$

所需的解答便是

$$P = P_G + P_A = \$300M(P/G, 20\%, 5) + \$600M(P/A, 20\%, 5)$$

代換等差變額系列 (P/G) 與等額多次付款 (P/A) 的現值因子值，我們會得到

$$P = P_G + P_A = \$300M(\overset{4.9061}{P/G, 20\%, 5}) + \$600M(\overset{2.9906}{P/A, 20\%, 5})$$
$$= \$1471.83M + \$1794.36M = 32.7 \text{ 億美元}$$

因此，這筆訂單在時間零的價值便是 32.7 億美元。

運用試算表的等值分析如圖 3.30 所示。就像求解未來值時一般，每一筆個別現金流會在列 C 被轉回時間零，然後加總於儲存格 F8 以求解 P。

如果等差變額系列是負向的，我們只需將 G 帶入負值，造成等額多次付款因子被減去某個數字，而非加上即可

3.2.4 等比變額系列分析

我們最後一種現值因子會將在第 1 期時以現金流 A_1 起始，然後每期以速率 g 增長 (或減縮) 直到第 N 期，如圖 3.31(a) 所示的現金流系列，將其轉換為時間零的單筆現金流 P，如圖 3.31(b) 所示。我們將兩份現金流同時繪製於圖 3.31(c)。

我們可以將圖 3.31(c) 的現金流圖視為某種投資情境，首先我們需要在時間零存入 P 以進行後續每期的提款，並且在第 N 期提出最後一筆款項後，帳戶中不會剩下任何一毛錢。此帳戶會以每期利率 i 賺取利息。簡而言之，我們正在回答問題

已知 A_1 與 g，請問 P 為何？

先前，我們曾在公式 (3.4) 中推導過等比變額系列的複利總額因子 $(F/A_1, g)$。同樣地，我們也可以利用公式 (3.5) 的單筆款項的現值因子 (P/F)，將之乘以公式 (3.4) 來轉換為現值總額。

$$P = A_1 \underbrace{(F/A_1, g, i, N)}_{A_1, g \Rightarrow F} \underbrace{(P/F, i, N)}_{F \Rightarrow P}$$

針對 $i \neq g$ 的情況，我們可以將之寫成

$$P = A_1 \left[\frac{(1+i)^N - (1+g)^N}{i-g} \right] \frac{1}{(1+i)^N}$$

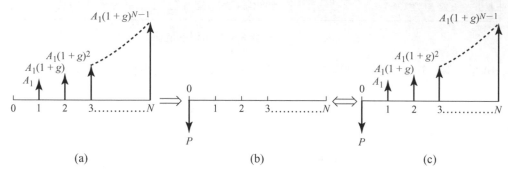

圖 3.31　(a) 從第 1 期的 A_1 增長到第 N 期的 $A_1 (1+g)^{N-1}$ 的等比系列現金流。(b) 時間零的現值 P。(c) 等比系列現值因子的現金流圖

化簡此運算式，我們會得到

$$P = A_1 \left[\frac{(1+i)^N - (1+g)^N}{(i-g)(1+i)^N} \right]$$

$$= A_1 \left[\frac{1 - \frac{(1+g)^N}{(1+i)^N}}{i-g} \right]$$

針對 $i=g$ 的情形，我們也以類似的方式進行推導，使得

$$P = A_1(F/A_1, g, i, N)(P/F, i, N)$$

$$= A_1 N (1+i)^{N-1} \frac{1}{(1+i)^N}$$

將運算式整理後得到

$$P = A_1 \left[\frac{N}{(1+i)} \right]$$

因此，針對等比變額系列現值因子，我們會定義以下兩種情況：

$$P = \begin{cases} A_1 \left[\dfrac{1 - (1+g)^N (1+i)^{-N}}{i-g} \right] & \text{if } i \neq g \\[4mm] A_1 \dfrac{N}{(1+i)} & \text{if } i = g \end{cases} \tag{3.8}$$

與先前相同，等比系列現值因子的符號比較長一些，因為未知數有兩個，A_1 與 g：

$$P = \begin{cases} A_1 \left[\dfrac{1-(1+g)^N (1+i)^{-N}}{i-g} \right] & i \neq g, \\ A_1 \dfrac{N}{(1+i)} & i = g. \end{cases} = A_1(P/A_1,g,i,N)$$

我們會在下一例題描述等比系列現值因子 $(P/A_1,g,i,N)$ 的運用。

 例題 3.12　現值因子：等比變額系列

在 2003 年夏季，GE 公司的電力系統部門宣布該公司將會為奈及利亞 Bonny 島的主要天然氣液化工廠提供多達 22 台燃氣渦輪機和 18 台壓縮機的工程支援。2003 年時，GE 的電力系統部門在全球超過 600 個地點有類似的合約正在進行，在 2002 年時，總共產生將近 230 億美元的收入。[14] 假設所有的合約在 2005 年產生了 230 億美元的收入，而且在未來 8 年，每年總收入還會持續以 12%的速率增加。如果年利率為 19%，請問這些收入的現值 (2004 年) 為何？

🔍 **解答**　圖 3.32 描述了此例題的遞增等比變額系列。我們以 $F/A_1,g$ 因子符號來定義現值 P 為

$$P = A_1(P/A_1,g,i,N) = \$23B(P/A_1,12\%,19\%,8)$$

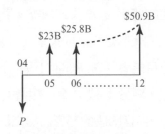

圖 3.32　等比遞增收入的等值現值 P

因為 $i \neq g$，我們可以利用公式 (3.8) 計算 P 如下：

$$P = A_1(P/A_1,g,i,N) = A_1 \left[\frac{1-(1+g)^N(1+i)^{-N}}{i-g} \right] = \$23B \left[\frac{1-(1+0.12)^8(1+0.19)^{-8}}{0.19-0.12} \right]$$

$$= 1,262.7 \text{ 億美元} = 126.27B \text{ 美元}$$

如果是將 i 定義為 12%，則因為 $i=g$，所以現值為

$$P = A_1(P/A_1,g,i,N) = A_1 \frac{N}{(1+i)} = \$23B \frac{8}{(1+0.12)} = 1,642.9 \text{ 億美元} = 164.29B \text{ 美元}$$

如此會得到較大的 P 值，因為利率較低。

圖 3.33 試算表的列 C 描繪了將個別的變額系列現金流轉回時間零。這些數值會被加總於儲存格 F8 以求解 P。

[14]　Jordan, J.,"GE to Supply Services for 有效利率 Plants, *Dow Jones Newswires,* August 4, 2003.

	A	B	C	D	E	F	G
1	Example 3.12: Engineering Support Contracts Revenue				Input		
2					A1	$23,000,000,000.00	
3	**Period**	**Cash Flow**	**Present Worth**		g	12%	per year
4	0	--	--		Interest Rate	19%	per year
5	1	$23,000,000,000.00	$19,327,731,092.44		Periods	8	years
6	2	$25,760,000,000.00	$18,190,805,734.06				
7	3	$28,851,200,000.00	$17,120,758,337.94		Output		
8	4	$32,313,344,000.00	$16,113,654,906.29		P	$126,270,309,008.42	
9	5	$36,190,945,280.00	$15,165,792,852.98				
10	6	$40,533,858,713.60	$14,273,687,391.04				
11	7	$45,397,921,759.23	$13,434,058,720.98			=SUM(C5:C12)	
12	8	$50,845,672,370.34	$12,643,819,972.69	=B9/(1+$F$4)^(A9)			
13							
14	=$F$2+$F$3*(A10-1)						
15							

圖 3.33 等比變額系列現金流的現值

等比系列的運算方式與之前相同，只是 g 要使用負值。與複利總額因子的情形相同，g 跟 i 很少會是相等的負值，因為 i 通常不會採用負值。

3.2.4.1 通貨膨脹與購買力

在前面提到現金流會依據某個固定的速率 g 增長或減縮。關於這樣的變數特性，在經濟體系中也有兩個重要指標有相同的情況。一個是經濟成長率（或衰退率），另一個是通貨膨脹率 f（或緊縮率），也就是物價水準也可能會隨著時間而上漲（或下降）。在此通貨膨脹率 f（或緊縮率）也是一種等比系列的概念，對於 P 或 F 會有相當的影響。如例題 3.12，收入以每年 12% 的速率增長，這可能就是廠商受通貨膨脹的影響而提高訂價。以下將描述這種情況的概念和數學公式。

針對我們的錢財，如果將錢放在皮夾裡，則一段時間之後，我們可以掏出這筆錢，而這筆錢看起來應該並無二致 (雖然可能會有點皺)。可是是這樣嗎？可能發生的是，這筆錢已經不值它原有的價值。雖然有些產品可能會隨時間而降價，但是大部份的價格是會隨時間而上漲的。這種情境稱做**通貨膨脹** (inflation)。你的錢會隨通貨膨脹而減低價值，因為你用同樣多的錢，已無法買到跟先前同樣多的商品。換句話說，你會遭遇到**購買力** (purchasing power) 的損失。

通貨膨脹 (或是價格隨時間的上漲) 有可能會因為各式各樣的原因而發生。例如，過去幾年中，我們可以看到美國每加侖汽油單價的急遽上漲。並非所有商品都是這種情形，因為競爭、解禁或是製造效率的改善，都可能會造成物資或商品的價格隨時間而降低 (通貨緊縮)。在以下幾小節中，我們會檢驗通貨膨脹及其對於現金流的影響。

政府提供了關於各式各樣商品價格隨時間變動的大量資訊。這些數據很重要，因為政府擁有遏阻通貨膨脹的財金政策，如果政府認為價格上漲的過於快速的話。例如，政府可能會提高基本借貸利率，以遏阻投資，因為銀行通常也會跟進*提高*它們的貸款利率收費。反之，降低基本利率會鼓勵投資，因為銀行通常也會跟進*降低*它們的貸款利率收費。

經常用來追蹤通貨膨脹的衡量指標度量標準是消費者物價指數(Consumer Price Index)，或稱
CPI。對於典型消費者來說，這項指數代表貨品及服務的平均成本。這包括了食、衣、住、行、
育、樂、通訊、以及個人照護等。表 3.1 提供了從 1983 年到 2005 年的 CPI 值樣本。表中所使
用的資料是美國所有城市消費者的年度 CPI 值。這份 CPI 值是該年度全美各城市的平均值。

表 3.1　全美各城市所有城市消費者的平均消費者物價指數

年度	CPI	年度	CPI
1983	99.6	1994	148.2
1984	103.9	1995	152.4
1985	107.6	1996	156.9
1986	109.6	1997	160.5
1987	113.6	1998	163.0
1988	118.3	1999	166.6
1989	124.0	2000	172.2
1990	130.7	2001	177.1
1991	136.2	2002	179.9
1992	140.3	2003	184.0
1993	144.5	2004	188.9
		2005	195.3

資料來源：美國勞工部勞工統計局，www.bls.gov

請注意 1987 年的數值為 113.6 而 2002 年的數值則為 179.9。這意味著，在 2002 年我們需
要花上 179.9/113.6=1.58 倍的成本，才能夠得到和 1987 年同樣多的貨品與服務。另一方面，
我們也可以說 2002 年的購買力是 1987 年的 113.6/179.9=.631 倍。

要計算任何一段期間的平均通貨膨脹率，我們只需應用在複利上面學到的東西即可。1987
年與 2002 年的 CPI 值 113.6 與 179.9 並非現金流，但是我們暫時將這件事實忽略。將數值 113.6
視為存入某個帳戶的存款，在 15 年內以年利率 f 賺取利息 (注意：f 不是真的利率，此處僅是
應用複利的觀念)，到 2002 年總額增生為 179.9。利用這樣的推論以及複利的定義，我們會得到

$$113.6(1+f)^{15} = 179.9$$

求解 f，我們可以得知 1987 年與 2002 年之間的平均年通貨膨脹率 (f) 為 3.11%。

將這項定義一般化，在任意 N 年的平均年通貨膨脹率為　期

$$\text{CPI}_n(1+f)^N = \text{CPI}_{n+N} \tag{3.9}$$

請注意，我們可以以此方式計算任何通貨膨脹率指數，而不僅是 CPI。此外，如果某個指數的
值在第 $n+N$ 期時低於第 n 期時，這便是一段通貨緊縮時期，即 $f < 0$。

表 3.2 顯示了分別針對營建機具業與半導體業的生產者物價指數 (Producer Price Index)，
或稱 PPI 的資料。這些資料是從生產者的角度來看售價隨時間改變的衡量指標。在表中，營建

機具業的 PPI 指數在過去 10 年內都一路穩定上升 (通貨膨脹)，而半導體業的 PPI 指數則穩定下降 (通貨緊縮)。我們可以取得各種產品的生產者物價指數，這些資料對於評估極為有用。

表 3.2 美國(1) 營建機具製造業與 (2) 半導體及相關設備製造業的生產者物價指數 (PPI)

年度	營建機具業 PPI	半導體業 PPI
1993	151.2	141.9
1994	153.8	140.1
1995	157.2	131.8
1996	161.6	122.4
1997	164.4	110.7
1998	167.8	101.7
1999	170.8	97.4
2000	172.7	91.1
2001	173.5	86.8
2002	175.9	83.8
2003	178.3	76.8
2004	183.9	71.7
2005	192.6	69.5

資料來源：美國勞工部，勞工統計局，www.bls.gov

 例題 3.13　通貨膨脹

試計算從 1996 年到 2002 年，營建機具業的平均通貨膨脹率，請利用表 3.2 的資料。

🔍 解答　請注意 1996 年與 2002 年的指數值分別是 161.6 與 175.9，我們可以使用公式 (3.9) 計算通貨膨脹率如下

$$161.6(1+f)^6 = 175.9$$
$$\Rightarrow f = (1.0885)^{\frac{1}{6}} - 1 = 0.0142$$

這代表 1.42%的年通貨膨脹率。

$$\boxed{f > 0 \;\; \text{即代表通貨膨脹。}}$$

 例題 3.14　通貨緊縮

試計算從 1993 年到 2002 年，半導體與相關設備產業的平均通貨緊縮 (負向通貨膨脹) 率，請利用表 3.2 的資料。

🔍 解答　通貨緊縮的計算方式與通貨膨脹類似。

$$141.9(1+f)^9 = 83.8$$
$$\Rightarrow f = (0.5906)^{\frac{1}{9}} - 1 = -0.05684$$

求解 f 會得到 -5.68%，意味著這是一段通貨緊縮的時期。

$$f < 0 \quad 即代表通貨緊縮。$$

3.2.4.2 以實質貨幣或流通貨幣表示現金流

CPI、PPI 或其他物價指數的存在，是因為我們通常會想要知道相同金額在不同時期的價值改變。要判斷某件物品今日與過往的價值有何不同，我們必須移除適當時間差距中的通貨膨脹影響。如此得到的數值比較宜於進行比較，這讓我們得到以下兩種定義：

流通貨幣 (current dollars) 代表發生在交易當時的現金流。換句話說，它們是實際的現金支出或收入。這種現金流包含通貨膨脹的影響。流通貨幣也稱做實際金額、未來金額、或通膨金額。我們將第 n 期的流通貨幣現金流標記為 A_n。

實質貨幣 (real dollars) 是依據購買力的變更來對流通貨幣做調整；我們會以某個基準年來定義購買力。因此，實質貨幣排除了通貨膨脹的影響。實質貨幣也稱做名目金額、固定金額或緊縮金額。我們將第 n 期的實質貨幣現金流標記為 A'_n。

實質貨幣與流通貨幣之間的關連，是通貨膨脹率以及我們選為參考點的基期。我們將零視為時間上的隨機參考點。接著，要將第 n 期的流通貨幣轉換為實質貨幣，我們必須「移除」 n 期的通貨膨脹，

$$A'_n = \frac{A_n}{(1+f)^n} \tag{3.10}$$

我們會在下個問題中說明此項概念。

 例題 3.15 轉換流通貨幣為實質貨幣

根據全國大學及雇主協會 (National Association of Colleges and Employers; NACE) 2004 年冬天的調查，主修工程科系 (電腦、化學、電機、機械、資訊科學、工業、製造、營建、與土木) 學生的起薪為 48,000 美元。[15] 假設下 1 年度某位初入業界的工程師預期可以得到 50,000 美元的起薪。如果該位工程師每年可以得到 4.3% 的調薪，而年通貨膨脹率為 2.3%，請問未來 5 年該位工程師的薪資若以實質貨幣表示的話為多少？

解答 該位工程師所得到的薪水現金流圖如圖 3.34 所示。因為這是該位工程師實際得到的薪資，所以這份現金流圖是以流通貨幣來定義的。請注意該位工程師會在第 1 年得到 50,000 美元 (假設是年底的現金流)，而這個數值每年會增加 4.3%。因此，在第 n 年所收到的薪資總額便是 $50,000$ $(1.043)^{n-1}$ 美元。

[15] Sahadi, J.,“ Most lucrative college degrees, ” *CNN Money Online,* money.cnn.com, February 5, 2004.

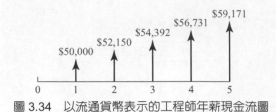

圖 3.34 以流通貨幣表示的工程師年薪現金流圖

流通貨幣便是實際獲得或支出的錢！

使用時間零做為基準年，我們可以使用公式 (3.10) 計算實質貨幣的現金流：

$$A_1' = \frac{\$50,000}{(1+0.023)^1} = \$48,875.86$$

$$A_2' = \frac{\$50,000(1+0.043)}{(1+0.023)^2} = \$49,831.40$$

$$A_3' = \frac{\$50,000(1+0.043)^2}{(1+0.023)^3} = \$50,805.62$$

$$A_4' = \frac{\$50,000(1+0.043)^3}{(1+0.023)^4} = \$51,798.88$$

$$A_5' = \frac{\$50,000(1+0.043)^4}{(1+0.023)^5} = \$52,811.57$$

因此，第 1 年工作結束所得到的 50,000 美元，以時間零的幣值而言，只值 48,875.86 元。同樣地，在第 5 年年底所得到的 59,170.77 美元，以時間零的幣值而言，只值不到 53,000 元，因為通貨膨脹折價了人們的購買力。如果這位工程師每年所得到的調薪都只與 CPI 指數的成長相符，則其薪水的實質貨幣就永遠只是 48,875.86 元，因為實際的薪資只跟隨著通貨膨脹的腳步成長。請注意，使用試算表我們便可以輕易地對於多個年度進行這項轉換。

有時候很難判斷我們所定義的是流通貨幣或實質貨幣。不要因為實質貨幣不會隨著通貨膨脹而成長，就落入相信實質貨幣是恆定不變的陷阱。同樣的，也不要假設現金流的增長必然意味著是流通貨幣因為價格的增加而產生通貨膨脹。反之，請判斷我們是否簽訂了某項合約或是做了某項關於未來的計畫。

 例題 3.16　再次檢驗轉換流通貨幣為實質貨幣

假設你在 2003 年 12 月 Harley-Davidson 的債券發行時，以 9,998.80 元美元向其購買了一筆 5 年，10,000 美元的債券 (我們會在第 4 章以大量的篇幅討論債券)。根據債券的合約，Harley-Davidson 在未來 5 年內每年要付給你 362.50 美元的配息，而在債券到期時，還要付給你債券的面額 10,000 元美元。[16] 這些交易的現金流圖如圖 3.35 所示。請將現金流轉換為實質貨幣或流通貨幣，視何者較為適宜；假設在這段分析期間的年通貨膨脹率為 3%。

---

[16] Geressey, K.,"Harvey-Davidson $400M 5-Yr 144a Yields 3.62%; Tsys +0.48," *Dow Jones Newswires*, November 18, 2003.

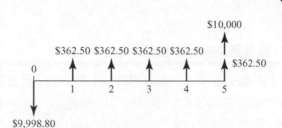

圖 3.35　購買債券的現金流圖

🔍 **解答**　這份現金流圖是以流通貨幣還是實質貨幣的現金流繪製？因為現金的支出或收入所定義的是流通貨幣，所以這份示意圖是由流通貨幣所定義的。我們可以將其除以每期適當的通貨膨脹率來求出實質貨幣的現金流圖。使用時間零做為基準年，實質貨幣的現金流如下：

$$A'_0 = \frac{-\$9,998.80}{(1+0.03)^0} = -\$9,998.80$$

$$A'_1 = \frac{\$362.50}{(1+0.03)^1} = \$351.94$$

$$A'_2 = \frac{\$362.50}{(1+0.03)^2} = \$341.69$$

$$A'_3 = \frac{\$362.50}{(1+0.03)^3} = \$331.74$$

$$A'_4 = \frac{\$362.50}{(1+0.03)^4} = \$322.08$$

$$A'_5 = \frac{\$10,362.50}{(1+0.03)^5} = \$8,938.79$$

請注意，這些實質貨幣現金流只代表它們等同於時間零的價值。它們並不代表實際會得到的現金流。

　　將實質貨幣現金流轉換到流通貨幣現金流，牽涉到通貨膨脹的影響。如果我們求解公式 (3.10) 中的流通貨幣現金流，我們會發現需要將通貨膨脹的影響併入或「加」到現金流中：

$$A_n = A'_n(1+f)^n$$

把「加」這個字放入引號中是因為這並非我們所進行的數學操作。反之，我們併入通貨膨脹的方式就像計算複利一樣，如下個例題所示。

例題 3.17 轉換實質貨幣為流通貨幣

挪威的 Statoil, ASA 同意在大約 5 年內，每年供應 14 億立方公尺的天然氣給荷蘭的公用事業 Essent, NV。[17] 假設這份合約會持續 5 年，每年都會以市價售出正好 14 億立方公尺的天然氣。同時假設時間零 (2004 年初) 的價格為每立方公尺 1 挪威克朗。假設沒有通貨膨脹的話，Essent 所需支付的費用如圖 3.36 所示。假設天然氣的價格預期每年會以 0.5%的比率增長，請問流通貨幣的現金流為何？

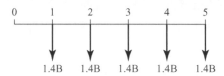

圖 3.36 以實質貨幣 (克朗) 表示的天然氣購買現金流圖

解答 圖 3.36 的現金流所代表的並非實際的現金支出，而是實質貨幣。流通貨幣的現金流如下：

> **實質貨幣是虛擬的！**

$$A_1 = \text{NOK1.4B}(1 + 0.005)^1 = 14.07 \text{ 億挪威克朗}$$
$$A_2 = \text{NOK1.4B}(1 + 0.005)^2 = 14.14 \text{ 億挪威克朗}$$
$$A_3 = \text{NOK1.4B}(1 + 0.005)^3 = 14.21 \text{ 億挪威克朗}$$
$$A_4 = \text{NOK1.4B}(1 + 0.005)^4 = 14.28 \text{ 億挪威克朗}$$
$$A_5 = \text{NOK1.4B}(1 + 0.005)^5 = 14.35 \text{ 億挪威克朗}$$

這些金額代表了實際的天然氣費用。

3.2.4.3 市場利率與無通膨利率

我們可以使用以下兩種方式之一來進行分析：(1) 以流通貨幣定義的現金流圖，或 (2) 以實質貨幣定義的現金流圖。剩下的問題包括了這兩種方式之間的關連為何，以及在特定的分析上應使用何者。

請考量實質貨幣現金流圖中的現金流。如果這些現金流所表示的交易是將錢放入某個帳戶中，然後在一段時期之後將之提出，則我們的計算就需要使用到利率。對於實質貨幣的現金流，需要使用未包含通貨膨脹影響的利率，因為我們的現金流並未包含這些影響。因此，需要無通膨利率，我們將之定義為 i'，如

$$F' = P'(1 + i')^N$$

---

[17] Lee, N.,"Statoil Seals NOK6.5B Gas Sales Deal with Dutch Co Essent," *Dow Jones Newswires,* February 26, 2004.

對於流通貨幣，我們則需要 *有*併入通貨膨脹影響 (或預期影響) 的利率。我們將之定義為市場利率 i，如

$$F = P(1+i)^N$$

請問 i' 與 i 之間的關連為何？要定義其中的關連，我們可以更詳盡的檢驗現金流 F' 與 F。根據通貨膨脹率 f，我們知道這兩者的關連為

$$F = F'(1+f)^N$$

如果我們用先前的兩個運算式代換 F' 與 F，我們會得到

$$P(1+i)^N = P'(1+i')^N(1+f)^N$$

如果時間零是我們的基期，則 P 與 P' 便是相等的；因此，

$$(1+i)^N = (1+i')^N(1+f)^N$$

檢視這條公式，我們會發現市場利率 (i) 會將通貨膨脹 (f) 加入無通貨膨脹利率 (i')。假設 $N=1$，我們便可以解出無通膨利率：

$$i' = \frac{(1+i)}{(1+f)} - 1 \tag{3.11}$$

假設在我們的研究期間，通貨膨脹率都相同，無通膨利率也都相同。同樣的，求解市場利率 i 也提供了從無通膨利率到市場利率的轉換。請注意，通常我們所知的是市場利率，因為銀行收取與支付利息所根據的是包含通貨膨脹影響的市場利率。我們會在下個例題中說明此項轉換。

例題 3.18　市場利率與無通膨利率

某家銀行提供每年會支付 4.5%有效利率的市場帳戶。如果年通貨膨脹率為 1.6%，請問該種帳戶的無通膨利率為何？

解答　使用公式 (3.11) 以將已知的市場利率 i 轉換為無通膨利率如下：

$$i' = \frac{(1+i)}{(1+f)} - 1 = \frac{(1+.045)}{(1+.016)} - 1 = 0.0285 = 2.85\%$$

這個 2.85%的利率等值於將 4.5%的利率的通貨膨脹影響移除。

3.2.4.4　實質貨幣與流通貨幣現金流的分析

我們介紹過兩種利率 (市場利率與無通膨利率) 以及兩種現金流 (流通貨幣與實質貨幣)。面對兩種現金流與兩種利率的定義，我們必須謹慎選擇要在分析中使用哪一種組合。我們可以分析流通貨幣現金流加上市場利率，因爲這兩者都包含通貨膨脹的影響；或者也可以分析實質貨幣現金流加上無通膨利率，因爲這兩者都移除了通貨膨脹的影響。兩種分析都會得到相同的結論，因爲這兩種方法的差別僅在於通貨膨脹而已。關鍵點在於不要把實質貨幣的金流跟市場利率混用，或者是把流通貨幣的現金流跟無通膨利率混用。(我們會在第 4 章回到此點上。)

　　在本書中除非特別聲明，否則假設所有的現金流都是以流通貨幣定義，而利率則爲市場利率。這就是爲什麼我們選擇將市場利率定義爲 i 的理由，而我們也將其使用在一般性的利率定義上。我們會在分析中使用流通貨幣的現金流，因爲它們代表眞正的 (而非虛擬的) 現金支出。同樣的，也有一些狀況，例如計算稅款時，必須使用流通貨幣現金流，因爲稅款是根據實際交換的金額來支付的。此外，銀行與其他借貸機構也會公告加入通貨膨脹影響的市場利率。因此，重申一次，除非特別聲明，我們可以假設現金流是流通貨幣，而利率則是市場利率。此外，經濟成長率 (或衰退率) 以及通貨膨脹率 f(或緊縮率) 均可視爲等比系列的 g，以估計專案計畫的現金流，然後利用 3.1.4 節的 $(F/A_1,g,i,N)$ 因子或 3.2.4 節的 $(P/A_1,g,i,N)$ 因子或後續 3.3.4 節要介紹的 $(A/A_1,g,i,N)$ 因子來計算各種等值。

3.3　等額多次付款因子

我們最後一組要推導的利率因子是由等額多次付款 (或稱爲年金值) 因子所構成的。與折價爲 P 或增生爲 F 的現金流不同的是，我們現在試圖讓現金流平均地分佈在研究期間的各期中。目標是將任何的現金流圖都轉換成 N 其中每期金額爲 A 的等額多次付款系列。明確地說，假設每期利率 i，針對以下四種現金流圖，我們想要計算出分佈在 N 期中的金額 A：

1. 發生於第 N 期的單筆現金流 F。
2. 發生於第 0 期的單筆現金流 P。
3. 第 1 期金額爲 0，之後每期均會比前一期增加金額爲 G 的金流。
4. 第 1 期金額爲 A_1，之後每期均會比前一期增加 g 百分比的現金流。

在數學上來說，A 是未知數，其他的參數，F、P、G、A_1、g、i、N，則都爲已知。

3.3.1 單筆款項分析：沉沒資金因子

沉沒資金因子 (*sinking-fund factor*) 會將發生於第 N 期的未來現金流 F，轉換為分布於第 1 期到第 N 期每期金額為 A 的等額多次付款系列，假設利率固定不變為 i。圖 3.37(a) 及 (b) 定義了我們所需的轉換，其中 (c) 部份會將兩份示意圖放置於同一時間軸上。我們所問的問題是

已知 F，請問 A 為何？

一個相關的問題是，為了要能在第 N 期獲得金額 F，我們必須從 1 至 N 期每期存入帳戶的資金 A 應為何？假設每期利率 i 固定不變。我們使用「沉沒資金因子」這個詞，是因為在第 N 期時要獲得金額 F 而需在其先前的每一期投資或存入資金 A。

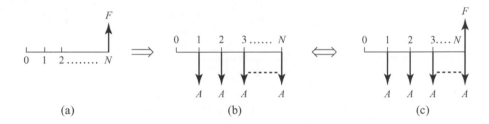

(a)　　　　　　(b)　　　　　　(c)

圖 3.37 (a) 第 N 期的未來值 F。(b) 從第 1 期到第 N 期的等額多次付款現金流系列 A。(c) 等額多次付款系列沉沒資金因子的現金流圖

先前曾在公式 (3.2) 中為等額多次付款系列的複利總額因子定義過 (F/A)。現在則反過來，是已知 F 求解年金值 A，其為 (F/A) 因子的倒豎，故可得到

$$A = F\left[\frac{i}{(1+i)^N - 1}\right] \qquad (3.12)$$

方括弧中的公式便是單筆款項的沉沒資金因子 (A/F)，其符號可表示如下

$$\boxed{A = F\left[\frac{i}{(1+i)^N - 1}\right] = F(A/F, i, N)}$$

相關例題如下。

例題 3.19 等額多次付款系列沉沒資金因子

埃法日營建公司 (Effiage Construction) 於 2004 年底完成了全世界最高的米洛橋的興建，總計只花了 39 個月。這座橋樑跨越 1.5 英里寬的河谷，連接巴黎到巴塞隆納的高速公路。780 呎高的斜張橋墩是整座橋的設計重點，其特點在於橋柱間的跨幅高達 1,150 呎。這座橋樑的興建，需要動用 64 台液壓起重機，將預先製作好的部分橋梁搬運到位，總成本大約 5.25 億美元。[18] 假設這 5.25 億的成本是 2004 年 12 月底的未來值。如果月利率為 1%，請問這總成本等值於橋樑興建的 39 個月的每月多少年金值？(假設最後一個月是 2004 年 12 月。)

解答 興建成本的 39 筆年金值款項如圖 3.38 所描繪。請注意，這些款項是每月發生的。

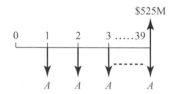

圖 3.38 橋樑 5.25 億成本的等值年金值

應用 (A/F) 因子符號定義 A 為

$$A = F(A/F, i, N) = \$525M(A/F, 1\%, 39)$$

利用公式 (3.12) 中的沉沒資金因子，我們可以計算 A 如下：

$$A = F(A/F, i, N) = F\left[\frac{i}{(1+i)^N - 1}\right] = \$525M\left[\frac{0.01}{(1+0.01)^{39} - 1}\right] = 1{,}107 \ \text{萬美元}$$

沉沒資金因子可以在附錄的利率因子表 A.4 第 7 欄找到。代入 1% 與 N=39 的因子值會得到

$$A = F(A/F, i, N) = \$525M(\overset{A/F, 1\%, 39}{0.0211}) = 1{,}108 \ \text{萬美元}$$

請注意使用公式與使用本書附表的因子值之間的差異。顯然地，兩者有細微的差別。

Excel 的 PMT 函數 (或 Lotus 及 Quattro Pro 的 PAYMT 函數) 可以在已知 F 的情況下求解 A。此種函數類似於 PV 及 FV 函數，其定義為

$$= \text{PMT}(\text{rate}, \text{nper}, \text{pv}, \text{fv}, \text{type})$$

本例題可用 AMT 函數表示如下

$$A = \text{PMT}(i, N, , -F) = \text{PMT}(0.01, 39, , -525) = 11.073$$

單位為百萬美元。

---

[18] Stidger, R., "Private Financing Builds Millau Bridge," *Better Roads,* May 2005.

3.3.2 單筆款項分析：資本回收因子

資本回收因子 *(capital-recovery factor)* 類似於沉沒資金因子，因為它所處理的，也是將時間中的單筆款項轉換為等額多次付款系列 *(A)*。更明確的說，發生於時間零的單筆款項 P(圖 3.39(a)) 會被轉換為連續 N 期每其金額為 A 的等額多次付款系列 (圖 3.39(b))。我們將兩份示意圖合併為圖 3.39(c) 的現金流圖。

定義性問題為

已知 P，請問 A 為何？

我們可以將此情況檢視為某種投資情境，假設每期利率為 i，在第 0 期將金額 P 存入某個帳戶，之後，從第 1 期至第 N 期每期都可從帳戶中領出金額 A，而在最後第 N 期結束，此帳戶會被提空。我們使用「資本回收因子」這個詞，是因為 N 是在考量利息的情況下，回收初始投資額 P(通常稱為本金) 所需的期數。

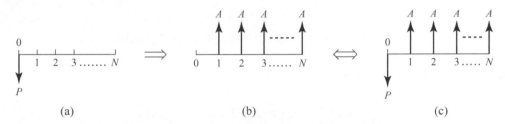

圖 3.39 (a) 時間零的現值 P。(b) 從第 1 期到第 N 期的等額多次付款系列現金流 A。(c) 等額多次付款系列資本回收因子的現金流圖.

單筆款項資本回收因子的定義，便是等額多次付款系列現值因子 *(P/A)* 的倒數。因此，將公式 (3.6) 中的 P 視為已知，便可求解 A 而可得到

$$A = P \left[\frac{i(1+i)^N}{(1+i)^N - 1} \right] \tag{3.13}$$

方括弧中的公式被定義為單筆款項的**資本回收因子**，其符號表示如下：

$$\boxed{A = P \left[\frac{i(1+i)^N}{(1+i)^N - 1} \right] = P(A/P, i, N)}$$

將已知數值 P 乘以 A/P，便可以決定 A 的值。相關例題如下。

?? 例題 3.20 等額多次付款系列資本回收因子

臺灣轉型發展太陽光電,於 2020 年經濟部在彰濱工業區推動全球最大的水面型太陽能電廠,總面積 347 公頃的光電板,總投資金額 163 億元。[19] 假設這筆投資於 2020 年 1 月簽訂,將會持續到 2030 年 1 月。又假設這 163 億元是時間零 (2020 年 1 月) 的金額,而年利率為 6%。請問之後 10 年每年的等值年金值 (即等額多次付款系列) 為何?

解答 我們所需之轉換的現金流圖如圖 3.40 所示。

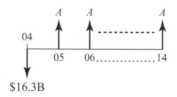

$16.3B

圖 3.40 163 億元投資在 10 年中的等值年金值 (即等額多次付款系列)

將本例題以 A/P 因子符號表示如下

$$A = P(A/P, i, N) = \$16.3B(A/P, 6\%, 10)$$

公式 (3.13),我們計算 A 值如下

$$A = P(A/P, i, N) = P\left[\frac{i(1+i)^N}{(1+i)^N - 1}\right] = \$16.3B\left[\frac{0.06(1+0.06)^{10}}{(1+0.06)^{10} - 1}\right] = 22 \text{ 億 } 1{,}517 \text{ 萬元}$$

適用於此情況的因子位於附錄的第 8 欄,代入 6% 以及 $N = 10$ 的因子值 (表 A.12),解答為

$$A = P(A/P, i, N) = \$16.3B(\overset{A/P,6\%,10}{0.1359}) = 22 \text{ 億 } 1{,}517 \text{ 萬元}$$

Excel 的 PMT 函數同樣可以使用在此情況中,得到

$$A = \text{PMT}(i, N, -P) = \text{PMT}(0.06, 10, -16.3) = 2.2146,$$

單位為十億元。

---

[19] 呂國禎,全台瘋鋪太陽能板 圈地賺錢免環評?,天下雜誌,第 703 期,7 月 29 日,2020 年。

3.3.3 等差變額系列分析

請回想一下，等差變額系列一開始在第 1 期沒有現金流發生，從第 2 期起每期比前一期增加定額 G，直到第 N 期的 $(N-1)G$，如圖 3.41 (a) 所示。透過等額多次付款系列因子，這種系列現金流會等值於連續 N 筆金額 A 的年金值 (或多次付款系列)，如圖 3.41 (b) 所描繪的。

圖 3.41 (c) 則同時將(a)與(b)的現金流描繪在一份示意圖中，這定義了某種投資情境 (假設性的)，假設我們從第 1 期到第 N 期每期在帳戶中存入的金額分別爲 $0, G, 2G, ..., (N-1)G$，則從第 1 期到第 N 期每期可以從帳戶中領出的金額 A 爲何？我們所要回答的問題是

已知 G，請問 A 爲何？

我們曾經推導過 F/G 以及 P/G 因子的公式。因此，我們可以輕易地將這兩者的公式轉換爲年金值 (等額多次付款系列) (A)。首先，採用公式 (3.3) 的等差變額系列複利總額因子 (F/G)，將 G 轉移爲未來值 F，再透過公式 (3.12) 的單筆款項沉沒資金因子 (A/F)，將未來值 F，轉換爲年金值 A，即

$$A = G\underbrace{(F/G,i,N)}_{G \Rightarrow F}\underbrace{(A/F,i,N)}_{F \Rightarrow A}$$

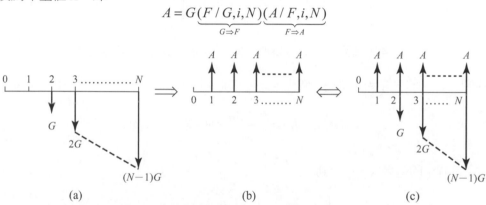

圖 3.41 (a) 從第 1 期到第 N 期的等差變額系列現金流 G。(b) 從第 1 期到第 N 期的等額多次付款系列現金流 A。(c) 等差變額系列的等額多次付款系列因子的現金流圖

這等同於

$$A = G\left[\frac{(1+i)^N - Ni - 1}{i^2}\right]\left[\frac{i}{(1+i)^N - 1}\right]$$

簡化上式可得

$$A = G\left[\frac{(1+i)^N - Ni - 1}{i\left((1+i)^N - 1\right)}\right] \tag{3.14}$$

方括弧中的公式定義了**等差變額系列等額多次付款系列因子** (A/G)，我們可以將其符號表示如下

$$\boxed{A = G\left[\frac{(1+i)^N - Ni - 1}{i\left((1+i)^N - 1\right)}\right] = G(A/G,i,N)}$$

符號 $(A/G,i,N)$ 也代表等差變額系列的等額多次付款系列因子。我們使用一個例題來加以說明。

❓ 例題 3.21　等差變額系列等額多次付款因子

2020 年底光陽 (Kymco) 宣布赴義大利設廠，生產每輛價格約新台幣 100 萬元的電動重型機車。光陽想打造出精品和超跑的形象，就像顛覆汽車業的特斯拉 (Tesla) 一樣。[20] 假設每輛實際售價訂在新台幣 75 萬元，義大利廠的生產量會隨時間上升，在 2021 年上半年產量為零，其後每半年會增長 50 輛，直到最大產量 150 輛為止。已知半年利率為 7%，請問 2021 至 2022 的預期收入會等值於每半年的年金值 (等額多次付款系列) 為何？

🔍 **解答**　2021 至 2022 這兩年的收入是等差變額系列，其與所需的等額多次付款系列的現金流圖如圖 3.42 所示。請注意，每期時間長度是半年。

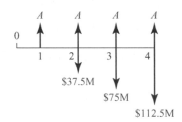

圖 3.42　電動重型機車遞增收入的等值等額多次付款半年現金流

檢視圖 3.42 並且運用因子符號，我們可以快速地計算如下

$$A = G(A/G, i, N) = \frac{\$0.75\text{M}}{\text{輛}} \times 50 \text{ 輛} \, (A/G, 7\%, 4)$$

代換公式 (3.14) 中的運算式，會得到

$$A = G(A/G, i, N) = G\left[\frac{(1+i)^N - Ni - 1}{i\left((1+i)^N - 1\right)}\right] = \$37.5\text{M}\left[\frac{(1+0.07)^4 - 4(0.07) - 1}{0.07\left((1+0.07)^4 - 1\right)}\right]$$
$$= 5,308 \text{ 萬元}$$

A/G 因子值可在附錄的利率因子表的最後一列找到。此例的利率 7% (表 A.13) 以及 $N=4$，則可求得年金值 A 如下

$$A = G(A/G, i, N) = \$37.5\text{M}(\overset{A/G, 7\%, 4}{1.4155}) = 5,308 \text{ 萬元}$$

　　如前所述，試算表中並沒有用來計算等差變額的函數。不過，我們可以運用 SUM 函數將每一筆個別現金流的現值加總，然後在 Excel 中使用 PMT 函數將所得的總和轉換為半年的等值年金值，如圖 3.43 的試算表儲存格 F7 所撰寫的。這稱做「巢狀」函數。個別現金流與其現值價值，列於以下試算表中。

---

[20] 黃靖萱，到義大利做百萬電動重機，光陽柯勝峯打什麼算盤，商業週刊，第 1726 期，12 月 14 日，2020 年，第 32-39 頁。

	A	B	C	D	E	F	G
1	Example 3.21				Input		
2					G	$37,500,000.00	
3	Period	Cash Flow	Present Worth		Interest Rate	7%	per six months
4	0	--	--		Periods	4	(semi-annual)
5	1	$0.00	$0.00				
6	2	$37,500,000.00	$32,753,952.31		Output		
7	3	$75,000,000.00	$61,222,340.77		A	$53,082,607.14	
8	4	$112,500,000.00	$85,825,711.36				
9							
10	=$F$2*(A8-1)		=B7/(1+$F$3)^A7			=PMT(F3,F4,-SUM(C5:C8))	
11							

圖 3.43 遞增的電動重型機車收入的等值週期性現金流

下個例題的現金流是等差變額系列與等額多次付款系列合併的案例。其現金流圖也如之前的分析一般會切分為兩部份。

例題 3.22 遞增等差變額及等額多次付款系列

2003 年夏季，東芝宣布將會花費 3,500 億日圓於 4 年內在日本九州建造一座大型的先進設施，以生產使用在遊戲主機及手機中的晶片。[21] 假設 2004 年會投資 500 億日圓，而在未來的 3 年內，每年的投資額都會增加 250 億日圓。請問在相同的 4 年中，這項投資案的等值年金值為何？假設年利率為 12%。

解答 此項投資案的現金流圖如圖 3.44(a) 所示。如我們早先針對現值與複利總額因子的分析曾詳盡探討過，我們可以將此現金流圖分為兩部分。圖 3.44(b) 描繪了等額多次付款系列 (A) 而 (c) 則代表等差變額系列 (G)。

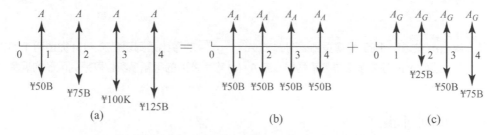

圖 3.44 將 (a) 等額多次付款與等差變額系列分割為 (b) 等額多次付款 (50B)，以及 (c) 等差變額 (25B) 系列的等值等額多次付款系列 A

我們先將目光集中在圖 3.44(c) 的等差變額系列 (G)。已知 G 求解 A_G(我們沿用與之前相同的標記方式)，則以因子符號表示如下：

$$A_G = G(A/G,i,N) = 25B(A/G,12\%,4)$$

[21] Moffett, S.,"Japanese Firms Spend More, Boosting Hopes for Rebound, " *The Wall Street Journal Online*, August 11, 2003.

圖 3.44(b) 的現金流是一組大小爲 500 億日圓的等額多次付款系列 (*A*)。因此，我們可以將最後的答案寫成

$$A = A_G + A_A$$
$$= 25\text{B}(A/G,12\%,4) + 50\text{B}$$
$$= 25\text{B}(\overset{1.3589}{A/G,12\%,4}) + 50\text{B}$$
$$= 33.97\text{B} + 50\text{B} = 839.7 \text{ 億日圓}$$

如此例題所示，要將等差變額系列 (*G*) 轉換爲等值的等額多次付款系列 (年金值 *A*) 通常很簡單。原因是任何出現於第 1 期的金額 (例如此例中的 500 億日圓) 都只需直接加到最後的答案中即可。使用試算表的分析方式類似於例題 3.21。

3.3.4　等比變額系列因子

現在，我們要探討最後的等值轉換公式，就是將等比變額系列 (*g*) 轉換爲等額多次付款系列 (年金值 *A*)。等比變額系列如圖 3.4.5 的(a) 部分所示，等額多次付款系列則繪製於 (b) 部份。兩者同時繪製於 (c) 部份。

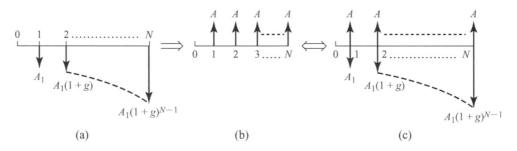

圖 3.45　(a) 從週期 1 的 A_1 增長到週期 *N* 的 $A_1(1+g)^{N-1}$ 的等比系列現金流。(b) 從週期 1 到週期 *N* 的等額多次付款系列現金流 *A*。(c) 等比系列的等額多次付款系列因子的現金流圖

同樣地，我們要問的問題：

已知 A_1 與 *g*，請問 *A* 爲何？

我們所需的轉換會將等比變額系列現金流轉換爲等額多次付款系列。我們曾推導等比變額系列的複利總額因子 (*F*/A_1,*g*) 如公式 (3.4)。我們可以將其乘以等額多次付款系列沉沒資金因子 (*A*/*F*) (如公式 (3.12))，以將之轉換爲等額多次付款系列。我們會得到

$$A = A_1 \underbrace{(F/A_1,g,i,N)}_{A_1,g \Rightarrow F} \underbrace{(A/F,i,N)}_{F \Rightarrow A}$$

代入因子符號的公式，可得已知 A_1, g 求解 A 的公式如下

$$A = A_1 \left[\frac{(1+i)^N - (1+g)^N}{i-g} \right] \left[\frac{i}{(1+i)^N - 1} \right]$$

$$= A_1 \left[\frac{i\left((1+i)^N - (1+g)^N\right)}{(i-g)\left((1+i)^N - 1\right)} \right]$$

針對 $i=g$ 的情形，也以同樣的方式運算，使得

$$A = \underbrace{(F/A_1, g, i, N)}_{A_1, g \Rightarrow F} \underbrace{(A/F, i, N)}_{F \Rightarrow A}$$

代入因子符號的公式，可得

$$A = A_1 N (1+i)^{N-1} \left[\frac{i}{(1+i)^N - 1} \right]$$

$$= A_1 \left[\frac{Ni(1+i)^{N-1}}{(1+i)^N - 1} \right]$$

因此，針對等比變額系列等額多次付款系列因子，我們定義了以下兩種情況的公式：

$$A = \begin{cases} A_1 \left[\dfrac{i\left((1+i)^N - (1+g)^N\right)}{(i-g)\left((1+i)^N - 1\right)} \right] & \text{if } i \neq g \\[4mm] A_1 \left[\dfrac{Ni(1+i)^{N-1}}{(1+i)^N - 1} \right] & \text{if } i = g \end{cases} \qquad (3.15)$$

以因子符號表示如下：

$$A = \left\{ \begin{array}{ll} A_1 \left[\dfrac{i\left((1+i)^N - (1+g)^N\right)}{(i-g)\left((1+i)^N - 1\right)} \right] & i \neq g, \\[4mm] A_1 \left[\dfrac{Ni(1+i)^{N-1}}{(1+i)^N - 1} \right] & i = g. \end{array} \right\} = A_1(A/A_1, g, i, N)$$

我們會在下一例題中描述等比變額系列等額多次付款系列因子 $(A/A_1, g)$ 的運用。

？？ 例題 3.23　等比變額系列等額多次付款因子

現代摩比斯 (Hyundai Mobis) 是，南韓最大的汽車零件供應商，曾經在世界各地的工廠進行鉅額的投資，以達成其成為全球前 10 大供應商之一的目標。現代摩比斯公司為許多公司供應零件，包括現代汽車、起亞汽車、通用汽車以及克萊斯勒。[22] 假設現代摩比斯公司現在 (2004 年初) 的年產量為每年 150 萬個模組。如果產量每年會增加 15%，而每個模組的銷售都會產生 100 美元的收入，請問未來 6 年的收入現金流等值於多少金額的等額多次付款系列？(假設 5%的年利率。)

🔍 **解答**　收入的等比增長如圖 3.46 所示。

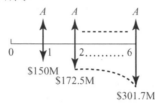

圖 3.46　汽車零件模組收入的等值等額多次付款系列 A

此例題的現金流圖使用 $g = 15\%$，$i = 5\%$，$N = 6$，$A_1 = \$100 \times 1.5$ 百萬 = 1.5 億美元。年金值 A 可用因子符號表示如下

$$A = A_1(A/A_1, g, i, N) = \$150M(A/A_1, 15\%, 5\%, 6)$$

因為 i 不等於 g，我們可以求解 A：

$$A = A_1(A/A_1, g, i, N) = A_1\left[\frac{i\left((1+i)^N - (1+g)^N\right)}{(i-g)\left((1+i)^N - 1\right)}\right]$$

$$= \$150M\left[\frac{0.05\left((1+0.05)^6 - (1+0.15)^6\right)}{(0.05-0.15)\left((1+0.05)^6 - 1\right)}\right] = 2 \text{ 億} 1,456 \text{ 萬美元}$$

圖 3.47 的試算表也進行了此項分析。此處並非先計算每筆個別現金流的現值或未來值，然後將結果加總，再計算 A；而是將公式 (3.15) 撰寫進試算表中。因為取決於 g 及 i 的數值而會有兩種不同的公式，所以使用 Excel 的 IF 函數。

	A	B	C	D	E	F
1	Example 3.23 : Automobile Part Module Sales			Input		
2				A1	$150,000,000.00	
3	Period	Cash Flow		g	15%	per year
4	0	--		Interest Rate	5%	per year
5	1	$150,000,000.00		Periods	6	years
6	2	$172,500,000.00				
7	3	$198,375,000.00		Output		
8	4	$228,131,250.00		A	$214,564,303.86	
9	5	$262,350,937.50				
10	6	$301,703,578.13	=IF(E3=E4,(E2*E5*E4*(1+E4)^(E5-1))/(((1+E4)^E5)-1),			
11	=$F$2*(1+$F$3)^(A9-1)		E2*(E4*((1+E4)^E5-(1+E3)^E5))/((E4-E3)*((1+E4)^E5-1)))			
12						

圖 3.47　A 的試算表解法，已知 A_1 與 g，並且使用 IF 函數

[22] Won Choi, H.,"Hyundai Mobis's Narrow Focus Widens Its Reach, Aids Results," *The Wall Street Journal Online*, August 29, 2003.

IF 函數的定義為

$$= IF(logical\ test,\ value\ if\ true,\ value\ if\ false)$$

我們將之撰寫在圖 3.47 的儲存格 E8 中。雖然圖中所示的公式很複雜，邏輯測試會判別 i 與 g 是否相等 (E3=E4)。如果兩者相等，則公式 (3.15) 中 $i=g$ 的情況會被使用，此情況被撰寫在第一個逗號之後。第二項引數則是 $i \neq g$ 時的等額多次付款系列因子。此方式可以讓我們在計算 A 之前不需要先將個別現金流搬移成為現值或未來值，但是這需要正確無誤地將公式 (3.15) 撰寫到儲存格 E8 中。

針對 $i=g=12\%$ 的情況，我們可以求解 A 如下：

$$A = A_1(A/A_1, g, i, N) = A_1 \left[\frac{Ni(1+i)^{N-1}}{(1+i)^N - 1} \right] = \$150M \left[\frac{6(0.12)(1+0.12)^5}{(1+0.12)^6 - 1} \right]$$

$$= 1\ 億\ 9{,}545\ 萬美元$$

由於較低的成長率以及較高的利率，使得所轉換而得的 A 值相對小很多。我們也可以將儲存格 E4 與 E5 的數值更改為 12%，以使用試算表求出此數值。

針對離散性複利情況，使用前面所推導出的離散性現金流的利息因子，我們可以將任何現金流圖轉換為第 N 期的等值未來值 F、時間零的等值現值 P、或第 1 期到第 N 期中每期的等額多次付款系列 A。我們會在下一節中整理這些因子，然後在再下一節以更為一般性的情境來描述這些因子的用途。

3.4　利息因子的總整理

表 3.3 總結了本章為離散性現金流及離散性複利計算所推導出的利息因子。此份表格提供了所有我們曾經檢視過的狀況的現金流圖、符號以及利息因子公式。

3.5　在分析中運用多種因子

我們先前推導出多種運算式以幫助我們計算金錢在不同時間的價值。我們的目標是希望能夠將已知的現金流圖轉換為另一種在經濟上等值的現金流圖。理所當然的，我們所定義的新圖，應該要比原圖來得易於分析。

可預料地，我們要分析的現金流圖極少和以上介紹的利息因子示意圖完全相同。因此，我們必須謹慎地運用先前所定義的因子，因為這些利息因子之中有些可能會需要同時使用在不同的期間。分析中最常見的錯誤是，將利息公式中的 N 誤以為是第 N 期，它其實是我們評

估的

表 3.3　針對離散性款項與離散性複利計算的利息因子總整理

問題	現金流圖	標記法	因子
複利總額因子			
已知 P，F 為何？		$(F/P,i,N)$	$(1+i)^N$
已知 A，F 為何？		$(F/A,i,N)$	$\left[\dfrac{(1+i)^N-1}{i}\right]$
已知 G，F 為何？		$(F/G,i,N)$	$\left[\dfrac{(1+i)^N-Ni-1}{i^2}\right]$
已知 A_1 與 g，F 為何？		$(F/A_1,g,i,N)$	$\left[\dfrac{(1+i)^N-(1+g)^N}{i-g}\right],\quad i\neq g$ $N(1+i)^{N-1},\quad i=g$
現值因子			
已知 F，P 為何？		$(P/F,i,N)$	$\dfrac{1}{(1+i)^N}$
已知 A，P 為何？		$(P/A,i,N)$	$\left[\dfrac{(1+i)^N-1}{i(1+i)^N}\right]$
已知 G，P 為何？		$(P/G,i,N)$	$\left[\dfrac{(1+i)^N-Ni-1}{i^2(1+i)^N}\right]$
已知 A_1 與 g，P 為何？		$(P/A_1,g,i,N)$	$\left[\dfrac{1-(1+g)^N(1+i)^{-N}}{i-g}\right],\quad i\neq g$ $\dfrac{N}{(1+i)},\quad i=g$
年度等額因子			
已知 F，A 為何？		$(A/F,i,N)$	$\left[\dfrac{i}{(1+i)^N-1}\right]$
已知 P，A 為何？		$(A/P,i,N)$	$\left[\dfrac{i(1+i)^N}{(1+i)^N-1}\right]$
已知 G，A 為何？		$(A/G,i,N)$	$\left[\dfrac{(1+i)^N-Ni-1}{i((1+i)^N-1)}\right]$
已知 A_1 與 g，A 為何？		$(A/A_1,g,i,N)$	$\left[\dfrac{i\left((1+i)^N-(1+g)^N\right)}{(i-g)(1+i)^N-1)}\right],\quad i\neq g$ $\left[\dfrac{Ni(1+i)^{N-1}}{(1+i)^N-1}\right],\quad i=g$

現金流的期數 *(N)*。也就是說，請嚴謹地設定第 0 期的時間點。我們會在下一例題中描述多重因子的運用，同時指出某些潛在於分析中的陷阱。

例題 3.24　多重因子分析

2003 年秋季，Standard Microsystems Corp.宣布，英代爾將會針對智慧財產權以及其他業務支付該公司 7,500 萬美元。明確的說，兩家公司建立了以下的付款時程計畫：2003 年支付 2,000 萬美元，2004 與 2005 年支付 1,000 萬美元，2006 年支付 1,100 萬美元，2007 與 2008 年支付 1,200 萬美元。[23] 試求此項付款計畫的 *F*，假設 15%的年利率以及年底的現金流。兩家公司協議好的多次付款系列現金流圖如圖 3.48 所示。

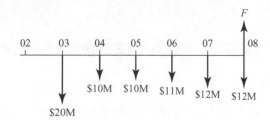

圖 3.48　購買智慧財產權從 2003 年到 2008 年的付款計畫

解答　我們有許多分析這份現金流圖的方法。我們推導利息因子是為了讓分析更有效率。有幾種方法可以求出所需的答案：

(1) 單筆款項分析

你可能已經注意到，我們所推導的利息因子並非真正必要，特別是如果你手邊有試算表的話。理由是因為你永遠可以分別處理現金流圖中的各筆現金流。以此方式，我們會反覆地使用複利總額因子(針對未來值) 或現值因子(針對現值)，然後加總以求出所需的解答。圖 3.49 會使用單筆款項的複利總額因子*(F/P)*，分別將各筆現金流搬移至第 *N* 期。

在數學上，我們可以將 6 筆現金流的未來值 *F* 的總和寫成

$$F = \$20\text{M}(F/P,15\%,5) + \$10\text{M}(F/P,15\%,4) + \$10\text{M}(F/P,15\%,3) + \$11\text{M}(F/P,15\%,2)$$
$$+ \$12\text{M}(F/P,15\%,1) + \$12\text{M}(F/P,15\%,0)$$
$$= \$20\text{M}(1+0.15)^5 + \$10\text{M}(1+0.15)^4 + \$10\text{M}(1+0.15)^3 + \$11\text{M}(1+0.15)^2$$
$$+\$12\text{M}(1+0.15)^1+\$12\text{M}(1+0.15)^0$$
$$=1億1,327萬美元$$

這很明顯地是最冗長無聊的分析方式，但是必然會得到正確答案。

[23] DeLeon, C.,"Intel/Standard Micro -2：To Be Paid Over Next Five Years," *Dow Jones Newswires*, September 8, 2003.

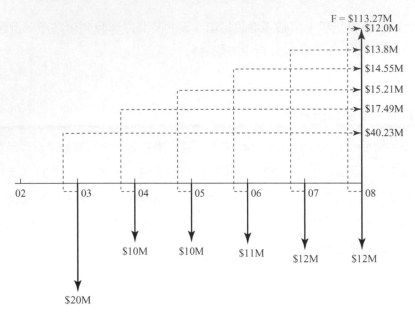

圖 3.49 應付款項的等值未來值，反覆使用單筆款項的複利總額因子

(2) 等額多次付款系列分析

藉由指出相同的 1,000 萬美元及 1,200 萬美元款項為等額多次付款系列 (*A*)，我們可以稍微將分析工作簡化一些。我們將此方法圖示於圖 3.50。

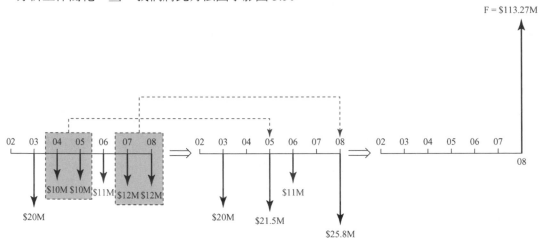

圖 3.50 應付款項的等值未來值，利用等額多次付款系列及單筆款項的複利總額因子

請注意，在分析等額多次付款系列 (*A*) 時，*N* 代表的是款項的數目。在使用 (*F/A,i,N*) 計算 *F* 時，*F* 的數值定義於等額多次付款系列最後一筆現金流發生的那一期。針對 *A*=1,000 萬美元的系列，其 *F* 是再第 2005 年 (此題以 1 年為 1 期)；針對 *A*=1,200 萬美元的系列，則其 *F* 是再第 2008 年。此方法可以用我們的因子符號整理如下：

$$F = \$20M(F/P,15\%,5) + \$10M(F/A,15\%,2)(F/P,15\%,3) + \$11M(F/P,15\%,2) + \$12M(F/A,15\%,2)$$

我們會得到與前一種分析方式相同的答案，1.1327 億美元。讀者可以自行驗證這個結果。

(3) 再次檢視等額多次付款系列分析

我們也可以假設這些款項是由一組 $A = 1,200$ 萬美元的等額多次付款系列以及減去 (或加上) 差值的系列所構成：

$$F = \$12M(F/A,15\%,6) + \$8M(F/P,15\%,5) - \$2M(F/P,15\%,4) - \$2M(F/P,15\%,3) - \$1M(F/P,15\%,2)$$

我們將此方法整理於圖 3.51，圖中原始的現金流圖被重新撰寫為一組等額多次付款系列以及多份單筆款項的總和。類似的方法也可以假設 $A = 2,000$ 萬美元、$1,000$ 萬美元、或 $1,100$ 萬美元的系列。這些假設都會得到相同的答案。

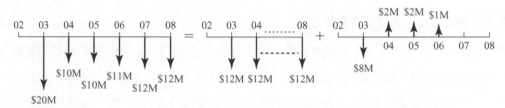

圖 3.51　將現金流重新繪製為一組等額多次付款系列與四份單筆款項

(4) 等差變額系列分析

第 3 期到第 5 期 (2005 年到 2007 年) 的現金流呈現了 100 萬美元的等差變額系列。(這包含通常會在等差變額的分析中被遺忘的第 1 年零現金流。) 此系列伴隨著第 2 年 (2004) 到第 5 年 (2007) 的 1,000 萬等額年度現金流。因此，我們將未來值 F 撰寫為

$$F = \$20M(F/P,15\%,5) + \$10M(F/A,15\%,4)(F/P,15\%,1) + \$1M(F/G,15\%,3)(F/P,15\%,1)$$
$$+ \$12M(F/P,15\%,0)$$
$$= \$20M(F/P,15\%,5) + \big(\$10M(F/A,15\%,4) + \$1M(F/G,15\%,3)\big)(F/P,15\%,1)$$
$$+ \$12M(F/P,15\%,0)$$

此方法示於圖 3.52。

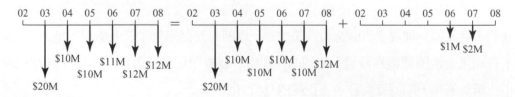

圖 3.52　將現金流重新繪製為等額多次付款系列與等差變額系列的和

(5) 使用非標準現金流與巢狀函數的試算表分析方法

不論是 Excel 或 Lotus 都沒有函數能夠直接計算一般系列現金流的等值未來值。(Quattro Pro 可以使用其 FUTV 函數來進行直接運算。) 然而，所有的試算表都讓我們能夠計算一般系列的現值。針對 Excel，此項功能可以使用 NPV 函數來進行，其定義為

$$= \text{NPV}(rate, value1, value2, ...)$$

與先前相同，「rate」便是 i。引數「value1」、「value2」等則是從第 1 期開始每期的現金流。此函數會傳回「value1」現金流發生時間的前一期的等值現值。

要找出本例題現金流的未來值，我們將 NPV 函數以巢狀方式放入 FV 函數中，如下：

$$F = \text{FV}(i, N, -\text{NPV}(i, A_1, A_2, ... , A_N))$$
$$= \text{FV}(0.15, 6, -\text{NPV}(0.15, 20, 10, 10, 11, 12, 12)) = 113.27$$

答案的單位，當然是百萬美元。

(6) 使用非標準現金流的試算表分析方法

在我們最後的分析方法中，我們會建構如圖 3.53 的現金流表。此方法類似於我們先前所看過的，我們會計算每筆個別現金流的未來值。請注意，A 欄為期別且顯示實際年份，因此在 C 欄的未來值中，於儲存格 C5 到 C10 所儲存的是未來值的公式。請注意，時間零是在 2002 年。

我們使用 SUM 函數將這些個別的未來值加總至儲存格 F7。接著使用現值因子的公式(3.5)，將現值公式寫入儲存格 F8，它是參照儲存格 F7 以將所得的未來值轉換為 2002 年底時的現值 P。

	A	B	C	D	E	F	G
1	Example 3.24: Intellectual Property Rights Payments				Input		
2					Cash Flow Diagram		
3	**Period**	**Cash Flow**	**Future Value**		Interest Rate	15%	per year
4	2002	--	--		Periods	6	years
5	2003	$20,000,000.00	$40,227,143.75				
6	2004	$10,000,000.00	$17,490,062.50		Output		
7	2005	$10,000,000.00	$15,208,750.00		F	$113,273,456.25	
8	2006	$11,000,000.00	$14,547,500.00		P	$48,971,241.02	
9	2007	$12,000,000.00	$13,800,000.00		=SUM(C5:C10)		
10	2008	$12,000,000.00	$12,000,000.00			=F7/(1+F3)^F4	
11							
12		=B5*(1+$F$3)^($F$4-A5+2002)					
13							

圖 3.53 利用試算表進行付款計畫的評估

我們不能說哪一種現金流圖分析方法才是正確的。我們描述了許多處理此議題「正確的」方法。在將現金流圖轉換為等值示意圖的過程中，發揮創意是絕對沒有任何錯誤的。關鍵在於求得正確的答案，同時避免許多不正確的分析方法。

3.6　離散性與連續性的複利計算

在離散性現金流與連續性複利計算的情況下，我們要仰賴第 2 章已學過的轉換方法，將名目利率轉換為連續性複利的有效利率。根據公式 (2.5)，已知名目年利率 r，連續性複利計算，則有效的年利率為

$$i_a = e^r - 1 \tag{3.16}$$

因此，要解答使用連續性複利計算有效利率的等值問題，只需將上述公式所得的有效利率 i 代入前幾節所推導出的利息因子即可。我們以一個簡單的例題來加以說明。

?? 例題 3.25　連續複利的複利總額因子：單筆款項

俄羅斯飛機製造商 Irkut，因為生產蘇愷戰鬥機而聞名於世，取得一筆 8 架 Beriev Be-200 水陸兩用噴射機的訂單，這些飛機會被 Hawkins and Powers Aviation 部署在美國西岸進行消防任務。這型飛機由勞斯萊斯 BR175 引擎推進，可以在 20 秒之內裝載 12 噸的水。這筆訂單的價值為 2 億美元，是在 2004 年初上半年簽訂，預計於 2007 年交貨。[24,25] 假設所有的款項都是在下訂單時支付 (2004 年初)，交貨時間則會在 2007 年末。請問這筆款項的未來值 (2007 年末) 為何？假設利率為每年 7%，連續性複利計算。

解答　時間零的 2 億美元現金流描繪於圖 3.54 的現金流圖中。等值的未來現金流 F 則是未知的。

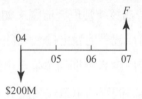

圖 3.54　在時間零以 2 億美元銷售 8 架水陸兩用噴射機的等值未來值 F

先前，針對離散性複利計算，使用利息因子公式將 F 值定義為

$$F = P(1+i)^N$$

代換 $i = e^r - 1$ 可得

$$F = P(1 + e^r - 1)^N = P[e^{rN}]$$

針對此例題，

---

[24]　Smith, G.T.,"Irkut Wins First US Order for Firefighting Planes, *Dow Jones Newswires*, February 9, 2004;

[25]　Orstrovsky, A.,"Irkut Looks to Lighten its Military Load, *Financial Times*, p. 25, March 1, 2004.

$$F = P\left[e^{rN}\right] = \$200\text{M}\left[e^{(0.07)(3)}\right] = 2\ \text{億}\ 4{,}674\ \text{萬美元}$$

請注意方括弧的不同，以區別 r 跟 i 的使用。

　　如果我們將連續性複利計算的名目利率轉換為所需期間的等值有效利率，我們便可以使用為離散性現金流以及離散性複利計算問題所定義的試算表函數來進行分析。我們可以將公式 (3.13) 以巢狀的方式寫入試算表函數，來完成此項工作。在 Excel 上，我們可以如下方式進行：

$$F = \text{FV}(\text{EXP}(0.07) - 1, 3, , -200) = 246.74$$

Excel 的 EXP 函數會傳回 e 的 r 次方。因此，巢狀函數呼叫可以讓我們使用任何先前描述過的函數來處理連續性的複利計算。請注意，試算表的解答是以百萬美元表示。

3.7 重點整理

- 如果兩份現金流圖在經濟上等值，則它們在財務上所造成的後果也是相同的。
- 如果兩份現金流圖在經濟上等值，則在我們需要從兩者中做選擇時，是不會有所偏好的。
- 利息因子是用來將現金流圖轉換為另一份在經濟上等值的現金流圖。
- 我們可以使用單筆款項、等額多次付款系列、等差變額系列、等比變額系列、或上述這些現金流的混合，來定義現金流圖。
- 在經濟學分析時，我們無論何時都該繪製現金流圖。如果有使用試算表的話，應該要將輸入資料放置於資料中心，讓我們可以輕易地變更輸入資料。
- 複利總額因子是用來將現金流轉換為第 N 期的單筆現金流 F。
- 現值因子是用來將現金流轉換為時間零的單筆現金流 P。
- 等額多次付款系列因子是用來將現金流轉換為分佈在 N 個連續週期中，大小為 A 的現金流系列。
- 我們將離散性款項與離散性複利計算的利率因子總整理於表 3.1。
- 現金流圖可以使用利息因子公式、利息因子表 (從表 A.1 開始)、或試算表函數轉換為等值的現金流圖。
- 有許多將現金流圖轉換為另一份經濟上等值之現金流圖的方法。

3.8 習題

3.8.1 觀念題

1. 請問為何你在使用本書書後所附之利息因子表格時，所求得的答案會與使用公式所求得的結果不同呢？這會造成經濟學分析上的問題嗎？試解釋之。

2. 假設你手邊並沒有利息因子公式，也沒有所需之利率(例如，6.5%)的利息因子表，更沒有試算表可使用。請問，這樣的話，你要如何判斷適當的因子值呢？請利用等額多次付款系列的複利總額因子 (F/A) 來驗證你的方法，請將你的結果與公式所求出的結果相比對。

3. 請利用試算表來推導你自己的利息因子表。請讓使用者在某個儲存格中輸入利率，以讓因子能夠自動更新。請問你的試算表表格，比起書後所附的表格，有何優點呢？

4. 請使用試算表來推導另一份利息因子表格，以計算等比變額系列的等值價值。在此情況中，使用者必須要能夠輸入利率 i 以及增長率 g。除了需要兩個輸入值 (i 與 g) 以外，請問此題還呈現了何種困難？請問你要如何克服這種困難？

5. 已知等額多次付款系列、等差變額系列、以及等比變額系列，請推導 F 的運算式，假設利率是連續性的複利計算。

3.8.2 習作題

1. 如果在 2020 年初時，你到某個銀行存入 10 萬元，假設年利率是 3%，請問在滿 10 年後 (2030 年初)，帳戶中會有多少錢？

2. 如果在時間零時你在某個帳戶中存入 22,000 元，請問在之後連續 12 期的每期期末，你可以提領多少等額的金錢？假設每期利率為 17%，而且在最後一次提款後，帳戶中不會剩下任何錢。

3. 如果在 3 年中的每季末，你在某個帳戶中存入 750 元，請問在 3 年結束時帳戶中會有多少錢？假設名目利率為 12%，每季複利計算。

4. 假設你在第 3 期期末存 22,500 元到某帳戶中。假設每期利率為 10%。請問在第 7 期末帳戶中會有多少錢？

5. 假設在 2021 年初，你在某個銀行信用貸款 50 萬元。假設每半年利率為 2%，每半年複利計算。請問 5 年後，你要償還銀行多少錢？

6. 請問在 2010 年某個帳戶中的 55,000 元，等值於 2005 年時的價值為何？假設年利率為每年 4.35%。

7. 如果在第 7 期結束時你需要 15 萬元，假設每期利率為 5%。請問在時間零時你要在帳戶中存入多少錢呢？

8. 如果你現在剛滿 20 歲，在滿 30 歲時需要 80 萬元結婚基金，請問從第 20 歲開始，你每年至少要存入多少的等額金額(年金)呢？假設利率為每年 4%。

9. 如果你在第 20 年年底需要 5 萬美元，請問在時間零時你必須在帳戶中存入多少錢？假設該帳戶每季會賺取 3.78%的利息。

10. 在某個帳戶中持續存款，最開始(第 1 年)為 10,000 元，之後每年存款金額遞減 8%。請問在第 12 年結束時的未來值(未來值)為何？假設該帳戶每年可獲得 8%的利息。

11. 如果你在未來第 2 期期末需要 3,650 元，請問在每期利率為 7%的情況下，現在投資 2,500 元足夠嗎？

12. 如果你在某個帳戶中每年存入 2,000 元，共 5 年。然後，把這筆存款在帳戶中再續存 5 年，請問到時帳戶中會有多少錢？假設利率為每年 6%。請問這筆錢在時間零的等值金額為何？

13. 持續 15 年在某個帳戶中存入款項，最開始(第 1 期)為 5,000 元，之後每年增加 4%。假設利率為 5%，請問此帳戶的現值為何？請針對 3%及 4%的利率重新進行計算。

14. 如果你在第 1 年存入 2,000 元到某個帳戶中，在後續的 5 年，每年增加 500 元的存款，請問在所有款項存入後，帳戶中會有多少錢？假設年利率為 3%。

15. 你在某帳戶每年都會存入一筆金額。在第 1 年存入 5,000 元，後續每年增加 4.25%的存款金額，假設此帳戶每年會支付 7.5%利息。請問在第 10 年結束時，此帳戶的價值為何？請問在這段期間的等值年金(等額多次付款金額)為何？

16. 已知現金流圖

$$A_1 = \$200,000$$
$$A_2 = \$300,000$$
$$A_3 = \$400,000$$
$$A_4 = \$500,000$$
$$A_5 = \$100,000$$

試求

(a) F (第 5 期)，假設每期利率為 13%。

(b) P (時間零)，假設每期利率為 12%。

(c) 在同樣 5 期中的等額年金 A，假設每期利率為 10%。

17. 已知現金流圖

$$A_1 = \$500$$
$$A_2 = \$400$$
$$A_3 = \$300$$
$$A_4 = \$200$$
$$A_5 = \$100$$
$$A_6 = \$0$$
$$A_7 = -\$100$$

試求

(a) F (第 7 期)，假設每期利率爲 22%。

(b) P (時間零)，假設每期利率爲 2.5%。

(c) 在同樣 7 期中的等額年金 A，假設每期利率爲 11%。

18. 已知現金流圖

$$A_1 = \$0$$
$$A_2 = \$250$$
$$A_3 = \$400$$
$$A_4 = \$550$$
$$A_5 = \$700$$
$$A_6 = \$550$$
$$A_7 = \$400$$
$$A_8 = \$250$$
$$A_9 = \$150$$

試求

(a) F (第 9 期)，假設每期利率爲 6%。

(b) P (時間零)，假設每期利率爲 14%。

(c) 在同樣 9 期中的等額年金 A，假設每期利率爲 25%。

19. 已知現金流圖

$$A_1 = \$200,000$$
$$A_2 = \$200,000$$
$$A_3 = \$200,000$$
$$A_4 = \$400,000$$
$$A_5 = \$600,000$$
$$A_6 = \$800,000$$
$$A_7 = \$1,000,000$$

試求

(a) P (時間零)，假設每期利率爲 4%。

(b) F (第 7 期)，假設每期利率爲 10%。

(c) 在同樣 7 期中的的等額年金 A，假設每期利率爲 2%。

20. 已知現金流圖

$$A_1 = \$200,000$$
$$A_2 = \$0$$
$$A_3 = \$200,000$$
$$A_4 = \$0$$
$$A_5 = \$200,000$$
$$A_6 = \$0$$

$$A_7 = \$200,000$$
$$A_8 = \$0$$
$$A_9 = \$200,000$$
$$A_{10} = \$0$$
$$A_{11} = \$200,000$$

試求

(a) P (時間零)，假設每期利率為 7%。

(b) F (第 11 期)，假設每期利率為 9%。

(c) 在同樣 11 期中的的等額年金 A，假設每期利率為 21%。

21. 西門子取得一筆 2.3 億歐元的合約，以在安特衛普為化學公司 BASF AG 興建一座 400-MW 的天然氣渦輪發電廠。這座發電廠於 2005 年 8 月開始運作。[26] 請問在合約簽署時 (2003 年 12 月底) 這筆款項的等值現值為何？假設款項是在 8 月底支付，且利率為每月 0.75%。

22. IBM 從美國國防部取得一筆 10 年，每年 6,000 萬美元的合約，每年 6.000 萬美元的經費進行其位於佛蒙特州 Essex 的工廠供應晶片技術應用。這項合約會持續到 2014 年。[27] 假設利率為每年 12%，而每年 6,000 萬的等額款項會從 2005 年底開始支付，請問這筆合約在 2014 年的未來值為何？

23. 越南航空為分別於 2004 年 7 月，2004 年 10 月，及 2005 年上半年交貨的 3 架空中巴士 A321 飛機，各支付了 5,000 萬到 6,000 萬美元。[28] 假設最後 1 架飛機是在 2005 年 1 月交貨 (3 架飛機都在月底交貨)，請問這些值 (2004 年 4 月) 為何？假設交貨時每架飛機要支付 5,500 萬美元，月利率為 0.5%。請問等值未來值 (2005 年 1 月) 為何？請問在同樣的時期內，每月的等值為何？假設月利率為 1%。

24. Hampson Industries 被選擇為 Eclipse Aviation 製造該公司新型企業噴射機的機尾部份，這架 6 人座飛機的售價約 95 萬美元。這家公司到 2008 年下半年之前，已經接到 2100 筆訂單的訂購，並且希望能在 2006 年開始生產。這份合約的估價為 3.8 億美元。[29] 如果 2006 年 1 月會開始生產 10 架飛機，然後每月增加 10 架，直到達到每月 100 架的產量為止；請問 Hampsom 公司在計畫剛開始的前 3 年的飛機銷售收入的現值 (2005 年 12 月) 為何？假設 Eclipse Aviation 每架機尾會支付 Hampson 19 萬美元，並且 Hampson 會在飛機售出時取得款項。更進一步地假設，現金流為每月發生，月利率 1.25%，而且所有生產出的飛機都會銷售出去。

25. 特許 (Chartered) 半導體在 2004 年春季開始在其投資 30 億美元新建的晶圓製造廠安裝設備。[30] 假設該年 5 月總計生產 1,000 片 12 吋晶圓，並且在第 1 年產量會以每個月 20%的速率增長。如果每片晶圓的收入為 5,000 美元，請問第 1 年收入的未來值為何？假設 2.5%的月利率。

[26] "Siemens Gets EUR230M Order to Build BASF Power Plant, " *Dow Jones Newswires*, December 16, 2003.

[27] "IBM Wins US Defense Dept 合約 Worth up to $600 Mln, " *Dow Jones Newswires*, November 11, 2003.

[28] Hanoi Bureau, "Vietnam Airlines to Borrow $200M to Buy 5 Airbus-321, " *Dow Jones Newswires*, December 3, 2003.

[29] "UK's Hampson Signs $380M Mfg Pact with Eclipse Aviation, " *Dow Jones Newswires*, December 10, 2003.

[30] Lin, P.A.,"Singapore's Chartered Starts Equipping New Fab Plant," *Dow Jones Newswires,* March 25, 2004.

26. Volvo Aero 取得一筆合約以提供 GE 公司新型的 LMS100 TM 燃氣渦輪機供應各式各樣的零件與專門知識。這份合約的價值據估計爲 20 年 70 億瑞典克朗。Volvo Aero 會負責設計、研發、生產該型引擎的動力渦輪機殼,這型引擎相比於今日最具效能的機型 (LM6000) 在效能上預計會高出 10%。[31] 假設合約在 2004 年開始,而 70 億瑞典克朗則會平均分配在 20 年中。請問這筆合約的現值 (2003 年末) 爲何?假設 15%的年利率。

27. CHC Helicopter Corporation (一家爲石油及天然氣業者提供直昇機服務的公司) 取得一筆 4 年,共 2,300 萬加幣的合約,以提供兩架新的 Sikorsky S76C+直昇機給 Transocean and Dolphin Drilling,支援其位於印度近海的鑽探計畫。這項協議在 2003 年秋季達成。[32] 如果上述的價值爲現值 (2003 年末),試判斷在 4 年合約期間 (2004-2007 年),等值的等年度款項爲何,假設 17%的年利率。

28. Song Networks 取得一筆 4 年共價值 1 億挪威克朗的合約,以提供所有挪威國營的大學及工業專科學校固定線路的電話服務。[33] 如果這筆合約是 4 年中每年等額款項 (2,500 萬挪威克朗) 支付,請問合約結束時的未來值爲何?假設 3.25%的年利率。

29. 法國工程公司 Technip SA 正在爲一家巴西石油公司 (Petrobras) 興建一座半潛式近海油田。這筆合約於 2003 年 12 月簽訂,價值爲 7.75 億美元。[34] 假設時間零爲 2003 年底,而此鑽井要花費 2 年興建。如果利率爲 12%,每季複利計算,而合約價格是在交貨時支付,請問這筆 7.75 億美元合約在時間 0 的等值現值爲何?如果 7.75 億美元是在時間零支付,請問其在交貨時的價值爲何?

30. Canam Manac Group, Inc.從安大略省 Kingston 的貨車運輸公司 S.L.H. Transport 取得一筆 600 台 53 呎雙氣動軸預塗鋁製貨車的訂單。這筆訂單,於 2004 年初簽訂,價值 1,500 萬加幣。[35] 假設在 12 季中每季會交貨 50 台貨車,而款項 (每台 25,000 加幣) 會在交貨時支付。請問其等值未來值及現值爲何?假設名目利率爲 20%,每季複利計算。

31. 2005 年 11 月,Sunoco, Inc.宣布該公司將會在未來 3 年投資 18 億美元在其精煉廠上,以將產量增加至每日 100 萬桶原油。[36] 假設 Sunoco 在 2006 年投資了 3 億美元,且在之後 2 年每年都會再增加投資 3 億美元。請問此項投資計畫的現值 (2005 年末) 爲何?假設年利率爲 18%。

32. Bombardier Aerospace 宣布該公司從 2006 年 5 月開始,將會在 7 年中投資 2 億美元在墨西哥的 Queretaro 興建一座製造設施以生產飛機零件。[37] 假設 2006 年的投資額總計 4,000 萬美元,

[31] "Volvo Aero Gets SEK7 Bln GE Turbine Deal," *Dow Jones Newswires*, December 10, 2003.
[32] Tsau, W.,"CHC Helicopter Awarded New 合約 in India, " *Dow Jones Newswires*, October 28, 2003.
[33] "Song Networks Gets NOK100M 合約 from Uninett, " *Dow Jones Newswires*, November 18, 2003.
[34] Pearson, D.,"Technip Wins $775M 合約 for Brazil Offshore Platform," *Dow Jones Newswires*, December 19, 2003.
[35] King, C.,"Manac Inc. Gets C$15M 合約 from S.L.H. Transport Inc.," *Dow Jones Newswires,* March 15, 2004.
[36] Siegel, B.,"Sunoco Inc. 3Q EPS $2.39 Vs 69c," *Dow Jones Newswires,* November 2, 2005.
[37] Zachariah, T.,"Bombardier Aerospace Establishes Manufacturing Capability in Queretaro, Mexico," *Dow Jones Newswires*, October 26, 2005.

此後 6 年則每年縮減 10%。試求解在相同 7 年中，這筆投資串流的等值年金值，假設 8%的年利率。

3.8.3 選擇題

1. 如果未來 5 年的成本預計為每年 1 萬美元，假設每年 12%的利率，其等值現值最接近於
   (a) 30,370 美元。
   (b) 36,050 美元。
   (c) 41,110 美元。
   (d) 27,740 美元。

2. 某家晶片供應商在時間零簽訂了一筆 10 年共價值 2.5 億美元的合約。假設利率為每年 18%，在合約期間的等值年金值最接近於
   (a) 2,500 萬美元。
   (b) 5,808 萬美元。
   (c) 1 億 1,235 萬美元。
   (d) 5,563 萬美元。

3. 在 2005 年以 1.5 億美元的價格訂購一艘有效利率運輸船。這筆費用會在交貨時 (即 2009 年) 支付。如果年利率為 12%，則這筆訂單的現值 (2005 年) 最接近於
   (a) 9,533 萬美元。
   (b) 1 億 0,676 萬美元。
   (c) 1.5 億美元。
   (d) 1 億 3,394 萬美元。

4. 每季存入 12,500 美元到某個帳戶中，以支付設備的更換。假設利率為每年 16%，每季複利計算，則在 2.5 年後資金總額最接近於
   (a) 13 萬 8,000 美元。
   (b) 15 萬美元。
   (c) 12 萬 5,000 美元。
   (d) 26 萬 2,500 美元。

5. 收入預計會從第 1 年的 150 萬美元，在之後 9 年以每年 8%的速率增長。假設年利率為 8%，請問相同 10 年中的等值等年度收入為何？
   (a) 432 萬美元。
   (b) 1,388 萬美元。
   (c) 207 萬美元。
   (d) 150 萬美元。

6. 某種切割工具每 5 年就要更換一次，價格為 75,000 美元。假設 3.37%的年利率，同時假設第 1 次更換發生在距今 5 年以後，則未來 4 次替換的現值最接近於

   (a) 30 萬美元。

   (b) 22 萬 6,400 美元。

   (c) 37 萬 5,000 美元。

   (d) 20 萬 1,750 美元。

7. 某條橋預計花費 2,350 萬美元建造，可以使用 20 年。假設 2%的年利率，則在這條橋的生命期間，其每年的等值成本最接近於

   (a) 144 萬美元。

   (b) 172 萬美元。

   (c) 118 萬美元。

   (d) 47 萬美元。

8. 某家剛起步的公司在第 1 年並沒有收入，但是在未來 5 年中，其收入每年會增加 15,000 美元。假設 10%的年利率，則這些收入的現值最接近於

   (a) 7 萬 5,000 美元。

   (b) 10 萬 2,600 美元。

   (c) 3 萬 3,300 美元。

   (d) 14 萬 5,300 美元。

9. 請問時間零時要投入多少資金，以支付未來 4 年的大學開銷，每年總計 40,000 美元？這筆資金每年會賺取 8%的利息。

   (a) 少於 12 萬 8,000 美元。

   (b) 至少 13 萬 2,500 美元。

   (c) 介於 12 萬 8,000 美元到 13 萬 2,000 美元之間。

   (d) 以上皆非。

10. 簽署某項合約，每年交送 150 萬噸的天然氣，每噸 1,800 美元，每年增加 3.5%。上述價格是以時間零的金額表示，而天然氣的送交會從第 1 年開始，延續 10 年。使用 4%的利率，這筆合約的現值最接近於

    (a) 275 億美元。

    (b) 254 億美元。

    (c) 221 億美元。

    (d) 385 億美元。

11. 某項資產的殘餘價值在 7 年後預計爲 1 萬美元。假設 4% 的年利率，則此殘餘價值的現值最接近於

    (a) 8,000 美元。

    (b) 1,425 美元。

    (c) 2,500 美元。

    (d) 7,600 美元。

12. 簽訂某筆 200 萬美元購買客製化機具的訂單，將在 18 個月內交貨並將在交貨時支付。假設帳戶的名目利率爲每年 12%，每月複利計算，請問在簽訂訂單與交貨之間，每月存入該帳戶的年金値爲多少？單位爲百萬美元。

    (a) $2(A/F,12\%,1.5)$

    (b) $2(A/F,12\%,18)$

    (c) $2(A/F,1\%,18)$

    (d) $2(F/A,1\%,18)$

13. 存入某個每 6 個月支付 2% 利息的帳戶的金錢，在 3 年後，總額最接近於

    (a) 增加 12.62%。

    (b) 增加 6.12%。

    (c) 維持不變。

    (d) 增加 2.00%。

14. 某位農夫花費 200,000 美元購買了一台新的多功能收割機，預計能使用 15 年，到時的殘餘價值爲 15,000 美元。如果在預期的使用期間操作與維護的成本爲每年 3,500 美元，而利率爲每年 6%，則擁有此項設備的每年等值成本最接近於

    (a) 3,500 美元。

    (b) 21,600 美元。

    (c) 23,400 美元。

    (d) 19,900 美元。

15. 花費 85,000 美元購買並裝設一部工業用機器人。每年的運轉及維護成本預計爲 1 年 1,500 美元，軟體的升級則第 1 年需 5,000 美元，第 2 年起每年增加 500 美元。如果這台機器人有 8 年的壽命，請問擁有這台機器人的成本轉換爲現值爲何？假設這台機器人並沒有殘餘價值。

    (a) $85,000 + 6,500(P/A,i\%,8) + 500(P/G,i\%,7)$

    (b) $85,000 + 6,500(P/A,i\%,8) + 500(P/G,i\%,8)$

    (c) $85,000(A/P,i\%,8) + 6,500 + 500(A/G,i\%,8)$

    (d) $85,000 + 6,500(8) + 500(7)$

04 經濟性等值

(由 Norfolk Southern Corporation 提供。)

實際的決策：世紀債券

運輸公司 Norfolk Southern Corporation 在 2005 年 3 月 7 日發行了價值 3 億美元的債券。這些債券的利率為每年 6%，從 2005 年 9 月 15 日起，每半年支付利息，並於 2105 年 3 月 15 日 (在發行 100 年後！) 到期。因為債券的發行通常是用來籌措資本，Norfolk Southern 表示，所得款項會使用在一般企業用途上。[1] 此外，在 2005 年 12 月 28 日的開放市場中，這些面值 100 美元債券的售價為 103.538 美元。[2] 上述事實給投資者帶來一些有趣的問題：

1. 假設某位投資者在債券剛發行時，購買了面值 10,000 美元的債券。請問這筆投資的「到期殖利率」為何？

2. 如果該投資者在 2005 年 12 月 28 日，以市價出售了此筆債券，請問其投資報酬率為何？如果該投資者將所有來自此筆投資的收入都存入了每月會賺取 0.25% 利息的帳戶中，請問在 2006 年 3 月 15 日時，他會擁有 10,800 美元嗎？

3. 請問在 2005 年 12 月 28 日購買該筆債券的投資者，其「到期殖利率」為何？

---

[1] "Norfolk Southern Prices $300 Million of 100-Year Notes," *News Releases,* www.nscorp.com, March 8, 2005.

[2] 來自 2006 年 1 月 2 日的 www.nasdbondinfo.com。

除了回答這些問題之外,在研讀過本章之後你也將能夠:

- 運用各種經濟性等值的定義,以建立兩組現金流的等值或不等值性。(4.1 節)

- 決定將兩組等值的現金流的未知利率或時間點。(4.2–4.3 節)

- 描述前一章所推導之利息因子的特性,特別是針對其極值的特性。(4.4 節)

- 描述貸款與債券是如何提供投資的資本。(4.5 節)

- 計算貸款的真實成本與債券的到期殖利率。(4.5 節)

- 計算標準貸款與非標準貸款的還款時程,例如等額本息還款與等額本金還款。(4.5 節)

- 確立在何種狀況下債券會以溢價或折價出售。(4.5 節)

在第 3 章章中，我們推導了具特殊架構的各式各樣現金流圖之複利因子。我們的動機是將原來的現金流圖轉換爲經濟上等值的現金流圖以供決策使用。在本章的第一部份，我們會更正式地定義並檢視經濟性等值的概念。在本章的第二部份，我們則會提供貸款與債券有關的經濟性等值案例。透過這些案例，我們可以深入了解公司或政府單位是如何籌措資金以支援其投資專案計畫。

4.1 經濟性等值之性質

在建立兩組現金流的經濟性等值關係時，須先將現金流以現金流圖定義清楚。亦即，每一組現金流的大小及發生時間都必須是已知的。此外，等值關係的建立還需要以下資訊：

- 利率。在前幾章中，我們利用利率建立金錢在不同時間的價值。我們將於本章稍後看到，在研究期間 N 的一組利率已知時，便可建立等值關係。然而，如果此組利率中之任一改變了，等值關係就必須重新建立。
- 共同的時間基準。等值關係需要將所有現金流依據相同的時間單位來定義，而此時間單位通常會定義爲利率的複利期間或現金流出現的間隔時間。
- 共同的衡量單位。如前幾章的許多例題中所呈現，我們是生活在由多種貨幣定義經濟性的世界中。因此，必須選擇單一的貨幣單位來進行分析。

當兩件東西相等，意即表示這兩件東西是相同的。同樣地，我們也用下列幾種性質來定義經濟性等值關係，每種性質都會用例題來加以說明。

在經濟上等值的現金流，會在某個共同的時間點上具有相同的貨幣價值。

如果將兩組現金流都轉換爲相同期間的單一款項等值現金流，而此兩筆等值現金流若相同，則原始的兩組現金流便具有等值關係。

例題 4.1　經濟性等值關係

Heroux-Devtek, Inc.，是一家航太與工業產品的製造商及修理商，2003 年該公司從 General Electric Aircraft Engines 公司取得一筆製造引擎零件的合約。合約的付款（加幣）時程如下：2004 年 250 萬元、2005 年 730 萬元、2006 年 680 萬元以及 2007 年 500 萬元。[3] 假設現金流發生於年底而年利率爲 12%，試證明此付款時程在經濟上等值於 2006 年底 2,258 萬元的單筆現金流。

[3] Moritsugu, J.," Heroux-Devtek Division Gets C$21.6M in Pacts," *Dow Jones Newswires,* September 22, 2003.

解答　在 2004 年至 2007 年期間的付款時程現金流圖如圖 4.1(a) 所示。要建立經濟性等值，我們須要將此現金流轉換為 2006 年的單筆現金流，如圖 4.1(b) 所示。

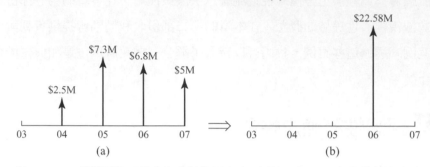

圖 4.1　(a) 飛機引擎零件交貨的付款現金流，以及 (b) 2006 年的等值現金流

　　要得到單筆現金流，我們可以簡單地對 2004 年及 2005 年的現金流使用單筆款項的複利總額因子 (F/P)，對於 2007 年的現金流則使用單筆款項的現值因子 (P/F)，以將各筆現金流轉換到 2006 年。2006 年的現金流顯然不須要被轉換。我們使用標記 F_{2006} 來表示這些現金流於 2006 年的未來值，而非我們通常假設的 2007 年。計算如下：

$$F_{2006} = \$2.5M(1+0.12)^2 + \$7.3M(1+0.12)^1 + \$6.8M + \$5.0M\left[\frac{1}{(1+0.12)^1}\right]$$

$$= 2,258 \text{ 萬元 (加幣)} = 22.58M \text{ 元}$$

因此，由於這些付款在 2006 年的等值為 2,258 萬元 (加幣)，所以這些付款在經濟上等值於 2006 年的 2,258 萬元 (加幣) 單筆付款。

　　我們的經濟性等值定義相當廣泛。為了說明此項事實，我們會定義數種與上例有關的性質，以進行更深入的說明。

> **經濟性等值可以建立在任何時間點。**

要選擇在哪一期建立經濟性等值是沒有限制的。一旦經濟性等值已建立，要在任何一期將其重新建立都是件容易的事，因為針對任何時間長度的單筆現金流，我們只須運用複利總額因子或現值因子即可建立。

❓ 例題 4.2　再次檢視經濟性等值關係

在前一例題中，我們透過將多次付款轉換為 2006 年的單一款項現金流來建立經濟性等值。試決定此筆 2,258 萬 (加幣) 現金流，在時間零時 (2003 年) 的等值關係。

解答　我們必須將圖 4.2(a) 所示之多次付款系列轉換為 (b) 所示之等值現值。就等值性而言，這組付款系列必然等值於 (c) 所繪之 2006 年的等值現金流。

此項在 2003 年的現值可將每一單筆現金付款使用現值因子來加以定義：

$$P = \frac{\$2.5M}{(1+0.12)^1} + \frac{\$7.3M}{(1+0.12)^2} + \frac{\$6.8M}{(1+0.12)^3} + \frac{\$5.0M}{(1+0.12)^4} = 1{,}607 \text{ 萬元 (加幣)} = 16.07M \text{ 元}$$

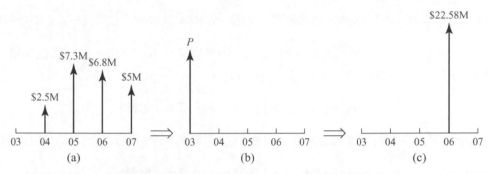

圖 4.2　(a) 飛機引擎零件交貨的付款現金流，(b) 時間為零 (2003 年) 的等值現金流，以及 (c) 2006 年的等值現金流

在 2006 年的單筆款項現金流即等值於在 2003 年的

$$P = \$22.58M \left[\frac{1}{(1+0.12)^3} \right] = 1{,}607 \text{ 萬元 (加幣)}$$

兩者的等值性得以建立。事實上，只要我們適當地定義利率，你便可選擇任何你想要建立經濟性等值的時間點，即使此時間點是在分析期間 (2003 年到 2007 年) 之外亦然。

經濟性等值可以建立在任何數量的期數上。

經濟性等值不一定要建立在單一時間點的單一款項現金流。反之，經濟性等值也可建立在一段期間的多次付款現金流上。這些多次付款系列不一定要具有結構性，但是等額多次付款 (年金值) 系列是最常被使用的多次付款現金流，也最容易進行分析。

 例題 4.3　任何期數的經濟性等值關係

請利用前二個例題的資料，建立 2004、2005、及 2006 年的等額多次付款等值關係。

解答　圖 4.3 類似於前一例題的現金流圖，但是我們需將現金流轉換為 2004 到 2006 年的等額多次付款 (年金值) 現金流。

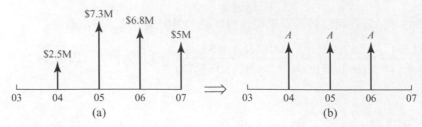

圖 4.3 　(a) 飛機引擎零件交貨的付款現金流，以及 (b) 2004 到 2006 年的等額多次付款現金流

在前面的例題中，我們發現圖 4.3(a) 之現金流的等值現值 (2003 年) 為 1,607 萬元 (加幣)。此等值關係可以重新以下列等額多次付款 (年金值) 系列呈現：

$$A = \$16.07\text{M}(A/\overset{0.4163}{P},12\%,3) = 669 \text{ 萬元 (加幣)}$$

同樣地，我們也可以將 2006 年的單筆款項 2,258 萬元，以等額多次付款 (年金值) 方式分散到 3 期：

$$A = \$22.58\text{M}(A/\overset{0.2963}{F},12\%,3) = 669 \text{ 萬元 (加幣)}$$

這再度建立了兩組現金流的等值性。

兩組在經濟上等值的現金流之間的差異為零。

我們現在應該很清楚兩組在經濟上等值的現金流，其間的差異為零。理由是，兩者在任何時間點上都會有相同的價值。這項性質在分析上是很重要的，因為在比較兩組現金流時，重要的是兩者的差異程度，而非兩者的相似程度。是這些差異定義了某項專案計畫比另一項專案計畫有較多的價值，然而比較相似程度只會彼此相互抵銷，而無法突顯哪一專案計畫較佳。

 例題 4.4　再次檢視經濟性等值關係

繼續例題 4.1，考量原始的付款現金流 (加幣)：2004 年 250 萬元、2005 年 730 萬元、2006 年 680 萬元以及 2007 年 500 萬元。請進一步考量在相同 4 年中，每年 529 萬元的等額多次付款 (年金值) 現金流。試證明兩組現金流系列在經濟上是等值的。

🔍 **解答**　兩組現金流之間的差異，定義了以下新的多次付款現金流：

$$A_1 = \$2.5 - \$5.29 = -279 \text{ 萬元}$$
$$A_2 = \$7.3 - \$5.29 = 201 \text{ 萬元}$$
$$A_3 = \$6.8 - \$5.29 = 151 \text{ 萬元}$$
$$A_4 = \$5.0 - \$5.29 = -29 \text{ 萬元}$$

我們描繪這些多次付款系列現金流於圖 4.4。

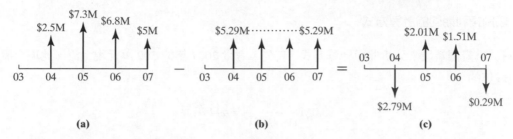

圖 4.4 (a) 飛機引擎零件交貨的付款現金流，(b) 529 萬加幣的等額多次付款現金流，以及 (c) 兩組現金流的差異

定義於圖 4.4(c) 的新現金流轉換為等值的現值為

$$P = \frac{-\$2.79M}{(1+0.12)^1} + \frac{\$2.01M}{(1+0.12)^2} + \frac{\$1.51M}{(1+0.12)^3} + \frac{-\$0.29M}{(1+0.12)^4} = 0 \text{元加幣}$$

因此，藉由檢視二組現金流的差異，我們確立了等值性的存在。

經濟性等值關係不需要令利率在研究期間 (*N*) 中固定不變。

到目前為止，我們在分析現金流時，都假設利率在 *N* 期中皆是固定不變。通常此項限制是不必要的，因為利率可能會隨著時間而波動。然而，在分析現金流具有不同利率時，我們必須留心注意。

例題 4.5 變動利率的經濟性等值關係

重新檢視例題 4.1 的原始付款計畫，但是假設利率如下：

        2004 年：   12%，每半年複利計算。

        2005 – 06 年：   每月 1.25%。

        2007 年：   每季 3%。

請注意，我們現在定義的是完全不同的問題。我們想要證明這組現金流系列等值於 2003 年的 1,525 萬元 (加幣) 單筆付款。

解答 依據這些利率，我們可以重新繪製現金流圖，使其包含不同期間的利率，如圖 4.5 所示。此圖也標明了各期的利率。

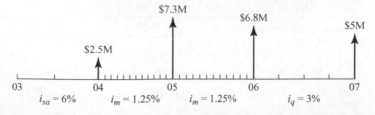

圖 4.5 重新繪製時間軸，以配合各期利率變動的飛機零件交貨現金流圖

(1) 個別複利期間的計算方式

我們將分為幾個階段來分析此種計算方式。首先，考量 2007 年的 500 萬元現金流。此現金流等值於 2006 年的

$$\$5.0M \frac{1}{(1+0.03)^4} = 444 \text{ 萬元}$$

我們可以將此金額與 2006 年的 680 萬元合併在一起，總計 1,124 萬元。此總值可以轉換至 2004 年 (因為這段期間的利率是相同的) 如下：

$$\$11.24M \frac{1}{(1+0.0125)^{24}} = 834 \text{ 萬元}$$

請注意，我們使用 $N = 24$，因為我們定義的是月利率。以上這個總額可以跟 2004 年的 250 萬元現金流以及將 2005 年的 730 萬元現金流折價 1 年 (12 個月) 後的價值合併，得到 2004 年的等值

$$\$8.34M + \$2.5M + \$7.3M \frac{1}{(1+0.0125)^{12}} = 1,213 \text{ 萬元}$$

最後，這個等值總額可以再折價 1 年到 2003 年，得到

$$\$17.13M \frac{1}{(1+0.06)^2} = 1,525 \text{ 萬元}$$

同樣地，我們也可在單一步驟中進行這些運算。以下公式列舉一次往回折價 1 年的各筆現金流：

$$P = \left(\$2.5M + \left(\$7.3M + \left(\$6.8M + \frac{\$5.0M}{(1+0.03)^4} \right) \frac{1}{(1+0.0125)^{12}} \right) \times \frac{1}{(1+0.0125)^{12}} \right) \frac{1}{(1+0.06)^2}$$
$$= 1,525 \text{ 萬元}$$

此建立了 2003 年單筆現金流的等值。一如預期，兩種方法所得到的答案是相同的。請注意，這個等值略低於利率為每年 12% 所求得的 1,607 萬元的等值。此例中的平均年利率較高，這狀況解釋了現值差異的由來。

(2) 單一複利期間的計算方式

由於現金流是以年為單位來定義，所以我們也可以將各個利率定義為年利率，計算如下：

期間	原始利率	年利率
2004：	12%，每半年複利計算。	$(1+\frac{0.12}{2})^2 - 1 = 0.1236 = 12.36\%$
2005 – 06：	每月 1.25%。	$(1+0.0125)^{12} - 1 = 0.1608 = 16.08\%$
2007：	每季 3%。	$(1+0.03)^4 - 1 = 0.1255 = 12.55\%$

我們將現金流圖重新繪製於圖 4.6。雖然這些現金流與我們一開始的例題相同，但每一期 (年) 都定義了各自的利率，因為利率不再是固定不變的。

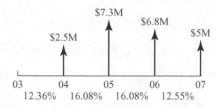

圖 4.6　支付給 Heroux-Dektek 公司的現金流，其中利率隨時間而變動

這讓我們可以計算等值現值如下：

$$P = \left(\$2.5M + \left(\$7.3M + \left(\$6.8M + \frac{\$5.0M}{(1+0.1255)} \right) \frac{1}{(1+0.1608)} \right) \times \frac{1}{(1+0.1608)} \right) \frac{1}{(1+0.1236)}$$

$$= 1,525 \text{ 萬元 (加幣)}$$

雖然等值關係可以在不同的利率下建立，但請注意，如果利率有所改變，我們便必須重新建立等值關係。

經濟性等值可以使用流通貨幣與市場利率來建立，或使用實質貨幣與無通膨利率來建立。

在第 3 章中，我們注意到價格的改變源自於通貨膨脹或通貨緊縮，我們以通貨膨脹率 f 來加以衡量。因為市場利率與無通膨利率之間的關連為通貨膨脹率，我們可以使用流通貨幣或實質貨幣現金流來建立等值關係。(參見 3.2.4.3 節。) 請注意，通貨膨脹率在計算上，等同於我們的等比變額增長率 g。我們會在下一例題中描述此項概念。

 例題 4.6　考慮通貨膨脹的經濟性等值關係

必和必拓集團 (BHP Billiton, Ltd.) 與其合夥公司同意在未來 25 年中，每年供應 4 家中國鐵工廠 1,200 萬公噸的鐵礦。在這份合約期間，這些工廠所支付的購買價格，並不會高於主要的世界鐵礦價格。在這份合約期間，必和必拓集團所能獲得的收入粗估為 90 億美元。[4] 假設在合約期間鐵礦的年通貨膨脹率為 2.75%。假設市場利率為每年 12%，而將 2005 年 1 月 1 日設為時間零。此外，假設現金流發生於年終，並假設在時間為零時，1 公噸鐵礦的價格為 0.36 美元。試決定該公司在合約期間的等值現值。

4　Brown, O., "SHP Sets China Iron-Ore Deal," *Dow Jones Newswires,* March 1, 2004.

🔍 **解答**　我們可以選擇使用 (1) 實質貨幣現金流與無通膨利率，或 (2) 流通貨幣現金流與市場利率，來分析此項收入現金流。我們先描述實質貨幣的分析。請回想一下，這種分析忽略了通貨膨脹的影響。因此，分析方式 (1) 的收入現金如圖 4.7 所示。因爲我們忽略了通貨膨脹的影響，所以在 25 年中收入現金流都是固定的。年度現金流爲

$$A' = 1200 \frac{萬噸}{年} \times \frac{\$0.36}{噸} = 每年 432 萬美元$$

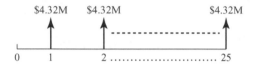

圖 4.7　25 年期間鐵礦銷售的實質貨幣現金流圖

要分析**實質貨幣現金流**，我們須要使用無通膨利率。請回想一下第 3 章，無通膨利率就是將市場利率刪除通貨膨脹的影響；因此，

$$i' = \frac{(1+i)}{(1+f)} - 1 = \frac{1+0.12}{1+0.0275} - 1 = .09002 = 9\%$$

此實質貨幣現金流圖的等值現值，便可以使用多次等額付款的現值因子 (P/A) 來求得。請回想一下，A'_n 表示實質貨幣的多次等額付款現金流，使得

$$P = A'(P/A, i', N) = \$4.32M(P/A, 9\%, 25) = \$4.32M(P/\overset{9.8226}{A}, 9\%, 25) = 4{,}243 \text{ 萬美元}$$

針對分析方式 (2) 的現金流的狀況，我們則須要轉換實質貨幣。如第 3 章所介紹的，這可以藉由加入通貨膨脹的效應來達成：

$$A_n = A'_n(1+f)^n = \$4.32M(1+0.0275)^n$$

例如，在第 1 期及第 $N = 25$ 期結束時的流通貨幣現金流分別是

$$A_1 = \$4.32M(1+0.0275)^1 = 443.9 \text{ 萬美元}$$
$$A_{25} = \$4.32M(1+0.0275)^{25} = 851.2 \text{ 萬美元}$$

此項轉換可得到圖 4.8 所示之流通貨幣現金流圖。此圖定義了一組 $g = 2.75\%$ 的等差變額。

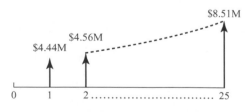

圖 4.8　25 年鐵礦銷售的流通貨幣現金流圖

由於 i =12% 且 A_1=443.9 萬美元，則此系列的等值現值為

$$P = A_1(P/A_1, g, i, N) = \$4.439\text{M}(P/A_1, 2.75\%, 12\%, 25) = \$4.439\text{M}(P/A_1, 2.75\%, 12\%, 25\overset{9.557}{8})$$

$$= 4,243 萬美元$$

一如預期的，使用實質貨幣或流通貨幣，都會得到相同的等值現值。然而，這個結論只有在使用正確利率的情況下才能確保成立。

我們能確信實質貨幣與流通貨幣二種現金流永遠會產生相同答案的理由為，兩者是被通貨膨脹率綁在一起的。讓我們以更一般性的方式觀察前一例題，來說服你這兩種分析永遠會是一致的。如果我們在進行研究的 N 個期間中，所面對的是流通貨幣，則這些現金流的等值現值為

$$P = A_0 + \frac{A_1}{(1+i)} + \frac{A_2}{(1+i)^2} + \frac{A_3}{(1+i)^3} + \cdots + \frac{A_N}{(1+i)^N} \tag{4.1}$$

如前一例題所指出的，無通膨利率 i' 與市場利率 i 之間的關連為通貨膨脹率 f，使得

$$(1+i) = (1+i')(1+f)$$

代換此關係式至公式 (4.1)，會得到

$$P = A_0 + \frac{A_1}{(1+i')(1+f)} + \frac{A_2}{(1+i')^2(1+f)^2} + \frac{A_3}{(1+i')^3(1+f)^3} + \cdots + \frac{A_N}{(1+i')^N(1+f)^N}$$

注意到

$$A'_n = \frac{A_n}{(1+f)^n}$$

我們可以得到下列的推導：

$$P = A_0 + \frac{A'_1}{(1+i')} + \frac{A'_2}{(1+i')^2} + \frac{A'_3}{(1+i')^3} + \cdots + \frac{A'_N}{(1+i')^N} \tag{4.2}$$

因為二個公式的 P 值相同，所以使用流通貨幣現金流的分析，亦即公式 (4.1)，以及使用實質貨幣現金流的分析，亦即公式 (4.2)，便是等值的。請注意，我們必須謹慎地使用正確的利率來進行分析。

以上這些例題說明了兩組現金流之間的經濟性等值關係，可以用許多描述來建立。我們最常使用第零期或第 N 期的單一付款現金流，或連續 N 期的一組等額多次付款來建立等值關係。這是因為我們的利率因子是針對這些特殊狀況所推導出來的。

4.2／利率未知的等值

到目前為止，我們都只關注在已知現金流圖與利率 i 的情況下，對 F、P 或 A 值的計算。我們也有可能會面臨到所欲轉換的現金流為已知的情況，而要尋求能讓此轉換成立時的利率。

　　從理論觀點來看，這應該是件簡單的任務，因為我們只是定義了另一個可以在代數上獨立運算的不同未知數。請考量以下情況，我們在時間為零時擁有現金流 P，在時間為 N 時擁有現金流 F。已知 P 與 F 距離 N 個期間，請問每期利率 i 應為多少，可讓兩者的價值相等？請回想一下單筆款項的複利總額因子 (F/P)，即公式 (3.1)，可使兩筆現金流相等如下

$$F = P(1+i)^N$$

求解 i，我們會得到

$$i = \left(\frac{F}{P}\right)^{\frac{1}{N}} - 1$$

這看來似乎簡單直接，但是請讓我們考量另一個不同的問題：請問每期利率 i 應為多少，P 值會等同於從第 1 期到第 N 期的等額多次付款系列 A 值？利用等額多次付款系列的現值因子 (P/A)，即公式 (3.6)，我們可以寫下

$$P = A\left[\frac{(1+i)^N - 1}{i(1+i)^N}\right]$$

在此情況下求解 i 就不是件簡單的事情了。在此類情況中，我們通常可以透過試誤法來求解 i，同時利用電腦來減輕求解的負擔。我們會在下個例題中加以說明。

？？？ 例題 4.7　透過內插法求解 i (1)

面對大環境挑戰，在百貨業三十多年的忠孝 Sogo 犧牲 35 天業績，在 2020 年底決定投入新台幣 5,000 萬元改裝。這次改裝的策略是挪出空間，在美食街營造有質感的座位區，引進新品牌要年輕人喜歡[5]。假設 2022 年底 Sogo 需支付 5,256 萬 2 仟元改裝費給廠商，將 2020 年底設為時間零。請問年利率必須為何，我們才能宣稱此投資在時間零時，價值 5,000 萬元。

🔍 **解答**　P = 5,000 萬元，F = 5,256 萬 2 仟元的現金流圖如圖 4.9 所示。

5　謝佩如、蔡茹涵，Sogo 犧牲 35 業績也要做的事美食街大改裝拚什麼，商業週刊，第 1718 期，10 月 19 日，2020 年，第 58-60 頁。

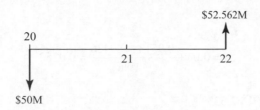

圖 4.9 單筆款項的計算

　　我們可以利用第 3.2.1 節單筆款項現值因子，使現值等值於未來的支出。由於 P 跟 F 為已知，而利率為未知，我們可以將因子視為未知數以求解：

$$P = F(P/F, i, N)$$
$$\$50M = \$52.562M(P/F, i, 2)$$
$$\Rightarrow (P/F, i, 2) = 0.9513$$

檢視附錄中不同利率的表格，我們會發現

$$(P/F, 2\%, 2) = 0.9612$$
$$(P/F, 3\%, 2) = 0.9426$$

從這兩個數值我們知道，利率介於 2% 與 3% 之間。我們可以藉由在兩個數值之間進行內插，快速地來得一個不錯的答案。線性內插法假設在要被估計的函數上的兩個已知點之間為一條直線。因此，要判斷利率，我們必須在兩點 (2% 與 3%) 之間建立一條直線，然後計算對應於利息因子 0.9513 的利率。此方法說明於圖 4.10。

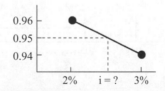

圖 4.10 單筆款項現值因子在 2% 與 3% 之間的線性內插

　　此張圖並非必要，但是它清楚地說明了我們正試圖進行的工作。因為假設在 2% 與 3% 之間的函數是線性的，因此其斜率應當為固定常數。其運算為縱向差 (利率因子值的改變) 除以橫向差 (利率的改變) 的比值：

$$\frac{0.9612 - 0.9426}{0.02 - 0.03} = -1.86$$

我們可以使用未知利率 i，使上述斜率值等同於縱向差除以橫向差的比值：

$$\frac{0.9513 - 0.9426}{i - 0.03} = -1.86$$

求解 i 可得

$$i = 0.03 + \frac{0.9513 - 0.9426}{-1.86} = 0.0253$$

因此，令 P 與 F 等值的利率爲 2.53%。

因爲我們使用的是線性內插，我們也可以同理地撰寫

$$\frac{0.9612 - 0.9513}{0.02 - i} = -1.86$$

以求解利率。

 例題 4.8 透過內插法求解

2003 年秋季，法國輪胎製造商米其林 (Michelin SCA) 與 IBM 簽署了一筆 8 年 12.2 億歐元的合約，以維護管理其歐洲及北美的資訊科技基礎建設。[6] 假設米其林每年要支付 1 億 5,250 萬歐元給 IBM，將 2003 年設爲時間零。請問年利率必須爲何，才能聲明此筆合約在時間零時價值 10 億歐元？

🔍 **解答** $P = 10$ 億歐元，$A = 1$ 億 5,250 萬歐元的現金流圖如圖 4.11 所示。

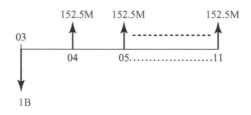

圖 4.11 8 年合約在時間零的等值現金流

我們可以利用等額多次付款現值因子 (P/A)，使現值等值於等額年金系列。由於 P 跟 A 爲已知，而利率爲未知，我們可以將因子視爲未知數以求解：

$$P = A(P/A, i, N)$$
$$1B = 152.5M(P/A, i, 8)$$
$$\Rightarrow (P/A, i, 8) = 6.5574$$

---

[6] Delaney, K.J., "IBM Wins \$1.22 Billion Contract from Tire Maker Michelin," *The Wall Street Journal Online*, December 12, 2003.

檢視附錄中不同利率的表格，我們會發現

$$(P/A,4\%,8)=6.7327$$
$$(P/A,5\%,8)=6.4632$$

從這兩個數值我們知道，利率介於 4% 與 5% 之間。類似前例的內插法作法，我們在 (4% 與 5%) 兩點之間建立一條直線，然後計算對應於利息因子 6.5574 的利率。此方法說明於圖 4.12。

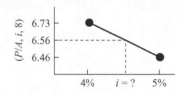

圖 4.12　等額多次付款現值因子在 4%與 5%之間的線性內插

同樣地，我們計算出斜率為

$$\frac{6.7327-6.4632}{0.04-0.05}=-26.95$$

然後使用未知利率 i，使上述斜率值等同於縱向差除以橫向差的比值：

$$\frac{6.5574-6.4632}{i-0.05}=-26.95$$

求解 i 可得

$$i=0.05+\frac{6.5574-6.4632}{-26.95}=0.0465$$

因此，令 P 與 A 等值的利率為 4.65%。

同樣地，我們也可以撰寫為下列等式來求解利率 i。

$$\frac{6.7327-6.5574}{0.04-i}=-26.95$$

內插法是一種普遍性的工具。我們可以在兩點間假設任何函數以進行估計。在此處使用線性內插可能並不合理，因為事實上利率因子的公式並不是線性。然而，如果所選擇的端點 (4%與 5%) 差距不大 (例如，少於 5%)，誤差便會很小，結果也應該足以提供決策使用。

雖然線性內插法是一種功能強大的工具，但是我們也可以直接搜尋利率值，以讓我們的估計更加準確。在前一例題中，我們找尋的利率會介於 4%及 5%之間。使用電腦會讓此工作變得相當簡單，舉例說明於以下例題。

??? 例題 4.9 使用目標搜尋求解 i

奇美 2020 上半年毛利 16.9%，創 13 年來新高。奇美的成功主要是在 2018 年開始自建奇美太陽能電廠，並採取移樹不砍樹的方法。至今奇美自建的太陽能裝置容量佔了奇美用電量的 25%，前前後後花了新台幣 10 億元[7]。假設於 2018 年底先支付某一發電機組設備的第一筆成本 1,000 萬元，且於 2020 年底支付該設備尾款 500 萬元。請問利率為多少時，能讓這兩筆成本等值於 1,200 萬元的現值（2017 年底）？

🔍 **解答** 以下現金流圖 (圖 4.13) 呈現了 1,200 萬元的現值 P，以及兩筆未來值 1,000 萬及 500 萬元。

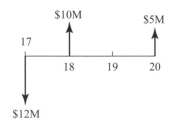

圖 4.13 太陽能發電機的成本

因為未來有兩筆成本數值，所以我們必須使用二個單筆款項現值因子，以令兩組現金流等值：

$$\$12M = \$10M(^{P/F,i,1}) + \$5M(^{P/F,i,3})$$
$$= \$10M\frac{1}{(1+i)} + \$5M\frac{1}{(1+i)^3}$$

我們可以「手工」求解 i，代入不同的 i 值，直到找到一個能讓此等式成立的 i 值為止，或者，我們也可以轉而尋求電腦的幫助。利用 Microsoft Excel 中的目標搜尋功能，我們可以非常容易地計算出此數值。目標搜尋是一個可在工具選單下找到的搜尋工具。其對話盒中有 3 個輸入欄位，如圖 4.14 所示，此圖也顯示了現金流圖以及資料中心。此函數會藉由操作某個使用者所指定的儲存格，以使得另一個儲存格 (也由使用者指定) 的數值，成為某個數字 (同樣由使用者指定)。在經濟學分析上，這可以用來決定損益平衡值。

---

7 呂國禎，奇美毛利創新高祕訣藏在綠能園區，天下雜誌第 705 期，8 月 26 日，2020 年。

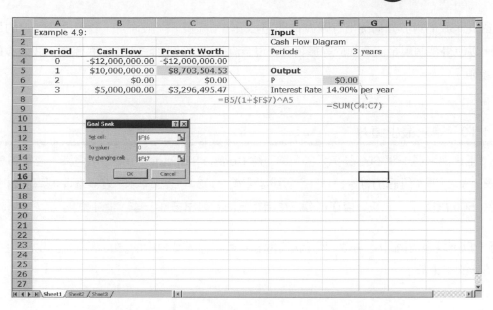

圖 4.14　用來搜尋「等值現值為零的利率」的目標搜尋對話盒

　　現在，請考量當下的問題，我們藉由加總個別現金流的現值，來計算等值的現值。如果我們鍵入 F6、0 以及 F7 到目標搜尋對話盒中，此對話盒便會藉由變更儲存格 F7 (利率) 的數值，使儲存格 F6 (現值) 的數值為零。如圖 4.14 所示，在我們按下目標搜尋對話盒的「確定」按鈕之後，便會求出答案為 14.90%。

　　請注意，目標搜尋並非絕對可靠。它在搜尋解答時，會嘗試一些輸入值，直到找到能夠達成目標值所需的參數值為止。(我們不一定要令儲存格的目標值為零，任何數值皆可。) 然而，目標搜尋也有可能找不到解答。如果發生此種狀況，你會得到一則錯誤訊息。在你可讓目標搜尋功能的儲存格 (在我們的例題中為儲存格 F7) 中輸入不同的數值是值得一試的。目標搜尋演算法通常會使用此數值做為起始點，因而有可能搜尋到正確答案。

───────────────────────────────

　　內插法與目標搜尋並非決定利率以建立等值性的唯二描述。在 5.4.1 節中，除了此處提及的兩種方法之外，我們還會列出多種計算利率的方法，使得等值現值為零。

4.3　期數未知的等值

與 i 的情形相同，我們也可能會想要決定適當的期數 N 值，使得在給定利率的情況下令某兩組現金流等值。在前一節中，我們瞭解到計算 i 並不容易；這對於 N 的計算來說也一樣不簡單。

　　在 N 的計算上，還有另一層複雜的問題是我們在處理任何其他變數時不曾遭遇過。我們在本章中假設過，利率的複利期間與現金流發生的期間一致。此項假設將 N 定義為複利期間的期數，因此是一個整數。然而，我們在求解 N 時，不管是用代數或透過試誤法，我們都不保證能得到整數解。因此，我們對於如何提出有關 N 的問題必須非常謹慎。一般而言，我們會尋求 N 的最大或最小值，以使得某個現金流會大於等於另一筆現金流。如此便能容許整數值的解答。我們會以下列例題來說明。

 ## 4.10　尋求最小值 N

美國陸軍工程部隊將一筆 550 萬美元的合約交給 Conrad Industries, Inc.，以建造一座 255 呎的起重平底船，進行清淤維護的維修操作。[8] 假設陸軍於 2003 年第 3 季末，在某個季利率 1.25% 的帳戶中存入 500 萬美元，而交貨會在付款之後進行。請問最早在哪一季，此平底船可以交貨？

🔍 **解答**　以下現金流圖 (圖 4.15) 標示出時間為零時，存入帳戶中的 500 萬美元，以及至少須要 550 萬美元的未來值 F。

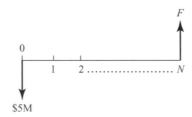

圖 4.15　時間零的 500 萬美元等值於至少 550 萬的未來值

我們可以使用單筆付款複利總額因子或現值因子，將 P 轉換至第 N 期的等值需大於或等於應負款項 F，利用複利總額因子可得

$$P(F/P,1.25\%,N) \geq F$$
$$5M(1+1.25\%)^N \geq 5.5M$$

即
$$(1+1.25\%)^N \geq 5.5M/5M = 1.1$$

不等號兩邊都取對數 (logarithm) 可得

$$\log(1+1.25\%)^N \geq \log(1.1)$$

即

$$N \geq \frac{\log(1.1)}{\log(1+12.5\%)} = 7.67$$

將 N 的值進位至 8 個期間 (季)，使得帳戶中累積至

$$F = P(F/P,i,N) = \$5M(F/P,1.25\%,8)^{1.1045} = 552.2 \text{ 萬美元}$$

在 7 季之後，帳戶中只有 545.4 萬美元；因此，交貨可以在第 8 季或之後進行，但無法更早。

圖 4.16 列舉在 Excel 中要如何使用目標搜尋以及 ROUNDUP 函數來尋求此解答。我們使用目標搜尋變更儲存格 F8 的值，使得儲存格 F6 的值變為零。

8　Huang, I.,"Conrad Industries Gets \$5.5M Pact from US Army Corps of Engineers," *Dow Jones Newswires,* September 30, 2003.

	A	B	C	D	E	F	G	H
1	Example 4.10:Crane Barge Purchase				Input			
2					Cash Flow Diagram			
3	Period	Cash Flow	Present Worth		Interest Rate	1.25%	per quarter	
4	0	-$5,000,000.00	-$5,000,000.00			=C4+C9		
5	1	- -	--		Output			
6	2	--	--		P	$0.00		
7	3	--	--		Periods		8	quarters
8	...	...	...		Quarters	7.672370808		
9	N	$5,500,000.00	$5,000,000.00		=ROUNDUP(F8,1)			
10								
11								

圖 4.16　使用目標搜與 ROUNDUP 函數來決定等值關係下之 N

因為目標搜尋無法限制為整數值,所以我們將儲存格 F7 定義為

$$=ROUNDUP(F8,1)$$

使 F7 中的時間範圍數值進位到最接近的整數。

4.4　利息因子的特性

在加緊腳步提出更多經濟性等值的案例之前,藉由檢視利息因子在極限值時的特性,可幫助我們對於利息因子建立更進一步的直覺認知。亦即,我們想要檢視當利率 i 趨近於零與研究期間 N 趨近無窮大時,利息因子的特性。

請考量單筆款項的複利總額因子 (F/P),假設為離散性複利:

$$(1+i)^N$$

如果想要檢視複利總額因子的特性,只需要將 i 取趨近於 0 的極限值:

$$\lim_{i \to 0}(1+i)^N = 1^N = 1$$

這意味著當利率接近於零時,我們可以預期 $F \to P$,因為

$$F = P(1+i)^N$$

這是可理解的,因為如果 $i = 0$,P 值就不會增長。同樣地,當 i 趨近於無窮大時,

$$\lim_{i \to \infty}(1+i)^N = \infty$$

再次地,我們不該訝異於此種結果,因為如果我們要根據無窮大的利率來支付利息的話,我們可以預期其未來值也會是無窮大。

我們可以針對研究期間 N 進行類似的分析,使得

$$\lim_{N \to 0}(1+i)^N = 1$$

因為沒有時間 $(N \to 0)$ 讓利息增生,所以在此種狀況下,我們應該可預期到 $F=P$。就另一個極端而言,

$$\lim_{N \to \infty}(1+i)^N = \infty$$

同樣地，這個情況也不令人訝異，因為如果有無窮多的複利期間，我們就可以預期 $F \to \infty$。

　　表 4.1 彙整了每一種因子在極值，亦即 $i \to 0$ 與 $N \to \infty$ 時的特性；而 $i \to \infty$ 與 $N \to 0$ 的特性並不值得探討。這份表格所列的是離散性的利息因子，但是複利次數 M 在極限值的特性就等同於連續性複利的情況。請注意表中並沒有等比變額因子，因為它們也需要定義 g。

表 4.1　針對 I 與 N 的極值，利率因子的特性

因子	$i \to 0$	$N \to \infty$
$(F/P,i,N)$	1	∞
$(F/A,i,N)$	N	∞
$(F/G,i,N)$	$\dfrac{N(N-1)}{2}$	∞
$(P/F,i,N)$	1	0
$(P/A,i,N)$	N	$1/i$
$(P/G,i,N)$	$\dfrac{N(N-1)}{2}$	$1/i^2$
$(A/F,i,N)$	$1/N$	0
$(A/P,i,N)$	$1/N$	i
$(A/G,i,N)$	$\dfrac{N-1}{2}$	$1/i$

　　我們探討利息因子極限值的原因，並非其具有實際使用的需要。而是透過探討這些極端值，當我們增加或降低利率時，我們可建立或重新確認這些因子的特性就如我們預期的直覺。

　　研究期間的特性也引人關注。雖然我們極少會有機會面對 $N=0$ 的情形，但是看到 N 趨近於非常大 (甚至無窮大) 的數值，卻不是件令人驚奇的事情。例題 3.13 所提及的米洛橋，建造好之後預期會存續 120 年；[9] 而在本章開頭的真實決策問題中，Norfolk Southern 所發行的債券則有 100 年的壽命。雖然，100 或 120 並非無窮大，但是這些數值還是相當的大。此外，也有案例是 N 真的等於無窮大，例如下列例題。

 例題 4.11　無限期的年費

企業家 Asa Packer 是 Lehigh Valley 鐵路的擁有者，也是東賓州許多煤礦的事控者，在 1865 年捐贈 Lehigh 大學 50 萬美元的基金。[10] 如果這份捐贈基金被存入某個每年會獲得 7% 利息的帳戶中，請問每年最多可以花費多少錢，這筆投資的本金才不會減少，而讓此筆捐贈基金能夠永久存續？

🔍 解答　實質上，我們是在已知 P，已知利率以及期數無窮大的情況下，試圖決定 A 的值，即

$$A = P(A/P,i,N) = 500{,}000(A/P, 7\%, \infty) \text{ 美元}$$

9　Stidger, R., "Private Financing Builds Millau Bridge," *Better Roads,* May 2005.

10　Yates, W.R., "The Beginning of a Lehigh Tradition, www3.lehigh.edu/about/luhistory.asp.

從表 4.1，我們知道當 $N \to \infty$ 時， $(A/P, I, N) \to i$；因此，

$$A = Pi = (\$500,000)(0.07) = 35,000 \text{ 美元}$$

這是在保持本金無損的情況下，每年最多能夠花費的金額就等於每年可產生的利息金額。

上述例題的情況確實十分常見。你可能很熟悉「捐贈基金 (endowment)」這個詞。捐贈基金背後的概念是，我們開立帳戶 (通常是透過損贈的方式) 來提供某項活動的基金，例如大專院校的學生獎學金或講座教授職位籌措基金。關鍵在於這些基金的建立通常是打算永久延續。爲達成此目標，只有從帳戶中在每個複利期間所產生的利息可以花用。如果遵循這條不可動搖的規則，帳戶中的金額就會永遠等於一開始所捐贈的金額。如果利率永遠固定不變，則該帳戶每期可以提領的金額 (所產生的利息) 也是永遠固定不變的。

在數學上，

$$A = \lim_{N \to \infty} P(A/P, i, N) = \lim_{N \to \infty} P \left[\frac{i(1+i)^N}{(1+i)^N - 1} \right] = \lim_{N \to \infty} P \left[\frac{i \frac{(1+i)^N}{(1+i)^N}}{1 - \frac{1}{(1+i)^N}} \right]$$

$$= P \left[\frac{i}{1} \right] = Pi$$

此項引數的倒數，即

$$P = \frac{A}{i}$$

通常被稱做**資本化等額** (*capitalized equivalent amount*)，亦即在已知每期利率 i 的情況下，爲了永久支付每期款項 A，期初必須在帳戶中存入的金額。

4.5 等值性的案例：籌措資本

在本節中，我們會探討二種金融工具來舉例說明經濟性等值的概念：貸款與債券。爲什麼工程師應該要研究這些課題？最重要的原因是，從事工程活動的公司會須要資金——購買設備、擴展生產以及開發新技術所需的金錢。兩種資金來源包括：放款機構 (如提供貸款的銀行)，以及可能會購買債券的投資者。資金的另一種重要的來源是發行股票，但由於股票的性質較爲複雜而且不確定因素較多，便不在本書中描述。我們會在接下來的兩小節裡，詳盡地闡述貸款與債券。

我們仔細探討貸款與債券的理由，除了它們的實用性之外，是因爲它們是確定性的。也就是說，它們具有合約性質，所以在購買債券或進行借貸時，所有分析所需的資訊都是確切已知的 (假設債券擁有者會持有債券直到期滿爲止)。這些資訊包含在這段時間裡所有支付給投資者或投資者所支付的可能金額。因此，貸款與債券是作爲示範經濟性等值的良好案例。

4.5.1　貸款

貸款是公司取得資金作為專案計畫籌款的傳統描述。放款機構 (例如銀行) 會提供資金給公司。在一段時間內，這些資金會隨著利息款項一起歸還。利息是貸款者為了使用金錢所須支付的費用或價格。

　　當然，貸款並不僅限於公司，人們也經常會貸款以購買大筆金額的商品，例如房子、車子以及家電用品。我們可以有許多貸款來源，其中包含銀行。不過，人們也可能從銷售商品的業者取得貸款 (或稱做還款計畫)，甚至也可能會協議以分期付款方式來償還向親戚所借貸的資金。

　　貸款本質上是一項以某種協議方式交換資金的合約。貸款的那一方會在一段時間內將資金隨著增生的利息款項一併歸還。任何一種貸款，其主要元素有**本金** (principal)，即所借的金額；**利率** (interest rate)，用來計算應支付的利息；以及**還款計畫** (payment plan)。貸款的還款包括某段時間內的本金及利息。

　　如先前所言，還款可以依循任何協議好的模式進行。不過，較常見的是依循**等額本息還款** (equal total payment) 或**等額本金還款** (equal principal payment) 方式進行。至少，貸款者必須支付利息，否則這筆貸款將會違約。如果在貸款上違約，放款機構 (例如銀行) 可能會有權取走某些抵押品 (例如部份的財產) 歸其所有。

　　貸款人在時間 n 償還給放款者的總付款金額 A_n，包含利息還款 IP_n 與本金還款 PP_n。我們正規地定義時間 n 的本息還款如下：

$$A_n = IP_n + PP_n \tag{4.3}$$

不論還款時程為何，要計算應還款金額，都必須先計算**貸款餘額** (loan balance)，即在某個時間點尚須償付的本金金額。這也稱做貸款的未清償餘額 (*outstanding balance*) 或是未清償本金 (*principal outstanding*)。我們定義 B_n 為第 n 期的貸款餘額。請注意 B_0 便是貸款的本金金額 P，因此

$$B_0 = P \tag{4.4}$$

$$B_n = B_{n-1} - PP_n \tag{4.5}$$

在每次歸還本金 PP_n 之後，所積欠的本金金額便會減少，此項事實會反映在更新的貸款餘額。依據貸款餘額，任一期的利息付款都可計算如下：

$$IP_n = iB_{n-1} \tag{4.6}$$

這須要還款的間隔時間 (每期的時間長度) 與利率的複利期間一致。還款通常會以循環的方式計算，舉例說明於以下例題。

例題 4.12　等額本金還款

2002 年夏季，美國聯邦政府貸款給 Amtrak 國營鐵路 1 億美元，用以升級設施同時補貼營運成本。政府希望該鐵路在取得這筆貸款之後能夠自給自足。[11]

　　雖然此筆貸款的合約內容並未公開，但是我們可以做一些必要的假設以進行分析。假設此筆貸款為期 5 年，年利率 6.5%，以等額本金還款的方式償還貸款。為求簡化，我們假設此筆貸款是在 2001 年終借出，而第 1 次還款則預定於 2002 年終。

🔍 **解答**　等額本金還款的狀況非常簡單直接，因為每次還款所需償付的本金金額是固定的。就此例而言，每年要償還本金 $PP_n = \$100/5 = 2000$ 萬美元。根據公式 (4.6)，所需支付的利息為

$$IP_n = iB_{n-1} = (0.065)B_{n-1}, \quad \text{for } n = 1, 2, \dots, 5$$

第 1 筆利息付款為 $(0.065)(\$100M) = 650$ 萬美元，使得第 1 年的本息還款為 2,650 萬美元。我們可以輕易地將完整的 5 年還款時程撰寫在試算表中，如圖 4.17 所示。PP_n 欄是固定的，而 IP_n 欄則是 B_{n-1} 欄的函數，A_n 欄是 PP_n 與 IP_n 欄的總和。最後還須將更新貸款餘額 B_{n-1} 撰寫到試算表中的計算程式。

	A	B	C	D	E	F	G	H	I	J
1	Example 4.12: Equal Principal Payments						Input			
2							Principal	$100,000,000.00		
3	Time n	Bn-1	PPn	IPn	An		PP	$20,000,000.00		
4	2002	$100,000,000.00	$20,000,000.00	$6,500,000.00	$26,500,000.00		Interest Rate	6.50%	per year	
5	2003	$80,000,000.00	$20,000,000.00	$5,200,000.00	$25,200,000.00		Periods	5	years	
6	2004	$60,000,000.00	$20,000,000.00	$3,900,000.00	$23,900,000.00					
7	2005	$40,000,000.00	$20,000,000.00	$2,600,000.00	$22,600,000.00		Output			
8	2006	$20,000,000.00	$20,000,000.00	$1,300,000.00	$21,300,000.00	=C7+D7	Payment Schedule			
9	Totals	--	$100,000,000.00	$19,500,000.00	$119,500,000.00					
10	=B5-C5		=B7*$H$4							
11										

圖 4.17　1 億美元貸款的等額本金還款時程

　　應用圖 4.17 所呈現的試算表方式追蹤還款，讓我們能夠簡單地進行分析並追蹤帳戶的最新狀態。例如，如果 Amtrak 想要提早還清貸款，則只需要支付目前的貸款餘額以及所有未清償之利息即可。

　　在制定還款計畫時，本金還款並不一定是等額的。請考量下個例題中的遞增本金還款計畫。

---

[11]　Machalaba, D.,"Amtrak Is Seeking Heavier Funding for Rail Network," *The Wall Street Journal,* January 21, 2003.

例題 4.13　遞增本金還款

假設聯邦政府想要給 Amtrak 更多時間籌措資金以償還 1 億美元的貸款。假設在 5 年中的本金還款為 0、1,000 萬、2,000 萬、3,000 萬以及 4,000 萬美元，試分析此筆貸款。

🔍 **解答**　利息付款的計算如前，使用 6.5% 的年利率。所有的付款如圖 4.18 的試算表所示。請注意，雖然每期的本金還款並不固定，但是它們已在合約中定義清楚。在此案例中，總共需支付的利息將會增加，因為本金的還款已向後延遲。

	A	B	C	D	E	F	G	H	I
1	Example 4.13: Increasing Principal Payments						Input		
2							Principal	$100,000,000.00	
3	Time n	Bn-1	PPn	IPn	An		PP (G)	$10,000,000.00	
4	2002	$100,000,000.00	$0.00	$6,500,000.00	$6,500,000.00		Interest Rate	6.50%	per year
5	2003	$100,000,000.00	$10,000,000.00	$6,500,000.00	$16,500,000.00		Periods	5	years
6	2004	$90,000,000.00	$20,000,000.00	$5,850,000.00	$25,850,000.00				
7	2005	$70,000,000.00	$30,000,000.00	$4,550,000.00	$34,550,000.00		Output		
8	2006	$40,000,000.00	$40,000,000.00	$2,600,000.00	$42,600,000.00		Payment Schedule		
9	Totals	--	$100,000,000.00	$26,000,000.00	$126,000,000.00				

圖 4.18　1 億美元貸款的遞增本金還款時程

反過來，我們以遞減本金還款計畫來與遞增本金還款計畫作為對照，舉例說明如以下例題。

 例題 4.14　遞減本金還款

我們反向思考前一例題的邏輯，假設 Amtrak 想要較快還清貸款。因此假設 4 年內的本金還款為 4,000、3,000、2,000、1,000 萬美元。

🔍 **解答**　計算利息付款的過程仍與前兩例相同。所有付款都彙整於圖 4.19 的試算表中。

	A	B	C	D	E	F	G	H	I
1	Example 4.14: Decreasing Principal Payments						Input		
2							Principal	$100,000,000.00	
3	Time n	Bn-1	PPn	IPn	An		PP (G)	-$10,000,000.00	
4	1	$100,000,000.00	$40,000,000.00	$6,500,000.00	$46,500,000.00		Interest Rate	6.50%	per year
5	2	$60,000,000.00	$30,000,000.00	$3,900,000.00	$33,900,000.00		Periods	4	years
6	3	$30,000,000.00	$20,000,000.00	$1,950,000.00	$21,950,000.00				
7	4	$10,000,000.00	$10,000,000.00	$650,000.00	$10,650,000.00		Output		
8	Totals	--	$100,000,000.00	$13,000,000.00	$113,000,000.00		Payment Schedule		

圖 4.19　1 億美元的遞減本金還款時程

與遞增本金還款計畫相比，此還款計畫在這段期間內所支付的利息僅有前者的一半。這本是意料中的事，因為本例是較快速償還本金的還款計畫。

比較常見的還款計畫是貸款者每期都會支付相同的本息合計金額給放款者。要決定此種付款金額，我們必須明訂利率。當已知借款金額與設定的利率，便可以使用第 3 章所定義之等額多次付款資本回收因子 (A/P) 來計算每期需償還的本息總額 (本金與利息)。請試著回想，此種因子會令時間零時的單筆款項 (本金) 等值於 N 期的等額多次付款系列。這些付款包含了利息的效應,而利息在目前的例題中,代表貸款的成本。利用單一款項的等額多次付款 (資本回收) 因子 (A/P),即公式 (3.10),我們可求出每期本息付款為

$$A_n = A = P(A/P, i, n) = P\left[\frac{i(1+i)^N}{(1+i)^N - 1}\right]$$

利息付款 IP_n 的計算如前,其中利率與尚未償付的貸款餘額定義於公式 (4.5)。根據公式 (4.3),本金還款就是本息總額 A_n 與利息付款 IP_n 的差值。我們會在下一例題中說明。

 例題 4.15　等額本息還款—美國國家鐵路的貸款

承上例題 4.12,將原先的等額本金還款改為以每年等額本息付款方式,在 5 年內償清。試分析這筆貸款在有限期限內的付款(本金與利息)。

🔍 **解答**　使用 6.5% 的年利率,在 5 年中每年的本息付款為

$$A_n = P(A/P, i, n) = \$100M(A/P, 6.5\%, 5)^{0.2406} = 2,406 \text{ 萬美元}$$

第 1 期所支付的利息計算如下

$$IP_1 = iB_0 = (0.065)\$100M = 650 \text{ 萬美元}$$

這讓我們得到第 1 期的本金還款為

$$PP_1 = A_1 - IP_1 = \$24.06M - \$6.5M = 1,756 \text{ 萬美元}$$

正如我們用本金還款方式一樣,我們也可以輕易地在試算表中建立付款表,如圖 4.20 所示。

	A	B	C	D	E
1	Example 4.15:				
2					
3	n	B_{n-1}	IP_n	PP_n	A_n
4	2002	$100.00	$6.50	$17.56	$24.06
5	2003	$82.44	$5.36	$18.71	$24.06
6	2004	$63.73	$4.14	$19.92	$24.06
7	2005	$43.81	$2.85	$21.22	$24.06
8	2006	$22.59	$1.47	$22.59	$24.06
9	Total		$20.32	$100.00	$120.32
10					
11					
12					

圖 4.20　1 億美元貸款的等額本息還款時程

　　針對等額本息還款計畫,本金與利息付款也可以直接利用內建的試算表函數進行計算。在 Excel 中,針對貸款在指定期間內的等額本息付款,PPMT 與 IPMT 函數可以分別用來計算本金與利息的付款金額。這兩個函數的定義如下:

$$= \text{PPMT}(\text{rate}, \text{per}, \text{nper}, \text{pv}, \text{fv}, \text{type}) = \text{PPMT}(i, n, N, -B_0)$$
$$= \text{IPMT}(\text{rate}, \text{per}, \text{nper}, \text{pv}, \text{fv}, \text{type}) = \text{IPMT}(i, n, N, -B_0)$$

我們忽略最後兩項引數 (fv 與 type),因為本例題的現值是確定已知的,而且假設付款發生於每期末。

例題 4.16　等額本息還款—蘋果公司的貸款

2020 年蘋果（Apple）公司宣佈蘋果電動車將在 2024 年量產，未來的電動車就像 iphone 加上 4 個輪子，這次電動車也不只是像 Google 聚焦在自駕系統而已[12]。雖然投資案的內容詳情並未公開，但我們假設為了完成這個計劃，蘋果公司從國際銀行取得一筆 7 年，共 3 億美元的貸款。從 2021 年初開始，以每半年等額本息付款方式，在 3 年內償清。此外，假設年利率 2.3%，每半年複利一次。試分析這筆貸款在有限期限內的付款（本金與利息）。

解答　使用 2.3%的年利率，每半年複利計算，則每 6 個月的利率為 (2.3%/2) =1.15%。在 3 年中每 6 個月的本息付款為

$$A_n = P(A/P,i,n) = \$300M(A/P,1.15\%,6) \overset{0.1734}{=} 5,203 \text{ 萬美元}$$

第 1 期所支付的利息計算如下

$$IP_1 = iB_0 = (0.0115)\$300M = 345 \text{ 萬美元}$$

這讓我們得到第 1 期的本金還款為

$$PP_1 = A_1 - IP_1 = \$52.03M - \$3.45M = 4,858 \text{ 萬美元}$$

　　正如我們用本金還款方式一樣，也可以輕易地在試算表中建立付款表，如圖 4.21 所示。在此，等額本息付款金額是使用 PMT 函數計算於儲存格 H7，然後 E 欄會予以參照。本金與利息的計算如前，但請注意，在運算過程中進行捨入會造成誤差。如果最後的本金還款並不等於未償還的貸款餘額，這些誤差就會變得很明顯。在此例題中，我們將金額數值計算至 0.01 元，再以高精確度計算每期 (半年) 本息付款，以避免捨入的問題。

	A	B	C	D	E	F	G	H	I	J
1	Example 4.16: Equal Total Payments						Input			
2							Principal	$300,000,000.00		
3	Time n	Bn-1	PPn	IPn	An		Interest Rate	1.15%	per six-months	
4	1	$300,000,000.00	$48,581,674.86	$3,450,000.00	$52,031,674.86		Periods	6	per six-months	
5	2	$251,418,325.14	$49,140,364.12	$2,891,310.74	$52,031,674.86					
6	3	$202,277,961.02	$49,705,478.31	$2,326,196.55	$52,031,674.86		Output			
7	4	$152,572,482.72	$50,277,091.31	$1,754,583.55	$52,031,674.86	=$H$7	An	$52,031,674.86		
8	5	$102,295,391.41	$50,855,277.86	$1,176,397.00	$52,031,674.86					
9	6	$51,440,113.55	$51,440,113.55	$591,561.31	$52,031,674.86					
10	Totals		$300,000,000.00	$12,190,049.15	$312,190,049.15		=PMT(H3,H4,-H2)			
11	=B6-C6	=E9-D9	=B8*$H$3							
12										

圖 4.21　3 億美元貸款的等額本息還款時程

　　同樣地，我們可使用 EXCEL 的 PPMT 與 IPMT 函數分別計算出應還本金與應付利息金額，在這 3 億美元貸款的例題中，第 1 期的本金還款金額計算如下

$$PP_1 = \text{PPMT}(0.0115,1,6,-300) = 48.582$$

---

[12]　黃靖萱、張庭瑜，蘋果電動車全解密，第 1729 期，7 月 4 日，2021 年，第 72-81 頁。

第 1 期的利息付款則為

$$IP_1 = \text{IPMT}(0.0115,1,6,-300) = 3.450$$

單位為百萬美元。若要找出其他期的付款金額，我們必須相對應地改變 n 值。針對本金與利息的付款，在 Quattro Pro 與 Lotus 軟體中的函數定義為 PPAYMT 及 IPAYMT。

貸款真實成本的計算，是在某個共同的時間點 (通常為時間零)，令所有流出 (付款) 等值於流入 (借貸本金) 的情況下的利率值。在我們計算貸款的真實成本時，結果有可能並不等於放款者所宣稱的利率，即使此利率是在適當的複利期間的有效利率亦然。原因是因為貸款人通常會有額外的費用必須支付。雖然這些費用可能不會改變利息付款的計算方式，但我們還是必須將它們列入計算之中，因為它們會增加資金取得的成本，而這會反映在貸款的真實成本上。然而，如果沒有額外費用，貸款的真實成本便是由還款計畫所定義。相同的貸款真實成本可能會有各式各樣的還款計畫。我們會在下一例題加以說明。

 例題 4.17　貸款的真實成本

請針對我們曾分析 Amtrak 的 1 億美元貸款的 4 種還款方式，計算貸款的真實成本。

解答　有 3 種還款方式是以確定的本金還款，第 4 種則是以等額本息還款來定義。針對以上各種貸款方式，貸款人所支付的本息總金額都各不相同。我們可能不清楚的是這些還款計畫的貸款真實成本其實都是相同的。我們可以透過計算 4 種還款方式在時間零時的等值價值來說明此項概念。針對等額本金還款計畫，

$$P = \frac{\$26.5M}{(1+0.065)^1} + \frac{\$25.2M}{(1+0.065)^2} + \frac{\$23.9M}{(1+0.065)^3} + \frac{\$22.6M}{(1+0.065)^4} + \frac{\$21.3M}{(1+0.065)^5}$$
$$= 1億美元$$

針對遞增本金還款計畫，

$$P = \frac{\$6.5M}{(1+0.065)^1} + \frac{\$16.5M}{(1+0.065)^2} + \frac{\$25.85M}{(1+0.065)^3} + \frac{\$34.55M}{(1+0.065)^4} + \frac{\$42.6M}{(1+0.065)^5}$$
$$= 1億美元$$

針對遞減本金還款計畫 (在此計畫中貸款實際上是在 4 年內付清)，

$$P = \frac{\$46.5M}{(1+0.065)^1} + \frac{\$33.9M}{(1+0.065)^2} + \frac{\$21.95M}{(1+0.065)^3} + \frac{\$10.65M}{(1+0.065)^4}$$
$$= 1億美元$$

由於所有還款方式在時間零的等值都是 1 億美元，即等於所借出的本金，所以每種貸款方式的真實成本都是相同的：每年 6.5%。請注意，我們並不需要分析等額本息還款計畫的貸款真實成本，因為每年付款 A 是用 6.5% 的利率計算。

　　上述例題點出了一個有趣的問題：這幾種貸款方式是相同的嗎？答案是「當然不」，因為它們由不同的還款計畫所定義。很顯然，在建立還款計畫時，還有其他因素必須納入考量。其中一項主要的考量是現金流。公司 (或個人) 手邊可能沒有足夠的現金來還款；因此便會需要其他可替代的 (能夠延遲還款) 還款方式。

　　然而，貸款廣告也可能只標明每期需償還的金額。為了計算每期分別應償還的本金與利息，我們必須計算利率，此利率也是定義為**貸款的真實成本 (true cost of the loan)**。如同前文所描述，此利率就是在某個共同的時間點上，令所借得的本金等值於付款的情況下所求得的利率。以下例題會說明此項概念。

例題 4.18　利率未知

2021 年初全球晶片龍頭 Intel 新 CEO 上任，市場預測新任 CEO 會落實外包策略，並找台積電以三奈米製程為其代工 12 吋晶圓。台積電僅隔一天宣佈將增加資本支出以擴增產能，股價漲到每股 625 元[13]。假設台積電為了擴增產能，向各國銀行簽署一筆 1.5 億美元的聯合貸款。又假設台積電的還款計畫是規劃於 4 年之中，每年的本息付款為 2,500 萬、3,750 萬、5,000 萬以及 6,250 萬美元。請問此筆貸款的真實成本為何？

解答　　這筆貸款的現金流描繪於圖 4.22 的現金流圖中。由於貸款是借入 1.5 億美元，而還款總額為 1.75 億美元，故我們知道在這筆貸款期間，總共支付了 2,500 萬美元的利息。然而，在沒有利率的情況下，我們並不知道這些付款的時間性。

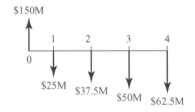

圖 4.22　期初貸款與 4 年中的還款

　　我們必須先令貸款本金在某個共同的時間點上等值於付款總額，以計算這筆貸款的真實成本。這些付款是由一組 $A = 2,500$ 萬美元的等額多次付款系列，以及一組 $G = 1,250$ 萬美元的等差變額系列所構成。在時間零時，令流入 (本金) 等值於流出 (付款)，我們可得

$$P = A(P/A, i, n) + G(P/G, i, n);$$

$$\$150M = \$25M(P/A, i, 4) + \$12.5M(P/G, i, 4)$$

$$= \$25M\left[\frac{(1+i)^4 - 1}{i(1+i)^4}\right] + \$12.5M\left[\frac{(1+i)^4 - 4i - 1}{i^2(1+i)^4}\right]$$

[13]　蔡靚萱、吳中傑，上攻 800 元！台積電豪賭幕後，商業周刊，第 1732 期，1 月 25 日，2021 年，第 46-51 頁。

我們會發現直接求解 i 是一件困難的事情，因爲在此公式中，利率會被提升至 4 次方。針對此例題，如本章稍早所描述的，運用 Microsoft Excel 的目標搜尋功能可以得到 $i=.0560566$。

已知利率與本息付款，便可以決定每期的利息與本金付款金額，如圖 4.23 的試算表所示。此題之利率被捨入至 $i=5.606\%$ 以進行計算。

	A	B	C	D	E	F	G	H	I
1	Example 4.18: Increasing Total Payments						Input		
2							Principal	$150,000,000.00	
3	Time n	Bn-1	PPn	IPn	An		A1	$25,000,000.00	
4	2004	$150,000,000.00	$16,591,510.00	$8,408,490.00	$25,000,000.00		G	$12,500,000.00	
5	2005	$133,408,490.00	$30,021,574.00	$7,478,426.00	$37,500,000.00		Interest Rate	5.61%	per year
6	2006	$103,386,916.00	$44,204,481.00	$5,795,519.00	$50,000,000.00		Periods	4	years
7	2007	$59,182,435.00	$59,182,435.00	$3,317,565.00	$62,500,000.00				
8	Totals	--	$150,000,000.00	$25,000,000.00	$175,000,000.00		Output		
9							Payment Schedule		

圖 4.23　1.5 億貸款的還款時程

請注意，欲決定相對於貸款的眞實成本 (利率) 時，我們若使用試算表函數，通常會假設該貸款爲等額本息還款。當還款是依循不同模式進行時，我們必須採用圖 4.23 中的分析方式，不能使用函數來計算。

4.5.2　債券

企業或政府單位可以爲資本型計畫籌措資金的另一種方式，是透過發行或販售被稱之爲「債」的商品。更明確地說，企業出售債券給投資者，本質上而言，投資者便是透過債券形式貸款給債券的發行者。接著，發行債券的公司便可以運用這筆錢，例如，購買設備或擴充生產，而投資者則會根據債券所定義的合約，以利息的形式得到報酬。「債券 (bond)」這個 bond 的意思便是「合約」，它是出售者與購買者之間的合約。如果我們從企業或政府單位購買債券之後，可以將之在市場上出售 (給其他投資者)，此種債券稱做有價債券 (*marketable security*)。

我們可以根據債券的到期期限或投資者是否會得到配息來加以分類。**到期期限** (time to maturity) 意指債券所定義之合約有效的時間長度。**配息** (coupon payment) 本質上是一種投資者會獲得的利息款項，以做爲放款 (購買債券) 的報酬。

一般而言，我們可以根據債券的有效期長度，將其分爲三類。**短期債券** (bills) 是短期的合約，通常只會存續 1 年以內；**中期債券** (notes) 的期限則會長於 1 年，但不會超過 10 年，**長期債券** (bonds) 則會有 10 年以上的期限。請注意，我們會寬鬆地定義「bond」這個詞，它有可能用來指稱這三種債券的任何一種。我們也以廣義的方式來使用「bond」這個詞。

　　由於短期債券的期限短暫，所以通常不會以配息的形式支付利息。然而，短期債券的購買價格會少於其**面值** (par)。在短期債券到期時，會歸還面值的金額給投資者。因此，投資者所得到的利潤是面值與購買價格之間的差值。

　　中期與長期債券則通常會以面值或近於面值販售，但與短期債券不同的是，它們會提供利息款項給投資者做為報酬。這些款項稱做*配息*，是由債券的**票面利率** (coupon rate) 所定義。對大多數債券而言，無論投資者在購買債券時付了多少錢，都會在到期時將債券的面值歸還給投資者。

　　研究債券是一件有趣的事，因為債券本質上就是一種投資者與籌措資金單位之間的合約。因為它們屬於合約性質，所以大多數的資訊 (例如購買價格、票面利率、配息時程以及到期期限) 在時間零時都是已知的，因此，我們可以容易地分析。請注意，市場上也有許多「複雜的」債券存在。例如，投資者在債券到期日所收到的有可能不是債券的面值，而是該公司的股票。此類債券稱做**可轉換** (*convertible*) 債券。債券也有可能在到期前就被公司收回。此類債券稱做**可贖回** (*callable*) 債券。我們並不會詳盡地檢視這些較為複雜的債券。

零息債券

零息債券通常會在短時間內到期，而且相當容易分析，因為在這筆交易中只有兩筆現金流發生。投資者會在時間零時支付購買價格，一旦債券到期時，則會將面值歸還給投資者。顯然地，面值必須大於債券的購買價格，如此投資者方能從投資中得到報酬。在某個相同時間點上，能令購買價格等值於面值的利率，便稱為**到期殖利率** (yield to maturity)。

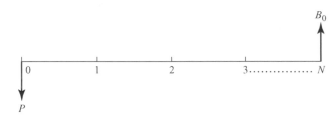

圖 4.24　從投資者的角度呈現零息債券的典型現金流圖

　　從投資者的角度來看，用來購買零息債券的現金流圖如圖 4.24 所示。這份現金流圖類似於單筆款項的複利總額因子 (*F/P*) 或現值因子 (*P/F*) 的現金流圖。

　　在此情形中，P 值是時間零時支付的購買價格，而 B_0 值則是在到期時間 N 歸還給投資者的面值。B_0 與 N 的值是由債券的合約指定。P 值則通常由市場決定，但是在購買時投資者會知道。在數學上，到期殖利率便是在同一時間點上令 P 等值於 B_0 的利率。使用時間零做為參考點，從第 2 章我們可知

$$P = B_0 \frac{1}{(1+i)^N}$$

求解 i，我們可知到期殖利率為

$$i = \left(\frac{B_0}{P}\right)^{1/N} - 1 \qquad\qquad (4.7)$$

請注意利率是在零息債券發行期間內複利 N 次計算。

❓ 例題 4.19　零息債券

2020 年 COVID-19 席捲全球，各國搶著購買疫苗。臺灣通過疫苗緊急預算，計畫生產或購買一百萬劑疫苗，成本上看十億元[14]。假設臺灣政府為籌措緊急預算資金，在 2020 年 12 月 1 日，販售了 1 期 182 天的政府短期公債，其到期日為 2021 年 7 月 1 日。每 10 萬元的短期公債價格為 97,867 元。請問持有 10 萬元短期公債直到期滿的投資者，其殖利率為何？

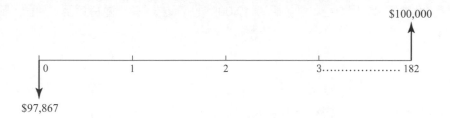

圖 4.25　182 天之短期公債的現金流圖

🔍 **解答**　購買公債的現金流圖如圖 4.25 所示。無論我們買了多少單位的短期公債，到期殖利率都可以輕易地由公式 (4.7) 求得。每 6 個月的殖利率為，

$$i_{sa} = \left(\frac{100,000}{97,867}\right)^{1/1} - 1 = 0.02180 = 每 6 個月 2.180\%$$

或等同地，每日殖利率為，

$$i_d = \left(\frac{100,000}{97,867}\right)^{1/182} - 1 = 0.000118 = 每日.0118\%$$

每年殖利率計算如下：

$$i_a = \left(\frac{100,000}{97,867}\right)^{1/(1/2)} - 1 = 0.04407 = 每年 4.407\%$$

讀者可以驗證這些利率確實是等值的。(請參見 2.5.2 節以複習此項概念。)

　　短期債券的分析相當簡單直接，因為交易中只定義兩筆現金流。長期債券與中期債券通常會有配息，而使得分析變得較為複雜。

---

[14]　蔡靚萱、吳中傑，臺灣輸不起的疫苗戰爭，商業週刊，第 1711 期，8 月 31 日，2020 年，第 64-71 頁。

配息債券

較長期的債券通常都會以債券票面利率所定義的配息或利息提供報酬給投資者。如果票面利率為 r，則每年所支付的利息總額便是 rB_0，其中 B_0 為債券的面值。利息總額會被均分到每年的配息次數。例如，若每半年配息 1 次，則每次配息便為 $rB_0/2$。

　　與先前一樣，**到期殖利率**為在某個共同時間點上，令購入價格等值於到期贖回之面值加上配息的情況下之利率。相較於零息債券，由於有額外的配息現金流產生，使得殖利率較難計算。以下兩個例題描述了以面值或非面值購買債券時，其配息與殖利率之計算。

 例題 4.20　債券案例—台積電的綠色債券

晶圓代工龍頭台積電於 2020 年 12 月 2 日發行三檔 5-10 年期的綠色債券，總規模達新台幣 120 億元。綠色債券的資金須以提升環境、社會、公司治理等三種用途[15]。假設其中一檔綠色債券為 10 年債債券，到期日為 2030 年 12 月 2 日。此檔債券以面值出售，票面利率為 8.5%，每半年配息。試分析在 2020 年 12 月 2 日以面值購買 10,000 元的債券，並一直持有至到期日。請問其到期殖利率為何？

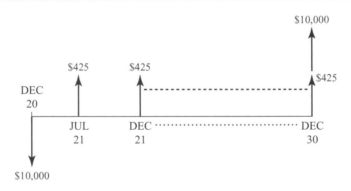

圖 4.26　投資票面利率 8.5% 之 10 年債券的現金流圖

🔍 **解答**　投資者的現金流圖如圖 4.26 所示，假設債券會被持有至到期日。每半年的配息計算如下：

$$IP_n = \frac{rB_0}{2} = \frac{(0.085)(\$10,000)}{2} = 425 \text{ 元}$$

令現金流入與現金流出在時間零時等值，來計算到期殖利率：

$$P = IP_n(P/A,i,N) + B_0(P/F,i,N)$$
$$\$10,000 = \$425(P/A,i,20) + \$10,000(P/F,i,20)$$
$$= \$425\left[\frac{(1+i)^{20}-1}{i(1+i)^{20}}\right] + \$10,000\left[\frac{1}{(1+i)^{20}}\right]$$

---

[15] 吳和懋，不缺錢卻發 120 億綠債台積電為何看齊蘋果，商業周刊，第 1725 期，12 月 7 日，2020 年，第 34-37 頁。

利用 Microsoft Excel 的目標搜尋，我們求出每 6 個月的殖利率 i_a =4.25%，或每年 8.68%。請注意票面利率 (8.50%) 並不等於到期殖利率 (8.68%)，因為我們假設每 6 個月複利一次來計算到期殖利率，因此 $(1.0425)^2 - 1 = 0.08681$。

我們可以證明，當債券是以面值購買及出售，且**每年配息** 1 次，則到期殖利率便會等同於票面利率。因為票面利率決定了每年支付的利息總額，所以只有每年配息 1 次能確保票面利率與到期殖利率會相同。請注意，使用半年配息時，名目利率 (但每半年複利 1 次) 會等同於票面利率。在前一例題中，到期殖利率的名目 (年) 利率為 2 (4.25%) = 8.50%，且每半年複利 1 次，而我們已知票面利率定義為 8.50%。

當某家公司決定要以某個價格與票面利率發行債券時，該公司可能必須根據發行時的市場狀況調整一或多個參數，因為市場不停地在改變，使得要發行的債券之票面利率經常會隨著銀行利率而調整。例如，2003 年 9 月時，GE 透過其日本資金部門籌措了 850 億日圓，以作為 GE 在日本的營運資金。[16] 在這筆資金中，有 200 億日圓是來自於發行 2013 年 9 月 24 日到期的債券。該債券所公告的票面利率為 LIBOR 加上 40 個基本點。(一個基本點是千分之一，或 .01%。同樣地，LIBOR 為倫敦銀行同業拆放利率，亦即銀行彼此之間貸款收取利息時所使用的利率；這是歐洲最常用來參照的利率。) 基本上，當債券發行時，在獲知 LIBOR 利率之前，債券的票面利率是不會被設定的。在 GE 的案例中，在獲知 LIBOR 時，票面利率被設定為 2.03%。這在債券發行時相當常見的狀況。針對美國的公司，通常會將其票面利率與到期日相同的政府所發行之國庫短期債券相提並論。這就是為什麼我們經常會報導「息差 (spread)」，亦即債券到期殖利率與類似的國庫短期債券到期殖利率之間的差值。

企業也可能會決定調整票面利率，以便讓配息呈現「整數」。當此種情形發生時，中期或長期債券的價格可能會隨著票面利率的些微變化而在實際面值附近波動。在下一例題中，由於目前市場利率的改變，而票面利率是固定的，因此債券會以些微的折價出售。

---

[16] Seki, M.,"WRAP:GE Raises Y85 Bln Through Novel Japan Bond Issue, " *Dow Jones Newswires,* September 10, 2003.

?? 例題 4.21　債券例題—卡博特化學公司

2003 年 9 月 17 日卡博特化學公司 (Cabot Finance) 是一家特殊金屬與化學品 (例如炭黑與鉭) 領導級製造商，Cabot 公司的財務部門透過發行 10 年中期債券 (2013 年 9 月 1 日到期)，籌措了 1.75 億美元。這些中期債券每 100 美元的價格為 99.423 美元，票面利率為 5.25%。[17] 請問投資 10,000 美元的到期殖利率為何？

Q 解答　以投資者角度來看其持有債券至到期的現金流圖如圖 4.27 所示。每半年的配息 IP_n 計算如下：

$$IP_n = \frac{rB_0}{2} = \frac{(0.0525)(\$10,000)}{2} = 262.50 \text{ 美元}$$

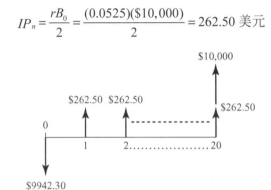

圖 4.27　票面利率為 5.25% 的 10,000 美元債券之折價現值現金流圖

令折價後的配息與面值金額等值於售價，我們便可計算到期殖利率

$$\$9942.30 = \$262.50(P/A, i, 20) + \$10,000(P/F, i, 20)$$

$$= \$262.50 \left[\frac{(1+i)^{20} - 1}{i(1+i)^{20}} \right] + \$10,000 \left[\frac{1}{(1+i)^{20}} \right]$$

利用 Microsoft Excel 的目標搜尋，我們可以求得每 6 個月 $i_{sa} = 2.66\%$，或每年 $i_a = 5.40\%$。請注意，到期殖利率大於票面利率，這是由於售價被打折而使得投資的報酬率因而增加。

　　有價證券稱之為有價是因為投資者並不需要持有此類債券至到期日。債券持有者反而可以將債券出售給別的投資者。當此種情形發生時，該債券的權利便移轉到新的持有者身上，使債券的新持有者得到配息，並且在到期日得到面值金額。從發行原始債券之公司或政府單位的角度來看，一切沒有任何改變 (除了配息的銀行帳戶或郵寄地址變更以外！)。

　　當投資者出售債券時，可能會發生三種情形：投資者可以 (1) 以債券面值出售債券；(2) 以**折價** (discount) 出售債券，該投資者會得到少於面值的金額；或是 (3) 以**溢價** (premium) 出售

17　Geressy, K., "Cabot Finance \$175M 10-Yr 144a Priced at Treasurys +1.15, " *Dow Jones Newswires,* September 17, 2003.

債券，債券會以超過面值售出。在檢視發生這些情況的原因之前，先讓我們看看兩個在市場上購買債券的例題。

?? 例題 4.22 以溢價購買債券

德州儀器的債券到期日為 2007 年 4 月 1 日，票面利率為 8.75%，每半年付息。該債券在 2003 年 9 月 19 日每 100 美元售價為 114.50 美元。[18] 請問此項投資的到期殖利率為何？為求簡化，假設此債券於 2003 年 10 月 1 日購買，而第一筆配息則發放於 2004 年 4 月 1 日。

🔍 **解答** 從投資者角度來看其持有債券至到期的現金流圖如圖 4.28 所示。每半年的配息計算如下：

$$IP_n = \frac{rB_0}{2} = \frac{(0.0875)(\$10,000)}{2} = 437.50 \text{ 美元}$$

到期殖利率的計算如下列等值公式：

$$\$11,450 = \$437.50(P/A,i,7) + \$10,000(P/F,i,7)$$

$$= \$437.50\left[\frac{(1+i)^7 - 1}{i(1+i)^7}\right] + \$10,000\left[\frac{1}{(1+i)^7}\right]$$

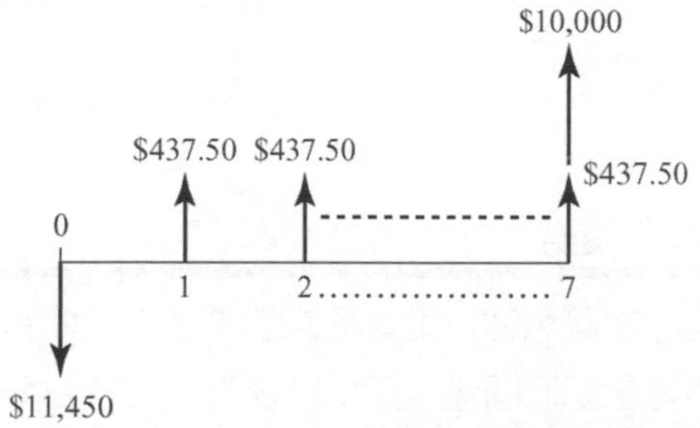

圖 4.28 以溢價購買 8.75% 債券的現金流圖

利用 Microsoft Excel 的目標搜尋，我們求得每 6 個月的殖利率為 $i_{sa} = 2.12\%$，或每年 $i_a = 4.29\%$。因為債券是以溢價購買，我們應該預期得到每年到期殖利率低於票面利率。

請注意，債券買主的購買價等於賣方的出售價。假設出售該筆債券的投資者是在 1997 年 4 月 1 日發行時以面值買入債券。則從該位投資者的角度來看，如果他決定以 11,450 美元的價格出售債券，其 (已發生的) 現金流如圖 4.29 所示。

---

[18] From www.nasdbondinfo.com on September 22, 2003.

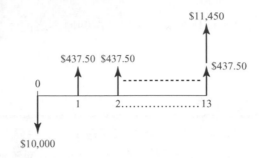

圖 4.29 在未到期前以溢價售出債券的現金流圖

這位初始投資者的殖利率為

$$\$10,000 = \$437.50(P/A,i,13) + \$11,450(P/F,i,13)$$

$$= \$437.50\left[\frac{(1+i)^{13}-1}{i(1+i)^{13}}\right] + \$11,450\left[\frac{1}{(1+i)^{13}}\right]$$

此處每 6 個月的利率為 5.18%，年報酬率則為 10.64%，因為以溢價售出而使得殖利率超過了票面利率。

前一例題所描述的債券是以溢價購買。我們現在描述另一種狀況，其債券是在市場上以折價購買。

 例題 4.23 以折價購買債券

臺灣汽電共生公司的子公司星能是臺灣唯一具有陸域風場統包工程和維護運轉實績的工程公司。為了陸續投入地熱與太陽光電等再生能源開發，正持續增加投資[19]。假設為了籌措資金，在 2020 年發行公司債每單位價格為 96,830 元，到期日 2031 年 1 月 15 日，票面利率為 4.75%，每半年配息。假設某位投資者在 2020 年 7 月 15 日以 96,830 元購買了 100,000 元的債券，他在 2021 年 1 月 15 日得到第一筆配息，並且持有債券至到期，最後一筆配息於 2031 年 1 月 15 日。請問這項投資的到期殖利率為何？

解答 從投資者的角度來看，現金流試算表如圖 4.30 所示，假設投資者會持有債券至到期。其每半年的配息計算如下：

$$IP_n = \frac{rB_0}{2} = \frac{(0.0475)(\$100,000)}{2} = 2,375$$

我們透過求解下式中的 i，以獲得到期殖利率：

$$\$96,830 = \$2,375(P/A,i,21) + \$100,000(P/F,i,21)$$

$$= \$2,375\left[\frac{(1+i)^{21}-1}{i(1+i)^{21}}\right] + \$100,000\left[\frac{1}{(1+i)^{21}}\right]$$

---

[19] 劉光瑩，再生能源領頭羊幫全球龍頭來台發電，天下雜誌，第 704 期，8 月 12 日，2020 年，第 68-70 頁。

	A	B	C	D	E	F	G
1	Example 4.23: Bond Investment			**Input**			
2				P	$96,830		
3	**Period**	**Cash Flow**		B0	$100,000		
4	Jul-20	–$96,830		A	$2,375	per six months	
5	Jan-21	$2,375		Periods	21	(semi-annual)	
6	Jul-21	$2,375					
7	Jan-22	$2,375		**Output**			
8	Jul-22	$2,375		Yield to Maturity	5.14%	nominal	
9	Jan-23	$2,375		Yield to Maturity	2.57%	per six months	
10	Jul-23	$2,375		P	$0.00		
11	Jan-24	$2,375					
12	Jul-24	$2,375				=NPV(E9,B5:B25)+B4	
13	Jan-25	$2,375					
14	Jul-25	$2,375	=YIELD("7/15/2020","1/15/2031",0.0475,96.83,100,2,0)				
15	Jan-26	$2,375					
16	Jul-26	$2,375					
17	Jan-27	$2,375					
18	Jul-27	$2,375					
19	Jan-28	$2,375					
20	Jul-28	$2,375					
21	Jan-29	$2,375					
22	Jul-29	$2,375					
23	Jan-30	$2,375					
24	Jul-30	$2,375					
25	Jan-31	$102,375					

圖 4.30　以 96,830 美元購買 100,000 美元債券，票面利率 4.75% 的現金流試算表

我們將上式被撰寫於儲存格 E10，並利用 NPV 函數參照儲存格 E9 中的利率。利用目標搜尋，令儲存格 E10 為零，我們可求出每 6 個月的殖利率 $i_{sa}=2.57\%$，每年到期殖利率 i_a 為 5.21%。因為以折價的價格購買，故此殖利率高於票面利率。

在 Excel 中我們也可以利用 YIELD 函數來決定到期殖利率，如圖 4.30 的儲存格 E8 所撰寫的方式。YIELD 函數的撰寫方式如下：

= YIELD(settlement date, maturity, coupon rate, price, face value, coupon frequency, time basis)

可得 5.14% 的殖利率。(本例題的輸入值如圖中的試算表所示。) 請注意，5.14% 是名目利率，等於每 6 個月利率 2.57% 的兩倍。

一個有趣的問題是：「為什麼債券會以折價或溢價出售？」實際上的答案相當複雜，但最常用的解釋理由是利率改變了。如果某位投資者想要出售票面利率為 5.5%的舊債券，而市場上新出現的債券其票面利率為 6.0%，如此一來，這位投資者就很難找到買家，因為其出售的債券票面利率太低了 (相較於其他債券的票面利率而言)。然而，藉由降低售價 (將債券折價)，這位投資者就可售出債券，因為其殖利率便可與其他出售的債券相抗衡。以上論點也可推論至另一個方向。如果投資者擁有一筆票面利率為 7.0%的債券，因為目前的利率接近 6.0%，就會有許多投資者想要購買這份債券。在此情境中，投資者便可以對這份債券溢價售出，以增加其報酬率。一般而言，當利率降到低於債券票面利率時，債券的價格便會上漲；而如果

利率升到高過債券票面利率時，債券的價格便會下跌。(當我們說「利率」時，指的是市場利率或新發行之債券的平均殖利率。)

當然，還有其他因素會影響債券價格。如果有兩家條件 (票面利率與到期日) 相同的公司發行債券，請問這兩種債券必然會得到相同的售價嗎？答案是否定，因為它們是不同的公司。有兩家公司 (Moody's Investors Service[20] 以及 Standard and Poor's[21]) 會根據各公司的安全等級來作評比。通常評比較佳的公司所發行的債券，其票面利率會較另家公司來得低，因為這些公司的違約風險較低。評比不高的公司，就必須提供投資者冒險購買債券的誘因，因為如果該公司破產了，債券持有者就會失去大部份或全部的投資。這些公司有可能提供較高的票面利率或是用較低的價格發行債券，來提供投資者誘因。兩者都會產生較高的到期殖利率。請注意，政府背書的債券通常會以最低的利率發行，因為它們被認定為最安全的投資。

還有其他的因素會影響債券價格及票面利率的設定。其中，包括了供需關係，因為需求大於供給 (出售總量) 時，公司所發行的債券有可能會「供不應求」。這可能會導致價格上漲。請注意，利率與安全性通常是決定債券發行之定價與殖利率最重要的因素。

4.6　重點整理

- 如果兩組現金流在經濟上等值，則選擇何者對我們來說並沒有任何差別。
- 經濟性等值可以建立在任何一個時間點，或任何一系列時間點上。
- 兩組在經濟上等值的現金流之間的差異為零。在比較現金流圖時，只有須著重在其差異。
- 經濟性等值並不需限定利率在研究期間固定不變。
- 經濟性等值可以使用流通貨幣與市場利率來建立，或使用實質貨幣與無通膨利率來建立。
- 要找出在兩組現金流等值下的利率，通常須要求解多項式。
- 求解兩組現金流等值的研究期間 N，通常會得到非整數的解，但需依題意找出適合的整數解。
- 在利率趨近於零，或研究期間趨近於無窮大時，表 4.1 提供了利息因子的彙整表。
- 貸款與債券提供了企業籌措資金的管道。
- 貸款是放款機構與獲得資金單位之間的一種合約。在貸款 (預支的現金款項) 的償還中，獲得資金單位必須歸還本金加上合約所訂這段期間的應付利息。
- 貸款通常會透過等額本息還款或等額本金還款計畫來償還。
- 貸款的真實成本定是貸款的利率。

---

[20]　www.moodys.com.
[21]　www.standardandpoors.com.

- 債券是企業或政府單位與投資者之間的一種合約。投資者提供預支的現金 (用來供應資本支出所需的資金)，某段期間獲得由票面利率定義的配息，並於債券到期時取回債券的面值。

- 零息債券的擁有者並不會獲得利息 (配息) 的短期債券。

- 在相類似的債券中，票面利率較高的債券可以用溢價 (高於面值) 在市場上出售，而票面利率較低的債券則通常會以折價 (低於面值) 出售。

- 債券的到期殖利率描述了投資者從購買債券到債券到期的期間所獲得的報酬。

4.7 習題

4.7.1 觀念題

1. 試概述經濟性等值的觀念。為什麼當我們在針對兩組不同的現金流圖進行經濟性分析比較時，等值的觀念很重要？

2. 請問在建立經濟性等值時，需要利率固定不變嗎？試解釋之。

3. 如果我們原已確定兩組現金流圖是經濟上等值的，但利率卻改變了，請問我們能對這等值性下何種斷言？試解釋之。

4. 如果現金流是以流通貨幣表示，請問經濟性等值性必須如何建立？如果是以實質貨幣表示，則又該如何建立？

5. 為什麼在未知利率的情況下，建立經濟性等值性是件困難的事情？

6. 要在未知期間長度 N 的情況下建立經濟性等值性會有什麼困難？

7. 在比較不同貨幣時，我們應當如何建立經濟性等值性？

8. 為什麼瞭解利率因子的極限值 ($N \to \infty$ 以及 $i \to 0$) 是有幫助的？

9. 試推導當 $N \to \infty$ 時，$(A/G, i, N)$ 因子的值。

10. 何謂資本？為什麼企業需要籌措資本？

11. 試以現金流的觀點，解釋取得貸款與發行債券間的差異為何。

12. 請問貸款的還款計畫的組成元素為何？請問這些元素是如何決定的？

13. 銀行只有提供一種貸款的還款計畫嗎？試解釋之。

14. 何謂零息債券？這種債券與一般的債券有何不同？

15. 試解釋為什麼你有可能以超過面值來出售債券。

16. 為什麼企業在發行債券時，實際售價有可能低於面值？

17. 請問到期殖利率、貸款的真實成本以及投資報酬率之間有何關連性？

4.7.2 習作題

1. 如果每期利率為 10%，請問以下兩組現金流圖在經濟上等值嗎？

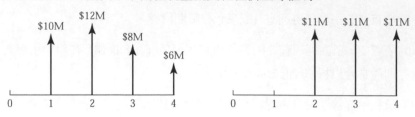

2. 如果每期利率為 14%，請問以下兩組現金流圖在經濟上等值嗎？

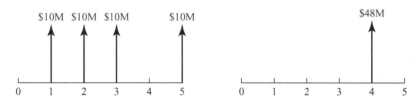

3. 假設利率為每期 (年) 8%，試證明在 10 年期間，$G = 500$ 美元的等差變額系列，在經濟上等值於第 7 期 (年) 的單筆 22,260 美元現金流。

4. 假設利率為每期 (年) 4%。已知為期 7 年的一組等額年金系列每年$1300 的現金流，試求此組現金流系列在經濟上等值於自第 2 年起連續 3 年的等額多次付款系列的年金值。

5. 假設利率為每期 (年) 10%。試證明下列現金流在經濟上等值於從第 5 期到第 9 期的等額年金$4,610 美元。

$$A_1 = \$0,$$
$$A_2 = \$1000,$$
$$A_3 = \$1500,$$
$$A_4 = \$2000,$$
$$A_5 = \$2500,$$
$$A_6 = \$3000,$$
$$A_7 = \$3000,$$
$$A_8 = \$3000,$$
$$A_9 = \$3000,$$
$$A_{10} = \$3000,$$

6. 試針對下列假設，計算前一題之現金流圖的現值。(a) 利率為每期 18%。(b) 從時間零到第 6 期之利率為 10%，之後自第 7 期至第 10 期之利率為 12%。(c) 第 1 期利率為 1%，之後每期利率增加 1%。

7. 請問當利率為多少時，為期 8 年的$500 美元等額年金系列會等值於時間零的$2319.43 美元？

8. 請問利率為多少時，$G = \$1000$ 美元，期間為 6 期的等差變額現金流系列，會等值於在第 6 期的單筆現金流 (未來值) $15,718.63 美元？請利用內插法求解 (可先試 $i = 4\%$)。

9. 請問利率爲多少時，會使得 $A_1 = \$10,000$ 美元且 $g = 6.5\%$，共 15 期的等比變額現金流系列等值於 $\$65,688.42$ 美元的現值 (時間零)，請利用內插法求解 (可先試 $i = 18\%$)。

10. 如果在某個帳戶中存入 $\$2,000$ 美元 (時間零)，假設每年會獲得 12%利息，請問至少需等待多少年，該帳戶中會有超過 $\$12,500$ 美元？

11. 在每期會獲得 3%利息的帳戶中，每期存入金額爲 $\$2,000$ 美元的年金，請問需要存入多少期可使此帳戶累積至少 $\$16,000$ 美元？

12. 如果在帳戶中定期存款，第 1 年存款金額爲美元 $\$0$ 元，之後每年增加 $\$2,500$ 元，請問我們需存入多少期 (年)，使得帳戶中至少有美元 20 萬元 (假設利率爲每年 25%)？(可用內插法求解)

13. 在 2020 年初向銀行信用貸款，貸入 $\$100$ 萬元的貸款，並以每月等額本息還款。如果這筆貸款會持續 2 年，且固定利率爲每年 1.88%，請建立其還款時程，並標記出本金與利息還款。

14. 在習題 13 的貸款中，如果每筆 (次) 還款都要支付 $\$200$ 元的處理費，請問這筆貸款的眞實成本爲何？

15. 假設年利率爲 4%，請在等額本金還款的假設下，重新計算習題 13 的還款計畫。

16. 假設某筆 $\$25$ 萬元貸款的 5 年本息還款分別爲 $\$10$ 萬元、$\$2.5$ 萬元、5 萬元、$\$7.5$ 萬元、以及 5 萬元。試計算此筆貸款的眞實成本，並找出各時程還款金額的本金與利息。

17. 請將以下貸款還款時程的空白欄位填入正確答案。

第 n 期	B_{n-1}	PP_n	IP_n	A_n
1		$10,000,000.00	$3,250,000.00	
2	$40,000,000.00		$2,600,000.00	
3	$25,000,000.00	$15,000,000.00		
4		$5,000,000.00		$5,650,000.00
5	$5,000,000.00		$325,000.00	

18. 請問習題 17 的貸款眞實成本爲何？

19. 在 2021 年 1 月 1 日以 $\$97,500$ 購買面值爲 $\$100,000$ 元，到期日爲 2023 年 1 月 1 日的零息債券。請問其到期殖利率爲何 (以年利率表示)？需先列出等值公式。

20. 在 2005 年 7 月 1 日以 950 美元購買一筆零息債券。如果這筆債券將會在 1 年內到期，面值爲 1,000 美元，請問到期年殖利率爲何？需先列出等值公式。

21. 以面值購買一筆 10,000 美元債券，爲期 10 年，票面利率 6.5%。如果是每半年配息，並且持有債券至到期日，請問到期年殖利率爲何？需先列出等值公式。

22. 如果習題 21 的債券可以在 5 年後以 10,500 美元售出，請問這筆投資的年殖利率爲何？

23. 在市場上以$9,800 元購買一筆債券，其票面利率為 3.5% (每半年配息)，剩 5 年到期。如果面值為$10,000 元，而第一筆配息於購買後的 6 個月收到，請問到期年殖利率為何？

24. 在市場上以$1,200 元購買面值$1,000 元的債券。如果這筆債券的票面利率為 7.5%，每半年配息，且剩 3 年到期，請問到期年殖利率為何？(假設第 1 筆配息會在購買債券後的 6 個月收到)

25. 如果在習題 24 中，以$1,200 元售出債券的投資者是在 2 年前以面值購買這筆債券，請問其投資的年殖利率為何？

26. Grupo Ferrovial SA 營建公司於 2004 年初取得在北義大利興建鐵路的計畫，合約金額為 3 億1,910 萬歐元。此項工程預計花費 47 個月施工。[22] 假設這筆合約是在 47 個月的興建期間每月以 680 萬歐元等額付款。

(a) 試求等值的現值 (在時間零)，假設月利率為 0.25%。

(b) 試求等值的未來值 (第 47 個月月底)，假設月利率為 0.25%。

(c) 試求第 14 個月底的等值單筆未來值，假設月利率為 0.50%。

(d) 試求從第 20 個月到第 32 個月的每月等值年金值，假設月利率為 0.50%。

(e) 試求等值的現值，假設前 10 個月的月利率為 0.25%，接下來 10 個月為每月 0.50%，而剩下的月份則為每月 0.75%。

(f) 這項合約已經簽定；因此，應付款項是以流通貨幣表示。如果無通膨利率為每月 0.10%，而通貨膨脹率為每月 0.10%，試以實質貨幣表示求出應付款項的等值現值。請將之與使用流通貨幣及市場利率的現值相較。

27. 造船商 Brunswick 公司在 2004 年春季，以 1.91 億美元的現金以及 3 年內再支付 3,000 萬美元向 Genmar Holdings 買下 4 個鋁殼船的品牌。在此項交易前，這 4 個品牌的合計年收入為 3.11億美元，而 Brunswick 表示這筆交易包含了 3,500 萬美元 (在時間零的金額) 的租稅優惠。[23] 假設 Brunswick 支付了下列款項：在時間零支付 1.56 億美元，在第 3 年終支付 3,000 萬美元。請回答以下問題：

(a) 這項購案會在 10 年內，每年產生 3,100 萬美元的淨收入。令這些收入和投資金額(時間零的 1.56 億元以及第 3 年的 3,100 萬元)等值，則其年利率為何？

(b) 假設第 1 年的淨收入為 3,100 萬美元，之後每年淨收入會增加 200 萬美元直到第 10 年，請重新計算 (a) 的答案。

(c) 請忽略前一題的等差變額。若每年有 3,100 萬美元淨收入，則需持續多少年才會讓這樣的淨收入等值於時間零的 1.7 億美元 (假設年利率 10%)？

[22] "Ferrovial Wins EUR319.1M Italian Rail Contract, *Dow Jones Newswires*, December 17, 2003.

[23] Salisbury, I.,"Brunswick Closes Deal for 4 Genmar Boat Brands, *Dow Jones Newswires,* April 2, 2004.

28. Stanley Works 是一家工具、五金以及門禁系統的供應商，該公司的某個單位在 2004 年初提出了 4,530 萬美元併購一家保全系統公司 Frisco Bay Industries, Ltd.，以達到多角化經營 Stanley 的業務。當時，Frisco Bay 的年銷售額為 4,000 萬美元。[24] 當併購一家公司時，一種評估的方式是假設該公司會無限期地持續正常的營運。如果年利率為 12%，請決定下列現金流是否等值於購買價格 (假定其為現值)：

   (a) 每年 540 萬美元的收入直到永遠。

   (b) 400 萬美元的年收入，之後每年增加 10 萬美元收入直到永遠。

29. Drillers 科技公司透過 Socar 投資公司取得額外 250 萬加幣的信用貸款，以供應流動資本所需的資金。這筆貸款的年利率為 12%。從 2004 年 3 月 31 日開始每季 156,250 加幣的還款，持續到 2007 年 12 月 31 日。[25] 假設 12% 的年利率是以每季複利計算，請回答以下問題：

   (a) 假設採用每季 156,250 加幣的等額本金還款計畫，試計算在這筆貸款期間的每季付款金額。請建立一份表格，計算出各筆利息付款與本息還款。

   (b) 如果同意採用等額本息還款計畫，請問每季的還款為何？

   (c) 試計算 (a) 與 (b) 還款計畫中本金還款差異的現值。

30. 由超過 30 家銀行同意授與台塑集團 889 億元的聯合貸款，以提供這家石化公司輕油裂解園區的擴建資金。此園區已設立了一座石油精煉廠，兩座輕油裂解廠，以及多座石化工廠。[26]

   (a) 如果這筆貸款要在 5 年期間以每年 200 億元的等額本息還款償付，請問這筆貸款的真實成本為何？又此項貸款時程中的各筆本金還款為何？

   (b) 假設這筆貸款會在 5 年內各年分別以下列款項償還 (新台幣)：100 億元、150 億元、200 億元、250 億元以及 300 億元。請問這筆貸款的真實成本為何？又這些付款如何劃分出利息與本金？

31. Air Products and Chemicals 在 2003 年 11 月發行了 1.25 億美元的中期債券，到期日為 2010 年 12 月 1 日。這筆債券的每 100 美元面值是以 99.721 美元折價出售，票面利率為 4.125%。[27] 請回答以下問題：

   (a) 假設在發行時購買面值 10,000 美元的債券，每半年會有配息，並且持有這筆債券至到期。請問這項投資的到期殖利率為何？

---

[24] Jordan, J.,"The Stanley Works to Offer to Buy Frisco Bay Industries Ltd. for U.S. $15.25 per Shr Cash; Transaction Valued at U.S. $45.3 M," *Dow Jones Newswires,* January 20, 2004.

[25] Moritsugu, J., "Drillers Technology Gets C$2.5M Credit Facility," *Dow Jones Newswires,* September 26, 2003.

[26] Sun, Y.H.,"Taiwan's Formosa Plastics Group to Get NT$88.9B Loan," *Dow Jones Newswires,* April 1, 2004.

[27] Geressy, K.,"Air Products $125M 7-Year Yields 4.171%; Treasurys +0.50," *Dow Jones Newswires,* November 14, 2003.

(b) 假設已知這筆債券在第 5 年的第 2 次配息發放後，以 10,350.50 美元售出。請問從購買到出售之間的年殖利率為何？

(c) 請考量在第 5 年底購買這筆債券 (以 10,350.50 美元)。如果我們持有這筆債券至到期日，請問殖利率為何？

32. Level 3 Communications 透過銷售 8 年債券募集了 5 億美元，到期日為 2011 年 10 月 15 日。這筆債券以面值出售，票面利率為 10.75%。[28] 請回答下列問題：

(a) 假設在發行時購買價值 10,000 美元的債券，每半年配息。如果持有債券至到期日，請問其殖利率為何？

(b) 請重新探討前一問題，假設配息為每年發放。

(c) 假設這筆債券將在第 4 年的第一次配息後，以 9650.25 美元售出。請問到售出時的殖利率為何？

(d) 請考量在 (c) 中以 9650.25 美元買下這筆債券的投資者。如果他持有債券至到期日，請問其殖利率為何？

(e) 相較於第 6 題的 Air Products and Chemicals 債券而言，請問此處所描述的 Level 3 Communications 發行的債券可能是何種原因而設定如此高的票面利率？

33. Toyota Motor Credit Corp.在 2003 年 12 月發行 7 年 7.5 億美元的中期債券，票面利率 4.35% (於 2010 年 12 月 15 日到期) 每 100 美元面值債券的價格為 99.885 美元。這筆債券是不可贖回的。[29] 2005 年 12 月 22 日時，這筆債券在市場上每 100 美元面值的價格為 98.181 美元。[30]

假設在 2003 年 12 月初發行時，購買了價值 10,000 美元 (面值) 的債券，每半年配息，請回答下列問題：

(a) 請問持有這筆債券至到期的殖利率為何？

(b) 有一投資者在 2005 年 12 月以市價買下這筆債券，並持有至到期，請問其殖利率為何？

(c) 請問投資者在債券發行時買下 10,000 美元的債券，然後在獲得第 4 次配息 (於 2005 年) 後售出債券，則其殖利率為何？

(d) 若要達到每年 6.0% 的殖利率，請問在 2005 年 12 月時債券價格須為何？

34. Florida Power 發行 3 億美元的 12 年債券，於 2015 年 12 月 1 日到期。每 100 美元面值的債券以 99.802 美元出售，票面利率為 5.10%每半年配息。[31] 這些債券 2005 年 12 月 21 日時，每

---

[28]　Geressy, K.,"Level 3 $500M 8-Yr Yields 10.75%; Priced at Par," *Dow Jones Newswires,* September 26, 2003.

[29]　Richard, C.,"Toyota Motor Credit $750M 7-Yr Notes Price at Tsys +0.50," *Dow Jones Newswires*, December 2, 2003.

[30]　From www.nasdbondinfo.com on December 23, 2005.

[31]　Geressy, K.,"Llorida Power $300M 12-Yr Yields 5.122%; Treasurys +0.3," *Dow Jones Newswires*, November 18, 2003.

100 美元面值的市場價格為 98.271 美元。[32] 如果在 2003 年 12 月 1 日購買了面值 5000 美元的債券。請回答下列問題：

(a) 請問這項投資的到期殖利率為何？

(b) 請問在 2005 年 12 月進行類似投資的到期殖利率為何？

(c) 為什麼這筆債券在 2005 年 12 月以折價出售？

4.7.3 選擇題

1. 某家工程公司去年的收入為 25 萬美元，而在可見的未來中，其收入預計每年會增加 25,000 美元。假設利率為 8%，要購買該家公司所應支付的最大金額最接近於

    (a) 56 萬美元。

    (b) 703 萬美元。

    (c) 250 萬美元。

    (d) 130 萬美元。

2. 某工程學院設立了一筆獎學金，長久支付學生每年 15,000 美元。如果以購買每年配息 6.5%的債券來支付這筆獎學金，則這筆基金必需

    (a) 至少有 23 萬 800 美元。

    (b) 介於 20 萬到 22 萬 5,000 美元之間。

    (c) 介於 18 萬到 19 萬 5,000 美元之間。

    (d) 以上皆非。

3. 建造一座預計可以使用 120 年的橋樑。如果這座橋樑要花費 5 億美元興建，沒有殘餘價值，請問當利率為每年 6%時，在這座橋樑可使用期間的每年資本成本為何？

    (a) 310 萬美元。

    (b) 420 萬美元。

    (c) 8,300 美元。

    (d) 3,000 萬美元。

4. 以第 1 年 4%的利率取得一筆營建貸款，但是因為利率的增加，所以此貸款利率每年預計會增加 0.25%。如果一筆 10 萬美元的貸款要以每年 20,000 美元的等額本金還款方式來償還，則第 3 年的本息還款金額最接近於

    (a) 21,800 美元。

    (b) 20,000 美元。

---

[32] From www.nasdbondinfo.com on December 23, 2005.

(c) 22,700 美元。

(d) 22,400 美元。

5. 取得一筆 25 萬美元的貸款，要在 3 年內以每月等額本息償還。針對每年 24%，每月複利計算，則每月等額本息還款金額為

(a) $250,000 (*A/P*, 24%, 3)。

(b) $250,000 (*A/P*, 2%, 3)。

(c) $250,000 (*A/P*, 2%, 36)。

(d) $250,000 (*A/P*, 24%, 36)。

6. 在 4 年內每年支付 25,000 美元的還款，以償還 85,000 美元的貸款。這筆貸款的利率 (貸款的真實成本) 最接近於

(a) 6%到 8%之間。

(b) 高於 8%。

(c) 4%到 6%之間。

(d) 低於 4%。

7. 以年名目利率 4%，每季複利計算，取得一筆為期 5 年 50,000 美元的貸款。如果你在支付第二季的還款後，決定立刻還清貸款，則你所需還清的金額最接近於

(a) 45,920 美元。

(b) 45,440 美元。

(c) 49,000 美元。

(d) 43,560 美元。

8. 投資某筆基金，從 10,000 美元開始，之後每季都會再投資 2500 美元。如果這筆基金每季會獲得 2%的利息：則我們至少需要投資多少次 (季) 以累積到至少 32,000 美元？

(a) 6。

(b) 7。

(c) 8。

(d) 9。

9. 每季投資金額 2500 美元到某筆基金中，每季會獲得 2%利息，若要累積到 22,000 美元至少需要投資幾季？

(a) 6。

(b) 7。

(c) 8。

(d) 9。

10. 以面值購買一筆 10,000 美元的債券，票面利率為 5%，每年配息。如果持有這筆債券至到期日，請問到期殖利率 (共 10 年) 為何？

    (a) 每年 5%。

    (b) 每 6 個月 5%。

    (c) 每年 10%，每半年複利計算。

    (d) 以上皆非。

11. 以面值購買一筆 10,000 美元的債券，票面利率為 5%，每半年配息。如果持有這筆債券至到期日，請問到期殖利率 (共 10 年) 為何？

    (a) 每年 5%。

    (b) 每 6 個月 5%。

    (c) 每年 5%，每半年複利計算。

    (d) 以上皆非。

12. 在時間零以面值購買一筆 1,000 美元的債券。每 6 個月可以得到 20 美元的配息。如果在 1 年後 (在得到第二筆配息之後) 立刻以 1,050 美元售出這筆債券，則投資者所賺取的報酬率最接近於：

    (a) 每年 1.5%。

    (b) 每年 2.0%。

    (c) 介於每年 3.0%到 4.0%之間。

    (d) 高於每年 4.0%。

13. 在時間零以 990 美元購買 1000 美元的債券，5%票面利率，每年配息。如果在得到第一筆配息後，以面值將這筆債券售出，則這筆投資的殖利率最接近於

    (a) 每年 5%。

    (b) 每年 4.5%。

    (c) 高於每年 5%。

    (d) 以上皆非。

14. 某家報紙刊登一則貸款廣告每借 10,000 美元，每月還款 330 美元；如果借出 20,000 美元，然後在 3 年後償清，請問這筆貸款的真實成本為何？

    (a) $i : (P/A, i\%, 36) = .033$。

    (b) $i : (A/P, i\%, 36) = .033$。

    (c) $i : (A/P, i\%, 36) = 30,303$。

    (d) $i : (A/P, i\%, 36) = .0165$。

15. 令時間為零的 10,000 美元等值於時間為 1 的 12,500 美元，則利率最接近於

(a) 每週期 25%。

(b) 每週期 12.5%。

(c) 每週期 14%。

(d) 以上皆非。

16. 已知年利率為 4%，

(a) 10 年中每年 2,000 美元優於時間零的 21,000 美元。

(b) 時間零的 21,000 美元優於 10 年期間每年 2,000 美元。

(c) 時間零的 21,000 美元優於 30 年期間每年 2,000 美元。

(d) 10 年期間每年 2,000 美元優於時間零的 31,000 美元。

17. 某家公司開出 250 萬美元的價碼以購買某項專利權。如果這項專利在未來 6 年，每年可以帶來 50 萬美元的專利金，請問我們應該接受這家公司的開價嗎？假設年利率為 6%。

(a) 所提供的資訊不足。

(b) 應該。

(c) 不應該，價碼至少必須 300 萬美元。

(d) 不應該，價碼至少必須 400 萬美元。

18. 某家公司開出 250 萬美元的價碼以購買某項專利權。如果這項專利在未來 4 年，每年可以帶來 50 萬美元的專利金，請問利率為多少時，你會將專利權售出。

(a) 高於 6%。

(b) 低於 4%。

(c) 介於 4%到 5%之間。

(d) 以上皆非。

19. 某家公司從其 25 萬美元的信用貸款中，每年取其中 10 萬美元以作為流動資本。如果這筆貸款每年名目利率為 16%，每季複利計算，請問每季至少要償還多少款項？

(a) 40,000 美元。

(b) 10,000 美元。

(c) 16,000 美元。

(d) 4,000 美元。

20. 以時間零之金額為基礎，某項零件交貨合約為每年金額 10 萬美元。如果通貨膨脹率為每年 3%，市場利率為每年 7.12%，假設合約期間為 10 年，則這筆合約在時間零的價值最接近於

(a) 85 萬 3,000 美元。

(b) 81 萬 1,000 美元。

(c) 100 萬美元。

(d) 70 萬 2,000 美元。

21. 以時間零之金額為基礎，某項零件交貨合約為每年金額 20 萬美元。如果通貨膨脹率為每年 3%，無通膨利率為每年 4%，假設合約期間為 10 年，請問這筆合約在時間零的價值為何？

(a) 85 萬 3,000 美元。

(b) 81 萬 1,000 美元。

(c) 100 萬美元。

(d) 70 萬 2,000 美元。

22. 我們眼前有兩種 4 年的合約：付款從第 1 期的 0 美元，到每年增加 10 萬美元，或每年的付款皆為 15 萬美元。以 10% 的年利率而言，我們會比較偏好哪一種合約？

(a) 固定付款的合約，少於 10,000 美元。

(b) 固定付款的合約，多於 10,000 美元。

(c) 增額付款的合約，多於 5,000 美元。

(d) 兩種合約為等值的。

23. 我們可以用 10,000 美元購買某項設備，可使用 N 年 (沒有殘餘價值)，或者是以 1 年 2,200 美元租用此項設備。如果利率為每年 12%，則 N 為多少時，會讓我們比較偏好購買設備？

(a) 少於 4 年。

(b) 介於 5 到 6 年之間。

(c) 至少 7 年。

(d) 不管如何都比較偏好租用。

24. 我們可以用 10,000 美元購買某項設備，可使用 5 年 (沒有殘餘價值)，或者是以 1 年 2,200 美元租用此項設備。請問利率最接近於下列何者時，會讓我們比較偏好租用設備？

(a) 0%。

(b) 1%。

(c) 2%。

(d) 4%。

25. 樂透彩在得獎時一次給付 1,050 萬美元，或者每年給付 100 萬美元，共 20 年。請問利率為何時，你會比較偏好於多次給付？

(a) 你永遠不會比較偏好多次給付。

(b) 介於 8% 到 10% 之間。

(c) 你永遠會比較偏好多次給付。

(d) 介於 6%到 7%之間。

26. 每年都在帳戶中存入 5,000 美元，以儲存大學學費。年利率爲 10%。爲了能夠在最後 4 年每年提出 40,000 美元 (到時帳戶會被提空或幾乎提空)，則至少需存款的次數 (年) 最接近於

(a) 16。

(b) 17。

(c) 18。

(d) 超過 20。

27. 某筆維修合約內容爲頭兩年免費，之後 3 年每年支付 5,000 美元；另一筆合約則是 5 年中每年支付 2,300 美元。請問利率 i 爲多少時，這兩筆合約是等值的？

(a) $i : ((1+i)^3 - 1)/((1+i)^5 - 1) = 0.46$。

(b) $i : ((1+i)^5 - 1)/((1+i)^3 - 1) = 0.46$。

(c) $i : ((1+i)^3 - 1)/((1+i)^5 - 1) = 2.17$。

(d) 以上皆非。

28. 某家公司捐助某所大學 10 萬美元，並存到某個每年預期會獲得 6%利息的帳戶中。請問如果要永久使用這筆捐贈，這所大學每年可以使用多少錢？

(a) 60 美元。

(b) 600 美元。

(c) 6000 美元。

(d) 60,000 美元。

第二部分
針對專案計畫的決策分析

05 單一專案計畫的確定性評估

(由寶馬 (BMW) 集團提供。)

真實的決策：大一點的寶馬 (BMW) 迷你 (MINI) 車款

2005 年寶馬 (BMW) 集團宣布將會投資 1.5 億歐元擴建其迷你 (MINI) 汽車公司位於英國牛津工廠，使產能增加 20%，並準備生產該公司新款的旅行車，這款旅行車比傳統車型較大一些。這項擴建案會於 2006 年開始進行，新款旅行車則會於 2008 年上市。為了將這座工廠改頭換面，BMW 需要在 2006 及 2007 年減少其暢銷的較小車款之產量 (2005 年生產了 20 萬輛)。[1]

我們做以下假設：寶馬集團投資額的分配為 2006 年投資 1 億歐元，2007 年投資 5,000 萬歐元。2008 年預期可生產 20,000 輛新款旅行車，之後 5 年的每年則可生產 40,000 輛。此外，傳統小型車的產量在 2006 年會減少 30,000 輛，在 2007 年會減少 10,000 輛。每輛傳統小型車的淨收入為 2,000 歐元，每台新款旅行車淨收入則為 2,500 歐元。(請注意，目前傳統小型車仍

[1]   Bauer, F.E., "Mini plant cuts output to prepare for station wagon," *Automotive News,* Volume 80, Number 6177, p. 28BB, November 21, 2005.

有等待出貨的訂單,所以其產出均會被 BMW 集團售出。) 該座工廠的營運及維護之固定成本 (包括經常費用) 估計為每年 1,000 萬歐元。MARR 為 12.5%。

上述情境會引發一些有趣的問題:

1. 請問這筆投資案的現值為何?

2. 使用 IRR 分析此問題時,有任何考量嗎?如果沒有的話,請計算現金流的 IRR。

除了回答這些問題之外,在研讀過本章之後你也將能夠:

- 在確知所有相關的資訊時,判斷應該要接受還是拒絕某個專案計畫。(5.1-5.2 節)
- 在評估工程專案計畫時,分辨絕對性與相對性的價值評估準則。(5.1-5.2 節)
- 計算現值、年金值、未來值,作為單一專案計畫的絕對性價值評估準則。(5.1 節)
- 計算內部報酬率、外部報酬率以及效益成本比,作為單一專案計畫的相對性價值評估準則。(5.2 節)

假設我們已經完成了決策程序的前 3 個步驟，並準備要分析我們的解決替代方案。在本章我們會檢驗單一專案計畫，並且假設在所有資訊是完全已知且確定的情況下進行效益分析。針對指定的專案計畫，我們會分析下列兩種選項：

- **接受此專案計畫**。此項決策意味著該專案計畫能夠為公司產生可接受的利潤水準，或者能夠為公共單位產生超過成本的利益。如果我們選擇此種決策，就應該要釋出資金以啟動專案計畫。

- **拒絕此專案計畫**。此項決策意味著我們有比目前所分析的專案計畫更好的投資替代方案可以選擇。拒絕此專案計畫等同於接受「維持現狀」這個方案，「現狀」是假設資金以 MARR 進行投資。

在本章中，我們使用專案計畫的估計資料來計算計畫的某一個價值評估準則，以判斷此計畫是否值得投資。如果計畫的價值評估準則反映此計畫是良好的，我們便會接受此專案計畫。否則，我們會暫緩投資。

　　在本章中，我們會有以下假設：

1. 現金流的大小與發生的時間 (亦即現金流圖) 是已知的確定性資料。

2. 利率 (通常稱為 MARR，將在 5.1.2 節介紹) 是已知的，而且在決策的研究期間會維持固定不變。

3. 決策目的是接受或拒絕專案計畫。拒絕專案計畫意味著什麼也不做 (維持現狀)。

　　我們將價值的評估準則區分為絕對性與相對性。絕對性價值評估準則明確地定義了一個專案計畫會為公司在特定時間點所產生的利潤價值之總額。相對性價值評估準則則定義了專案計畫相對於其投資規模所能產生的價值。後續我們將會看到，對於評估準則做這樣的區分是很重要的。

5.1　評估方案所需了解的基本觀念

5.1.1　維持現狀的替代方案

　　眼前的機會(或方案)經過評估後很可能得到的決策是不值得投資。因此，我們需認知什麼都不做的「維持現狀」(do-nothing) 必然是一個可行方案。此方案代表現狀。假設目前只有一個投資機會的情況，必須是這個機會在經濟效益上要比維持現狀來得好，才值得我們進行投資。請注意，選擇維持現狀並不表示把投資資金放在床鋪底下改天再用。其實，我們可以把維持現狀想像成是永遠可以投資的方案選項，這意味著可將資金投入在永遠可以投資的方案(現狀) 中。它是擁有已知且確定報酬率的無風險投資替代方案。因此，新的投資機會所帶來的報酬必須優於這個「現狀」(永遠可投資) 的報酬。

　　請注意，針對此維持現狀的投資方案，其定義需視情況而定。如果我們所進行的分析是用來決定是否應推出新產品，則「維持現狀」這個方案代表的是我們的資金會投資在別處並得到期望的報酬。因此，新計畫(推出新產品)的期望報酬率必須優於其他的機會。然而，如果我們評估的是要繼續持有某台機器1年還是將其置換成新的機器，則維持現狀的方案顯然又是另一回事。在此情況下，維持現狀這個方案代表的是持有目前的機器，因為這代表現狀。

　　維持現狀這個替代方案的相關報酬，和前一案例中投資新產品的相關報酬顯然是不同的。在判斷是否要置換機器的案例中，維持現狀這方案的經濟效益是由目前的資產所定義的。最後，假設我們必須針對某項計畫，在兩種不同的製程或技術之間做選擇。這兩種技術對計畫來說是很關鍵的，而我們的目標是選擇成本最低的技術。在此種情況中，維持現狀的替代方案則是不可行的，因為我們必須選擇某一種技術。

　　基本上，維持現狀這替代方案的定義和所面對的是解決問題亦或追求機會有關。當我們在評估新的機會時，維持現狀這個替代方案通常會是可行的。在此情況中，維持現狀的方案代表公司可以從其他機會中獲得期望的報酬。在解決問題的情況中，維持現狀這方案也許是不可行的 (因為問題需被解決)，或可能是以現狀的經濟效益來定義。

5.1.2 最小可吸引的報酬率

　　當我們必須在兩項(或更多)計畫(或方案)之間做選擇時，未被選擇的計畫就代表錯失的機會。這對於簡單的決策來說也是如此，例如午餐是要吃牛排三明治還是一份義大利麵之間做選擇。或者如Handspring公司 (現由Palm公司所擁有) 所面臨到的較為複雜的決策；該公司在2003年因為資源有限，決定放棄其所擁有的掌上型電腦生產線的開發，而將資源全部集中在Treo智慧型手機以及嵌入式計算機。[2]

　　在兩個方案之間選擇其中一個方案必然會有其利益與風險。其中有一種風險是選擇其中一個方案時，可能會損失被放棄方案的報酬。我們將這種損失稱為**機會成本** (opportunity cost)。我們選擇某一個方案而非另一方案的理由是我們認為 (期望) 所選擇的方案能夠帶來較大的利益，也就是大於機會成本所定義的利益。

　　我們在此提及這項概念，是因為檢視機會成本會提供公司期望成長率的底線。當公司接受某項專案計畫，而且此計畫表現一如預期時，公司便會得到期望的報酬。如我們將會在以下幾章看到的，在是否接受專案計畫的決策時，所需遵循的一條規則是只接受符合或超出某個成長率門檻的專案計畫。

　　這會確保公司能夠以期望的速率成長。機會成本的概念會提供我們對於所需成長率一些深入的暸解。如果某家公司可以在兩項專案計畫之中擇一，則此項選擇會提供最小所需成長率的某種評估準則：高於被放棄的計畫之成長率，並且小於或等於所接受專案計畫的成長率。這就是為什麼我們經常會使用**最小可吸引的報酬率** (minimum attractive rate of return,

---

[2] Tam, P., "No Room to Hedge:Hit by Downturn, Tech Firms Forced into Tough Choices," *The Wall Street Journal*, May 14, 2003.

MARR) 來描述利率的原因，因為這是公司會接受其投資計畫的最小成長率，也可說是公司投資某一專案計畫的門檻報酬率。

　　原則上，成長率或MARR要大於資本取得成本，因為MARR必須讓我們獲得足夠的報酬，以便在約定的時間償還資本成本，同時還能夠成長。這與銀行對於放款所索取的利息費用會高於其支付給存款者的利息費用是類似的情形。公司要如何「決定」成長率或定義其MARR，這並不十分簡單直接。基本上，決定MARR是一件困難的工作，因為公司需要檢視其可能的報酬。然而，公司可能會選擇設定一個所需的成長率，這個成長率應該是某個高於資本加權平均成本或邊際成本的邊際報酬。

5.1.3　選擇研究期間

　　研究期間的時間長度N是一種難以估計的參數，因為它高度取決於專案計畫本身。我們會檢視在專案已開始進行之後會面臨到的決策。這些決策包含了放棄或中止專案的決策。因此，我們不該認為專案年限的估計是拍版定案而無法變動，因為一旦專案啟動之後，這項對N的估計顯然是可能改變的。姑且不論N可能改變，再次提醒，我們還是需要有N的估計值以進行專案的分析，同時定義研究期間，在該期間內，我們需估計所有可能的成本及收入。針對我們可能取得一筆在指定時間內須完成的工程合約的情形而言，這個問題相當直接了當，因為時間長度是由合約所定義的。對於其他的情形，我們則有一些估計準則要考量：

- 產品生命週期的估計。在討論發生於產品生命期間的相關成本及收入時，我們討論過產品的生命週期。在產品的生命週期中，收入通常會在初期持續增加，然後持平，最後開始減少。對於某些產品而言，在可以取得過去類似產品的歷史資料，而且技術的革新大致可以預測時，其生命週期是可以用一定的準確度加以預測的。例如，我們通常可以預期個人電腦微處理器的速度每兩年就會倍增。這個現象被稱為「摩爾定律」，因為這是前任英代爾總裁戈登·摩爾提出這種趨勢的。了不起的是，微處理器技術已經依循這種步調發展了許多年。[3] 這種趨勢可以用來預測微處理器產品 (例如個人電腦) 的生命週期。一般而言，我們可以從過去的技術建立趨勢，以判斷產品的可能生命週期，或至少判斷可能的範圍。除了技術之外，其他的相關因素也有可能會限制產品的生命週期。顯然地，油田或礦場的開發會受限於能夠開採出的資源總量。一旦我們從地震資料或測試中取得估計值，則運用預期使用的開採方法，通常就能夠得到專案的預估生命期。

- 服務年限。由於各式各樣的外部因素，許多資產有其有限的實體可用年限，例如在一段時間之後我們可能會無法取得備用零件，或因為老舊而將之淘汰。在這些情況中，供應商是資產最長服務年限這資訊的絕佳資訊來源，因為它們會製造產品，也通常會製造備用零件。資產的最大服務年限，也可能等同於可取得的保固期長度。

---

[3] 參見 www.intel.com。

- 無窮或不定的研究期間。有許多專案預計會無限期地存續下去。對於提供公司的服務須要無限期延續的工程專案而言，顯然便處於此種情況。在這種情況下，我們通常會需要關於所牽涉到之資產的最大服務年限的資訊。通常，資產的最大服務年限，等同於我們可取得最大時間長度的合理估計值。最後，我們可能會需要額外的資訊，比如在服務年限之後，服務要如何繼續進行下去的資訊。再次提醒，研究年限的估計顯然是取決於專案本身的可使用年限。

5.2　絕對性的價值評估準則

本節會定義 4 種絕對性的價值評估準則。「絕對性」這個詞源自於事實上這些價值評估準則所計算出的數值，就直接是所有我們進行決策所需的金錢效益數值。這與相對性的價值評估準則不同，後者還需要額外的資料來進行決策。請注意，一個絕對性的價值評估準則會提供專案計畫能帶給公司 (或者從公司取走) 的財富規模評估值。

5.2.1　現值法

請考量某個工程專案計畫，定義此計畫的現金流圖從第零期到第 N 期的現金流分別為 $A_0, A_1, ..., A_N$。此計畫的現值 (Present worth or present value) 在數學上的定義為使用 MARR 將專案計畫的所有現金流折價至時間零的總和。在代數上，現值是利率 i 的函數，並以 PW(i) 表示：

$$PW(i) = A_0 + \frac{A_1}{(1+i)} + \frac{A_2}{(1+i)^2} + \cdots + \frac{A_N}{(1+i)^N}$$

化簡後可得，

$$PW(i) = \sum_{n=0}^{N} \frac{A_n}{(1+i)^n} \tag{5.1}$$

注意，以上公式內的利率 i 是以最小可吸引的報酬率 (MARR) 為基準來計算。

PW(i) 這個數值也常常被稱做淨現值 (Net present value) 或 NPV。

一旦計算出現值，我們便會根據以下 PW 值的範圍做出不同的決策 (其中 i 為 MARR)：

PW 值	決策
PW (i) > 0	接受此專案計畫。
PW (i) = 0	投資與否不影響公司的價值，可考慮其他因素再作決策。
PW (i) < 0	拒絕此專案計畫。

在深入探究現值的意義以及為什麼這是我們的決策規則之前，讓我們先以一個例題來描述現值的計算以及如何用現值判定我們的決策。

?? 例題 5.1 現值分析

澳洲西斯爾 (CSR) 公司是一家製糖、鋁以及建築產品的公司。該公司將以甘蔗殘渣為燃料，投資 1 億澳幣興建一座新發電廠。這座 63 百萬瓦發電量的電廠 (包含一座新的鍋爐、蒸汽渦輪發電機、冷卻水塔以及過濾系統) 位於該公司在澳洲布蘭登 (Brandon) 的糖廠，並於 2005 年完工。在一份 10 年的供應合約中，西斯爾公司供應 80%的電力輸出到全國的電力網絡，剩餘的 20%則供應其糖廠的電力。[4] 假設電力的出售加上政府對再生能源的補助，每年會產生總計 1,500 萬澳幣的收入，電力的供應讓其糖廠每年可省下 375 萬澳幣，而該座電廠每年的營運與維護成本為 100 萬澳幣。假設這座電廠在第 10 年的價值為 1,000 萬澳幣，由於 10 年是電力供應合約的期間，請以 10 年的使用期來分析此專案計畫。針對此例題，假設 MARR 為每年 12%。

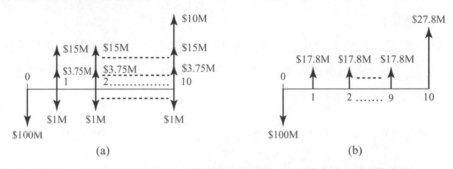

圖 5.1 發電廠投資案的 (a) 個別現金流以及 (b) 淨現金流 (以澳幣表示)

🔍 **解答** 假設其投資額是於 2004 年支付，而電廠會從 2005 年開始營運，我們將此投資案的個別現金流繪製於圖 5.1(a)，將其淨現金流繪製於圖 5.1(b)。

根據圖 5.1(b) 的淨現金流圖，我們可以判斷這項投資案是否應列入考量。此份現金流圖中有 3 類現金流：(a) 初始投資：時間零的單筆現金流 (−$100M)；(b) 年度淨收入 (或利潤)：每年的現金流 ($17.75 M = $15 M + $3.75 M − $1M)；以及 (c) 計畫結束的殘餘價值：第 10 年的單筆現金流 ($10M)。利用公式 (3.6) 的等額多次付款現值因子 (P/A)，以及公式 (3.5) 的單筆款項的現值因子 (P/F)，我們便可以根據公式 (5.1) 找出此投資案的現值等於上述 3 類現金流的現值總和，如下：

$$\text{PW}(12\%) = \underbrace{-\$100\text{M}}_{\text{初始投資額}} + \underbrace{\$17.75\text{M}(\overset{5.6502}{P/A},12\%,10)}_{\text{年度利潤}} + \underbrace{\$10\text{M}(\overset{0.3220}{P/F},12\%,10)}_{\text{殘餘價值}} = 351\text{萬元澳幣}$$

由於 PW(12%) 大於零，我們的決策應要接受這項專案計畫。請注意，這項決策只從現值進行考量；其他因素也可能會影響決策，我們將會在本章稍後與後續的章節加以討論。

4 Brindal, R., "Australia's CSR:To Spend A$100M on Green Energy," *Dow Jones Newswires,* September 3, 2003.

如第 3 章所示，我們可以在 Excel 中使用 NPV 函數計算現值，如下列

$$= A_0 + \text{NPV}(i, A_1, A_2, \ldots, A_N) = -100 + \text{NPV}(0.12, 17.75, 17.75, \ldots, 27.75) = 3.51\text{M}$$

在前一例題中，當 MARR = 12% 時，我們發現專案計畫的現值為 351 萬元澳幣。現在，我們想要探討 351 萬元澳幣的意義，以及為什麼這個數值會讓我們決定接受此專案計畫。

若匡列並釐清現值「不是什麼意涵」可能會對於我們的討論有所幫助。現值「不是利潤」。利潤是一個會計詞彙，其定義為某段期間收入與支出的差值。如果收入大於支出，則此企業單位在研究期間便是有獲利。我們可以衡量單一期間或整個專案營運期間的利潤。因為利潤的計算不會將金錢的時間價值納入考量，所以只有當利率為零時，利潤才會等值於現值。這就是為什麼現值為負數的專案計畫可能是有獲利的，因為使用正利率，會降低未來利潤在時間零的價值 (即折價)。

請考量前一例題。澳幣 1 億元的投資額在 10 年中產生了總計 1 億 8,750 萬元澳幣的淨收入。很明顯的，這是一個有獲利的專案計畫，因為 1 億 8,750 萬元遠大於 1 億元的投資。然而，如果我們將 MARR 提高到 25%，則

$$\text{PW}(25\%) = -\$100\text{M} + \$17.75\text{M}\overset{4.1925}{(P/A, 25\%, 10)} + \$10\text{M}\overset{0.1938}{(P/F, 25\%, 10)}$$
$$= -2,365 \text{ 萬元澳幣}$$

因此，在此情況下，雖然此專案計畫是有獲利，但根據我們的現值決策準則，並不會接受此專案計畫。

我們更進一步的探索現值的意涵。因為在各時間點的淨現金流代表收入與支出的差值，所以現值可定義為「折價後」的利潤。眼前的問題是：「折價的意義是什麼？」折價的意義取決於我們如何解讀利率 (MARR)。我們曾在 5.1 節提供過一些選擇 MARR 的理由，包括 (1) 資本(資金) 的成本，以及 (2) 你期望會賺錢的最小利率。

針對 (1) 資金的成本，回想一下，貸款的每期利息還款是如何計算出來的：利率乘以貸款的未償清餘額。現在，如果我們使用貸款的真實成本作為利率，以找出各期還款 (利息加本金) 現金流的現值，則其折價至時間零的價值便等於所欠的本金。我們在第 4 章定義貸款的真實成本時，便加以說明過。

如果我們假設 MARR 代表資金的成本，則 MARR 就像是貸款的利率。使用此利率來折價專案計畫的現金流，便會得到貸款的本金，或投資扣除資金成本所剩餘的價值。換句話說，使用此利率折價現金流，會將資金的成本從現金流中「移除」，留下扣除利息費用的專案計畫價值。這就是為什麼用來進行折價的利率，通常會被稱做「資本成本」的緣故。

如果我們的計算得到現值爲零，則此專案計畫所獲得的便恰好是此利率所產生的利息金額。也就是說，此專案計畫只獲得夠付清資金成本的金錢，但是此專案計畫並不會產生盈餘或財富。如果現值爲負值，此專案計畫便無法產生足夠的金錢以負擔利息成本，例如資金的貸款利息。如果現值爲正值，我們便能夠付清資金的貸款成本，並且保有資金。這些資金在時間零的等值價值便是現值。

　　圖 5.2 是利率值介於 0% 與 100% 之間的現值圖形。圖中資料源自例題 5.1，其曲線則依循典型的投資曲線。請注意，這條現值曲線隨著利率增加而減少。檢驗圖 5.2，我們發現，如果增加利率 (資金成本) 由於我們必須在各個時間支付較多的利息而使得專案計畫的現值下降。這直接呼應我們對現值的意涵，將其定義爲在支付所有支出 (包括利息) 後的資金價值的評估指標。

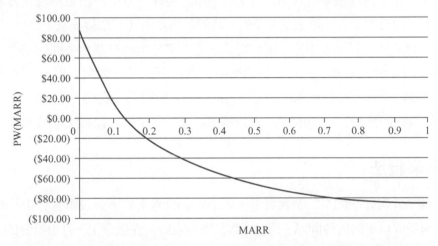

圖 5.2　根據例題 5.1 的資料，針對 MARR > 0，PW (MARR) 的圖形

　　以這種方式定義利率應可清楚了解我們的決策規則。假設利率代表資本 (金) 的成本，我們只接受在還清資金的成本後資金仍有盈餘的專案計畫。這些資金的盈餘代表公司的成長。現值爲零意味此專案計畫所賺的錢恰好只夠還清其資本成本，但是公司並沒有成長，而對於接受或拒絕此專案計畫則是無關緊要的。最後，負的現值會造成我們決定拒絕專案計畫，因爲此專案計畫甚至無法支付資本成本，更不用說提供公司成長的機會。

　　現在，針對第二種 MARR 的解讀方式，即(2)期望會賺錢的最小利率，請回想一下，我們的投資選項是接受或拒絕專案計畫。我們可以將投資與不投資的抉擇視爲「進行投資」與什麼都不做的「維持現狀」之間的抉擇。我們的目標是創造最多的財富。

　　請考量如果選擇維持現狀這個選項，假設資金會被投入到能夠以 MARR = 12% 獲利的其他投資中。此投資每年所產生的 1,200 萬元就等於 MARR 乘以 1 億元的投資額 (即 1,200 萬元是利息)。假設這筆投資額在專案計畫結束時可以取回，則定義了現值等於零。我們可以將此選項的現值寫爲

$$PW(12\%) = -\$100M + \$12M\underset{5.6502}{(P/A,12\%,10)} + \$100M\underset{0.3220}{(P/F,12\%,10)} = 0 \text{ 澳幣}$$

　　如果我們接受一個專案計畫，便是拒絕了維持現狀的選項。因此，接受一個專案計畫意味著此專案計畫會比只獲得 MARR 利息的投資賺入較多的財富。這點反映在正現值上，此值大於維持現狀選項的現值 (所產生的財富)。

　　如果我們拒絕一個專案計畫，便是接受了維持現狀的選項。這意味著該專案計畫無法產生至少和 MARR 利息同樣多的財富。如此說明應能確切地強調維持現狀的選項與 MARR 的重要性以及兩者之間的關係。維持現狀這個替代方案本質上是一種虛構的專案計畫，代表該公司其他投資機會的平均報酬。我們預期這些機會平均能夠賺入 MARR。因此，MARR 代表其他可能的投資案所提供的機會。如果眼前評估的投資案無法產生比維持現狀替代方案來得多的財富，我們最好選擇維持現狀這替代方案 (本質上是其他的計畫)。這點會由該專案計畫的負現值所反映出來。現值為零意味著此專案計畫所產生的財富剛好跟維持現狀方案同樣多。在此種狀況下，兩種方案在經濟上是等值的，我們選擇其中哪個都沒差別。

　　我們花費時間詳盡討論現值法是因為現值法是未來分析所有評估準則的基礎。我們在本章與後續的章節還會介紹其他的價值評估準則，但它們都可以轉換成現值或由現值轉換而得。因此，在確知利率及現金流圖的假設下，接受擁有正現值的專案計畫 (在單一專案計畫的情況下)，保證能夠增加該公司的價值。在這些假設下，這是進行投資決策的最佳方法。

5.2.2　未來值法

現值定義了專案計畫在時間零的金錢價值。專案計畫的未來值則與現值有著相同的意義，然而其評估準則是取自不同的時間點，即在專案計畫結束時。在數學上，針對投資的現金流圖，未來值為

$$FW(i) = A_0(1+i)^N + A_1(1+i)^{N-1} \\ + A_2(1+i)^{N-2} + \cdots + A_{N-1}(1+i) + A_N$$

我們可以將之寫成

$$FW(i) = \sum_{n=0}^{N} A_n(1+i)^{N-n} \tag{5.2}$$

我們也可以使用單筆款項複利總額因子 (F/P)，從現值求出未來值：

$$FW(i) = PW(i)(F/P,i,N) = PW(i)(1+i)^N$$

針對任何 $i > -1$ 的利率，複利總額因子 $(1+i)^N$ 的值，便會是正值。因此，未來值永遠會與現值有相同的正負號，也因此，對於任何專案計畫而言，未來值必然會得到與現值相同的結論，所以我們得到以下關係：

FW 值	決策
FW $(i) > 0$	接受此專案計畫。
FW $(i) = 0$	投資與否不影響公司的價值，可考慮其他因素再作決策。
FW $(i) < 0$	拒絕此專案計畫。

我們用另一個例題來描述未來值的計算。

 例題 5.2　未來值

卡博陶瓷公司 (Carbo Ceramics, Inc.) 在喬治亞州的威爾金森 (Wilkinson) 郡興建了一座工廠，以生產陶瓷砂粒。能源工業在油井中使用陶瓷砂粒來開闢較大的路徑以開採石油與油氣。卡博公司的設施興建成本為 6,200 萬美元，[5] 預期會於 2005 年底開始營運，年產量為 2.5 億磅。[6]

　　我們做以下假設：6,200 萬美元的成本會在 2004 及 2005 年平均支出，在 2006 年便會以最大產能進行生產。2006 年底的收入估計為每磅砂粒 0.324 美元，成本為每磅 0.20 美元。在專案的營運期間，每磅的收入預期每年會增長 1.25%。工廠營運期間的年度固定生產成本 (包括間接費用) 估計為總投資成本的 5%。在這段期間的成本預期不會有通貨膨脹。若 MARR 為每年 12%，假設該工廠的可使用年限為 6 年，並且到時這座工廠會以 500 萬美元出售，試求這項投資計畫案的未來值。

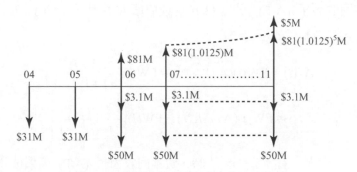

圖 5.3　陶瓷砂粒設施投資案的現金流圖

解答　此例題的現金流圖如圖 5.3 所示。2006 年的年收入為\$0.324/磅 ×250M 磅/年 ＝ \$81M/年
每年生產成本為\$0.2/磅 ×250M/年 ＝ \$50M/年，每年固定成本為\$62M × 5% = \$3.1M/年

---

[5]　Wetzel, K., "CARBO Ceramics Inc. Announces New Plant Construction and Fourth Qtr Div," *Dow Jones Newswires,* January 14, 2004.

[6]　"Carbo Ceramics Inc. Announces New Plant Construction and Fourth Quarter Dividend," *Press Release #04-01,* www.carboceramics.com, January 14, 2004.

我們可以透過公式 (5.2) 計算未來值如下：

$$FW(12\%) = -\$31M(F / A,12\%,2)(F / P,12\%,6) + \$81M(F / A_1,1.25\%,12\%,6)$$
$$- (\$50M + \$3.1M)(F / A,12\%,6) + \$5M = \$119.82M$$
$$= \$1.198 \text{ 億美元}$$

因為這筆投資案的未來值是正值，所以我們會接受這個專案計畫。同樣地，可能還有其他會影響決策的因素，但是，如果忽略這些因素並根據這些評估值，該公司應該要從事此項投資。

所以，如果未來值總是會讓我們得到與現值相同的決策結果，那為什麼我們還要計算專案計畫的未來值呢？答案是為了提供更多的資訊。未來值會告訴我們專案計畫的投資會隨時間累積多少金錢，並由此給予我們關於此投資案在其營運期間能夠產生多少金錢的指標。計算未來值對於在營運期間追蹤投資案也會有所助益。

5.2.3 年金值法

我們可能會想用某種週期性的方式定義專案計畫的價值。為達成此目的，我們使用年金值 (年度等額價值) 這個詞，不過應該很清楚的是，我們可以使用任何時間長度來定義專案計畫的週期性價值 (年金值)。以給定的利率 i 來決定年金值 $AW(i)$ 時，我們只需計算現值或未來值，然後分別使用資本回收因子 (A/P) (公式 (3.10)) 或償債資金因子 (A/F) (公式 (3.9)) 將之轉換為週期性等值即可。其數學式如下：

$$AW(i) = PW(i)(A / P,i,N) = PW(i)\left[\frac{i(1+i)^N}{(1+i)^N - 1}\right]$$
$$= FW(i)(A / F,i,N) = FW(i)\left[\frac{i}{(1+i)^N - 1}\right] \tag{5.3}$$

就像 $PW(i)$ 與 $FW(i)$ 的比較一樣，在 $i > -1$ 時，資本回收因子 (A/P) 與償債資金因子 (A/F) 的數值也永遠會是正值。針對 $AW(i)$ 的決策，其與現值和未來值的決策是一致的，所以我們會得到以下關係：

AW 值	決策
$AW(i) > 0$	接受此專案計畫。
$AW(i) = 0$	投資與否不影響公司的價值，可考慮其他因素再作決策。
$AW(i) < 0$	拒絕此專案計畫。

以下例題將會描述年金值法的使用。

例題 5.3　年金值法

中國船舶工業集團正投資36億美元擴建其長興島造船廠，將其產出量從100萬載重噸(deadweight tonnes, dwt) 增加至 2015 年的滿產能 1,200 萬 dwt。[7] (載重噸[dwt]是一種常用在造船業產能的估算標準單位，而非詳列所生產的船隻數量，因為船隻的大小差異可能相當大。) 假設中船集團的投資額平均分配在 2004 到 2014 年，從 2006 到 2015 年每年都會增加 100 萬 dwt 的產出量。進一步假設，每 100 萬 dwt 可以獲得 6 億美元的收入，其生產成本為 5 億美元。請計算此專案計畫到 2020 年的年金值，假設每年 10%的 MARR。最後，假設時間零為 2004 年底，而在 2020 年時，此造船廠的殘餘價值為 3 億美元。在此分析中，請忽略所有跟稅款有關的問題。

🔍 **解答**　這項投資案的現金流圖如圖 5.4 所示。我們假設這座造船廠在其可使用期間都會以該時期的最高產量營運。

檢視圖 5.4(b)，我們看到共有 4 種不同的現金流類型要加以分析。(1) 36 億美元的投資額是分佈於 2004 年到 2014 年的年金系列 (A) 現金流；(2)造船廠所產生的利潤則是由 2005 年到 2014 年的等差變額系列 (G) 現金流；(3) 2015 年到 2020 年的年金系列 (A) 現金流所定義；最後，(4)這座造船廠在 2020 年的殘餘價值 (F) 為正現金流。我們分別檢驗這 4 種現金流，然後將其結果加總。

(1) 36 億美元的投資額平均分配於 11 年中，即從 2004 年到 2014 年每年 327.27M (3 億 2,727 萬美元) 的現金流出。這些投資額的年金值 (分配於 16 年的研究期間) 為

$$AW(10\%)_1 = \left(-\$327.27M - \$327.27M(P/A,10\%,10)^{6.1446} \right)(A/P,10\%,16)^{0.1278} = -2 \text{ 億 } 9,882 \text{ 萬美元 } (-298.82M)$$

(2) 從 2005 年的零元開始，每年增加 1 億美元淨收入的等差變額 (G)，漸增到 2015 年的 10 億美元。這部份的年金值為

$$AW(10\%)_2 = \left(\$100M(P/G,10\%,11)^{26.3963} \right)(A/P,10\%,16)^{0.1278} = 3 \text{ 億 } 3,734 \text{ 萬美元 } (337.34M)$$

[7]　Lague, D., "China Seen Becoming World's Biggest Shipbuilder," *Dow Jones Newswires* via *The Far Eastern Economic Review,* September 10, 2003.

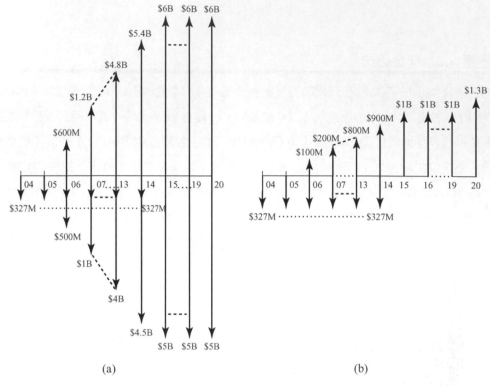

圖 5.4 造船廠擴建的 (a) 個別現金流以及 (b) 淨現金流

(3) 2016 年到 2020 年之間每年 10 億美元淨利潤的年金系列 (A) 可以平均分配到專案計畫的可使用期間如下：

$$AW(10\%)_3 = \left(\$1.0B(F/A,10\%,5)^{6.1051}\right)(A/F,10\%,16)^{0.02782} = 1 \text{ 億 } 6,984 \text{ 萬美元 (169.84M)}$$

(4) 最後，這座造船廠在 2020 年的殘餘價值可以往回分配到可使用期間的各年度如下：

$$AW(10\%)_4 = \$300M(A/F,10\%,16)^{0.02782} = 834 \text{ 萬美元 (8.34M)}$$

將 4 種現金流的年金值加總，便會得到自 2005 至 2020 年每年 2 億 1,670 萬美元 (216.70M)的總年金值。由於此數為正值，我們應該接受此專案計畫。

與未來值相同，沒有可針對任意一組現金流直接計算年金值的函數。不過，我們可以計算現值，然後使用 (A/P) 因子將之轉換為等額年金系列。要在 Excel 中進行這項計算，我們使用 PMT 函數與巢狀的 NPV 函數如下：

$$= -PMT(i, N, A_0 + NPV(i, A_1, A_2, \ldots, A_N))$$
$$= -PMT(0.10, 16, -327.27 + NPV(0.10, -327.27, \ldots, 1300)) = 216.70$$

使用此方法，我們會調整 PMT 函數所傳回之數值的正負號，而非調整輸入值。上述答案的單位為百萬美元，是 16 年的研究期間中每年等值年金值。

年金值法的決策判定會讓我們得到與現值法及未來值法相同的決策判定結論。再次，相較於其他方法，年金值法的用途在於我們可以用年金值呈現不同期間的年度資訊。例如，若想瞭解專案計畫在各時間點的效果，找出該專案計畫的年金值可能非常有用。雖然現值與未來值也定義了專案計畫的價值，但由於專案計畫有可能橫跨 2 到 20 年，而使得現值與未來值可能喪失其影響 (以範圍而言)。使用年金值法，我們就能馬上捕捉住這段期間每個時間點的活動。

5.3 相對性的價值評估準則

我們現在將目光轉向相對性的價值評估準則。如前所述，相對性與絕對性的價值評估準則的不同點在於相對性的價值評估準則需要額外的資訊才能做出決策。這雖只是細微的差異，但是對於後續的章節與分析來說卻有著巨大的牽連。

5.3.1 內部報酬率法

我們先前所呈現的絕對性價值評估準則需要利率 MARR 來將現金流圖轉換為等值的價值評估準則，以便讓我們判定投資決策。我們現在將焦點放在以投資 *報酬* 來進行分析的方法，而非以投資所產生的財富來分析。

　　將 i^* 定義為會使現值等於零的利率 (或一組利率)：

$$PW(i^*) = \sum_{n=0}^{N} \frac{A_n}{(1+i^*)^n} = 0 \tag{5.4}$$

如果 i^* 有唯一的實數解 (而非虛數)，我們將其定義為專案計畫的內部報酬率 (Internal rate of return，IRR)。IRR 是投資賺取報酬的比率，或金錢投資在某個專案計畫的成長比率。「內部」一詞描述了一個事實，即該利率 (如果存在的話) 是完全由專案計畫內的現金流來定義。

　　針對我們的投資專案計畫，若能找到 IRR 值，則我們的決策如下：

IRR 值	決策
IRR > MARR	接受此專案計畫。
IRR = MARR	投資與否不影響公司的價值，可考慮其他因素再作決策。
IRR < MARR	拒絕此專案計畫。

在 4.2 節，我們曾展示一個未知的利率可以透過各式各樣的等值計算方法 (包括試誤法 (手算或電腦) 或內插法) 來求解，也可以使用圖形或試算表函數來求解利率。我們會在以下例題中說明這些方法，之後會進一步探討內部報酬率的意義。

?? 例題 5.4 內部報酬率 (IRR)

芬歐匯川 (UPM-Kymmene Oyj) 紙業公司在中國常熟的工廠增加了一條新的生產線,其向芬蘭的美卓 (Metso) 公司購買新的造紙機具,包括空氣系統、捲紙機、一套自動化系統以及機械傳動裝置。這條價值 1 億歐元的生產線會使該工廠的無塗面平版影印紙的年產量增加 45 萬公噸。[8] 假設這條生產線於 2005 年夏季開始運轉,並且會以最大產能生產 20 年,到時這條生產線會被拆解為廢材,以 500 萬歐元售出。進一步假設,1 公噸的紙會產生 500 歐元的收入,其邊際利潤為 12%;也就是說,其利潤 (即收入減支出) 為其收入的 12%。試求此項投資的內部報酬率,並將之與 20% 的 MARR 相較以進行分析,請忽略稅款。

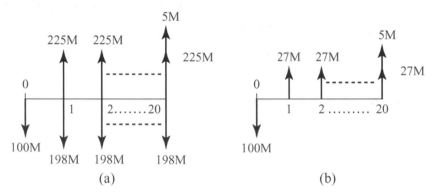

圖 5.5 紙廠擴建的 (a) 個別現金流以及 (b) 淨現金流

🔍 **解答** 此投資案的個別現金流及淨現金流分別如圖 5.5(a) 及 (b) 所示。我們可以將現金流的現值寫成

$$PW(i^*) = -100M + 27M(P/A, i^*, 20) + 5M(P/F, i^*, 20) = 0$$
$$= -100M + 27M\left[\frac{(1+i^*)^N - 1}{i^*(1+i^*)^N}\right] + 5M\left[\frac{1}{(1+i^*)^N}\right] = 0$$

我們會說明 5 種找出 i^* 值的方法。

試誤法:此處,我們會強調一種可用手算的傳統方法。執行試誤法的策略有很多,而試誤法實質上是「搜尋」答案的另一種說法。我們會在此說明二分法,但還有其他許多搜尋策略可以運用。下表列出了此搜尋程序的 10 個迭代:

嘗試	i	PW(i)	解讀
1	10%	130.6M	$i^* > .10$
2	20%	31.6M	$i^* > .20$
3	30%	−10.4M	$.20 < i^* < .30$

[8] "Metso to Supply EUR100M Fine Paper Line to UPM-Kymmene," *Dow Jones Newswires,* September 8, 2003.

4	25%	6.81M	$.25 < i^* < .30$
5	27.5%	−2.54M	$.25 < i^* < .275$
6	26.25%	1.93M	$.2625 < i^* < .275$
7	26.875%	−352,000	$.2625 < i^* < .26875$
8	26.5625%	778,000	$.265625 < i^* < .26875$
9	26.7188%	210,000	$.267188 < i^* < .26875$
10	26.7969%	−72,000	$.267188 < i^* < .267969$

當開始此搜尋程序時，我們選擇 10%的初始利率。將此數值代入現值函數，我們注意到所得的現值為 1 億 3,060 萬歐元，為正值。針對典型的投資案，我們預期當利率增加時，所求得的現值會減少。因此，在第 2 次嘗試，我們將利率增加至 20%，計算得到 3,160 萬歐元的現值 (正值)。要到第 3 次嘗試 30%的利率，我們才會計算出負的現值。此時，我們在此程序中只進行了 3 次嘗試，我們知道 i^* 位於 (0.20, 0.30) 範圍中。實際上我們已經擁有足夠的資訊來做決策 (接受此方案)，因為 MARR 恰好為 20%，但是我們想要找出此專案計畫確切的報酬率。

現在既然我們已經有了明確的搜尋範圍，我們便可以開始二分法。此種方法會在每次迭代中，簡單地將搜尋範圍減半 (將之二分)。因為已知道 i^* 位於 20%到 30%之間，所以我們嘗試 25%。這會得到 681 萬歐元的正現值，因此 i^* 的搜尋範圍便縮小至 (0.25, 0.30)。我們必須增加利率值來使現值移向零。根據二分法，接著嘗試 27.5%，然後依此類推，彙整如上述表格。

在 10 次迭代之後，我們發現 i^* 位於 (0.2672, .2680) 範圍中。這對於我們的用途來說，精確度已足夠，因為很明顯的 IRR 大於 MARR，故我們應該接受此專案計畫。

內插法：已知任兩種利率及其相應的現值，我們可以進行內插以找出 i^* 的近似值。線性內插法假設兩端點之間的函數為線性，而我們只需兩點來定義一條直線。然而，為了確保某個程度的準確性，我們建議你選擇兩個會產生一正一負現值的利率。如此會讓我們比較容易找出 i^* 的相對範圍。此外，兩個利率不應差距太遠 (例如 5%或 10%)。透過試誤法，我們得到：

$$PW(20\%) = 3,160 \text{ 萬歐元，}$$
$$PW(30\%) = -1,040 \text{ 萬歐元。}$$

如 4.2 節所示，線性內插法會在兩端點間拉出一條直線，如圖 5.6 所示，其中利率為 x 軸而現值為 y 軸。

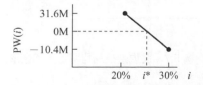

圖 5.6　使用我們的取樣資料的兩端點來內插 IRR

在這條直線跨越 x 軸，或現值為零時的利率，便是 i^* 的估計值，計算如下：

$$\frac{31.6-(-10.4)}{0.20-0.30}=\frac{31.6-0}{0.20-i^*}$$

由上式求解 i^*，我們得到.2752，或 27.5%。當然，此 i^* 的估計值我們預期會有誤差存在，因為我們假設利率在 20%到 30%之間的現值函數為線性。如果我們想要降低誤差，就必需在更鄰近的兩個利率之間進行內插，例如 26%與 27%。無論我們選擇的兩端點為何，此方法的執行方式都是相同的。

圖形法：另一種方法是在可接受的利率範圍內，畫出 PW(i) 函數的圖形，然後觀察此圖形是否會跨越 x 軸。在 Excel 中可以使用「XY 散佈」圖將利率繪於 x 軸，現值繪於 y 軸，即可輕易的建立類似圖 5.7 的圖形。我們所估計的 IRR，其精確度是建立在 x 軸 (利率) 刻度的精確度上。此圖顯示，利率會在 25%到 30%之間跨越 x 軸。顯然，為此圖形而產生的數據會提供較為準確的解答。

電腦搜尋：將試誤 (或搜尋) 程序自動化的方法有很多，其中也包含先前所描述的二分法。試算表程式大大地簡化了此項程序。

我們已經在 4.2 節看過 Excel 的目標搜尋 (Goal seek) 功能在尋找 IRR 時是非常有用的。目標搜尋功能的 IRR 解答為 26.78%。此外，我們可以在不到一秒的時間內求出此數值，遠少於將現金流輸入試算表所花的時間。

試算表函數：所有的試算表程式都有 IRR 函數。在 Excel 中，這函數為

$$= \text{IRR}(A_0, A_1, A_2, \ldots, A_N, \text{guess}) = \text{IRR}(-100, 27, 27, \ldots, 32,) = 26.78\%$$

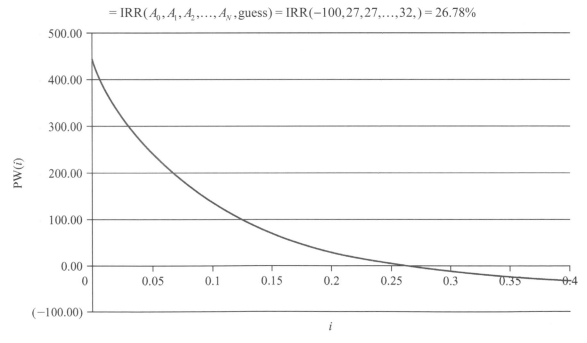

圖 5.7 將現值視為利率函數的圖形

請注意，IRR 函數需要初始的猜測值。這是因爲電腦對於 i^* 值的搜尋方法大致類似於我們使用的二分法。如果我們忽略猜測值，則 Excel 會使用 10% 做爲預設的初始猜測值。猜測值可能會 (但不保證) 加速搜尋程序。

　　無論選擇哪種方法來找出 i^* 值，我們會發現所得的 IRR 值都大約是 26.8%。由於此數值超過 20% 的 MARR，所以我們會接受此專案計畫。

　　在專案計畫的評估上，內部報酬率法顯然與現值法有所不同。就現值法而言，會需要一個指定利率，而現值函數會傳回一個等值於專案計畫價值的數值。就內部報酬率法而言，則不會指定利率，也不會計算專案計畫的任何金錢價值。反之，內部報酬率定義了投資於該專案計畫的所有資金的成長利率。這項特徵說明了爲什麼我們會將內部報酬率定義爲相對性的價值評估準則，而非絕對性評估準則。事實是，如例題 5.4，如果你被告知某項投資會以 26.8% 獲利，你並不知道該投資計畫會產生多少金錢。更糟的是，如果沒告訴你 MARR 的值，你甚至不知道此專案計畫「是好是壞」。

　　但是，請不要讓這些評論貶低了 IRR 所提供的資訊與效用。IRR 在業界總是十分常見，因爲 IRR 提供了投資的效率衡量指標。雖然 IRR 並未以金錢定義專案計畫的總價值，但是它定義了投資在專案計畫中的每一塊錢所期望的報酬。這是非常有用的資訊。

　　我們確實必須瞭解現值的意義，才能夠瞭解 IRR 的意義 (假設 i^* 是唯一且爲實數)。我們曾說明，現值代表專案計畫在扣除包含利息的所有費用 (以我們的利率折價呈現) 後所得的結餘。IRR 定義了現值爲非負值的最大利率。因此，IRR 可以視爲損益平衡點，這解釋了我們的決策規則。如果某專案計畫的 IRR 大於 MARR，則其所獲得的報酬會大於只賺取 MARR 利息的計畫，因此我們可以接受該專案計畫。同樣地，如果 IRR 小於 MARR，則 IRR 無法產生可以涵蓋所有費用 (包括利息) 的報酬。

　　IRR 與現值的意義實際上是交織一起的，這很容易從現值與利率的關係圖中看到，如圖 5.7 所示。在圖中，現值會隨利率的增加而降低。請注意，對於所有小於 IRR 的利率，現值都是正值。因此，如果 IRR 大於 MARR，我們便可接受此專案計畫，因爲在 MARR 時現值爲正值。

　　爲了在數學上說明 PW 方法與 IRR 方法會產生相同的決策，我們必須做一些假設。假設 IRR 爲唯一且爲實數，而且現值是利率的非漸增函數 (如圖 5.7)。在此狀況下，我們知道現值函數只會在 IRR 處穿過 x 軸一次。因此，如果 IRR > MARR，則 MARR 的現值會是正值，而 IRR 與現值會得到相同的決策。當 IRR < MARR 時，則邏輯類似。

不幸的是，如下例所示，我們無法保證 IRR 的存在 (亦即，我們無法保證 i^* 爲唯一且爲實數)。

 例題 5.5　重新檢驗 IRR

據估計，某座新的 1,000 百萬瓦核能發電廠，成本為每千瓦 1,400 美元。[9] 這導致 14 億美元的總投資額。假設這座電廠可以運轉 20 年，每百萬瓦小時的發電可以產生 100 美元的收入，而此電廠每日會運轉 16 小時，1 年 300 日。進一步假設，在所產生的每 100 美元收入中，可以保有 50 美元的利潤。(其他 50 美元則使用在營運與維護成本上。) 最後，假設在 20 年底，關閉此座設施與處置放射性廢料的成本總計為 35 億美元。試求這項投資案的 IRR。假設 8% 的 MARR。

解答　這項投資案的淨現金流圖如圖 5.8 所示。其中，各年度的現金流代表利潤。此投資案的現值爲

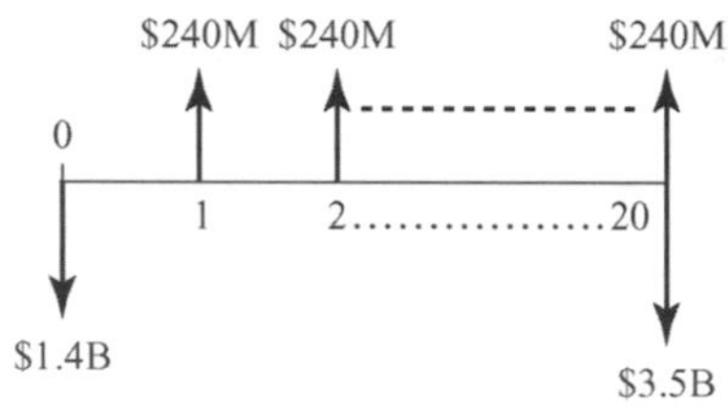

$$PW(i^*) = -\$1.4B + \$240M(P/A, i^*, 20) - \$3.5B(P/F, i^*, 20)$$

如果使用 Excel 的 IRR 函數，便會發生有趣的兩難困境。使用預設的 10% 初始猜測值，我們會得到

$$i^* = IRR(-1400, 240, 240, \ldots, -3260,) = 12.63\%$$

但如果我們使用 0% 的初始猜測值，我們則會得到

$$i^* = IRR(-1400, 240, 240, \ldots, -3260, 0) = 0.5673\%$$

求解 i^* 會得到兩個數值：0.5673% 與 12.63%。我們可從圖 5.9 中驗證，圖中顯示現值圖形穿越 x 軸兩次。顯然地，我們碰上麻煩了，因為我們想用 IRR 來進行決策，但是 i^* 並非存在唯一解。

圖 5.8　投資核能發電廠的淨現金流

[9]　Nuclear Energy Institute, "CBO Report Draws Faulty Conclusions in Cost Analysis of New Nuclear Plants," www.nei.org, June 2003.

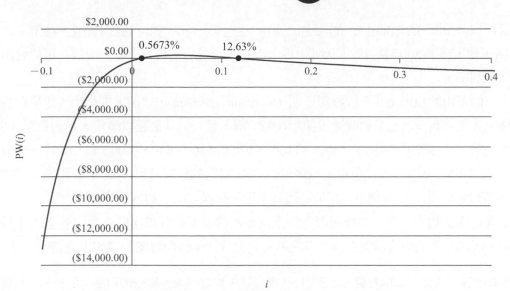

圖 5.9 發電廠投資案的現值圖形與多重內部報酬率

上述例題說明了在使用 IRR 進行投資分析時可能會出現的一個難題：i^* 值並非唯一。令人困擾的問題是，0.5673% 與 12.63% 這兩個數值代表什麼意義？這兩者中有任何一個代表 IRR 嗎？

在談其意義之前，讓我們先從數學的角度來檢視這個問題，以瞭解為什麼多重的 i^* 值並不奇怪。事實是我們無法保證工程計畫的現金流可定義出如圖 5.7 所示的現值函數。你可能會從微積分中想起，求解 n 階多項式的根並不容易。更重要的是，它可能會有多個根。問題是，如果我們求解下列方程式中的 i^*

$$PW(i^*) = \sum_{n=0}^{N} \frac{A_n}{(1+i^*)^n} = 0$$

我們能保證只會有一個內部報酬率 i^* 嗎？答案是否。事實上，我們不保證能夠得到任何實數的報酬率。如果我們代換 $x = 1 / (1 + i^*)$，我們便會看到現值公式可以寫做

$$PW(i) = A_0 + A_1 x + A_2 x^2 + \cdots + A_N x^N$$

將方程式改寫成較為典型的多項式形式應該就能清楚說明為什麼我們會有多個根。

有兩個規則可以用來提醒我們可能會出現多重根。笛卡兒的正負號法則 (Descartes' rule of signs) 乃是限制多項式函數正數根的數量不多於函數係數正負號的改變次數。因為我們代換 $x = 1 / (1 + i^*)$，這表示 A_n 值的正負號改變次數限制了當 $PW(i) = 0$ 的利率值 (大於－1) 的數量。因此，如果在所有現金流的期間內，只有一次正負號的改變，我們便可保證最多只會有一個內部報酬率。然而，當有多次正負號改變時，我們就可能會有多重根，即多個內部報酬率。

請再次考量圖 5.8 (例題 5.5 的現金流圖)。現金流在時間零的符號為負號，在第 1 年到第 19 年為正號，在第 20 年為負號。因此，現金流中有兩次的正負號改變，所以有可能會出現多重內部報酬率。

另一個有用的規則是諾斯特羅姆準則 (Norstrom criterion)，這個準則指出，如果在各時間的累積現金流只有一次正負號改變，便存在唯一解，且只有一個正實數根。針對例題 5.5，累積現金流為 (以百萬美元表示)–1400、–1160、–920、–680、–440、–200、40、280、…、2920、3160、以及–100。因此，在累積現金流序列中有兩次正負號的改變 (介於第 5 和第 6 年間以及第 19 和第 20 年間)，在此例中，諾斯特羅姆準則無法保證唯一的內部報酬率。

根據這兩個規則，有一些在實際運作上常見的典型工程計畫可能會面臨多重內部報酬率的問題，因為它們的現金流圖中會有多次的正負號改變。這類專案計畫如下列情形：

- **包含處置／恢復成本的投資**。如例題 5.5 所描述，需要移除設備或清理基地的投資，有可能會在專案計畫最後的 (幾個) 週期造成正負號的改變。核能發電廠是其中一例，但是在任何要拆除設施或處置設備的情況下，這種正負號的改變都是有可能發生的。許多工業用地後來會變成「褐地」(brown field)，如果要將此區域恢復為原本可使用的狀態，可能會需要昂貴的代價。這種情形的典型現金流圖如圖 5.10 所示。

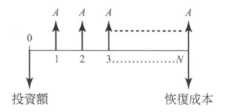

圖 5.10　使用期結束有昂貴成本的投資案之典型淨現金流圖

- **分階段擴展**。在時間零時，公司可能會決定投資要分期進行。例如，某家公司可能會決定要增加其產出量，但可能不會選擇一次性投資來增加產能，而是隨時間逐步投資以增加產能。這種情形同樣會造成現金流圖有多次的正負號改變，例如圖 5.11 所示的現金流圖。這種擴展方法通常稱為分階段擴展，因為投資是分階段進行的。我們會在下節的例題 5.7 中檢驗這類問題。

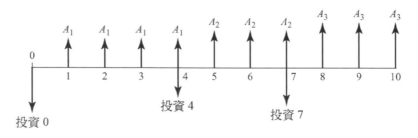

圖 5.11　分階段擴展產量的典型淨現金流圖

● **天然資源開採**。煤、礦砂、金、銀等礦產的開採、伐木、抽取原油等都是與工程緊密相關的問題。在財務上，它們都是類似的問題。在大多數情況下，開採這些天然資源之前，需要對於該區域進行大量的調查及測試，這些程序通常會得到可供開採的資源的估計值。若已知投資額、移除成本以及可能的收入，則透過分析，我們便能判斷某個礦井是否應該開挖，或某個油井是否應該關閉。如果這家公司要開挖一座礦井或使用一座油井，則此專案計畫的現金流圖將會類似圖 5.10，因為與資源開採相關的恢復與清理成本是很常見的。

然而，大多數擁有這類性質的投資案通常不會依循類似上述的方式進行。反之，公司可能會隨著時間開挖其他的礦井、挖掘新的油井或取得更多的伐木設備以進行擴展。這讓我們相信，現金流圖看起來會更像圖 5.11，因為擴展是分階段進行的。然而，這兩種投資實際上差異相當大。

在分階段擴展的情形下，每增加額外的產能，都會產生更多超過原本水準的收入 (假設設施是以滿產能在運轉)。基本上，產能的分段增加，彼此之間是互不相關的。(它們的相關性在於它們會分攤成本，例如經常費用。)

對於礦業開採來說，情形則非如此，其產量 (或可能的收入) 是由可取得的天然資源量來定義。例如，在發現油田或煤床時，我們所能開採的資源量是固定的，等於地底下所蘊藏的資源量。當第一座礦井或油井裝設好並以滿載運轉時，我們便可以估計要移除所有資源所需花費的時間，由此根據每日的產出量，定義在研究期間內的收入現金流。同樣地，第一座油井的現金流圖看起來類似圖 5.10 的示意圖。

在專案計畫的營運歷程中，某公司在裝設第二座油井之後的淨現金流如圖 5.12 所示，因為它們是兩項個別油井投資案的總和。請注意，不論如何，這份示意圖是兩份不同投資案的結果，因此事實上並不是我們會加以分析的現金流圖。

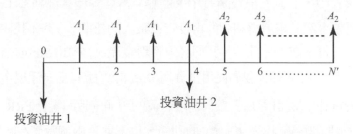

圖 5.12　在不同時間裝設兩座油井的淨現金流

前述在已開始進行生產的油田中增加油井的案例，以及在已開始砍伐的森林中增加伐木小組 (配備適當的設備)，都會造成類似的現金流圖，而因此，同樣地，有可能會造成多種報酬率。笛卡兒的正負號規則以及諾斯特羅姆準則只是多重根存在的充分條件，而非必要條件。這意味著，即使兩個規則都指出多重根可能存在，也不保證多重根必然存在：我們仍然可能只有唯一的實數根。

　　請注意，在 $(-1, \infty)$ 的利率區間內將現值函數畫出來，便能夠找出所有的根。我們知道當 $i \to \infty$，現值也會趨近於 A_0。這是因為隨著利率的增加，所有未來現金流的現值都會趨近於零。(請回想一下，當 $i \to \infty$ 時單筆款項現值因子 (P/F) (公式為 $1/(1+i)^N$ 會趨近於零。) 檢視圖 5.9 的現值函數圖，便會說明此項概念。當利率增加到超過 40%，現值函數會趨近於 -14 億美元，亦即發電設施的初始投資成本。一般而言，會存在某個利率，使得在此利率時我們保證現值為負值，而且在所有更高的利率時，現值都會保持為負值。這也保證不會有大於該利率的實根存在。這通常從函數的圖形便可一目了然，提醒決策者所有的實數根都已找出。

　　在存在多重內部報酬率的情況下，我們會轉而使用另一種分析分法。我們強烈建議你使用現值，因為這是最佳的決策方法。然而，為了堅持要產生利率 (或報酬率) 來描述投資機會的人，我們會在下一小節提出一種修正後的報酬率法。

5.3.2　外部報酬率法 (修正內部報酬率法)

雖然在有多重內部報酬率的情況下，我們會建議你使用現值，然而為一個專案計畫定義其報酬率，在業界還是十分盛行。理由是我們會想要依據專案計畫的報酬來定義專案計畫的效率指標，而不一定是以金錢價值來衡量。因此，我們不得不完成我們的討論，介紹外部報酬率法 (External rate of return，ERR)，ERR 這個外部報酬率是不需考慮專案計畫所定義之現金流系列的特性。ERR 在文獻中有多種不同的名稱，且有多種變化，包括修正內部報酬率 (Modified internal rate of return，MIRR) 以及平均報酬率 (Average rate of return，ARR)。我們使用 ERR 這個詞，以強調事實上此種報酬率並非僅限於專案計畫內部，因為其計算還需要額外的資訊，即外部利率。

　　在最一般的形式中，計算外部報酬率 (ERR 值) 需要兩種外部利率：一個是再投資利率 ε_R，亦即我們預期該專案計畫所得利潤的再投資會賺入的報酬；另一個是借貸利率 ε_L，通常定義為該專案計畫的資本成本。此外，我們必須將現金流 A_n 分類為正向 (定義為 A_n^+) 或負向 (定義為 A_n^-)。為了求出 ERR 值，我們使用投資利率 ε_R 計算所有正向淨現金流的未來值 (在時間 N)。然後使用借貸利率 ε_L 計算所有負向淨現金流的現值 (時間零)。ERR 值便是能夠令這兩個數值在時間零 (或時間 N) 相等 (等值) 的利率，以下為這兩個數值在時間零的現值等於零 (即 PW (ERR) = 0) 的公式

$$\frac{\sum_{n=0}^{N} A_n^+ (1+\varepsilon_R)^{N-n}}{(1+\text{ERR})^N} + \sum_{n=0}^{N} \frac{A_n^-}{(1+\varepsilon_L)^n} = 0$$

或

$$\frac{\sum_{n=0}^{N} A_n^+ (1+\varepsilon_R)^{N-n}}{(1+\text{ERR})^N} = -\sum_{n=0}^{N} \frac{A_n^-}{(1+\varepsilon_L)^n}$$

$$\text{ERR} = \left(\frac{\displaystyle\sum_{n=0}^{N} A_n^+ (1+\varepsilon_R)^{N-n}}{-\displaystyle\sum_{n=0}^{N} \frac{A_n^-}{(1+\varepsilon_L)^n}} \right)^{1/N} - 1 \tag{5.5}$$

在圖 5.13 中，我們以視覺化的方式描繪外部報酬率法，其中現金流會依循其正負號被移往現在或未來。

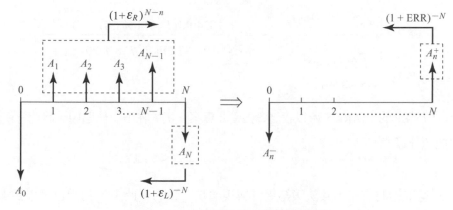

圖 5.13 以視覺化表示外部報酬率

誠如我們曾指出過的，用來進行折價的利率 (MARR) 可能會有多種意義，包括資本成本以及最小可接受的報酬水準。如果我們假設 MARR 同時擁有以上兩種意義，則上述兩種利率 ε_R 及 ε_L 便相等且有時候會等於 MARR，即 $\varepsilon_R = \varepsilon_L = \text{MARR}$。

因此，將 ε_R 及 ε_L 代換為 ε，我們可以定義一般性的 ERR 值為

$$\text{ERR} = \left(\frac{\displaystyle\sum_{n=0}^{N} A_n^+ (1+\varepsilon)^{N-n}}{-\displaystyle\sum_{n=0}^{N} \frac{A_n^-}{(1+\varepsilon)^n}} \right)^{1/N} - 1 \tag{5.6}$$

使用此方法，我們可以保證只會產生單一的報酬率值。於是，我們的決策會依循以下關係進行：

ERR 值	決策
ERR > MARR	接受此專案計畫。
ERR = MARR	投資與否不影響公司的價值，可考慮其他因素再作決策。
ERR < MARR	拒絕此專案計畫。

讓我們重新檢視包含恢復成本的電廠投資案例，以描述此概念。

例題 5.6 外部報酬率 (ERR)

請針對例題 5.7 所提供的資料，找出 ERR 值，並判斷是否應從事此項投資案。我們假設恢復成本總計為 35 億美元。

解答 假設 $\varepsilon_R = \varepsilon_L = \varepsilon = \text{MARR} = 8\%$，我們可以透過公式 (5.6) 求出 ERR：

$$\text{ERR} = \left(\frac{\sum_{n=0}^{N} A_n^+ (1+\varepsilon)^{N-n}}{-\sum_{n=0}^{N} \frac{A_n^-}{(1+\varepsilon)^n}} \right)^{1/N} - 1 = \left(\frac{\$240\text{M}(F/A,8\%,20)^{45.7620}}{\$1.4\text{B} + \$3.5\text{B}(P/F,8\%,20)^{0.2145}} \right)^{1/20} - 1$$

$$= .085 = 8.5\%$$

由於 ERR 值大於 8% 的 MARR，所以我們會接受此專案計畫。在下一例題中，我們會使用試算表函數來描述此項計算。

所有我們呈現過的方法，其決策結果都與現值是一致的。此處，我們也可以對 ERR 法做出同樣的結論。我們是在 ε_R 跟 ε_L 等於 MARR 的假設下，做這樣的結論。利用我們表示正向與負向現金流的符號，我們知道，根據現值的評估準則，如果

$$\text{PW(MARR)} = \frac{\sum_{n=0}^{N} A_n^+ (1+\varepsilon_R)^{N-n}}{(1+\text{MARR})^N} + \sum_{n=0}^{N} \frac{A_n^-}{(1+\varepsilon_L)^n} > 0$$

或等同於，

$$\frac{\sum_{n=0}^{N} A_n^+ (1+\varepsilon_R)^{N-n}}{(1+\text{MARR})^N} > -\sum_{n=0}^{N} \frac{A_n^-}{(1+\varepsilon_L)^n}$$

$$\sum_{n=0}^{N} A_n^+ (1+\varepsilon_R)^{N-n} > -\sum_{n=0}^{N} \frac{A_n^-}{(1+\varepsilon_L)^n}(1+\text{MARR})^N$$

$$\frac{\sum_{n=0}^{N} A_n^+ (1+\varepsilon_R)^{N-n}}{-\sum_{n=0}^{N} \frac{A_n^-}{(1+\varepsilon_L)^n}} > (1+\text{MARR})^N$$

$$\frac{\sum_{n=0}^{N} A_n^+ (1+\varepsilon_R)^{N-n}}{-\sum_{n=0}^{N} \frac{A_n^-}{(1+\varepsilon_L)^n}} = (1+\text{ERR})^N > (1+\text{MARR})^N,$$

$$(1+\text{ERR}) > (1+\text{MARR})$$

則此專案計畫便是可接受的。如果專案計畫的 PW 值為正值，則 ERR 便會大於 MARR。因此，我們的決策與現值是一致的。

　　ERR 法讓我們可以針對任何一組現金流計算單一利率，但是我們不該被其意義所誤導。ERR 不是那種如先前定義的內部報酬率 (IRR)。ERR 可當作是修正後的現金流圖 (使用 ε_R 和 ε_L 修正原始的現金流圖) 的內部報酬率。由於對報酬率的需求，IRR 的定義與意義並不能直接套用到 ERR。因此，ERR 是在明確的假設個別現金流會如何被計算的情況下，描述投資的報酬率。讓我們再檢驗一個使用 ERR 法的例題，並描述其使用試算表函數的計算。

例題 5.7　再次檢視 ERR

2001 年底，Comalco, Ltd. (現已被力拓 (Rio Tinto) 公司收購) 同意在澳洲昆士蘭的格拉德斯通 (Gladstone) 興建一座煉鋁廠，每年產能為 140 萬噸的氧化鋁，投資成本約為 7.5 億美元。[10] (氧化鋁產自鋁礬土，會被鎔化以製造鋁。) 在 2003 年 11 月，Comalco 宣布，由於市場需求增加，該公司考慮進行擴建，讓公司年產量可以擴展至 420 萬噸。[11]

　　我們做以下假設：請將此問題視為分階段擴展的問題，其中初始興建工廠的成本 (7.5 億美元) 平均分配於 2002 年到 2004 年。2005 年的收入為每噸 500 美元，每噸的單位成本則為 150 美元，產量為 140 萬噸。由於全世界的產量增加，自 2006 年起預期每年每噸的收入會減少 3%，而每年每噸的成本則會增加 3%。假設將年產量提升至 420 萬噸的擴建案是在 2008 年及 2009 年進行，成本為每年 7 億美元。這項擴建在 2010 年達到 280 萬噸的產能，在 2011 年以及之後的可使用年限中 (結束於 2019 年)，產能則為 420 萬噸。這座工廠預期需承擔 5 億美元的恢復成本。此外，從 2005 年到 2009 年，年度固定成本預計為 3,000 萬美元，之後則會增加至每年 7,000 萬美元。假設 $\varepsilon_R = \varepsilon_L$ = MARR 為 16%，我們應該要考量此項分階段的投資案嗎？

🔍 **解答**　此專案計畫的現金流如圖 5.14 的試算表所示，表中也包含累積現金流。根據這些現金流以及笛卡兒規則，此案例可能會有多重內部報酬率，因為在 2004 到 2005 年、2007 到 2008 年、2009 到 2010 年以及 2018 到 2019 年之間都有現金流的正負號改變。此外，根據諾斯特羅姆準則，2005 到 2006 年、2008 到 2009 年以及 2009 到 2010 年之間的累積現金流都發生正負號改變，這也顯示多重根的可能性。

　　我們可透過繪製利率 (大於 –1) 的現值函數來證實多重根，如圖 5.15 是利率為 –80% 到 40% 間的現值函數。雖然從圖中很難判斷現值函數是在哪穿過 x 軸 (利率)，不過此函數有兩個根：–74.4% 及 34.1%。

---

[10]　"Construction of Comalco Alumina Refinery to Commence," *News Article,* www.comalco.com.au, October 26, 2001.

[11]　Sinclair, N., "Comalco Mulls More Capacity at Australia Alumina Refinery," *Dow Jones Newswires,* November 5, 2003.

請注意，如果使用 EXCEL 中的 IRR 函數，它會回應 34.1%這個值。但是，我們不能將此值解釋爲 IRR，因爲它並不是唯一解。我們可以使用 Excel 的 MIRR 函數計算外部報酬率 (ERR 值)，MIRR 函數定義如下：

$$ERR = MIRR(values, finance\_rate, reinvest\_rate)$$

填入已知資料，我們得到

$$ERR = MIRR(-250, -250, \ldots, 418, -152, 0.16, 0.16) = 21.0\%$$

	A	B	C	D	E	F	G	H	I
1	Example 9.9: Phased Expansion of Alumina Refinery						Input		
2							Investment	Diagram	million
3	Period	Investment	Production	Cash Flow	Cumulative		Production Phase I	1.4	million tons
4	2002	-$250.00	$0.00	-$250.00	-$250.00		Production Phase IIa	2.8	million tons
5	2003	-$250.00	$0.00	-$250.00	-$500.00		Production Phase IIb	4.2	million tons
6	2004	-$250.00	$0.00	-$250.00	-$750.00		Production Cost	$150.00	per ton
7	2005		$460.00	$460.00	-$290.00		Production Revenue	$500.00	per ton
8	2006		$432.70	$432.70	$142.70		g (Revenues)	-3%	per year
9	2007		$405.84	$405.84	$548.54		g (Costs)	3%	per year
10	2008	-$700.00	$379.40	-$320.60	$227.94		Phase I Fixed Cost	$30.00	million
11	2009	-$700.00	$353.35	-$346.65	-$118.71		Phase II Fixed Cost	$70.00	million
12	2010		$645.33	$645.33	$526.62		Remediation Cost	$500.00	million
13	2011		$926.99	$926.99	$1,453.61		Interest Rate	16%	per year
14	2012		$851.94	$851.94	$2,305.55		Periods	17	years
15	2013		$777.80	$777.80	$3,083.35				
16	2014		$704.48	$704.48	$3,787.83				
17	2015		$631.92	$631.92	$4,419.75		Output		
18	2016		$560.07	$560.07	$4,979.81		ERR	21.02%	
19	2017		$488.84	$488.84	$5,468.65				
20	2018		$418.18	$418.18	$5,886.83			=MIRR(D4:D21,H13,H13)	
21	2019		-$151.98	-$151.98	$5,734.86	=D19+E18			
22									
23		=$H$5*($H$7*(1+$H$8)^(A15-2005)-$H$6*(1+$H$9)^(A15-2005))-$H$11							
24									

圖 5.14 氧化鋁生產擴展的累積現金流，以百萬美元表示

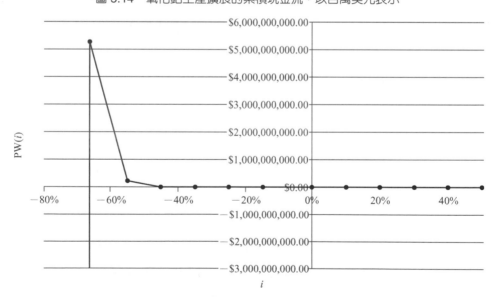

圖 5.15 氧化鋁產能分階段擴展投資案的現值

我們以 D 欄的現金流以及 MARR (= $\varepsilon_R = \varepsilon_L = 16\%$) 作爲輸入值，則在試算表 H18 儲存格可獲得 ERR 值的解答。由於 ERR 大於 MARR，我們會接受此專案計畫並規劃分階段擴展生產。

5.3.3 利益成本比法

到目前為止，我們都將焦點放在企業的資本投資決策上。然而，政府單位也會進行投資，但是目標不同，因為政府單位存在的目的，通常不是為了產生利潤。政府單位所進行的投資，通常是為了以某種方式嘉惠大眾。典型的案例包括公共基礎建設的投資，例如道路、高速公路、橋樑以及水壩；休閒活動的支援，例如公園、湖泊、博物館以及圖書館；還有國防，例如碉堡、坦克、船艦、潛水艇以及戰鬥機。政府也可能會以稅款補助的形式投資公司，以期能夠促進景氣繁榮並製造工作機會。

明顯地，這些投資都很重要。然而，我們並不清楚應該要如何分析這些投資計畫，因為賺取最大利潤並非它們的宗旨。政府的存在是為了服務大眾；因此，其投資決策必須反映這個目標。問題是，這類投資案應該要使用前述的方法來進行分析嗎？答案是肯定的 (我們的分析應該要嚴謹，而決策應在財務上合理)，但要從不同的角度來看。我們藉由定義專案計畫的利益與成本來區別此處的分析與我們前面所呈現的分析，如果分析的結果是利益大於成本，我們就會認為此專案計畫是可接受的。

明確地說，我們將 B 定義為專案計畫對於使用者 (通常是大眾) 的利益之等值價值。此外，我們將 C 定義為專案計畫執行者 (通常是政府單位) 所引發的成本之等值價值。我們使用「等值價值」這個詞，因為現值、未來值或年金值都可以用來定義 B 或 C，只要兩者的定義是一致的。我們將利益成本比 (Benefit-Cost ratio) 定義為

$$\text{B/C(MARR)} = \frac{B}{C} \tag{5.7}$$

請注意，「利益」與「成本」這兩個詞容易會有一點誤導，因為分子包含的是使用者 (大眾) 的利益，而分母則包含執行者 (政府) 的成本。當專案計畫完成時，也可能會對使用者造成負面的利益，或不利 (例如新的道路可能會造成污染或噪音的增加)。雖然我們可能會將這些不利設想為成本，但是它們會被放在分子，因為它們是使用者所面對的負面利益。同樣地，在某些狀況下，政府單位也可能會從專案計畫中得到利益 (例如門票)。雖然這並非傳統認定的成本，但是它們會被放在分母中，將之視為負成本。因此，雖然我們將此比率定義為利益與成本的比值，但其實它比較適合被定義為使用者與執行者的比值。

清楚地說，我們將執行者所承受的成本視為分母中的正值，執行者的任何利益則視為分母中的負值，這通常仍會使 B 與 C 都維持正值。

一旦計算出 B 與 C 比值 (B/C 值) 之後，依據下表，接受或拒絕專案計畫的決策便會取決於利益是否大於成本：

B/C 值	決策
B/C (MARR) > 1	接受此專案計畫。
B/C (MARR) = 1	投資與否不影響公司的價值，可考慮其他因素再作決策。
B/C (MARR) < 1	拒絕此專案計畫。

以下例題描述了利益成本比 (B/C) 分析的應用。

例題 5.8 利益成本比分析

西門子-德馬泰克 (Siemens Dematic) 公司在 2004 年取得美國郵務局一筆 8,990 萬美元的合約，其將在郵務局 280 處支局的分信機上安裝通風與過濾系統。此種系統的設計是引導廢氣通過一組過濾器來移除空氣中 99.7%的污染物。[12]

假設此系統會在 2004 年完成安裝，並有 25 年的壽命，此系統從 2005 年開始發揮效益。我們進一步假設，此系統對於員工的預期利益如下：

- 在每一支局減少 100 天病假日數。一天的病假會使每位員工損失 80 元的工資 (8 小時，每小時 10 美元)。
- 平均每年減少 8 次重大疾病，每減少 1 次可省下 50,000 美元。
- 每年減少 1 起意外死亡，每減少 1 次可省下 50 萬美元。

郵務局本身也會得到下列利益：

- 在每個支局減少 100 天的病假日數。一天病假日數平均會損失 8 小時的生產力，在每個支局每小時會造成 20 美元的損失。
- 每年可在醫療照護給付省下 55 萬美元。

請找出這筆合約的利益成本比，假設每年 6%的 MARR。每組系統的 O&M 成本估計為每年 2,500 美元，假設可以忽略殘餘價值。

解答 每年員工利益可以計算如下：

$$280\,支局 \times \frac{100日}{支局} \times \frac{8\,小時}{日} \times \frac{\$10}{小時} = 224\,萬美元(=2.24M)$$

因此，總年度利益為

$$\underset{利益}{B} = \underset{病假日數}{\$2.24M} + \underset{重疾}{(8)\$50,000} + \underset{死亡}{(1)\$500,000} = 314\,萬美元(=3.14M)$$

郵務局 (執行者) 的利益如下：

$$\underset{生產力}{\$4.48M} + \underset{健康照顧}{\$550,000} = 503\,萬美元(= 5.03M)$$

年度成本總計為

$$C = \$89.9M \overset{0.07823}{(A/P, 6\%, 25)} + (280)(\$2500) = 773\,萬美元(= 7.73M)$$

如此造成的利益成本比 (請回想一下，施政者的利益放在分母並為負值) 為

---

[12] Willetts, S., "United States Postal Service Awards $89.9M Pact to Siemens Dematic for New Ventilation and Filtration System," *Dow Jones Newswires,* November 17, 2003.

$$B/C(6\%) = \frac{B}{C} = \frac{\$3.14M}{\$7.73M - \$5.03M} = 1.16$$

因為利益成本比大於 1，所以此項投資案應該可進行。

請注意，針對此例題，我們是根據利益與成本的年金值來計算 B／C 值。這 (使用年金值法) 不是必要的，關鍵僅在於利益與成本要依據相同的研究期間進行計算，且必須考量金錢的時間價值。也就是說，我們也可以使用利益與成本的現值或未來值來計算，而所得決策並不會有所改變。事實上，利益成本比的數值並不會改變，因為這些等值的換算等於在分子與分母同乘以適當的利率因子，而這些因子會彼此抵銷，所以我們還是會得到相同的 B/C 值。

利益成本比的意義十分清楚：如果利益的時間價值等值大於成本的時間價值等值，我們就應該接受並執行該專案計畫。不幸的是，這種明確的含義並未排解關於利益成本比使用上的重大爭議。這些爭議無關於分析方法本身，因為此方法是完善的，誠如我們馬上將會說明的，此方法與現值是相互一致的。

相反地，使用利益成本比 (B/C) 分析的困難在於，用於利益與成本的數值可能是具爭議性的。基礎設施的改善通常可以節省時間並提高安全性。這些利益有時會被描述為「非經濟性」利益，但是 B/C 分析需要經濟性的數值。例如，道路的改善有可能加快車流的速度。使用者的利益在於行車時間縮減了。問題是，對於使用者而言，這些時間價值多少？這可以藉由確定使用者的類型以及可能的工資來計算，但是這可能無法涵蓋所有與減少行車時間相關的價值。同樣地，道路改善也可能使車禍次數減少，從而減少傷亡人數。這些值多少錢？我們可以估計醫藥與保險成本，但是估計生命的價值則是一個棘手的問題。

某個數值應該歸於分母還是分子也會引起爭議。道路的改善可能造成過路費的增加。這些費用是使用者所遭逢的額外成本，還是執行者所增加的利益 (以收入的形式)？這是另一個爭議性問題。

再次聲明，這些爭議與 B/C 分析本身無關，而是跟分析中所使用的數值有關。由於這些數值是有爭議性的，我們便很容易藉由扭曲利益或成本的數值來操弄利益成本比，而使其產生我們想要的結果。

我們很容易證明 B/C 法與現值法的結果是相互一致。讓我們假設 B 與 C 是以現值來定義。如此一來，如果

$$PW(i) = B - C > 0$$

我們便會接受此專案計畫。這意味著

$$B > C$$

而由於 *C* 為正值，則

$$\frac{B}{C} > 1$$

因此，如果專案計畫的現值為正值，則專案計畫的利益便會大於成本，而 B/C 法便會產生一致的決策結果。

　　最後要注意的是，雖然 B/C 分析法與現值法一致，但是前者所提供的資訊要少上許多。利益成本比僅呈現利益超過成本的倍數。就跟報酬率的情形相同，除非我們確定利潤與成本的金額，否則我們無法得知實際上金錢的影響。這就是為什麼我們將 B/C 法歸類為相對性價值評估準則的原因。

5.4 輔助評估準則－還本期法

5.4.1 傳統還本期

當考慮專案計畫可能的投資風險，一種簡單的、也是業界非常普遍的投資決策輔助評估準則便是還本期(payback period)。在數學上來說，傳統還本期是發生在專案計畫的累計流入金額第一次出現超過累計流出金額的那一個期間，亦即

$$n^* = \min_{t} \sum_{n=0}^{t} A_n \geq 0 \qquad (5.8)$$

我們使用「還本期」(又稱為回收期) 這個詞是因為它會指出投資初期的資金流出能夠達到還本的第一個期間。管理者可能常常會問：「我們要花多久才能把投資的錢拿回來？」這管理者指的便是還本期，因為大多數投資的特性是在時間零附近會有現金流出 (資本支出)，其後在專案計畫的可使用期間 (或稱計畫的有效壽命) 則會有正向的淨現金流。讓我們以一個例題來說明。

 例題 5.9　還本期

2003 年 12 月，法國的安賽樂 (Arcelor SA)、日本製鐵 (Nippon Steel) 以及中國的寶鋼 (Bao Steel) 等三家公司協議在上海興建一座工廠，生產扁碳鋼以供汽車工業使用。其冷軋與鍍鋅每年產能為 170 萬公噸，並從 2005 年第 2 季開始生產。[13] 假設這新工廠會從 2005 年 4 月開始營運，並有 20 年的可用年限，每月會有 14 萬 1,667 公噸的產出，若以每公噸 220 美元的收入則可得到每月 3,120 萬美元的淨現金流，這座工廠沒有殘餘價值。進一步假設 8 億美元的投資是平均分配於 2004 年 1 月到 2005 年 3 月的每月支付。請問這項投資案的還本期為何？利率為每年 15%，每月複利計算。

---

[13] Pearson, D., "Arcelor, Nippon Steel in $800M China Steel Plant Venture," *Dow Jones* Newswires, December 22, 2003.

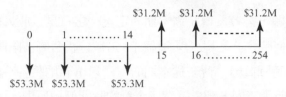

圖 5.16　扁碳鋼工廠投資案的預期每月現金流

🔍 **解答**　這個鋼鐵工廠投資計畫案的現金流圖如圖 5.16 所示。請注意，其現金流是以每月表示。

$$A_0 = -\$53.3M\ (=-5,330萬)\ 美元$$

$$A_0 + A_1 = -\$53.3M - \$53.3M = -\$106.60M\ (=1億660萬)\ 美元$$

$$A_0 + A_1 + A_2 = -\$53.3M - \$53.3M - \$53.3M = -\$160M\ (=-1.6\ 億)\ 美元$$

這種過程一直持續到對這座工廠的投資完成爲止，而使前 15 個月的現金流總計爲 8 億美元。在開始生產之後，其現金流模式會繼續如下：

$$\sum_{n=0}^{15} A_n = -\$800M + \$31.2M = \$-768.8M\ (=-7億6,880\ 萬)\ 美元$$

$$\sum_{n=0}^{16} A_n = -\$768.8M + \$31.2M = \$-737.6M\ (=-7\ 億3,760\ 萬)\ 美元$$

進行到第 39 期 (月)：

$$\sum_{n=0}^{39} A_n = -\$800M + (25)\$31.2M = \$-20M\ (=-2000萬)\ 美元$$

$$\sum_{n=0}^{40} A_n = -\$20M + \$31.2M = \$11.2M\ (=1,120\ 萬)\ 美元$$

因爲第 40 個月是發生專案計畫總現金流入超過總現金流出的第 1 個月，因此，傳統還本期 $n^* = 40$ 個月。請注意，使用試算表便可以輕易的求出還本期，因爲我們只需計算現金流的累計總和，直到此總和值成爲正值爲止。

我們提過，投資專案計畫所牽涉到的其中一項風險是專案計畫可能無法繼續進行，而這會造成投資的損失。由於還本期可量測回收投資所需的時間，故它是評估此類風險的一種方法。我們比較偏好投資於還本期較短的專案計畫。針對某些專案計畫 (例如購買設備)，公司可能會規定其還本期必需少於某個期數 (通常是以每月、每季、或每年來評估)，否則此投資將不會被核准。該規定的構想是，較短的還本期意味著較低的投資損失風險，因爲我們更有可能較快獲得投資回報。

在例題 5.9 中，我們發現該項投資案的還本期爲 40 期。就像面對新資訊時經常會發生的，我們會冒出更多的問題：$n^* = 40$ 意味著什麼？這些資訊足以做決策嗎？對於充滿風險的未來，這些資訊足以減輕我們的掛慮嗎？

　　要深入研究這些議題，需考量傳統還本期的定義。它只是以收入的累計結果就可以確定專案計畫的現金流入在何時會首度超過現金流出。這類分析有許多陷阱：

1. 它並未考量金錢的時間價值。傳統還本期的程序只單純地將各時間點的現金流加總，而忽略了它們的發生時間不同。這點違背了金錢的時間價值原則。

2. 它並未考量週期 n^* 之後的現金流。還本期的定義是當我們達到累計流入第一次超過累計流出時便終止了。如果第 n^* 期之後的所有淨現金流都是正值，則還本期便能提供我們所需的資訊。但如果第 n^* 期之後的現金流包含正、負值，則在專案計畫的可使用期間，現金流出仍然可能會超過流入，這表示投資並未被回收。

3. 它並未提供價值或報酬的評估準則。在求解例題 5.9 時，我們計算出傳統還本期，但不管是從絕對性或相對性的角度來看，對於我們投資該計畫能賺多少錢，還本期沒有提供任何資訊。

這不表示還本期毫無優點。還本期的正面特性如下：

1. 它為專案的相關風險提供了某種評估準則。我們先前介紹過的價值評估準則(例如現值)並未提供任何與風險有關的資訊。然而，為了回收投資成本(忽略利息)，還本期則會告訴我們專案計畫必須持續的最小週期數。相較於我們先前所學的評估準則，這種「損益平衡點」顯然提供了一些與專案計畫風險有關的資訊。

2. 在傳統的價值評估準則之外，它可以用來加強專案計畫的評估。因為傳統還本期並未提供價值的評估，而傳統的價值評估準則卻未提供風險的評估，所以這兩者顯然可以合併使用，來幫助我們獲得更為明智的決策。

但是對於具風險性的未來，還本期是否提供我們足夠的額外資訊以減輕我們的憂慮？否，但是這是朝向正確方向所跨出的第一步，並且，如前所言，它可以輔助現值分析。例如，例題 5.9 之鋼鐵工廠投資案的現值為 13.9 億美元。這份資料可以跟 40 個月的還本期一起使用，以做出更為完備的決策。

5.4.2　考慮現金流等值的還本期

我們可以將金錢的時間價值納入考量，以減輕我們對於還本期的其中一項憂慮。我們將考慮現金流等值的還本期定義為

$$n^* = \min_t \sum_{n=0}^{t} \frac{A_n}{(1+i)^n} \geq 0 \tag{5.9}$$

請注意，我們的新定義加入了金錢的時間價值，使得未來的現金流會被折價至時間零。只要我們的利率是正值，而且我們是在時間零進行投資，考慮現金流等值的還本期永遠都會大於等於傳統的還本期(不考慮金錢的時間價值)。讓我們重新檢視先前的例題來加以說明。

?? 例題 5.10　考慮現金流等值

針對例題 5.9 的工廠興建計畫，請計算考慮現金流等值的還本期。

解答　年利率已知爲 15%，每月複利計算。這等於有效(實際)月利率爲 1.17%。考慮現金流等值的還本期的計算類似於傳統還本期的計算方法，但是其現金流必須加以折價。因此，

$$A_0 = \$ - 53.3\text{M} \,(= -5,330 \text{ 萬}) \text{ 美元}$$

$$A_0 + \frac{A_1}{(1+i)} = -\$53.3\text{M} - \frac{\$53.3\text{M}}{(1+0.0117)} = -\$105.98\text{M} \,(= 1\text{億}598\text{萬}) \text{ 美元}$$

$$A_0 + \frac{A_1}{(1+i)} + \frac{A_2}{(1+i)^2} = -\$105.98\text{M} - \frac{\$53.3\text{M}}{(1+0.0117)^2} = -\$158.05\text{M} \,(= -1\text{億}5805) \text{ 美元}$$

以此方式繼續計算直到到

$$\sum_{n=0}^{47} \frac{A_n}{(1+i)^n} = -\$16.06\text{M}(= -1,606 \text{ 萬}) \text{ 美元}$$

$$\sum_{n=0}^{48} \frac{A_n}{(1+i)^n} = -\$16.06\text{M} + \frac{\$31.2\text{M}}{(1+0.0117)^{48}} = \$1.79\text{M}(= 179 \text{ 萬}) \text{ 美元}$$

因此，考慮現金流等值的還本期 n^* 爲 48 個月 (或 4 年)。一如預期的，這個數值大於傳統還本期 (40 個月)。

　　因此，我們擁有了第一種評估風險的準則。請再次注意，還本期(不管是否考慮現金流等值)不該被混淆爲一種價值評估準則：它不會提供我們任何有關專案價值的資訊，它只會告訴我們預期何時可回收我們的金錢。由於投資是具有風險的，我們偏好較短的還本期，因爲我們會較快速地取回我們的金錢。換句話說，相對於還本期較長的專案計畫，還本期較短的專案計畫會有較低的風險。因此，還本期只能作爲投資決策的輔助評估準則。

5.5　重點整理

- 絕對性的價值評估準則是對於專案計畫所產生的利潤價值總額的評估準則；而相對性的價值評估準則則是根據所投資的規模，對於專案計畫的預期報酬的評估準則。
- 現值法是評估專案計畫在時間零的金錢價值。我們可以將現值視爲折價後的利潤，或者是在支出資本成本後專案計畫的價值。
- 未來值法在意義上等值於現值法，但是是定義於時間 N。
- 專案計畫的年金值法提供了專案計畫週期性價值的評估準則。
- 內部報酬率法是對於投資所產生的報酬的一種相對性評估準則，其是以利率來呈現。

- 外部報酬率 (或修正內部報酬率) 法是會令收入的未來值 (以 MARR 或外部投資利率轉換) 與成本的現值 (以 MARR 或外部借貸利率轉換) 相等時的利率。
- 利益成本比分析法是用來評估公共領域的專案計畫。如果專案計畫的等值利益大於其等值的成本，則此專案計畫應該是可被接受的。
- 雖然本章所呈現的各種評估準則所提供的資訊有著些微的不同，但是這些準則在確定性的情況下，對於單一專案計畫的接受或拒絕決策，將會是一致的。
- 傳統還本期意指當累計收入第 1 次超過累計成本時的那一個期間。較長的還本期通常意味著較具風險的投資。
- 考慮現金流等值的還本期會在其計算中加入了金錢的時間價值。

5.6　習題

5.6.1　觀念題

1. 請問現值的意義為何？它與利率有何關連？
2. 為何現值經常被稱做折價後的利潤？
3. 如果公司使用資本成本來折價現金流，請問該公司對於現值的解讀為何？
4. 如果公司使用成長率來折價現金流，請問該公司對於現值的解讀為何？
5. 請問現值相對於利率的典型圖形長什麼樣？請問你的答案與前一題的答案有何關連？
6. 為什麼現值法、未來值法與年金值法會產生同樣的決策？
7. 絕對性價值評估準則與相對性價值評估準則之間的差異為何？
8. 請解釋為什麼我們會想要計算多種價值評估準則，即使它們都會得到相同的決策？請使用現值法以及內部報酬率法來進行你的討論。
9. 在使用內部報酬率法時會發生哪些複雜的情況？如果碰上這類問題，決策者應該如何應對？
10. 笛卡兒規則或諾斯特羅姆準則能夠保證多重內部報酬率的存在嗎？請解釋之。
11. 我們何時應注意現金流圖有可能會產生多重內部報酬率？
12. 內部報酬率法的意義為何？它與現值法有何關連？
13. 為什麼利益成本比分析法在其應用上常有爭議？
14. 傳統還本期如何提供我們對某個專案計畫的風險評估？
15. 請問還本期招致哪些批評？這些批評合理嗎？

5.6.2 習作題

1. 在時間零進行一筆 1,200 萬美元的投資，第 1 年的淨收入為 330 萬美元，之後每年以 8%的速率成長。請問這筆投資案的現值為何？是否值得投資此案？假設 MARR 為 18%，且此專案計畫會持續 7 年。

2. 在時間零進行一筆 40 萬美元的投資。預期收入為第 1 年 10 萬美元，之後每年增加 50,000 美元，成本預期會維持為每年 50,000 美元不變。該計畫的有效期間為 6 年，如果 6 年結束時沒有殘餘價值，假設 9%的 MARR，請問此專案計畫的未來值為何？是否值得投資此案？假設 13%的 MARR，請問其年金值為何？是否值得投資此案？

3. 某項投資案每年的現金流如下：–10 萬美元、–50,000 美元、10 萬美元、10 萬美元、10 萬美元以及–50,000 美元。請問此專案計畫可能有多重內部報酬率嗎？試以 EXCEL 表列方式 (利率從–1 至 1) 或 IRR 函數 (初始猜測值分別為 0%與 10%) 求其所有的內部報酬率。此外，假設 $\varepsilon_R = \varepsilon_L$ = MARR = 17%，請以手算以及應用 EXCEL 的 MIRR 函數計算其外部報酬率。

4. 某項投資計畫每年的現金流如下：–10 萬美元、–50,000 美元、10 萬美元、10 萬美元、10 萬美元以及–17 萬 5,000 美元。請問此專案計畫可能有多重內部報酬率嗎？試以 EXCEL 表列方式 (利率從–1 至 1) 或 IRR 函數 (初始猜測值分別為 0 與 10%) 求其所有的內部報酬率。此外，假設 $\varepsilon_R = \varepsilon_L$ = MARR = 17%，請以手算以及應用 EXCEL 的 MIRR 函數計算其外部報酬率。

5. 在時間零進行一筆 125 萬美元的投資，這筆投資在 10 年內每年收入為 100 萬美元，而第 1 年的 O&M 成本為 35 萬美元，之後每年會增加 35,000 美元。在 10 年結束時的殘餘價值為 10,000 美元。請將現值繪製為利率的函數。請問在何種 MARR 值下此專案計畫會被接受，而在何種 MARR 值下此專案計畫會被拒絕？

6. 在時間零進行一筆 125 萬美元的投資，這筆投資在 10 年內每年收入為 100 萬美元，而第 1 年的 O&M 成本為 35 萬美元，之後每年會增加 35,000 美元。在 10 年結束時的殘餘價值為 10,000 美元。MARR 為 7%，根據以下 3 種評估準則，請問我們應接受這專案計畫嗎？

   (a) 未來值法
   (b) 年金值法
   (c) 外部報酬率法，假設 $\varepsilon_R = \varepsilon_L$ = MARR

7. 政府單位花費 15 萬美元投資建造一座新的公園，此座公園預期每年能夠容納 10,000 名遊客。如果典型的遊客會在公園裡平均待上 2 小時，而遊客每待一小時，通常會獲得價值 15 美元的好處，試以年金值法計算此公園的利益成本比。假設該計畫以 20 年為研究期間，50,000 美元的殘餘價值 (20 年底)、20,000 美元的年度維護成本以及 3%的年利率。

8. 在時間零進行一筆 10 萬美元的投資，未來 8 年每年的淨現金流報酬為 23,000 美元，沒有殘餘價值。請判斷我們應接受或拒絕此專案計畫，假設

(a) 使用現值法與 15%的 MARR。

(b) 使用未來值法與 10%的 MARR。

(c) 使用年金值法與 25%的 MARR。

(d) 使用內部報酬率法與 12%的 MARR。

(e) 使用外部報酬率法與 14%的 MARR = $\varepsilon_R = \varepsilon_L$。

9. 我們正在考量某項成本為 250 萬美元的道路安全改善投資計畫。這項改善會持續 10 年，沒有殘餘價值，但預期每年會減少 50%的意外事故。這包含了每年減少 25 件事故 (每件事故估計價值 10,000 美元)，15 件人員受傷 (每件估計價值 25,000 美元) 以及 1 件人員死亡 (每件死亡估計價值 50 萬美元)。如果利率為每年 6%，我們應接受此專案計畫嗎？

10. 在時間零進行一筆 450 萬美元的投資，計畫的研究期間為 7 年，第 1 年的收入為 50 萬美元，之後以每年 30%的速率成長。O&M 成本估計為每年 15 萬美元。假設這項計畫會在 7 年結束時以 75 萬美元售出。根據以下 4 種條件，我們應接受此專案計畫嗎？

(a) 現值法與 12%的 MARR

(b) 年金值法與 8%的 MARR

(c) 內部報酬率法與 14%的 MARR

(d) 外部報酬率法與 MARR = $\varepsilon_R = \varepsilon_L = 14\%$

11. 紐約市公共運輸局與西門子簽下一筆 1.1 億美元的合約，以便在該市 156 座地鐵站設計並裝設電腦顯示系統。[14] 假設這些顯示系統裝設於時間零，有 3 年的使用壽命，其年度維護成本為每年 200 萬美元，沒有殘餘價值。此外。假設每日有 200 萬人使用這些顯示系統，每年 250 日。在這些人中，有 10%的人可以改變他們的行程，每次改變所獲好處為 5 美元 (這份資訊的價值)，還有 35%的人可以從資訊中得到滿足，每次滿足的價值為 1 美元。我們應該接受此項投資計畫嗎？假設年利率為 4%。

12. 法國液化氣體集團同意供應氧氣與氮氣給聯合碳化物公司 (Union Carbide) 與陶氏化學公司 (Dow Chemical)。這項專案計畫需要 4,000 美元的管線投資來將聯合碳化物公司連結到液化氣體集團。在此合約下，液化氣體每日會供應 5,000 噸的氧氣與氮氣。[15] 假設氧氣及氮氣每日約銷售 5,000 噸，每噸平均收入為 14 美元，但我們將這些收入累計為年底的現金流 (假設每年

[14] "Siemens Gets New York Subway Contract," *Dow Jones Newswires,* October 2, 2003.

[15] Keller, G., "Air Liquide Secures Dow Chemical, Union Carbide Contracts," *Dow Jones Newswires,* December 9, 2003.

有 250 天的生產日數。) 此項專案計畫預期會持續 10 年，沒有殘餘價值。營運成本為每噸 8.25 美元，每年固定成本為 25 萬美元。請使用下列年利率評估專案計畫：

(a) 使用 IRR 法與 12%的 MARR。

(b) 使用未來值法與 10%的 MARR。

(c) 使用年金值法與 12%的 MARR。

13. 德國馬牌 (Continental) 輪胎製造商宣布將會在巴西投資 2.7 億美元來建造一家新工廠。這家新工廠每年的產能介於 500 萬到 800 萬個輪胎，其中 85%將會外銷。[16] 假設這項投資發生於 2005 年，於 2006 年開始生產。2006 年的需求為 400 萬個輪胎，之後以每年 15%的速率成長，直到達到 800 萬個輪胎的產能為止。請在 10 年的研究期間分析此項投資計畫，假設在第 10 年底需有 2,000 萬美元的恢復成本。此外假設每個輪胎的收入為 30 美元，每個輪胎在巴西的銷售成本為 20 美元，外銷為每個 22 美元。工廠的固定成本估計為每年 50 萬美元。我們應該要接受此項專案計畫嗎？請以下列條件得到你的結論：

(a) 使用現值法與 20%的 MARR。

(b) 使用年金值法與 12%的 MARR。

14. 中國的中國石油天然氣集團公司和加拿大的 Nelson Resources, Ltd. 擴展了它們在哈薩克 North Buzachi 的油田產量。2004 年 8,200 萬美元的投資額包含了鑽掘 15 座新油井的設備。這項投資計畫會將原油產量從每日 7,500 桶增加至每日 10,000 桶。這座油田的蘊藏量估計為 7,000 萬噸 (5 億桶)。[17] 假設原油收入為每桶 40 美元，成本為每桶 15 美元，以及 500 萬美元的年度固定成本。此外，假設在專案計畫營運期結束後，需 1 億美元的恢復成本，它會發生在這座油田枯竭時。請繪製此項新增開採投資案所產生的現金流圖。請確定你有注意到維持現狀的方案是由每日 7,500 桶開採量的現金流圖所定義的。此問題可能會有多重內部報酬率嗎？試解釋之。請將原油的每日生產累積為年現金流以進行分析 (每年 350 天的生產日數)，假設 22% 的年利率。請使用內部 (如果可能的話) 與外部報酬率方法 (MARR = $\varepsilon_R - \varepsilon_L$)來分析此項投資計畫。

15. 南韓政府投資 1,600 萬美元 (由 IBM 所議成的金額) 建造一座新實驗室，以開發行動通訊裝置的軟體。這筆投資額將分 4 年進行，以資助研究者及工程師。[18] 如果利率為每年 4%，請問南韓政府每年必需得到多少利益，才會接受此專案計畫？這些利益可能包含什麼？

[16] Brasileiro, A., "Germany Continental to Invest $270M in Brazil Unit Report," *Dow Jones Newswires,* February 2, 2004.

[17] Kistauova, Z., "CNPC, Nelson Resources to Invest $82M in Kazakh Oil Field," *Dow Jones Newswires,* February 26, 2004.

[18] Kim, Y.-H., "IMB, S Korea Govt to Invest $16M Each to Open Software Lab," *Dow Jones Newswires,* October 24, 2003.

16. 挪威亞拉國際公司 (Yara International ASA) 投資 5.5 億美元的卡達肥料公司 (Qatar Fertiliser Co., Qafco) 擴建案，卡達肥料公司是全世界最大的肥料工廠。此項專案計畫包括興建一座阿摩尼亞工廠以及一座尿素工廠，其每日產量分別爲 2,000 噸及 3,200 噸。[19] 假設此項擴建計畫發生於 2003 年，於 2004 年以最大產能進行生產。收入爲每噸阿摩尼亞 160 美元，每噸尿素 135 美元。成本爲每噸阿摩尼亞 110 美元，每噸尿素 85 美元，此外在 2004 年工廠維護成本爲 500 萬美元，之後每年增加 5%。研究期間爲 10 年 (每年 350 天的生產日數)，到時此專案計畫的殘餘價值爲 5,000 萬美元。請使用現值法與年金值法來分析此項投資計畫，假設 10% 的年利率以及現金流發生在年底。

17. 加拿大石油與油氣生產商 EnCana Corporation (現稱爲 Ovintiv) 將在亞伯達省 (Alberta) 一處 70 萬英畝的土地擴展其煤層甲烷的開發。這座資產估計擁有 2 兆立方呎來自煤層的可開採天然氣。該公司已經從這座資產北側的 35 座氣井每日開採出 300 萬立方英呎的天然氣。2003 年下半年，Encana 開鑿了 100 座新的氣井，將每日產量提升爲 1,000 萬立方英呎。這家公司預計於 2004 年鑽掘另外 300 座氣井，將每日產量提升至 3,000 萬立方英呎。2004 年的擴展成本預期爲 9,000 萬加幣。[20] 請分析 2004 年的擴展計畫。假設天然氣的收入爲每 1,000 立方英呎 7.50 加幣，單位成本爲每 1,000 立方英呎 3.50 加幣，而每年固定生產成本爲 500 萬加幣。此外，假設當該座天然氣田耗盡時，需要 5,000 萬加幣的恢復成本。請注意，維持現狀的方案並不單純。請問此問題會對於 IRR 分析造成困難嗎？試解釋之。試分析此項擴展計畫，請使用 IRR、ERR、以及 PW 分析，同時假設每年 25% 的 MARR = $\varepsilon_R = \varepsilon_L$。(請將每日的現金流累計爲年度現金流，假設每年會生產 365 日。)

18. 在時間零進行 $1,200 萬美元的投資，第 1 年的淨收入爲 $230 萬美元，之後每年會以 8% 的速率成長。請問這筆投資的傳統還本期爲何？假設 14% 的 MARR，請問考慮現金流等值的還本期爲何？請問這些資訊足以對此投資做決策嗎？

5.6.3 選擇題

1. 大眾運輸局的新購巴士成本爲 1,000 萬美元，預期能夠使用 10 年，並有 100 萬美元的殘餘價值。這些巴士每年的營運與維修成本爲 50 萬美元。如果此系統每年有 75 萬人次使用，乘客每次平均成本爲 1.50 美元，但是每次提供 4.00 美元的利益，而利率爲每年 4%，則此項投資的利益成本比最接近於

   (a) 1.82。
   (b) 1.08。

---

[19] "Yara Expansion of Qatar Fertilizer Site Completed," *Dow Jones Newswires,* April 26, 2004.

[20] Moritsugu, J., "Encana Expands Coal-Bed Methane Development," *Dow Jones Newswires*, November 18, 2003.

(c) 1.14。

(d) 0.55。

2. 以 50 萬美元的成本開闢一座新的市內公園。這座公園預期會存續 20 年，到時會有 50,000 美元的殘餘價值，年度維護成本為 25,000 美元。如果每個月會有 5,000 名遊客造訪該公園，每位遊客在每次造訪都會得到估計為 5 美元的利益，假設 6%的年利率，其利益成本比為

(a) 4.46。

(b) 0.37。

(c) 1.00。

(d) 2.78。

3. 利益成本比分析應該

(a) 以使用者的利益現值除以執行者的成本年金值的比例。

(b) 以使用者的利益年金值除以執行者的成本年金值的比例。

(c) 以執行者的成本年金值除以使用者的利益年金值的比例。

(d) 以上皆非。

4. 某家塑膠零件製造商正在考慮投資 25 萬美元增加另一座擠壓機。這台機器預期能夠使用 7 年，每年會產生 75,000 美元的收入，成本為每年 25,000 美元。利率為每年 10%，則此項投資計畫的現值最接近於

(a) 86,400 美元。

(b) 24 萬 3,000 美元。

(c) –6,600 美元。

(d) 49 萬 3,000 美元。

5. 如果某項分析產生多重內部報酬率，則分析師應該

(a) 使用其中任何一種報酬率來進行決策。

(b) 計算現值。

(c) 計算修正的內部報酬率 (又稱為外部報酬率)。

(d) (b) 或 (c) 皆可。

6. 請考量一項淨現金流為–11 萬美元、20,000 美元、25,000 美元、30,000 美元、35,000 美元以及 40,000 美元的投資。這項投資的內部報酬率最接近於

(a) 8%。

(b) 10%。

(c) 12%。

(d) 14%。

7. 請考量一項淨現金流為–11 萬美元、20,000 美元、25,000 美元、30,000 美元、35,000 美元以及 40,000 美元的投資。根據現值，在下列何種利率範圍應接受此專案計畫？

   (a) 小於 10%。

   (b) 介於 8%與 12%之間。

   (c) 小於 12%。

   (d) 以上皆是。

8. 某家鋼鐵製造商以 10 萬美元添購一座新的衝壓機。這具機器可使用 5 年，每年會增加 25,000 美元的淨收入。要獲得每年 12%的內部報酬率，則在第 5 年底的殘餘價值必需接近於

   (a) 17,000 美元。

   (b) 12,000 美元。

   (c) 15,000 美元。

   (d) 22,000 美元。

9. 某家鋼鐵製造商以 10 萬美元添購一座新的衝壓機。這具機器可使用 5 年，每年會增加 25,000 美元的淨年度收入。在第 5 年底有 10,000 美元的殘餘價值，則此購案的現值 (利率為每年 8%) 最接近於

   (a) 1000 美元。

   (b) 35,000 美元。

   (c) 0 美元。

   (d) 6600 美元。

10. 花費 10 萬美元購買一台訂製的設備，不論其報廢日期為何，都沒有殘餘價值。如果這台設備每年的淨收入為$15,000 美元，利率為 10%，請問其傳統還本期為何？

   (a) 14 年。

   (b) 12 年。

   (c) 10 年。

   (d) 7 年。

11. 請考量有一投資案包含下列淨現金流：–10 萬美元、20,000 美元、25,000 美元、30,000 美元、35,000 美元以及 40,000 美元。請問此項投資的傳統還本期為何？

   (a) 3 年。

   (b) 4 年。

   (c) 5 年。

   (d) 此項投資的金額無法還本。

12. 花費 50,000 美元購買某台機器，因為它每年預計能夠省下$12,000 美元。其還本期最接近於

(a) 5 年。

(b) 4 年。

(c) 6 年。

(d) 以上皆非。

13. 花費 50,000 美元購買某台機器，因為它每年預計能夠省下$12,000 美元。其考慮現金流等值的還本期最接近於

(a) 4 年。

(b) 至少 5 年。

(c) 3 年。

(d) 以上皆非。

06 多個專案計畫的確定性評估

(由博思格鋼鐵公司 (BlueScope Steel) 提供。)

實際的決策：鋼鐵人

2003 年末與 2004 年初，澳洲的博思格鋼鐵公司 (Bluescope Steel, Ltd.) 宣布了四項個別的投資計畫案：(1) 在中國花費 2 億 8,000 萬美元投資一座新的扁鋼金屬塗層與油漆塗裝設施。這座設施會在 2006 年年中完工，每年提供 25 萬噸的金屬塗層與 15 萬噸的油漆塗裝產能；[1] (2) 在越南興建一座類似的設施，擁有 12 萬 5,000 噸的金屬塗層與 50,000 噸的油漆塗裝產能，成本為 1 億 6,000 萬元澳幣，並會於 2006 年初開始營運；[2] (3) 投資 8,000 萬元澳幣在泰國設置新的金屬塗層生產線，產能為每年 20 萬噸，預計於 2005 年年中開始生產；[3] 以及 (4) 於 2004 年初投資 2 億 6,000 萬元澳幣併購巴特勒製造公司 (Butler Manufacturing Company)，它是一家在預製鋼結構建築系統居領先地位的製造商及供應商。[4]

[1]　Johnston, E., "Bluescope:Plans A$280M China Investment," *Dow Jones Newswires,* February 17, 2004.

[2]　Miller, B., "Australia's Bluescope:To Build Plant in Vietnam," *Dow Jones Newswires,* December 16, 2003.

[3]　"Bluescope Steel Continues Downstream Growth by Announcing New Thailand Investment," *News Release,* www.bluescopesteel.com, January 16, 2004.

[4]　"Bluescope Steel Announces Intention to Acquire World's Leading Manufacturer of Pre-Engineered Steel Buildings," *News Release,* www.bluescopesteel.com, February 16, 2004.

我們做以下假設：所有設施的興建可以在 1 年內完成，因此所有的投資都將於 2004 年底開始。進一步假設，針對各投資計畫案，其營運期間所有的成本與收入都是以這段期間為基礎估計出來，而每個投資方案的現值也都是使用 17% 的年利率來計算。我們將結果整理於表 6.1，這引發一些有趣的問題：

表 6.1　鋼鐵公司投資替代方案的成本與現值

替代方案	投資	投資成本 (澳幣 A$)	PW (17%) (澳幣 A$)
1	中國設施	$280M	$12.76M
2	越南設施	$180M(17%)	$6.13M
3	泰國設施	$80M	$9.24M
4	併購製造公司	$260M	$2.07M

1. 如果沒有預算限制，請問可投資的最佳專案計畫組合為何？

2. 如果在下列限制條件下又如何做決策呢？

    (a) 若預算上限分別為：6 億、5 億或 3 億元澳幣。

    (b) 越南與中國的投資是互斥的計畫 (因兩者服務相同的客戶)。

    (c) 越南設施仰賴於中國設施的設立，而其預算為 5 億元澳幣。

3. 當前述的各投資計畫是以 PW 或 IRR 來進行優先排序分析，則所得的投資決策會一致嗎？

除了回答這些問題之外，在研讀過本章之後，你也將能夠：

- 確認在何種情況下，各專案計畫須同時被分析。
- 將投資方案分類為服務型或營利型。(6.1 節)
- 定義由各個專案計畫所組成的互斥投資組合。(6.2 節)
- 使用 (1) 任何絕對性價值評估準則在總投資分析方法，或 (2) 任何絕對性或相對性價值評估準則在增量投資分析方法，來評估一組屬於營利型專案計畫的投資組合。(6.3-6.4 節)
- 從一組可用年限相同或不同的服務型計畫中，找出成本最低的專案計畫。(6.5-6.6 節)
- 在資本預算限制下，評估同時包含營利型專案計畫與服務型專案計畫的混合投資組合。(6.7 節)

在上一章中，我們將注意力集中在評估單一專案計畫是否可被接受而進行投資。本章我們依然在考量這個問題，但是增加了評估多個專案計畫的複雜性。如果專案計畫是彼此獨立，意即接受或拒絕某個專案計畫的決策並不會影響到任何其他專案計畫的評估，則我們可以使用第 5 章的方法單獨分析各個專案計畫。如果接受或拒絕某個專案計畫的決策會影響到其他專案計畫的決策分析，則這些專案計畫便是彼此相依，必須考量同時分析，而這會發生在下列情況：

1. **有多個專案計畫滿足相同的目標**。在工程經濟決策程序的第二步驟中，我們鼓勵產生多個解決問題的替代方案。如果有多個替代方案可以解決某個問題，通常我們只需要選擇其中一個方案來執行。因此，我們必須透過分析從多個替代方案選項中決定何者是最佳方案。這些替代方案稱為**互斥替代方案**，因為選擇其中一個方案就排除了其他替代方案的選項。

2. **專案計畫之間有相依性**。接受某項專案計畫的先決條件，可能是需接受另一項專案計畫。此種相依性使我們需要同時考量這兩個專案計畫。

3. **資源有限**。公司可能有許多投資選項，但資源通常是有限的。最常見的有限資源形式便是在給定期間內能夠投資的金額上限。然而，其他資源 (例如研發、工程專業知識、產能以及勞力等) 可能也是有限的，這會迫使決策者在可行的投資方案中做選擇。進行此項選擇通常稱做**資本預算程序** (capital budgeting process)，或簡稱資本預算。

　　如果我們發現自己處於以上這些情況之一，便會需要同時分析多個專案計畫，以確保我們所投資的是最佳的方案組合。在本章中，我們將焦點放在確定性分析上，假設所有專案計畫的所有現金流都是確知的。我們只將焦點放在是否投資的決策。

6.1 工程專案計畫的類型

在開始進行的分析之前，我們必須先定義欲加以分析的專案計畫的類型。首先假設，我們分析的是欲投資的專案計畫，而非專案計畫的資金來源。我們在第 4 章討論過資金來源的辨認，在第 5 章討論過資金的成本。資金籌措的決策應該要與投資一個專案計畫的決策分開進行，因為資金的來源會幫助我們決定在後續分析中所使用的利率 (MARR)。由於我們所分析的是投資的欲替代方案，故可將欲分析的專案計畫類型分類如下：

1. **營利型專案計畫**。這些專案計畫除了殘餘價值外，還有直接從投資中獲得的已知利益或收入。營利型專案計畫為「典型的」投資計畫案，我們期望花費金錢能產生收入。

2. **服務型專案計畫**。這些專案計畫除了可能的殘餘價值之外，不會從投資中直接得到收入或利益。常見的案例為在兩部設備之間做選擇，此種設備是在製造環節中所必要的，雖也是用來產生收入，但是其決策並不會影響到預期收入。

　　我們將分別討論這兩種專案計畫的分析，因為它們在本質上並不相同。分別討論看來應該是合理的。服務型專案計畫不會產生收入，因此對於服務型專案計畫，我們的現值決策準則永遠會得到「拒絕」的決策，因為服務型專案計畫不會有 (或頂多有極少量) 正向現金流。然而，這類專案計畫和會產生收入的投資計畫通常不會在相同的背景下進行評估。反之，我們對服務型專案計畫所尋求的是較低成本的解決方案。如此會使我們得到另一種維持現狀替代方案的定義。例如，如果我們必須為某項即將啟動的營運裝設某具設備，並且正在考慮兩家廠商，此時維持現狀替代方案通常是不可行的。這就是為什麼我們要在分析時，將服務型專案計畫與營利型專案計畫區隔開來的原因。

6.2 　建立互斥的替代方案組合

我們先前定義過互斥替代方案。在此情況下，從一組替代方案中選擇投資其中一個，就不能投資任何別的替代方案，因為若又投資其他任何方案是多餘的 (而我們需要讓資金的運用有效率)。當我們在考量以相互有競爭性的技術或設備來解決問題或掌握機會時，這是很自然的做法。在此情況下，由這些技術所定義的專案計畫便是互斥的。例如，請考量在澳洲與東帝汶之間的水域所進行的 Sunrise 天然氣專案計畫，此專案計畫是由多家合夥公司所開發，其中包括荷蘭皇家殼牌 (英國)、伍德塞德石油 (Woodside Petroleum) (澳洲)、康菲 (Conco Phillips) (美國) 以及大阪瓦斯 (日本)。在 2004 年，有三種天然氣田的開發方案正在進行評估，此天然氣田估計蘊藏 7.7 兆立方英呎的天然氣：[5]

1. 在開採處的海面浮動設施上將天然氣液化。

2. 將天然氣用管線運送到距離開採處 150 公里的東帝汶之將要興建的液化天然氣設施中處裡。

3. 將天然氣用管線運送到距離開採處 500 公里的澳洲達爾文之擴展中的液化天然氣設施中處裡。

由於這些替代方案全都會達到相同的目標，伍德塞德石油公司 (天然氣田經營者) 必須從其中選擇一*個*方案，或是維持現狀 (什麼也不做)。

　　在彼此具競爭性的技術中選擇其一，並不是定義互斥替代方案的唯一方式。事實上，任何時候，只要我們有多個專案計畫，我們便可以定義互斥替代方案。請考量澳洲加德士公司 (Caltex Australia, Ltd.) 在澳洲擁有兩座燃料精煉廠。由於新的排放標準，從 2006 年開始，這兩座精煉廠都進行升級，以減少硫與苯的排放量，成本合計為 2 億 9,500 萬元澳幣。[6] 這兩座精煉廠分別位於

1. 克內爾 (Kurnell)，每日產能為 12 萬 4,500 桶原油。

2. 萊頓 (Lytton)，每日產能為 10 萬 5,500 桶原油。

---

[5]　Bell, S., "Woodside Studies East Timor Pipeline for Sunrise Gas," *Dow Jones Newswires,* March 10, 2004.

[6]　Pemberton, I., "Caltex Australia:Plans A\$295M Refinery Upgrade," *Dow Jones Newswires,* February 24, 2004.

在做出升級兩座精煉廠的決策之前，可選擇的投資替代方案為 (a) 維持現狀 (什麼也不做)，此替代方案會造成兩座工廠在 2006 年關閉；(b) 升級克內爾精煉廠；(c) 升級萊頓精煉廠；或 (d) 升級兩座精煉廠。這四個替代方案是互斥的，因為進行其中一項投資，會排除其他三項的投資。請注意，資本預算的限制會刪減可選擇的投資替代方案總數。例如，如果我們只有 2 億元澳幣的預算上限，則由於替代方案 (d) 所需的 2 億 9,500 萬元澳幣的投資成本，便會被認定是不可行的，使我們只剩下替代方案 (a)、(b) 及 (c) 可以進行評估，當然，假設這三者的個別成本都不超過 2 億元。此外，也可能會有其他的局限狀況會限縮可行替代方案的總數。

　　我們將上面這些投資選項中的每一種選項稱為**投資組合** (*portfolio*)，因為這些選項是將多個專案計畫收在一個替代方案組合中 (就像原本的替代方案 (d) 會投資兩個專案計畫一樣)。為了確保不會遺漏掉任何一個投資組合的選項，我們的評估程序的第一步便是找出所有可能的投資組合。針對 k 個專案計畫，總共有 2^k 種可能的投資組合，因為每個專案計畫都可能單獨地被接受或拒絕。這是評估程序的「步驟 0」。一旦定義了所有可行的投資組合，我們便可以開始進行分析，從所有互斥的投資組合中選出最佳的投資組合。

6.3　評估可用年限相同的營利型專案計畫

我們先將焦點放在會產生收入的專案計畫上，例如興建工廠來製造要銷售的產品，或建立設施來提供服務。我們從最簡單的分析開始：假設所有的替代方案都會產生收入，且所有替代方案都有相同的可用年限 (即相同的計畫壽命)。我們會在本章稍後處理比較複雜的狀況。

6.3.1　總投資分析法

總投資分析 (Total investment analysis) 方法是我們從一群互斥的投資組合中選擇最佳投資組合的第一種技巧。此方法的步驟如下：

1. 選擇一種絕對性的價值評估準則，例如現值法 (如第 5 章所定義)。
2. 針對每個投資組合，計算其等值的價值。
3. 選擇等值價值最大的投資組合來執行。

基本上，此方法會評估所有可行的專案計畫組合。在使用其中一種絕對性價值評估準則來評價每個投資組合之後，我們會接受產生等值金額最大的那個投資組合。

?? 例題 6.1 總投資分析

2004 年，桑普拉能源公司 (Sempra Energy) 提議投資兩座液化天然氣的接收端口，於 2007 年開始營運：[7]

- 投資 7 億美元在路易斯安那州哈克貝利 (Hackberry) 的卡梅隆 (Cameron) 液化天然氣工廠，從 2007 年初開始，每日最多可以處理 15 億立方英呎的天然氣。[8]
- 投資 6 億美元在墨西哥的下加利福尼亞 (Baja California) 之液化天然氣接收端口，每日可供應 10 億立方英呎的天然氣，也是從 2007 年初開始。[9]

假設下加利福尼亞的端口可以獨力進行開發，或者與殼牌國際天然氣公司共同進行 50/50 的聯合投資。在此情形中，所有的收入與成本都是由兩家公司平均分攤。然而，由於協調與溝通成本的增加，每年的支出會多出 1,000 萬美元。

　　針對哈克貝利設施，在專案計畫營運期間，每 1,000 立方英呎的期望收入為 5 美元，成本為每 4.35 美元，每年的營運、維護與經常費用為 2,000 萬美元。此座端口無殘餘價值。

　　針對下加利福尼亞設施，每 1,000 立方英呎的期望收入為 5.25 美元，成本為 4.25 美元，年度固定支出為 5,000 萬美元。由於該區域脆弱的生態系統，在專案計畫可使用期結束後，預計需支出 6,000 萬美元的恢復成本。

　　假設所有替代方案的興建與開發成本，都平均分配在 2004 到 2006 這 3 年中，並於 2007 年初開始營運，持續 20 年。每年有 300 天的生產天數。最後，假設桑普拉能源公司在液化天然氣的投資設定 10 億美元的資本預算，而且由於環境限制，在下加利福尼亞只能從事一項液化天然氣投資。假設 MARR = 14%，請利用現值法，來確定應進行哪些投資 (如果有的話)。

🔍 **解答** 　根據我們的假設，在 8 種可能的組合中，可行的投資組合如表 6.2 所示。在下加利福尼亞的地點所進行的兩種投資方案是互斥的，而預算上限也刪減了一些投資組合。這讓我們得到 5 種可行的投資組合，標記為 A 到 E。

[7] Bogoslaw, D., "TALES OF THE TAPE:Sempra Bets on 液化天然氣 Future in U.S.," *Dow Jones Newswires,* November 7, 2003.

[8] "Sempra Energy 液化天然氣 Corp. Completes Acquisition of Louisiana 液化天然氣 Project," *News Release,* www.sempra.com, April 23, 2003.

[9] "Sempra Energy 液化天然氣 Corp. and Shell Propose to Develop Mexican 液化天然氣 Receiving Terminal," *News Release,* www.sempra.com, December 22, 2003.

表 6.2　針對液化天然氣投資之可行的投資組合

標記	投資組合	可行嗎？	PW(14%)
A	維持現狀 (什麼也不做)。	是	$0
B	哈克貝利的液化天然氣投資。	是	$771.2M
C	下加利福尼亞的液化天然氣 (單獨) 投資。	是	$741.4M
D	下加利福尼亞的液化天然氣 (分攤) 投資。	是	$319.7M
	同時進行哈克貝利與下加利福尼亞的液化天然氣投資。	否，預算限制	
E	同時進行哈克貝利與下加利福尼亞的液化天然氣 (分攤) 投資。	是	$1.091B
	同時進行下加利福尼亞的液化天然氣與下加利福尼亞的液化天然氣(分攤)投資。	否，互斥	
	同時進行三種液化天然氣投資。	否，互斥	

維持現狀這方案的現值爲零。我們可以計算各投資組合於 2005 年底的現值如下：

針對投資組合 B，

$$PW_B(14\%) = -\$233.33M \overset{2.3216}{(P/A,14\%,3)} \overset{1.1400}{(F/P,14\%,1)}$$

$$+ (1500 \text{Mft}^3/\text{day}) \left(\frac{300 \text{ days}}{\text{yr}} \right) \left(\frac{\$5.00 - \$4.35}{1000 \text{ ft}^3} \right) - \$20M \overset{6.6213}{(P/A,14\%,20)} \overset{0.7695}{(P/F,14\%,2)}$$

$$= 7 \text{ 億 } 7{,}120 \text{ 萬美元 } (=771.20M)$$

針對投資組合 C，

$$PW_C(14\%) = -\$200M \overset{2.3216}{(P/A,14\%,3)} \overset{1.1400}{(F/P,14\%,1)} - \$60M \overset{0.0560}{(P/F,14\%,22)}$$

$$+ (1000 \text{Mft}^3/\text{day}) \left(\frac{300 \text{ days}}{\text{yr}} \right) \left(\frac{\$5.25 - \$4.25}{1000 \text{ ft}^3} \right) - \$50M \overset{6.6213}{(P/A,14\%,20)} \overset{0.7695}{(P/F,14\%,2)}$$

$$= 7 \text{ 億 } 4{,}140 \text{ 萬美元} (=741.40M)$$

投資組合 D 則是將投資組合 C 的現值折半並減去每年額外 1,000 萬美元的成本，亦即

$$PW_D(14\%) = \$741.4M/2 - \$10M \overset{6.6231}{(P/A,14\%,20)} \overset{0.7695}{(P/F,14\%,2)} = 3 \text{ 億 } 1{,}970 \text{ 萬美元 } (=319.70M)。$$

投資組合 E 爲投資組合 B 與 D 的合併，所得的現值爲 $PW_E(14\%) = 10.91$ 億美元 (= 1091M)，此乃因爲 B 與 D 專案計畫是彼此獨立的，所以我們只需將個別計畫的現值加總。因爲投資組合 E 會得到最大的現值，所以它包含了所有可投資的專案計畫。

　　總投資分析法保證企業會得到最大的錢財。此句陳述的成立之所以如此，是因爲所有可能的專案計畫組合都被列舉出來，並對每個組合進行分析，然後選擇價值最大的組合。請注意，當執行總投資分析時，不允許使用相對性價值評估準則，例如內部報酬率或利益成本分析等。

??? 例題 6.2　再次檢驗總投資分析

讓我們再次考量前一例題，但使用內部報酬率 (IRR) 法進行分析 (我們先前說過不能這麼做，因為 IRR 法是一種相對性價值評估準則)。針對維持現狀的方案，其內部報酬率為 14%，等於 MARR。針對其他投資組合的內部報酬率如表 6.3 所示。

表 6.3　各液化天然氣投資組合的 IRR

投資組合 (標記)	IRR 值
A	14.00%
B	29.29%
C	30.92%
D	28.91%
E	29.17%

如果你是根據最大的內部報酬率值來選擇最佳的投資組合，你會選擇投資組合 C。然而，請回想一下，我們使用現值法分析，實際上的選擇是投資組合 E。

如果你受到誤導，你可能會想要選擇投資組合 C，因為較之投資組合 E，它擁有較高的內部報酬率。這是所謂的內部報酬率的排序問題。也就是說，相對於透過總投資分析的現值法，內部報酬率法 (或任何相對性價值評估準則) 可能會出現不同的順序排列投資組合。

為什麼會發生這種事呢？現值法是一種絕對性的價值評估準則。在給定現金流圖與 MARR，現值函數定義了投資組合 (或專案計畫) 在時間零的「價值」。相反地，內部報酬率法則是一種相對性的價值評估準則。它不會告訴你可從投資中獲得多少錢財。反之，內部報酬率法會告訴你金錢投資在專案計畫的成長率。

請再次考量例題 6.2。投資組合 C 獲得 30.92% 的事實，並沒有告訴你它會賺多少錢的任何資訊。它只會告訴你投資在專案計畫組合上的金錢會得到 30.92% 的報酬。類似地，投資組合 E 會從其投資獲得 29.17% 的報酬。請問這意味著什麼？它代表投資組合 C 比投資組合 E 要來得有效率。也就是說，針對投入各投資計畫的每一塊錢，投資組合 C 會比投資組合 E 得到更高比率的報酬。然而，你沒有辦法「挑選」這些專案計畫的投資額度。各專案計畫都是由一組現金流所定義；因此，投資額度並不是一種選擇或一種方案。(而選擇的決策則是在決定是否要投資*給定*的資金；決策並不是要決定對一個專案計畫要投資多少金額)。針對這些個別的投資組合，投資組合 E 的投資額大於投資組合 C。也就是說，在給定投資額度下，投資組合 E 在設定的 MARR 下會達到較大的現值。因此，雖然投資組合 E 可能不如投資組合 C 來得有效率，但是它能夠讓公司增加較多的財富。如果你想要使用內部報酬率，你需要使用增量分析法，將於下一節討論。

6.3.2　增量投資分析法

增量投資分析法 (Incremental Investment Analysis Method) 是我們從一組互斥投資組合中選擇最佳投資組合的第二種技巧。此方法的步驟如下：

1. 選擇任一相對性或絕對性價值評估準則。

2. 根據初始投資額由小至大來排序專案計畫組合。將投資組合標記為 1, 2, …, p。將投資組合 1 定義為初始的衛冕者 k。

3. 針對 $j = 2$ 到 p，

   (a) 將投資組合 j 定義為挑戰者。找出投資組合 $j - k$ 的淨現金流圖。

   (b) 針對 $j - k$ 的淨現金流圖，以指定的價值評估準則，計算 $j - k$ 的等值或報酬率值。

   (c) 如果 $j - k$ 的等值或報酬率值為可接受的 (例如，PW > 0 或 IRR > MARR)，則挑戰者 j 獲勝；於是拒絕投資組合 k，然後定義投資組合 j 為新的衛冕者 k ($j \rightarrow k$)。否則便是衛冕者 k 獲勝；於是拒絕投資組合 j，然後保持 k 為衛冕者 ($k \rightarrow k$)。

   (d) 如果 $j < p$，則 $j = j + 1$，然後回到 (a)，並進行下一個迭代循環。否則 (即 $j = p$)，投資組合 k 會被接受為最佳的投資組合。

因此，此分析會依序檢視每一對投資組合 $j - k$ 淨現金流，在檢視完所有投資組合之後，最佳投資組合便會位於「衛冕者」的位置。增量投資分析法背後的概念是檢視先後投資組合之間的 *差值*。我們可以將此差值視為全新的投資組合。如果這個新的額外投資組合值得投資，我們便可以從衛冕者投資組合加上這項額外投資 (差值) 中獲得利益，而這兩者相加起來便是挑戰者投資組合。請注意，我們只需要知道差值是否值得投資，因為衛冕者已被評估為可接受的。(我們通常會從維持現狀的方案開始。) 因此，在進行決策分析時，挑戰者與衛冕者投資組合之間的差值只需和維持現狀這方案相比較。此種情況讓我們得以使用相對性的價值評估準則。(請注意，在使用 B/C 比時，這項程序需要小幅的修改，此將解釋於後。)

?? 例題 6.3　增量投資分析

讓我們重新檢視前一例題的投資替代方案。我們將各投資組合列於表 6.4。請注意，投資組合是根據投資總額由小到大來排序，如方才描述的步驟所指定。

表 6.4　根據增量分析排序的投資組合

投資組合排序	投資組合名稱（括號內為標記）	投資額	PW(14%)
1	維持現狀(A)	$0	$0
2	下加利福尼亞液化天然氣 (分攤) 投資(D)	$300M	$319.7M
3	下加利福尼亞液化天然氣 (單獨) 投資(C)	$600M	$741.4M
4	哈克貝利液化天然氣投資(B)	$700M	$771.2M
5	哈克貝利與下加利福尼亞液化天然氣 (分攤) 投資(E)	$1B	$1.091B

🔍 **解答**　為了說明此方法，我們會嚴謹地依循前述的步驟進行。首先，我們將排序 1 之投資組合定義為衛冕者 k。

迭代 1：

1. 將排序 1 之投資組合定義為挑戰者 j。2–1 的現金流圖便是排序 2 之投資組合 (即原組合 D) 的現金流圖，因為排序 1 投資組合是維持現狀的方案。

2. 2–1 的現值為 $\text{PW}_{(2-1)}(14\%) = 3$ 億 1,970 萬美元 (= 319.7M)。

3. 因為 3 億 1,970 萬美元 > 0 美元，所以衛冕者 (排序 1) 會被拒絕而挑戰者 (排序 2) 會變為新的衛冕者 $k (2 \rightarrow k)$。

從第一個迭代循環中我們可以清楚看出，投資組合排序 2 (即原組合 D) 之下加利福尼亞的設施 (分攤) 投資優於組合排序 1 (即原組合 A) 的維持現狀的方案。

迭代 2：

1. 將排序 3 之投資組合 (即原組合 C) 定義為新的挑戰者 j。3–2 的現金流圖如圖 6.1 所示。它類似於排序 2 之投資組合，因為排序 3 之投資組合除了額外成本外，幾乎是排序 2 的兩倍。

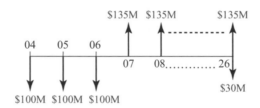

圖 6.1　迭代 2 中，投資組合 3–2 的淨現金流圖

2. 3–2 的現值為

$$\text{PW}_{(3-2)}(14\%) = -\$100\text{M}(\overset{2.3216}{P/A},14\%,3)(\overset{1.1400}{F/P},14\%,1) + \$135\text{M}(\overset{6.6213}{P/A},14\%,20)(\overset{0.7695}{P/F},14\%,2)$$
$$- \$30\text{M}(\overset{0.0560}{P/F},14\%,22) = 4 \text{ 億 } 2,170 \text{ 萬美元}(= 421.70\text{M})$$

3. 因為 4 億 2,170 萬美元 > 0 美元，所以衛冕者 (排序 2) 會被拒絕而挑戰者 (排序 3) 會變為新的衛冕者 $k (3 \rightarrow k)$。

前述的公式指出，單獨投資下加利福尼亞設施 (原組合 C) 的價值比共同投資的價值多了 4 億 2,170 萬美元。因此，挑戰者的等值就等於衛冕者的報酬 (3 億 1,970 萬美元) 加上挑戰者與衛冕者的差值所定義的報酬 (4 億 2,170 萬美元)。

迭代 3：

1. 將排序 4 之投資組合 (即原組合 B) 定義為新的挑戰者 j。4–3 的現金流圖如圖 6.2 所定義。

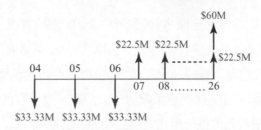

圖 6.2　迭代 3 中，投資組合 4−3 的淨現金流圖

2. 4−3 的現值為

$$PW_{(4-3)}(14\%) = -\$33.33M(\overset{2.3216}{P/A,14\%,3})(\overset{1.1400}{F/P,14\%,1}) + \$22.5M(\overset{6.6213}{P/A,14\%,20})(\overset{0.7695}{P/F,14\%,2})$$
$$+ \$60M(\overset{0.0560}{P/F,14\%,22}) = 2,981 \text{萬美元}(=29.81M)$$

3. 因為 2,981 萬美元> 0 美元，所以衛冕者 (排序 3) 會被拒絕而挑戰者 (排序 4) 會變為新的衛冕者 $k(4 \to k)$。

上述公式指出，由組合 B 之哈克貝利 (排序 4) 與組合 C 之下加利福尼亞設施單獨投資 (排序 3) 之間的差值所定義的額外投資，價值將近 3,000 萬美元的現值。這是可預期的，因為它就是投資組合排序 4 與 3 之間的差值。

迭代 4：

1. 將排序 5 的投資組合 (即原組合 E) 定義為新的挑戰者 j。5−4 的現金流圖就等於排序 2 的投資組合 (下加利福尼亞液化天然氣分攤投資) 的現金流圖，因為排序 4 與排序 5 的投資組合之中的哈克貝利投資會彼此抵銷。

2. 因此，5−4 的現值為 $PW_{(5-4)}(14\%) = PW_D(14\%) = 3$ 億 1,970 萬美元 (= 319.7M)。

3. 因為 3 億 1,970 萬美元 > 0 美元，所以衛冕者 (排序 4) 會被拒絕而挑戰者 (排序 5) 會變為新的衛冕者 k $(5 \to k)$。

由於已沒有其他的投資組合 ($p = 5$)，故衛冕者 k (即排序 5 的投資組合 E) 會被指派為最佳的投資選擇。投資兩項設施的價值 (就現值而言)，比起只排序 4 (即組合 B) 的哈克貝利的設施多 3 億 1,970 萬美元。這也代表排序 5 (組合 E) 比排序 3 (組合 C) 的加利福尼亞 (單獨) 投資的價值多出 3 億 4,950 萬美元 (即 2,980 萬+3 億 1,970 萬美元)。此外，排序 5 (組合 E) 比排序 2 (組合 D) 的加利福尼亞 (分攤) 投資多出 7 億 7,120 萬美元 (= \$421.7M + \$29.8M + \$319.7M 美元) 的差值。最後，被選中的替代方案代表比維持現狀的方案多出 10 億 9,100 萬美元的差值 (= \$319.7M + \$421.7M + \$29.8M + \$319.7M 美元)。這個 10 億 9,100 萬美元與我們使用總投資分析法所得到的結果相同。

希望此例題足以說明增量投資分析法背後的概念。因為過程中我們會暫時接受衛冕的投資組合，而且投資組合是依據遞增的投資額來排序，所以挑戰者與衛冕者之間的差值所定義的現金流圖，代表的便是挑戰者額外的投資額與其對應的額外報酬。如果此項額外的投資額所獲得的報酬優於維持現狀方案，它便會被接受。接受此差值實質上等同於接受挑戰者，因為其現金流是由衛冕者的現金流 (已被接受) 加上由挑戰者及衛冕者之間的差值所得的現金流所定義。在數學上，衛冕者的現金流圖加上差值 (即挑戰者的現金流圖減去衛冕者的現金流圖) 便會得到挑戰者的現金流圖。這是我們必須瞭解的關鍵點，因為我們所比較的是現金流的差值與維持現狀方案，所以這讓我們得以使用相對性的價值評估準則，如下例所示。

 例題 6.4　重新檢視增量投資分析

我們重新檢視例題 6.3 來說明以內部報酬率在增量分析法中的應用。請回想一下，MARR 為 14%。

🔍 **解答**　個別投資組合的內部投資報酬率如表 6.3 所示。我們同樣會嚴謹地依循前述的增量分析程序進行。首先，我們將排序 1 的投資組合 1 定義為 k。

迭代 1：

1. 將排序 2 的投資組合定義為挑戰者 j。2 – 1 的現金流圖就是排序 2 的投資組合的現金流圖，因為排序 1 的投資組合是維持現狀方案。

2. 2 – 1 的內部報酬率值 $= IRR_{(2-1)} = 28.91\%$。

3. 因為 28.91% > 14%，衛冕者 (排序 1) 會被拒絕而挑戰者 (排序 2) 會變為新的衛冕者 k ($2 \rightarrow k$)。

就像現值分析一樣，排序 2 的投資組合 D 下的加利福尼亞 (分攤) 專案計畫顯然優於什麼也不做的維持現狀 (組合 A)。

迭代 2：

1. 將排序 3 的投資組合定義為 j。3 – 2 的現金流圖如圖 6.1 所示。

2. 3 – 2 的內部報酬率值 $(IRR_{(3-2)})$ 可使用下列 Excel 函數求出：

$$= IRR(-100, -100, -100, 135, \ldots, 135, 105,) = .3286$$

3. 因為 32.86% > 14%，衛冕者 (排序 2) 會被拒絕而挑戰者 (排序 3) 會變為新的衛冕者 k ($3 \rightarrow k$)。

到目前為止的分析指出，由投資組合排序 3–2 的現金流所定義的增量專案計畫，優於維持現狀方案。因此，3–2 會被接受，這等同於接受挑戰者 (排序 3)，因為排序 2 的投資組合 D 已經被接受，而投資組合排序 3–2 的現金流加上排序 2 的現金流便等於排序 3 的投資組合 C。換句話說排序 3 的投資組合 C 的額外投資額會產生夠高的報酬 (優於維持現狀方案) 以支持我們接受排序 3 的投資組合 C 而非排序 2 的投資組合 D。

迭代 3：

1. 將排序 4 的投資組合 B 定義為 j。4 – 3 的現金流圖定義於圖 6.2。

2. 使用 Excel 求出 4 – 3 的內部報酬率值 $(IRR_{(4-3)}) = 18.49\%$。

3. 因為 18.49% > 14%，衛冕者 (排序 3) 會被拒絕而挑戰者 (排序 4) 會變為新的衛冕者 k ($4 \rightarrow k$)。

與先前的邏輯相同，4 – 3 所增加的投資額優於維持現狀方案。我們會接受 4 – 3，因此也會接受排序 4 的投資組合 B。

迭代 4：

1. 將排序 5 的投資組合 E 定義為 j。同樣地，5 – 4 的現金流圖就是排序 2 的投資組合 D（下加利福尼亞液化天然氣分攤投資）的現金流圖。

2. 5 – 4 的內部報酬率值 $(IRR_{(5-4)}) = 28.91\%$。

3. 因為 28.91% > 14%，衛冕者排序 4 會被拒絕而挑戰者排序 5 會變為新的衛冕者 k ($5 \rightarrow k$)。

我們得到的結論與使用現值增量分析法所得到的相同，亦即最佳的投資為排序 5 的投資組合 E，即同時投資哈克貝利與下加利福尼亞（分攤）設施。

6.4　評估可用年限不同的營利型專案計畫

我們繼續將焦點放在會產生收入的專案計畫上。然而，在定義互斥替代方案時，我們所定義的一些投資組合或專案計畫可能包含不同的產品，而這些專案計畫的可用年限（研究期間）相當有可能會彼此不同。也就是說，可能某項設施估計能夠生產某項產品 12 年，另一項設施卻由於技術的快速演變而估計可生產某項產品只有 5 年。

這是其中一層我們必須處理的複雜問題，因為不同的可用年限讓我們需要對於不同時間的資金投資做出明確的假設。請考量我們的簡單案例所提的兩種專案計畫，其預期服務年限分別為 5 年和 12 年。如果因預算限制之故，我們只能從這兩種專案計畫中選擇一個，由於這兩種專案計畫有不同的可用年限，我們要如何公正地評估這兩專案計畫？顯然地，在這類分析中，擁有 12 年潛在現金流的專案計畫似乎佔有優勢。

要回答此問題，我們必須考量短年限 (5 年) 計畫所產生的資金在長年限計畫繼續進行的 7 年中將會發生什麼情況。為此，請考量圖 6.3(a) 及 (b) 的現金流圖。(a) 部份表示我們的短年限計畫，而 (b) 部份則表示 12 年的計畫。現在假設 12 年的分析期間。如果我們計算各專案計畫在其各自年限結束時的未來值，我們再進一步使用 MARR 計算 5 年的專案計畫在第 12 年的未來值。如果這樣的假設是可被接受的，則比較兩專案計畫第 12 年的未來值，在決策用途上，等同於比較兩專案計畫在時間零的現值。理由是現值只是未來值的轉換而已（將每個未來值都除以一個常數）。

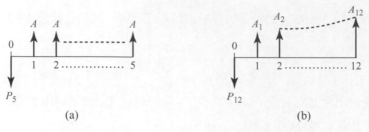

圖 6.3　年限不同之營利型專案計畫的現金流圖

如果我們假設短期年限專案計畫所產生的資金，會在剩餘的 7 年中以 MARR 的利率進行投資，則我們便只需比對兩專案計畫的現值即可，因為就決策而言，這與比對兩者在第 12 年的未來值是意義相同的。我們可以進行此種比較方式，是因為我們明確的指出過，短年限專案計畫在第 5 年的資金會以 MARR 的利率進行投資，直到第 12 年為止。在營利型收益專案計畫的分析中，稱為可用年限不同的「明確再投資假設」(explicit reinvestment assumption)。

 例題 6.5　可用年限不同的營利型專案計畫

2004 年，阿根廷食品製造商莫利諾斯 (Molinos Rio de la Plata SA) 宣布，該公司將在 2005 年底前完成大豆處理工廠的擴建，將原來每日碾磨 5,500 噸的產能增加至 17,500 噸。此外，該公司也將興建一座新的港口，以迅速地出口年產能 9,600 萬噸的穀粒。[10]

假設此項擴建案的成本為 7,000 萬美元，平均分配在 2004 及 2005 年，於 2006 年開始營運。同時假設，處理後的大豆可以用每噸 95 美元的價格出售，而每噸原物料的成本為 85 美元，每噸處理成本為 5 美元。每年所有其他支出共 500 萬美元 (包括以目前沒有港口的運輸費)。擴建後的設施每日預期能夠產生 12,500 噸已處理好的大豆，每年 340 天的工作天數。此座工廠的可用壽命從完工後共計 8 年，沒有殘餘價值。

港口的興建也需耗時 2 年，成本為 1,000 萬美元，且每年需要 77 萬 5,000 美元的維護費用。如果不擴建這座工廠，則興建港口可使這食品工廠每年減少 50 萬美元的運輸成本；如果擴建這座工廠，則該工廠會受惠於港口的興建而每年減少 150 萬美元的運輸成本。此外，如果未擴建此工廠，港口每年會獲得 150 萬美元的額外收入；如果擴建此工廠，則港口每年會因此而有 50 萬美元的額外收入。請注意，這使得港口會獲得 200 萬美元的年度利益，不管是否擴建工廠。

進一步假設，我們也可以投資 275 萬美元興建較小型的港口，每年可處理 200 萬噸穀物。此設施會在 1 年內完工，且每年需要 20 萬美元的維護費用。此小型港口不會帶來額外的收入，但是此工廠每年會節省 50 萬美元，無論是否有擴建工廠。

假設港口的服務年限為 15 年 (小型) 及 20 年 (大型)，如果在港口的服務年限內，工廠停止營運，則港口為工廠所產生的節省可轉化為其他收入。

10　Wong, W., "Argentina Molinos to Invest \$80 Million for Plant, Port," *Dow Jones Newswires,* January 7, 2004.

請注意，港口的投資是互斥的。(只能選擇一項替代方案。) 此外，除非進行港口的擴建以支援額外的出口量，否則無法進行工廠的擴建。如果支出沒有限制，請指出可行的投資替代方案。假設 10%的年利率，忽略稅款，並以 2004 年 1 月 1 日 (或等同於 2003 年底) 設為時間零。

🔍 **解答**　我們將此例題的所有投資可能性刪減到剩下可行的投資組合，並將之列於表 6.5。維持現狀方案 (A) 代表原來的每日處理運銷 5,500 噸大豆的現狀。這意味著現值為零。由於每個專案計畫都會產生收入，所以我們選擇現值最大的投資組合。這假設了在我們的研究期間 (大型港口的 22 年) 中，所有的現金流都會以 MARR 的利率進行投資。

表 6.5　大豆處理與港口擴建的可行投資組合

投資組合	可行性	可行投資組合之代號
什麼也不做 (維持現狀)	可行	A
小型港口	可行	B
大型港口	可行	C
擴建工廠	不可行，需要港口	
擴建工廠及小型港口	可行	D
擴建工廠及大型港口	可行	E
小型及大型港口	不可行，替代方案互斥	
擴建工廠及兩種港口	不可行，替代方案互斥	

- 興建小型港口 (B) 的現值為

$$\text{PW}_B(10\%) = -\$2.75\text{M}(P/F,10\%,1)^{0.9091} + (\$500\text{K}-\$200\text{K})(P/A,10\%,15)^{7.6061}(P/F,10\%,1)^{0.9091}$$
$$= -425,610 \text{ 美元}$$

請注意，不論工廠是否與此投資組合 (興建小型港口) 同時進行擴建，投資組合 B 都會帶來 50 萬美元的利益。

- 興建大型港口 (C) 的現值為

$$\text{PW}_C(10\%) = -\$5\text{M}(P/A,10\%,2)^{1.7355} + (\$2\text{M}-\$775\text{K})(P/A,10\%,20)^{8.5136}(P/F,10\%,2)^{0.8264} = -58,580 \text{ 美元}$$

對大型港口而言，不論工廠是否有擴建，每年仍假設固定有 200 萬美元的利益，因為這筆利益是由節省的運輸成本以及額外的收入合併而得的。

我們假設，若沒有興建港口，便不能進行工廠的擴建。因此，必須先計算擴建工廠的現值，如下：

$$\text{PW}_{\text{plant}}(10\%) = -\$35\text{M}(P/A,10\%,2)^{1.7355}$$
$$+ \left(\left(\frac{12,500\text{tons}}{\text{day}}\right)\left(\frac{340\text{days}}{\text{year}}\right)\left(\frac{\$95-\$90}{\text{ton}}\right) - \$5\text{M}\right)(P/A,10\%,8)^{5.3349}(P/F,10\%,2)^{0.8264}$$
$$= 1,090 \text{ 萬美元}$$

- 擴建工廠及小型港口 (D) 的現值為

$$\text{PW}_D(10\%) = \text{PW}_{\text{plant}}(10\%) + \text{PW}_B(10\%) = \$10.90\text{M} + \$425,610 = \$10.47\text{M}$$

- 擴建工廠及大型港口 (E) 的現值為

  $\text{PW}_\text{E}(10\%) = \text{PW}_\text{plant}(10\%) + \text{PW}_\text{C}(10\%) = \$10.90\text{M} + \$58,580 = \$10.84\text{M}$

再次提醒，港口的利益評估方式無關於工廠產能的擴增 (彼此獨立)；因此，我們只需像總投資分析中所做的一樣，將現值相加即可。(如果擴不擴建工廠會影響港口的節省與收入而有所差異，我們就必須檢驗兩種投資組合：一是擴廠以及小型港口，另一則是擴廠以及大型港口，兩者分別擁有各自的成本及收入估計值。)

　　我們假設資金會以 MARR 進行再投資。因此，我們可以比較每個可行投資替代方案 (即投資組合) 的現值。我們將這些現值整理於表 6.6。

表 6.6　可行投資組合的現值

可行投資組合	PW (10%)
A	$0
B	−$425K
C	−$58.6K
D	$10.47M
E	$10.84M

　　根據表 6.6 的資料，擁有最大現值的可行投資組合，就是投資組合 E，即擴建工廠並興建大型港口的投資組合。此例題說明了我們可能必需對經濟效益不可行的方案進行投資 (例如只興建一個港口會得到負現值)，才能促成有獲利的投資方案。這是另一種同時檢視多個專案計畫的動機。

6.5　評估可用年限相同的服務型專案計畫

我們現在將目光轉向服務型專案計畫。請回想一下，服務型專案計畫的現金流圖除了可能的殘餘價值之外，並不會有明確的收入或利益。針對年限相同的情形，亦即每個投資案都有相同的研究期間 (study horizon)，我們可以採用先前針對年限相同營利型專案計畫所定義的任何分析。再次提醒，這類解決方案通常會計算出負數等值 (現值、年金值、或未來值)。

　　在這些狀況下，我們會選擇最佳 (最小成本) 的替代方案。(維持現狀方案可能是不可行的，或者不是由現值為零的方案所定義。) 我們經常會定義年度等額成本 (Annual Equivalent Cost，AEC)。AEC 是一種類似年金值 (AW) 的概念，但年度等額成本會以正值呈現。AEC 也經常被稱做等額均勻年度成本 (Equivalent Uniform Annual Cost，EUAC)、等額年度成本 (Equivalent Annual Cost，EAC) 或年度成本 (Annual Cost，AC)。由於 AEC 與 AW 之間的差異僅在於正負號的改變，我們使用這些詞彙來討論 AEC，只是圖求便利而已。我們使用一個例題來加以描述。

例題 6.6　可用年限相同的服務型專案計畫

此例題的動機源自於全日空以及該公司在波音推出新型飛機時，所下的 50 架新型 7E7 Dreamliner (現稱做 787) 客機的訂單。根據定價，這筆訂單的價值估計約 60 億美元，第一架飛機會於 2008 年交貨。[11] 全日空也必須購買該型飛機的引擎 (因為航空公司會分別購買引擎與飛機)。波音可能選擇 GE 與勞斯萊斯來為 787 供應引擎。[12] 一具引擎的定價通常為 1,000 萬美元，但通常不會收取全額，以換取利潤豐厚的維修及備用零件合約。[13]

假設製造商 A 所提供之引擎成本為 950 萬美元，擁有 20 年的可用壽命。第 1 年的維修成本預計為 225 萬美元，之後，此維修成本每年增加 3%。針對特定的需求量，在時間零的運行成本 (燃料與油料) 預計 1 年要 4,000 萬美元，但之後每年的成本成長 0.005%。這具引擎在 20 年後，有 50 萬美元的殘餘價值。

製造商 B 所供應的引擎成本為 1,100 萬美元，在最初 5 年無需維修成本。在剩餘的 15 年可用壽命中，維修成本則預計為每年 300 萬美元。運行成本預計為每年 3,800 萬美元 (同樣為時間零的成本)，之後每年的成本會成長 0.0075%。此種引擎在其服務年限結束後，有 100 萬美元的殘餘價值。假設 18% 的年利率，請問我們應選擇何種引擎？很清楚地，收入可以忽略，因為兩種引擎提供的是相同的服務。

解答　由於兩種引擎的服務年限相同，我們可以使用一些價值評估準則來作決策。因為我們尋求的是最小成本的解決方案，所以針對這兩種引擎，分別計算其服務年限中的年度等額成本。每種引擎在 20 年使用期的現金流圖如圖 6.4 所示。

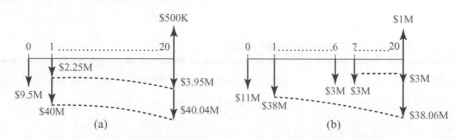

圖 6.4　對於飛機引擎 (a) A 與 (b) B 間之抉擇的淨現金流圖

---

[11] Lunsford, J.L., "Boeing Gets Big Order for 7E7 Plane," *The Wall Street Journal Online,* April 26, 2004.

[12] Souder, E., "Boeing Based 7E7 Engine Decision on Technical Merits," *Dow Jones Newswires,* April 7, 2004.

[13] Lunsford, J.L., and K. Kranhold, "GE, Rolls-Royce Gain Boeing Deal," *The Wall Street Journal Online,* April 7, 2004.

針對引擎 A，

$$\text{AEC}_A(18\%) = \$9.5\text{M}(A/P,18\%,20)^{0.1868} + \$2.25\text{M}(A/A_1,3\%,18\%,20)^{1.1634}$$

$$+ \$40\text{M}(1+0.00005)(A/A_1,0.005\%,18\%,20)^{1.0002} - \$500\text{K}(A/F,18\%,20)^{0.0068}$$

$$= 4,440 \text{ 萬美元}$$

針對引擎 B，

$$\text{AEC}_B(18\%) = \$11\text{M}(A/P,18\%,20)^{0.1868} + \$3\text{M}(F/A,18\%,15)^{60.9652}(A/F,18\%,20)^{0.0068}$$

$$+ \$38\text{M}(1+0.000075)(A/A_1,0.0075\%,18\%,20)^{1.00036} - \$1\text{M}(A/F,18\%,20)^{0.0068}$$

$$= 4,131 \text{ 萬美元}$$

由於製造商 B 所提供之引擎有較低的年度等額成本，因此這便是我們所選擇的引擎。

在 6.3.2 節，針對多個營利型投資組合，我們分別舉例介紹應用增量分析方法於絕對性與相對性價值評估準則，來評選最佳投資組合。而針對多個服務型專案計畫，我們也可以將利益成本分析運用在增量分析方法，來找出最佳方案組合。但在應用時要加上兩項細微的修改：首先，我們會根據分母的成本金額由小至大來排序專案計畫；然後，針對衛冕者 k 與挑戰者 j，逐步計算 B/C 比值如下：

$$B/C = \frac{B_j - B_k}{C_j - C_k}$$

如果 $B/C > 1$，則挑戰者便會被接受而衛冕者會被拒絕。我們透過以下例題加以說明。

 例題 6.7 使用 B/C 分析進行增量分析

2003 年，美國加州的 Impco Technologies, Inc.與日本的日野自動車 (Hino Motors) 簽下一筆合約，為日野的 JO8C 天然氣巴士引擎開發壓縮天然氣 (CNG) 燃料系統，以使巴士能夠符合 Euro II 排放標準。[14]

假設當地政府為其大眾運輸系統正在考量要購買傳統的柴油巴士或 CNG 巴士。購買柴油巴士的成本為 28 萬美元，擁有 10 年的可用壽命，到時的殘餘價值為 50,000 美元。其第 1 年的營運與維護成本為每英哩 1.90 美元，但每使用 1 年會增加 2.5%。柴油巴士會排放高量的懸浮微粒、一氧化碳以及碳氫化合物到空氣中造成污染。此種環境污染每年需承擔的成本為 50,000 美元。

CNG 巴士的成本為 50 萬美元，在 10 年的可使用期之後殘餘價值為 10 萬美元。其第 1 年的營運成本為每英哩 2.50 美元，而每使用 1 年會增加 4%。CNG 巴士只會排放極少量的微粒到空氣中。

[14] Jordon, J., "IMPCO Signs Pact with Hino Motors of Japan to Develop CNG Buses for Southeast Asian Market," *Dow Jones Newswires,* October 7, 2003.

兩種巴士都會為社會大眾提供運輸服務而帶來利益，特別是對於沒有自己交通工具的人而言。此項利益每年價值 100 萬美元。(假設兩種巴士會以類似的方式運轉。) 使用利益成本比分析與 4% 的年利率，請問我們應選擇何種巴士，如果兩者每年都會運行 30,000 英哩？

🔍 **解答**　如同前面所描述，服務型專案計畫適合採用年度等額成本(AEC)來計算 B/C 比值。但年度等額成本會假設在 10 年中柴油巴士運行的成本以正值呈現，等於

$$\text{AEC}_{柴油}(4\%) = \$280K(A/P,4\%,10)^{0.1233} + \left(\frac{\$1.90}{\text{mile}}\right)30K\text{miles}(A/A_1,2.5\%,4\%,10)^{1.1114} - \$50K(A/F,4\%,10)^{0.0833}$$
$$= 93,700 \text{ 美元金}$$

同樣地，CNG 巴士的年度等額成本則是

$$\text{AEC}_{CNG}(4\%) = \$500K(A/P,4\%,10)^{0.1233} + \left(\frac{\$2.50}{\text{mile}}\right)30K\text{miles}(A/A_1,4\%,4\%,10)^{1.1855} - \$100K(A/F,4\%,10)^{0.0833}$$
$$= 142,200 \text{ 美元}$$

　　現在，我們必須考量將廢氣排放量視為一種社會成本或不利因素，因此會被放在利益成本比的分子中的減項。請注意，在此項分析中，提供巴士運輸的利益可以忽略，因為兩種巴士所提供的是相同的服務。(在增量分析中，這些數值會彼此抵銷。)

　　在此情形中，維持現狀的方案並不是可行的替代方案，因為我們必須選擇一種巴士來運行。CNG 巴士的 B/C 比有較大的分母，因此會被標示為替代方案 j (挑戰者)，柴油巴士則會被標示為替代方案 k (衛冕者)。我們將增量 B/C 比定義為利益的差值除以成本的差值：

$$\text{B/C}_{(j-k)}(4\%) = \frac{B_j - B_k}{C_j - C_k} = \frac{\$0 - (-\$50,000)}{\$142,200 - \$93,700} = 1.031$$

由於 B/C(4%) > 1，所以我們會選擇挑戰者 j (即 CNG 巴士) 來運行。

6.6　評估可用年限不同的服務型專案計畫

到目前為止我們所討論過的各種分析中，年限不同的服務型專案計畫的分析是最複雜的一種。請考量例題 6.6，在兩種引擎之間進行選擇的決策。在工程上，我們會不斷面臨在多個替代方案中做選擇的決策問題，其中各替代方案的差異不在於其相關的利益，而是在於其成本。我們現在所面對的問題是：「如果兩種引擎的可用年限不同，該怎麼辦呢？」

此處的關鍵問題在於，資產的可用年限 (或壽命) 以及所需的研究時間範疇爲何。由於服務型專案計畫不會產生收入，所以無法使用營利型專案計畫的假設 (即專案計畫所產生的利潤會以 MARR 進行再投資)，因爲此處並沒有利潤被產生。反之，我們必須審愼檢視每個專案計畫的需求，同時對於研究期間 (時間範圍) 的假設要清楚的瞭解，以建立正確的分析來進行公正的比較。

通常，我們有兩種分析方法：

1. **明確的研究期間法**：使用此方法，我們會明確的指出專案計畫會延續多久。例如，如果我們是要在兩種彼此競爭的技術之間做選擇，則研究期間的決定通常可以獨立於此二種技術的選擇之外。也就是說，我們必須決定此項資產需提供多久的服務。後續的分析則取決於替代方案的服務 (可用) 年限 N_A，以及研究期間 N 之間的關係爲何而定。三種可能性如下：

   (a) 如果 $N_A = N$，我們便不需做任何改變或更進一步的假設。

   (b) 如果 $N_A < N$，則我們需要針對從 N_A 到 N 之間會發生什麼事做一些假設。通常，我們會假設替代方案可週期性地重複 N_A 期間，或明確地估計從 N_A 到 N 的現金流。

   (c) 如果 $N_A > N$，則針對提早中止專案計畫的可用年限或或處置資產，我們必須明確地估計其殘餘價值，然後，將專案計畫或資產可用年限 (壽命) 設定爲 N。

   運用上述邏輯，我們會發現所有的替代方案都將擁有相同的研究期間，即相同的可用年限 (或壽命)，而問題便簡化爲前一節的狀況：年限相同的服務型專案計畫。

2. **無限長的研究期間法**：在此情況下，針對專案計畫可延續的時間，我們無法說出肯定的期間數。在我們的分析應用上，常見下列情況：某項投資預期將持續一段時間，但不確定終止日期。我們假設研究期間 N 大於所有可能替代方案的可用年限 $(N > N_A)$。因爲我們掌握的唯一資訊是 N 很大，但無法像先前的方法一樣，明確地估計現金流。

   在此情況下，我們通常會假設在時間零可存在的替代方案，也可存在於任何其他時間，使這些替代方案可以**重複地出現**。因此，要公平地比較兩個替代方案，我們必須找出兩個替代方案可用年限的最小公倍數。如此便會建立兩個年限相同的替代方案，這兩者便可以公平地相互比較。

   爲了描述此項概念，假設我們有兩個替代方案，其可用年限分別爲 4 年及 7 年。這兩個替代方案的最小公倍數爲 28 年。分析一個 28 年的專案計畫顯然是件麻煩的事情 (即使使用試算表亦然！)。好消息是這樣的分析是不必要的。請考量圖 6.5。針對可用年限爲 4 年的方案，如果我們要決定的是在 28 年的研究期間中的年度等額成本 (AEC)，則此 AEC 值會和以 4 年可用年限來計算年度等額成本所得的值相同 (假設替代方案可重複出現)。這是因爲現金流每 4 年就會重複一次。同樣地，可用年限爲 7 年的資產也會在 28 年的研究期間重複出現 4 次，而 AEC 也會在這 28 年中重複 4 次。因此，如果我們可以假設研究期間夠長 (意即無限期) 且替代方案具有可重複性，便只需比較資產 (或計畫) 在各自可用 (服務) 年限中的 AEC 即可。

描述這些不同規則的最佳手段是透過例題來說明。在說明例題時，我們也會指出各種方法所做的假設。

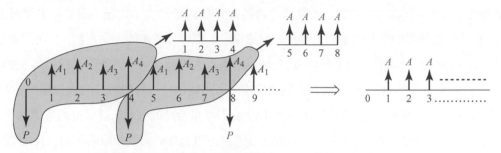

圖 6.5　不同年限分析的可重複性與無限期的研究期間假設

例題 6.8　年限不同的服務型專案計畫

2004 年，華盛頓特區考慮安裝思科的設備來連接該市各地的音訊及數據寬頻網路，這計畫需投資 $9,300 萬美元。該市原本每年支付 3,000 萬美元來租用 Verizon Communications 的網路。此網路所提供的服務之一為 911 緊急通話。該市期望能營運自有的網路而達到每年省下部分的通訊成本。[15]

　　假設需投資 9,300 萬美元來安裝此網路，在 7 年的使用期間，每年的維護與升級需要花費 1,500 萬美元。此網路的殘餘價值在 5 年之後為 2,500 萬美元，若在 7 年之後則為 0 美元。原先租用網路的合約為 5 年，成本為每年 3,000 萬美元。試找出此網路最低成本的替代方案，假設每年 5%的利率。

🔍 **解答**　我們針對多種不同的可使用期間解答此問題，以描述可能使用的方法。檢視上述資料，我們有一些方法可以分析。針對購買網路，我們有 5 年與 7 年二種研究期間的明確估計值。如果我們假設租用網路這個替代方案可以年度為基準，我們可對多種研究期間找出明確的成本。

　　首先，假設 $N=5$。在此假設下，租用網路的成本為每年 3,000 萬美元，購買設備的成本則為

$$\text{AEC}(5\%) = \$93\text{M}(\overset{0.2310}{A/P},5\%,5) + \$15\text{M} - \$25\text{M}(\overset{0.1810}{A/F},5\%,5) = 3,196 \text{ 萬美元}$$

在此情況下，我們選擇租用網路這個替代方案，因為它每年能省下 196 萬美元。

　　針對 $N=7$ 的情形，購買與營運網路的年度等額成本為

$$\text{AEC}(5\%) = \$93\text{M}(\overset{0.1728}{A/P},5\%,7) + \$15\text{M} = 3,107 \text{ 萬美元}$$

如果我們假設網路租用合約的年度成本不變，則我們選擇租用網路，因為租用網路每年可以節省超過 100 萬美元。

---

[15]　Baker, N., "UPDATE:Cisco Equipment Picked for DC Government Network," *Dow Jones Newswires,* February 9, 2004.

如果我們假設較長的研究期間，例如 $N = 10$，則對於未來，我們必須做某些明確的假設。我們可以合理的假設租用網路可以延長為 10 年，年度成本仍保持為每年 3,000 萬美元。購買網路系統的決策則困難許多。問題在於在購買的設備達到最大可用年限 (7 年) 之後，對於還需要最後 3 年的服務，我們該怎麼辦呢？租用網路之替代方案提供了一項年度成本的評估指標，其可用來填補這 3 年時間差距的評估。因此，我們可以假設先使用所購買的設備 7 年，然後可以用每年 3,100 萬美元的價格租用網路。此處我們估計較高的租用成本，因為我們無法針對較長的合約進行談判。(之前我們假設 7 年租約與 5 年租約的每年租金相同。我們可以合理的假設，就年度的基準而言，7 年租約的每年租金會少於等於 5 年租約。同樣地，我們也可以合理的假設較短的租約，其每年的租金會比較高。)

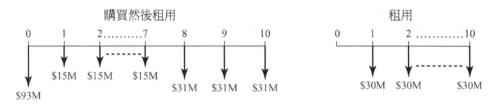

圖 6.6　10 年研究期間的明確估計值

圖 6.6 描繪購買與租用的替代方案在 10 年中的現金流。此替代方案的成本為

$$\text{AEC}(5\%) = \$93\text{M}\overset{0.1295}{(A/P,5\%,10)} + \$15\text{M} + \$16\text{M}\overset{3.1525}{(F/A,5\%,3)}\overset{0.0795}{(A/F,5\%,10)} = 3{,}105 \text{ 萬美元}$$

同樣地，自購網路的成本高於租用網路之替代方案。

我們最後的分析是假設研究期間為無限長。如果假設各替代方案具有可重複性，我們便可以比較各替代方案在其各自服務年限中的年度等額成本。這在 7 年研究期間的分析已如此假設過，而這樣的分析仍選擇了租用網路為最佳替代方案。

在考量可用年限不同的服務型專案計畫時，前述例題強調了我們必須做的假設。我們必須將專案計畫加以轉換，使其能以相同年限進行評估，以確保比較的公平性。這需要明確地以縮短或延長方式來估計資產服務的年限 (取決於研究期間)，或者如我們在前一例題中看到的假設，而可重複性的假設有可能會難以評估。請注意，我們並未回答關於資產 (或專案計畫) 要持有多久的問題。此問題經常在 $N > N_A$ 時發生，稱為替換分析。

6.7　重點整理

- 從一群候選專案計畫中選擇並接受一部份專案計畫的程序通常稱做資本預算程序。

- 在資本預算程序中，針對多個彼此相依 (而非獨立) 的專案計畫，通常必須同時進行分析。這類彼此相依的專案計畫包括提供相同服務、競爭資源 (例如預算金額)、取決於另一個專案計畫的選擇等。

- 如果兩專案計畫是互斥的，則接受其中之一會讓我們排除另一專案計畫。

- 我們可以透過列舉投資替代方案所有可行的組合來找出互斥的計畫 (方案) 投資組合。我們只能從所有互斥的投資組合中選擇一種投資組合。

- 營利型專案計畫會為公司產生收入或利潤，因此我們在評估時會求取最大現值。服務型專案計畫不會產生收入 (除了可能的殘餘價值外)，因此我們在評估時會求取最小成本。

- 針對選擇專案計畫的分析是取決於專案計畫的類型 (營利型或服務型) 與研究間間 (計畫的可用壽命)。

- 針對可用年限相同之營利型專案計畫，總投資分析法會從一組互斥的投資組合中，選擇價值 (例如現值) 最大的投資組合。此方法只能使用絕對性的價值評估準則。

- 針對可用年限相同之營利型專案計畫，另一種分析方法是使用增量投資分析，其乃是對於所有的互斥投資組合進行有系統的兩兩比較。在此程序中，最佳的投資組合便會被找出來。此方法可以使用相對性或絕對性的價值評估準則。

- 針對可用年限不同之營利型專案計畫，在最長的計畫壽命期間，假設專案計畫所得報酬會以 MARR 進行再投資的前提下，我們會選擇具有最大現值的投資組合。

- 針對可用年限相同之服務型專案計畫，我們也可以使用增量投資法或總投資分析法，請注意，此狀況是選擇最小化等額成本的計畫。

- 針對可用年限不同之服務型專案計畫，分析則取決於所考量的研究期間。我們可能必須估計現金流，使所得之 (新的) 各現金流圖具有相同的年限，或採用重複性假設以使得研究期間等於所有專案計畫可用年限的最小公倍數。

6.8 習題

6.8.1 觀念題

1. 請問「兩個專案計畫互斥」這句話的意義為何？

2. 什麼會導致兩個專案計畫互斥？

3. 什麼時候應該要同時檢視多個專案計畫？

4. 請問營利型專案計畫與服務型專案計畫的差異為何？請問兩者有不同的目標嗎？

5. 當預算有限時，我們應該永遠將營利型專案計畫與服務型專案計畫分開進行分析嗎？

6. 為什麼在分析多個替代方案時，研究期間的假設如此重要？試解釋之。

7. 針對 k 種投資計畫 (方案)，可能會形成多少種投資組合？為什麼我們要使用「投資組合」這個詞？

8. 請問總投資分析法與增量投資分析法之間的差異為何？兩者會達成相同的結論嗎？

9. 為什麼相對性的價值評估準則必須使用增量投資分析法？

10. 試解釋在增量投資分析法的框架下，IRR 分析的意義。

11. 針對研究期間，何時適合採用重複性假設？

12. 當使用現值來分析年限不同的多個營利型專案計畫時，我們需要做何種假設？這種假設對於服務型專案計畫來說可行嗎？為什麼？

13. 通常，針對可用年限不同的服務型專案計畫，我們可採用哪些分析方法？

14. 請問使用總投資分析法與增量投資分析法的困難點是什麼？

6.8.2 習作題

1. 請考量以下專案計畫 (替代方案) 列表：

替代方案	投資額 (M)	PW(15%)(M)
1	$297	$241
2	$118	$221
3	$297	$377

試針對以下情形決定可行之投資組合的數量：

(a) 所有方案都是獨立的。

(b) 所有方案都是獨立的，但預算為 5 億美元。

(c) 方案 1 與方案 3 互斥。

(d) 方案 1 的先決條件為方案 2 被接受。

2. 如果前一題中的替代方案都是營利型專案計畫 (它們一定是，因為它們全都產生正現值)，請問研究期間的長度會有影響嗎？試解釋之。

3. 請使用總投資分析法求解第 1 題 (全部 4 小題)。

4. 請考量以下替代方案列表：

替代方案	投資額 (M)	PW(15%)(M)
1	$471	$716
2	$465	$757
3	$405	$179

如果三種方案皆互斥，當使用增量投資分析法時，我們應該選擇哪一個方案 (如果有的話)？

5. 請考量以下替代方案列表：

替代方案	投資額 (M)	PW(15%)(M)
1	$100	$573
2	$303	$283
3	$317	$647
4	$235	$665

請使用總投資分析法找出最佳的投資組合，假設

(a) 所有方案都是獨立的。

(b) 所有方案都是獨立的，但預算為 8 億美元。

(c) 方案 2 與方案 3 互斥，而預算為 5 億美元。

6. 請考量以下專案計畫與其現金流 (以百萬美元表示)：

專案計畫	週期					
	0	1	2	3	4	5
1	−$322	$178	$228	$278	$328	$378
2	−$427	$122	$122	$122	$122	$122
3	−$314	$157	$131	$109	$91	$76
4	−$398	$118	$184	$183	$117	$138

請決定可行之投資組合的數量，如果

(a) 所有專案計畫都是獨立的，但有 11 億美元的預算限制。

(b) 所有專案計畫都是獨立的，但預算為 7.5 億美元。

(c) 預算為 11 億美元，但專案計畫 3 與專案計畫 4 互斥。

7. 請使用內部報酬率法與增量投資分析法，找出第 6 題 (c) 小題的最佳投資組合，假設 18%的 MARR。

8. 請使用現值法與總投資分析法，找出第 6 題 (a)、(b)、(c) 小題的最佳投資組合，假設 22%的 MARR。

9. 考量安裝兩種互斥資產之一，以執行某項工作。資產 A 的購置成本為 50 萬美元，維護成本為每年 30 萬美元，持續 8 年，擁有 50,000 美元的殘餘價值。資產 B 的購置成本為 35 萬美元，第 1 年的維護成本為 40 萬美元，之後每年增加 15%。資產 B 可持續 6 年，殘餘價值可以忽略。假設 9%的年利率。請問在下列各種假設條件下，我們應該購買哪一種資產？

   (a) 假設 6 年的研究期間，並假設資產 A 在第 6 年底時估計的殘餘價值為 12 萬 5,000 美元。

   (b) 假設 8 年的研究期間，並假設可以透過增加維護成本來延長資產 B 的壽命，其最後兩年 (第 7～8 年) 每年投入的維護成本是以第 6 年的維護成本再增加 30%。

   (c) 假設 24 年的研究期間。

   (d) 假設無限期的研究期間。請問 (c) 小題與 (d) 小題必須做何種假設？

10. 我們可以購買新資產或升級現有的機器來進行某項工作。新資產的成本為 120 萬美元，在 7 年的可用壽命中，每年會產生 50 萬美元的收入，其第 1 年的成本為 10 萬美元，之後每年增加 10,000 美元。到時它會有 50,000 美元的殘餘價值。現有的資產 (機器) 可以花費 80 萬美元升級，由於它並沒有新機器所擁有的所有功能，故每年只會產生 40 萬美元的收入。在現有這部機器所剩的 5 年壽命中，O&M 成本預計為每年 15 萬美元。請問我們應該選擇何者？假設 12%的 MARR。你如果需對研究期間做任何假設的話，請問是什麼假設？

11. 請考量以下專案計畫與其現金流 (以百萬美元表示)：

專案計畫	週期						PW(14%)	IRR
	0	1	2	3	4	5		
1	−$418.00	$541.31	$556.31	$571.31	$586.31	$601.31	$1,529.96	129.92%
2	−$229.00	$65.43	$65.43	$65.43	$65.43	$65.43	−$4.38	13.20%
3	−$362.00	$181.00	$150.83	$125.69	$104.75	$87.29	$105.03	27.33%
4	−$311.00	$53.00	$183.00	$72.00	$159.00	$200.00	$122.92	27.14%

假設專案計畫 1 取決於專案計畫 2 被接受，而專案計畫 3 與專案計畫 4 互斥。使用 14% 的 MARR，

   (a) 請指出可行的所有投資組合。

   (b) 請使用現值法與總投資分析法來找出最佳的投資組合。

   (c) 請使用 IRR 法與增量分析方法來找出最佳的投資組合。

12. 2005 年，XM 衛星廣播控股公司 (XM Satellite Radio Holdings, Inc.) 打算選擇勞拉太空與通訊公司 (Loral Space & Communications Co.) 而放棄其長期客戶波音公司，來建造並發射 XM 的下一顆衛星。這具新的衛星是有史以來功能最強大的商用人造衛星之一，其設計擁有超過 20 千瓦的功率，並將會作為 XM 公司三顆軌道衛星群的後備衛星。它預計能夠維持運轉 15 年，成本介於 2 億到 3 億美元之間。[16]

假設兩家供應商所提供的衛星成本如表 6.7 所列。其中一家業者因為其衛星硬體的高超技術而聞名於世，而另一家業者則有較低的經常費成本，也因此有較低的運轉成本。在衛星運轉的前 5 年，殘餘價值會依直線下降，5 年後便已無殘餘價值。利率為 12%。

表 6.7　不同衛星設計、發射以及運轉承包商的成本資料

參數	供應商 A	供應商 B
初始成本	$250M	$225M
年度成本	$1.25M	$2.5M
可用年限 (年)	15	12

根據前述資訊，我們應選擇哪一家業者？在作答時，請假設 3 年、5 年、12 年、15 年、以及無限期的研究期間。請寫出任何你所做的假設。

13. 日本的三菱電機 (Mitsubishi Electric Corp.) 正在考量花費 100 億日圓提高其汽車零件的全球產量。該公司表示將會興建 5 座新的生產設施，2 座在日本，其餘 3 座分別位於美國、菲律賓以及泰國，以期望能將銷售量從 2004 年的 3,500 億日圓，提升至 2008 年的 5,000 億日圓。[17]

假設 5 項投資與其特性列於表 6.8 (單位：日圓)。

(a) 假設沒有任何限制，請問有多少種可能的投資組合？

(b) 假設三菱有 140 億日圓的預算上限，請問有多少種可行的投資組合？

(c) 請問若分別有 120 億與 100 億日圓預算時，各有多少種可行的投資組合？

(d) 如果只有在已選擇第一個日本替代方案之後，才能選擇第二個日本替代方案，請問上述的答案會有所改變嗎？

(e) 請針對 70 億日圓的預算，考量原本的替代方案投資組合。請使用現值法與總投資分析法來找出最佳的投資組合。

(f) 如果選擇第二個日本替代方案取決於泰國投資案的選擇，請問上題答案會有所改變嗎？如果有，請重新找出最佳的投資組合。

(g) 請重做上述分析，但請使用現值法與增量投資分析法來描述此方法。

---

[16] Pasztor, A., and S. McBride, "XM Radio Picks Loral Space to Build New Satellite," *Dow Jones News Service,* May 27, 2005.

[17] Nishio, N., "Mitsubishi Elec to Spend Y10B to Boost Auto Parts," *Dow Jones Newswires,* January 27, 2004.

表 6.8 擴增汽車零件產量的替代方案、成本與現值

替代方案	投資額 (M)	PW (20%)(M)
日本 1	￥3031.00	￥8433.26
日本 2	￥3154.00	￥11788.77
美國	￥2692.00	￥3214.75
菲律賓	￥3152.00	￥6219.45
泰國	￥3128.00	￥3649.81

14. 2004 與 2005 年，斯道拉恩索公司 (Stora Enso Corp.) (一家芬蘭與瑞典合資的林業產品公司) 考慮投資 5,300 萬歐元，將其位於芬蘭的蘇瑪 (Summa) 出版用紙工廠的造紙機現代化。[18]

假設目前的造紙機 (價值 1,000 萬歐元) 可以再使用 5 年。這 5 年中的運轉與維護成本預計第 1 年為 600 萬歐元，後續每年增加 20%。在這部機器 5 年的壽命結束後，其殘餘價值預計為零。我們也可以投資 5,300 萬歐元，將這部造紙機現代化。由於採用較先進的技術，使得現代化後的機器第 1 年的 O&M 成本為 50,000 歐元，之後每年會增加 2.5%。在 8 年的最大可用年限結束後，其殘餘價值預計為 500 萬歐元。利率為每年 7%。

(a) 假設無論選擇何種方案，收入都是相同的。我們要如何分類這兩種專案計畫？我們會做何種決策？

(b) 假設 5 年的研究期間。如果現代化機器在第 5 年後的殘餘價值為 1,500 萬歐元，請問最佳的選擇為何？

(c) 假設 3 年的研究期間，舊機器的殘餘價值為 100 萬歐元，現代化機器則是 2,500 萬歐元。請問這種狀況下最佳的選擇為何？

(d) 假設 8 年的研究期間。由於舊機器不可能符合重複性假設，所以假設在舊機器的可用年限結束後，我們可以取得現代化的機器，請判斷最佳的替代方案為何。

(e) 假設無限期的研究期間。同樣地，假設舊機器在可用年限結束後，我們會購買現代化的機器。請問這種狀況下的最佳選擇為何？

15. 加州維塞利亞市 (Visalia) 的市議會考慮購買 CNG 燃料的垃圾車，而非傳統的柴油垃圾車，成本為每台 26 萬美元 (比同級的柴油垃圾車貴 50,000 美元)。這兩種卡車的運轉成本預計是相同的，而市方先前已有營運 CNG 巴士的經驗，因此減低了關於維護成本的憂慮。[19]

假設垃圾車的購買與運轉成本如表 6.9 所示，利率為每年 3.5%。

[18] "Stora Enso to Modernize Paper Machine at Summa Plant," *Dow Jones Newswires,* October 27, 2003.

[19] Sheehan, T., "Visalia trucks and buses go green; purchase of 13 compressed natural gas vehicles approved by City Council last week," *The Fresno Bee,* p. B1, December 17, 2005.

表 6.9　CNG 與柴油垃圾車的購買成本及年度成本

參數	柴油	CNG
初始成本	$210,000	$260,000
O&M 成本	$15,000	$15,000
年增量	$1000	$3000
殘餘價值	$10,000	$30,000
服務年限	8	8

(a) 如果成本是唯一的考量，請問我們應選擇何種垃圾車？

(b) 請進行利益成本比分析。假設較乾淨的空氣每年的價值估計為 15,000 美元。請問我們應選擇何種垃圾車？

(c) 為了協助購買 CNG 垃圾車，市方得到一筆 50 萬美元的補助金 (會被分配給 13 台垃圾車)。請問這會改變 (a) 小題的選擇嗎？我們要如何將其併入 (b) 小題中？

16. 聯視傳播公司 (Univision Communications) (一家西班牙語的媒體公司) 於 2004 年宣布，該公司正在計畫一項 8,050 萬美元的資本支出。這些支出包含 (1) 投資 2,100 萬美元擴展聯視公司在休士頓、波多黎各以及德州奧斯汀的電視台；(2) 投資 2,600 萬美元升級聯視網路 (Univision Network) 並擴建設施；(3) 投資 1,750 萬美元升級無線電台；(4) 投資 1600 萬美元升級未來電視網路 (TeleFutura Network) 並擴建設施。[20] 假設方案 1 到 4 是由表 6.10 中的現金流所定義。

表 6.10　媒體公司的擴建替代方案及年度現金流 (以百萬美元表示)

替代方案	年度								
	0	1	2	3	4	5	6	7	8
1	−$21	$5	$10	$15	$15	$15	—	—	—
2	−$26	$6	$7	$8	$9	$10	$11	$12	$13
3	−$17.5	$5	$7	$9	$11	$13	—	—	—
4	−$16	$12	$12	$12	$12	$12	$12	$12	$12

(a) 如果有 4,000 萬美元的資本預算，請問可行的投資組合有哪些？請考量表 6.10 中的方案。

(b) 請使用 PW 分析並假設 16%的 MARR，請指出最佳的投資組合為何。

(c) 如果方案 4 需要方案 2，請問有哪些可行的投資替代方案？

(d) 請使用 IRR 法與增量投資分析法，指出 (c) 小題的最佳投資組合為何。(假設 16%的 MARR)。

---

[20] Siegel, B., "Univision Communications Sees 2004 Capex of $122.4M," *Dow Jones Newswires,* March 17, 2004.

6.8.3　選擇題

1. 兩個專案計畫是互斥的，如果
   (a) 兩者可以同時被選擇。
   (b) 選擇其一意味著另一者無法被選擇。
   (c) 兩者都不可以被選擇。
   (d) 在可以選擇其一之前，必須先選擇另一。

2. 服務型專案計畫
   (a) 等同於營利型專案計畫。
   (b) 由成本與可能的殘餘價值所定義。
   (c) 無法在經濟上定義。
   (d) 以上皆非。

3. 請考量下列營利型專案計畫 (替代方案) 的資訊並回答第 3～6 題：

替代方案	投資額 (百萬美元)	PW(17%)(百萬美元)
A	$290	$240
B	$120	$220
C	$140	$190
D	$200	$150

   沒有預算限制，同時假設專案計畫爲彼此獨立，則可行的投資組合總數爲
   (a) 18。
   (b) 15。
   (c) 16。
   (d) 8。

4. 如果專案計畫 C 的先決條件爲專案計畫 D 被接受，則可行的投資組合總數爲
   (a) 3。
   (b) 7。
   (c) 16。
   (d) 12。

5. 如果資本預算上限為 3 億美元，則可行的投資組合總數為

(a) 6。

(b) 10。

(c) 16。

(d) 18。

6. 如果資本預算上限為 3 億美元，則能令 PW (17%) 達到最大的投資案為

(a) A 及 B。

(b) B 及 C。

(c) A、B、D。

(d) 什麼也不做。

7. 請考量下列營利型專案計畫，回答第 7 與第 8 題：

替代方案	投資額 (百萬美元)	PW(10%)(百萬美元)
A	$10	$14
B	$12	$22
C	$8	−$5

沒有預算限制，同時假設專案計畫為彼此獨立，則最佳的投資組合應選擇

(a) A、B、C。

(b) B 及 C。

(c) A 及 B。

(d) A 及 C。

8. 如果專案計畫 B 的先決條件為專案計畫 C 被接受，則最佳的投資組合應選擇

(a) A、B、C。

(b) A 及 B。

(c) B 及 C。

(d) A 及 C。

9. 評估兩個互斥投資替代方案，其現金流如下：

替代方案	週期						PW(8%)	IRR
	0	1	2	3	4	5		
A	−$200	$75	$75	$75	$75	$75	$99.45	25%
B	−$100	$35	$40	$45	$50	$65	$76.61	32%

最佳的投資選擇為

(a) A，根據現值分析。

(b) B，根據內部報酬率分析。

(c) (a) 與 (b) 皆是。

(d) 維持現狀。

10. 某大眾運輸系統正在考量兩種巴士。其中一種以柴油運轉，另一種則以壓縮天然氣 (CNG) 運轉。兩方案的重要統計資料如下：

參數	柴油	CNG
初始成本	$350,000	$450,000
年度成本 (第 1 年)	$30,000	$30,000
每年增加成本	$3000	$5000
殘餘價值	$10,000	$50,000
年度等額成本	$82,900	$99,700
利益成本比	3.01	2.71
服務年限	10	10

兩種巴士都會在運輸上提供使用者 500 萬美元 (效用減去費用) 的淨年利益。由於較低的廢氣排放量會得到較乾淨的空氣，故 CNG 巴士會提供額外 200 萬美元的利益。假設表中的利益成本比是使用 4% 的利率計算出來的，請問我們應選擇何種巴士？

(a) 柴油，由於其 3.01 的利益成本比。

(b) CNG，由於其 1.19 的利益成本比。

(c) 柴油，由於其年度等額成本較低。

(d) 以上皆非。

11. 在生產程序中指定兩種機器，這兩者的成本如下表所示：

參數	機器 A	機器 B
初始成本	$150,000	$250,000
年度成本	$10,000	$2000
殘餘價值	$0	$5000
服務年限	5	10

請利用這些資料以及 10% 的年利率來回答第 11 與 12 題。成本較低的替代方案為

(a) 機器 A，成本比 B 少了 72,500 美元 (現值)。

(b) 機器 B，成本比 A 少了 44,200 美元 (現值)。

(c) 機器 A，投資成本比 B 少了 10 萬美元。

(d) 以上皆非。

12. 較低成本的替代方案為

(a) 機器 B，年度等額成本比 A 少了 44,100 美元。

(b) 機器 A，年度等額成本比 B 少了 7,200 美元。

(c) 機器 B，年度等額成本比 A 少了 7,200 美元。

(d) 以上皆非。

13. 評估兩個互斥投資替代方案，其現金流如下：

替代方案	週期					
	0	1	2	3	PW (8%)	IRR
1	−$250	$80	$75	$70	$99.45	25%
2	−$100	$45	$45	$45	$76.61	32%

若根據 IRR 分析來選擇最佳方案，則需要使用下列哪個式子來求解利率

(a) $-\$100 + \$45(P/A, i\%, 3) = 0$。

(b) $-\$250 + \$80(P/A, i\%, 3) - \$5(P/G, i\%, 3) = 0$。

(c) $-\$150 + \$35(P/A, i\%, 3) - \$5(P/G, i\%, 3) = 0$。

(d) $-\$350 + \$120(P/A, i\%, 3) - \$5(P/G, i\%, 3) = 0$。

14. 某家公司正在考量是否外包某個製程。若自製則購買一部機器的成本為 20 萬美元，年度固定成本為 15,000 美元，每個零件成本為 3.00 美元。如果年限為 5 年，沒有殘餘價值。外包的話，每個零件可以用 4.00 美元購買。假設利率為 10%，每年需要 50,000 個零件，則

(a) 外包每年便宜超過 30,000 美元。

(b) 自製每年便宜 17,800 美元。

(c) 兩種替代方案的成本是相同的。

(d) 外包每年便宜不到 20,000 美元。

15. 我們可投資 20,000 美元購買一部機器，使用 3 年，殘餘價值為 0 美元。在這段期間，此機器每年要花費 500 美元維護。而我們也可以每年花費 8,500 美元租用同樣的資產，且利率為 6%，則

(a) 租用，每年便宜 500 美元。

(b) 租用，每年便宜超過 1,000 美元。

(c) 購買，每年便宜不到 600 美元。

(d) 購買，每年便宜超過 1,000 美元。

第三部分
税後決策

建立稅後現金流

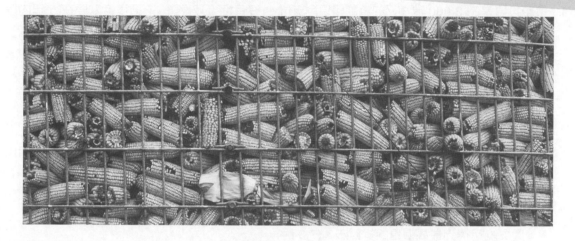

(由 CORBIS 所提供。)

真實的決策：現金收成

Nordic Biofuels，Nordic Energy Group 的子公司，正在俄亥俄州興建其第一座乙醇工廠。乙醇是由玉米煉製的汽油添加物，可以減低空氣的污染。這座設施預計花費 5,000 萬美元興建，每年可利用 1,880 萬蒲式耳的美國國產玉米，生產出 5,000 萬加侖的乙醇。這家工廠將於 2006 年開始運作。2002 年時，俄亥俄州長簽署法規，藉由提供減稅及貸款，鼓勵乙醇工廠的投資。[1]

我們做以下假設：每加侖乙醇會產生 1.90 美元的收入，一蒲式耳玉米的成本則為 2.80 美元。這些都是時間零成本 (2005 年末)。在此專案計畫運作期間，乙醇價格每年預期會上漲 2.5%，玉米價格則預期會穩定維持不變。時間零的能源成本預估為每年 1,500 萬美元，其年度通貨膨脹率為 3.5%。勞力與經常費成本預估為 2,000 萬美元，每年的通貨膨脹速率為 2%。最後，假設專案計畫在開始時會得到 750 萬美元的營運資本 (用來在各個時間採買貨品)，這筆資本會在最後 1 年歸還。

---

[1] "Nordic Energy to Build Ohio's First Ethanol Plant," *Dow Jones Newswires,* February 3, 2004.

這項設施在 10 年的回收期中，會依循修訂加速成本回收系統 (MACRS) 的最大加速折舊規則進行折舊。我們要在 10 年的年限中對於此專案計畫進行分析；在 10 年年限結束時，這項設施會有 500 萬美元的殘餘價值。聯邦所得稅率為 35%，但是由於政府的鼓勵措施，我們不須支付地方稅或州稅。

請針對下列 3 種情境建立稅後現金流：

1. 這筆投資是由保留盈餘支付 (現金支付)。

2. 這筆投資擁有投資減稅額，有 2,000 萬美元會在第 1 年自動折舊，剩下的 3,000 萬美元則會依循 MACRS 正常的進行折舊。

3. 這筆投資是由 3,000 萬美元的貸款與現金支付。(沒有投資減稅額。) 這筆貸款要在 5 年內以等額本息年度款項償還，假設 6.5% 的年利率。

除了計算這些稅後現金流之外，在研讀過本章之後你也將能夠：

- 說明稅款在資本投資分析中的重要性。(7.1 節)

- 針對一般性所得計算稅款。(7.2 節)

- 使用直線折舊法、餘額遞減折舊法或餘額遞減轉至直線折舊法，計算資產的折舊費用以及帳面價值。(7.3 節)

- 依據目前的美國稅法，使用 MACRS 計算每期 (年) 的折舊費用。(7.3 節)

- 選擇能夠得到最高價值的折舊法。(7.3 節)

- 以當下金額針對各式各樣的投資情境計算稅後現金流。(7.4 節)

政府會在許多方面服務大眾。執行這些服務所需的資金來自於課稅。有多種稅款會對於民眾及公司之類的組織造成影響。購物可能須要支付銷售稅。個人所得也會被課稅。源自於業務的利潤，不管是大型企業或個別的承包商，也會被課稅。不動產的所有人通常須要根據其不動產價值支付稅款。

　　我們將重點放在對於工程專案計畫投資有所影響的稅款上。前一章所討論的評估技巧，是用來評估稅前的現金流。在本章中，我們則會將這些稅前現金流轉換為稅後現金流。

　　雖然我們試圖在本書中保持全球性的視野，但是稅款與稅務政策顯然是區域性的議題，因為世界各國的政府單位皆會以不同的方式運作。事實上，一國之內也可能會有各種不同的省級、州級或地方級法規。因此，我們將焦點放在美國聯邦政府上。雖然實際的稅率與規則會因國家不同而有相當大的差異，但諸如折舊及課稅等議題，則是舉世皆然的。因此，雖然本章的焦點放在美國政府對於美國公司的課稅上，但是我們也可以使用這些資訊做為範本，來分析其他的狀況。

7.1 課稅

在本章中，我們將重點放在與資本投資決策有關的稅款及其所牽扯到的問題上。明確的說，我們會處理針對以下狀況所支付的稅款：

1. 一般性所得。
2. 源自於銷售可折舊的不動產的獲利或虧損。
3. 資本獲利。

　　為了對於我們為什麼要研究稅款提供討論的動機，請考量聯合包裹服務 (UPS) 的 2004 年年度報告。[2] 我們選擇這家世界級的物流供應商是因為這家公司擁有許多設施與設備，包括卡車、拖車、曳引車、以及飛機。2004 年時，UPS 花費了 21 億 2700 萬美元在資本支出上。2004 年底時，該公司的資產，包括車輛、飛機、土地、建築物、設備、以及技術的帳面價值為將近 140 億美元，這是由將近 270 億美元的投資額，以及多年以來 130 億美元的折舊額所造成的。(我們會在本章後續定義「折舊」與「帳面價值」這兩個詞彙，它們與資產在不同時間的會計價值有關。)

　　即使我們不是會計師，也看得出來稅款對於個人或組織所造成的影響。2004 年時，UPS 的報告指出 49 億 8900 萬美元的營運利潤。針對此筆利潤，該公司支付了 15 億 8900 萬美元的稅款，造成 33 億 3300 萬美元的淨所得。其中一項減少應付稅款金額的支出，是 15 億 4300 萬美元的折舊額以及攤銷。這些數字很重要，它提供了我們建立稅後現金流的動機。幾乎所有

---

[2] United Parcel Service of America, "Selected Financial Data," from *2004 Annual Report*, www.shareholder.com/ups/, 2004.

從事工程活動的公司，都須要投資資產。這類投資的規模、類型、以及時間性，會大大影響到所支付的稅款金額。因此，當我們在專案計畫層級考量投資時，必須將這些因素納入考量。

7.2 ／ 一般性所得稅款

我們所檢驗的第一種稅款，是當利潤經由「一般」經營活動取得時，所課徵的稅款。一般經營活動誠如其名所示：你預期公司會從事的經營活動。當 IBM 販售大型主機時，當 Dow 販售化學品時，當洛克希德馬汀發射商用衛星時，或當普惠販售飛機引擎時，它們都是從其專業領域的銷售中產生收入。請將之與 ConocoPhillips 出售其位於科羅拉多州的煉油廠資產，[3] 或康寧出售其電視映像管的生產設備相較。[4] ConocoPhillips 是一家能源公司，大部份的所得都來自於提煉或配送石油產品。康寧為各式各樣的產業製造各式各樣的原料與產品。出售資產賺錢對於 ConocoPhillips 或康寧來說並不「一般」。這類利潤源自於正常的營運以外。我們會在本章稍後處理這些案例。

利潤的概念確實相當簡單直接。營運透過某些支出或成本，產生收入。假設收入大於成本，某段期間的**利潤** (profit)，便是收入與產生收入所承擔的成本之間的差值。如果成本大於收入，公司便會蒙受**虧損** (loss)。政府會針對利潤 (不會針對虧損)，或稱為所得課稅。我們將週期 n 的所得，或 EBIT，代表「所得稅前獲利」，定義為：

$$\underbrace{\text{EBIT}_n}_{\text{所得}} = \underbrace{R_n}_{\text{收益}} - \underbrace{E_n}_{\text{支出}}$$

例如，克萊斯勒會從每位購買汽車的消費者身上獲得收入。支出的部份比較複雜一點：製造汽車所投入的成本 (包括物料鋼鐵、橡膠、塑膠、等等)、勞力 (生產工人、工程師、經理、等等)、物流 (貨物的移動)、以及支援 (行銷、等等)。

除了這些運作資本外，我們也必須將固定成本納入考量。這些成本包括設備的購買與工廠的興建。不幸的是，花費在工廠上的數百萬美元，並不能直接解讀為工廠興建年度中的支出。反之，有嚴格的規則定義了這類購買案於不同時間的支出，稱為**折舊** (depreciation)。在我們具體說明企業稅率之後，我們便會更深入的討論折舊。

7.2.1　營利事業所得稅率

美國針對一般性所得課稅，在公司課稅方面於 2018 年起聯邦稅率實施課徵單一稅率 21%。而在臺灣自 2020 年起，政府跟公司課徵營利事業所得稅也全面實施單一稅率 20%。關於臺灣詳細的課徵公司稅額規定，是根據所得稅法第五條相關部份條文，如下所示：

營利事業所得稅起徵額及稅率如下：

---

[3] Parker, L., "Smaller Oil Refiners Snap Up Assets Jettisoned by Bigger Firms," *The Wall Street Journal*, May 22, 2003.

[4] "Corning Sells Equipment to China Co for $45M," *Dow Jones Newswires*, February 26, 2004.

一、營利事業全年課稅所得額在 12 萬元以下者，免徵營利事業所得稅。

二、營利事業全年課稅所得額超過 12 萬元者，就其全部課稅所得額課徵百分之二十。但其應納稅額不得超過營利事業課稅所得額超過 12 萬元部分之半數。

　　簡單的來說，公司課稅所得額在 12 萬以下（包含 12 萬）是不需繳稅，但若是超過 12 萬則需根據第二款規定繳納稅款。我們以下面例題來加以說明。

❓ 例題 7.1　營利事業所得稅 (1)

2020 年受到新冠肺炎疫情影響，重創臺灣觀光產業，繼多家的大型旅行社裁員後，也很多旅行社傳出停業。努力推出國內旅遊行程是唯一的出路，但利潤有限。所有旅行社也全數投入，這使得經營環境根本無法生存[5]。假設某一旅行社在 2020 年受疫情影響公司的稅前所得虧損 200 萬元，請根據所得稅法計算該公司所須支付的稅款。

🔍 **解答**　根據所得稅法第五條第一款規定，由於全年公司稅前所得為-200 萬元，在 12 萬元以下。因此，該公司是免繳營利事業所得稅。

❓ 例題 7.2　營利事業所得稅 (2)

接續例題 7.1，受到疫情影響，假設某一旅行社 2020 年該公司的稅前所得獲利 122,000 元，請根據所得稅法計算該公司所須支付的稅款。

🔍 **解答**　該公司稅前所得高於 12 萬元，根據所得稅法第五條第二款規定需課徵營利事業所得稅。接著，我們將第二款條文分成兩部份來分析如下：

①營利事業全年課稅所得額超過 12 萬元者，就其全部課稅所得額課徵百分之二十。根據此條文，我們計算應納稅款如下：

$$\$122,000 \times 20\% = \$24,400$$

該公司按規定應繳營利事業所得稅 24,400 元。但這裡有一個奇怪的地方，就是如果該公司稅前所得是 120,000 元時，屬於未超過 12 萬元不需繳稅。但該公司稅前所得 122,000 元，只是超過 2000 元，就變成要繳 24,400 元的稅，我們會發現這樣的課稅是不符合比例原則。因此，第二款條文第二部份就是為了彌補這個現象所產生，分析如下：

②但其應納稅額不得超過營利事業課稅所得額超過 12 萬元部分之半數。根據此條件，計算如下：

$$(\$122,000 - \$120,000) = 2,000 \quad 超過 12 萬元的金額$$
$$\$2,000 \times 50\% = \$1,000 \quad 超過的部份之半數（應納稅額）$$

---

[5]　羅建怡，疫情看不到盡頭利百加旅行社 10 月起停業、加利利瘦身砍近半數員工，聯合報，8 月 20 日，2020 年。

由上述①可知，原先要繳 24,400 元。因②的規定不得超過 1,000 元。也就是①和②選擇低的金額繳納。因此，該公司僅需繳交營利事業所得稅 1,000 元，這樣也較符合比例原則。

?? 例題 7.3　營利事業所得稅 (3)

接續例題 7.1，假設某一旅行社 2020 年該公司的稅前所得獲利 200,000 元，請根據所得稅法計算該公司所須支付的稅款。

解答　我們計算第一部份如下：

①營利事業全年課稅所得額超過 12 萬元者，就其全部課稅所得額課徵百分之二十。根據此條文，我們計算應納稅款如下：

$$\$200,000 \times 20\% = \$40,000$$

該公司按第一部份規定應繳營利事業所得稅 40,000 元。接著第二部份如下：

②但其應納稅額不得超過營利事業課稅所得額超過 12 萬元部分之半數。根據此條件，計算如下：

$$(\$200,000 - \$120,000) = \$80,000 \quad 超過 12 萬元的金額$$

$$\$80,000 \times 50\% = \$40,000 \quad 超過的部份之半數（應納稅額）$$

由上述①和②，我們發現是同一金額 40,000 元。因此，該公司需繳交營利事業所得稅 40,000 元。從這裡我們可以得知，當公司稅前所得等於 20 萬元時，選擇①和②的規定都一樣。

?? 例題 7.4　營利事業所得稅 (4)

接續例題 7.1，假設某一旅行社 2020 年靠國旅部份經營，該公司的稅前所得獲利 50 萬元，請根據所得稅法計算該公司所須支付的稅款。

解答　我們計算第一部份如下：

①營利事業全年課稅所得額超過 12 萬元者，就其全部課稅所得額課徵百分之二十。根據此條文，我們計算應納稅款如下：

$$\$500,000 \times 20\% = \$100,000$$

該公司按第一部份規定應繳營利事業所得稅 100,000 元。接著第二部份如下：

②但其應納稅額不得超過營利事業課稅所得額超過 12 萬元部分之半數。根據此條件，計算如下：

$$(\$500,000 - \$120,000) = \$380,000 \quad 超過 12 萬元的金額$$

$$\$380,000 \times 50\% = \$190,000 \quad 超過的部份之半數（應納稅額）$$

由上述①和②，兩者選低的金額是①。因此，公司需繳交營利事業所得稅 100,000 元。如例題 7.3 所說，當公司稅前所得等於 20 萬元時，兩者規定是一樣的金額。當超過 20 萬元時②的金額一定會大於①的金額，因①採 20%的稅率，而②採 50%的稅率，②稅額上升速度比較快。因此，當課稅所得額超過 20 萬以上時，②的規定就無效，只需按照單一稅率 20%計算即可。我們根據所得稅第五條的兩款部份條文，可以將這一系列的課徵計算方式重新整理如下表：

表 7.1　營利事業所得稅的計算

課稅所得額(*I*)	計算方式
12 萬元以下(包含 12 萬元)	免稅
超過 12 萬元至 20 萬元	$X \times 50\%$
20 萬元以上	$X \times 20\%$

註：*X* 代表課稅所得額

7.2.2　個人綜合所得稅率

除了以單一稅率方式課徵外，臺灣對於個人綜合所得則採另一種累進課徵方式。如表 7.2 所示，臺灣國民個人所須支付的稅率以「課稅級距」的方式。這份稅率表並不是以單一稅率的方式來看，我們以一個例題來加以說明。

表 7.2　2021 年綜合所得稅稅率表

綜合所得淨額	稅率	累進差額
$0 到$540,000	5%	$0
$540,001 到$1,210,000	12%	$37,800
$1,210,001 到$2,420,000	20%	$134,600
$2,420,001 到$4,530,000	30%	$376,600
$4,530,001 以上	40%	$829,600

資料來源：財政部賦稅署

 例題 7.5　綜合個人所得稅

根據臺灣 104 人力銀行 2020 年底調查臺灣平均年薪 64.1 萬元，大學平均起薪 31,227 元，碩士平均起薪 35,661 元。其中餐飲類相關的職務 2020 年薪皆為負成長，常年缺才的資訊軟體系統人員，以及工業技術類人員則逆勢成長[6]。假設某一位年青人 2020 年的綜合所得淨額是 60 萬元，請問該年青人應繳付稅額為多少？

解答　第一種方式根據表 7.2 中的課稅級距，應繳稅額計算如下：

$$\$540,000 \times 5\% + (\$600,000 - \$540,000) \times 12\% = \$34,200$$

以上是該位年青人總共須支付給政府的稅額 34,200 元。

第二種方式則是利用表 7.2 中的累進差額快速計算，應繳稅額如下：

---

[6]　張家麒，104 調查 2020 臺灣平均年薪 64.1 萬！整體調薪率僅 2.9%…這行業薪情最差，今周刊，11 月 11 日，2020 年。

$$\$600,000 \times 12\% - \$37,800 = \$34,200$$

上式扣除 37,800 元的理由是 54 萬元的部份只須繳交 5%的稅率，但在此處全部以 12%的稅率計算。因此，54 萬多繳了 7%的稅額。這筆 7%稅額為 37,800 元須給予扣除，即可得到應繳稅額 34,200元。

上述我們可以發現現行課稅體制，稅率有單一稅率與累進稅率兩種。在本書中，除非特別聲明，否則我們假設所提供的稅率為單一稅率。因此在進行分析時並不須要加以調整。

7.3　折舊與帳面價值

大部份公司所承擔的支出都很簡單直接。在製造產品時、購買原料時、支薪給勞工與管理者時、還有消耗能源時。這些成本都會在發生時被記錄下來，然後從公司的努力成果所產生的收入中減去，形成應稅所得。

然而，有一種支出並不是這麼簡單直接。請考量購買某項資產，例如某項機具。雖然為這具設備所支付的「支出」只發生在單一的時間點上，但是在政府的眼中，卻不將其視為一筆支出。反之，此項資產的支出，是根據預先定義的一組規則，分配在不同時間中的。每當我們購買**資本資產**時，其支出在應稅所得的計算上，就會依此方式分配。這種年度的支出稱為**折舊** (depreciation)。其概念是，資本資產會被使用多年，因此，購買資本資產的支出，應該要分配在使用這項資產來產生一般性所得的各個年度中。

我們重申，計算與購買資本資產有關的應稅支出，並不只是把購買價格加入支出清單，然後將這些支出從收入中減去以計算利潤這麼簡單而已。反之，因為我們認為資本資產如機具或工廠，使用期間都會超過 1 年，所以其購買價格會在一段時間內被支出。也就是說，在購買資本資產之後的每 1 年，我們都會寫下某部份的購買價格做為支出，以計算應稅所得。這部份金額便稱為折舊。

公司在某個週期能夠聲明的折舊金額，通常是無須爭議的。反之，根據資產的定義與折舊規則，折舊金額會依循嚴謹的指導方針進行計算。如果 D_n 表示週期 n 的折舊金額，則資產**帳面價值** (book value) 的定義，便是初始的帳面價值 (購買價格與裝設成本) 減去到目前為止所有已計入的折舊額。將週期 n 結束時的帳面價值定義為 B_n，我們可寫做

$$B_n = B_{n-1} - D_n$$

初始帳面價值 B_0 是資產的購買價格加上所有在採買與裝設時所承擔的支出。因此，如果我們花 45 萬美元購買某具機器，而這具機器的送交與裝設要花 2,000 美元，則 $B_0 =$ 45 萬 2,000 美元，這個金額會在一段時間內進行折舊。

要計算年度的折舊金額 D_n，我們必須知道 (1) **回收期** (recovery period)，亦即我們能夠折舊該項資產的年數，以及 (2) **折舊法** (depreciation method)。以下兩小節，我們會定義傳統的直線折舊法與餘額遞減折舊法。目前美國所使用的執行標準，便是使用這兩種方法推導出來的。我們稍後會討論其他歷史性的折舊法。

7.3.1　直線折舊法

直線折舊法假設資產在其回收期間，每年支出的金額是相同的。此法會造成每週期以定額遞減的帳面價值。

假設資產的購買成本為 P。這個數值包含了購買價格以及所有的採買成本，例如送貨、課稅、以及裝設等，如我們之前所描述的。我們定義回收期為 N_D，回收期末的資產殘餘價值為 S。金額 $P\text{-}S$ 要在 N_D 個週期中折舊。透過這些定義，每週期的折舊額便是

$$D_n = D = \frac{P-S}{N_D} \tag{7.1}$$

初始帳面價值為 $B_0 = P$。後續週期的帳面價值則是由每週期遞減 D 所定義，亦即

$$B_1 = B_0 - D = P - D$$

且

$$B_2 = B_1 - D = P - 2D$$

因此，在任一週期，

$$B_n = P - nD \tag{7.2}$$

且

$$B_{N_D} = P - N_D D = S \tag{7.3}$$

我們會在以下例題說明上述計算。

 例題 7.6　直線折舊法

巴西石油公司 Petrobras 訂購了半潛式近海石油生產平台的建造與裝設，以使用在 Roncador 油田中。這座鑽井是由法國的 Technip SA 所建造，費用為 7.75 億美元。[7] 假設這座鑽井於 2006 年 1 月交貨及裝設。如果這座鑽井有 8 年的使用年限，沒有殘餘價值，假設使用直線折舊法，請判斷回收期的折舊時程與帳面價值。

---

[7]　Pearson, D., "Technip Wins $775M Contract for Brazil Offshore Platform," *Dow Jones Newswires*, December 19, 2003.

🔍 **解答** 已知 $P = 7.75$ 億美元，$S=0$，$N_D = 8$，我們利用直線法以公式 (7.1) 計算年度折舊額如下：

$$D = \frac{P-S}{N_D} = \frac{\$775M}{8} = 9,687 \text{ 萬 } 5,000 \text{ 美元}$$

這項金額也可以使用 Excel 的函式 SLN 取得，如圖 7.1 的試算表所示。折舊費用在 B 欄以

$$=SLN(cost,salvage,life)$$

	A	B	C	D	E	F	G
1	Example 7.6: Offshore Oil Platform Depreciation				Input		
2					P	$775,000,000.00	
3	**Period**	**Depreciation**	**Book Value**		Salvage Value	$0.00	
4	0	--	$775,000,000.00		Periods	8	years
5	1	$96,875,000.00	$678,125,000.00		Method	Straight-Line	
6	2	$96,875,000.00	$581,250,000.00				
7	3	$96,875,000.00	$484,375,000.00		Output		
8	4	$96,875,000.00	$387,500,000.00		Schedule		
9	5	$96,875,000.00	$290,625,000.00				
10	6	$96,875,000.00	$193,750,000.00	=C6-B7			
11	7	$96,875,000.00	$96,875,000.00				
12	8	$96,875,000.00	$0.00				
13							
14	=SLN($F$2,$F$3,$F$4)						
15							

圖 7.1 近海石油平台回收期內的折舊額與帳面價值

進行計算，而帳面價值則藉由簡單地將前期的帳面價值減去當期的折舊費用，追蹤於 C 欄。請注意，回收期結束後的帳面價值等於零的殘餘價值。

7.3.2 餘額遞減折舊法

餘額遞減折舊法假設每週期會支出相同百分比的資產價值。相較於直線折舊法的定義是每年支出固定金額的帳面價值，餘額遞減折舊法的定義則是每年支出固定百分比的帳面價值。由於其定義，此種折舊法也經常被稱為「固定百分比」折舊法。

如果我們將每週期折舊的帳面價值百分比定義為 α，則年度折舊額為

$$D_n = \alpha B_{n-1}$$

從我們初始的帳面價值開始，我們可以計算

$$D_1 = \alpha B_0 = \alpha P$$

針對第 2 期(年)，

$$D_2 = \alpha B_1 = \alpha(B_0 - D_1) = \alpha B_0 - \alpha D_1$$

請注意，D_1 就是 αB_0，所以

$$D_2 = \alpha B_0 - \alpha(\alpha B_0) = \alpha(1-\alpha)B_0$$

我們可以繼續此項過程以得到

$$D_3 = \alpha B_2 = \alpha\left(B_0 - D_1 - D_2\right) = \alpha\left(B_0 - \alpha B_0 - \alpha(1-\alpha)B_0\right)$$
$$= \alpha B_0\left(1 - \alpha - \alpha + \alpha^2\right) = \alpha(1-\alpha)^2 B_0$$

這會讓我們得到兩種定義年度折舊額的方式：

$$D_n = \alpha B_{n-1} \tag{7.4}$$

或

$$D_n = \alpha(1-\alpha)^{n-1} B_0 = \alpha(1-\alpha)^{n-1} P \tag{7.5}$$

所以每期所計算的折舊額會遞減，但是帳面價值遞減的百分比則維持不變。我們也可以用類似的方式推導帳面價值的運算式。一般而言，

$$B_n = B_{n-1} - D_n$$

代換我們 D_n 的運算式，定義了

$$B_n = B_{n-1} - \alpha B_{n-1}$$

這會得到以下的帳面價值定義：

$$B_n = (1-\alpha)B_{n-1} \tag{7.6}$$

以及

$$B_n = (1-\alpha)^n B_0 = (1-\alpha)^n P \tag{7.7}$$

公司很少會任意選擇 α 來進行折舊計算。最常見的餘額遞減折舊法形式，是**雙倍餘額遞減折舊法** (double-declining-balance depreciation)，其中 α 值的定義為

$$\alpha = (2)\frac{100\%}{N_D}$$

N_D 定義了回收期。乘數 2 便是造成「雙倍」餘額遞減定義的原因。也有人使用乘數值 1.5 及 1.25。請注意，乘數值 1 所定義的百分比，等於直線折舊法的百分比。因為我們通常會使用大於 1 的數值，所以此種折舊法常被稱為**加速折舊法** (accelerated method of depreciation)，因為此種方法第一期的折舊費用，會高於直線折舊法第一期的折舊費用。

例題 7.7 餘額遞減折舊法

Israel Electric Corp.向 GE 訂購了一台開放式循環，360 百萬瓦的燃氣輪機，成本為 4,200 萬美元，於 2005 年夏季交貨。[8] 假設回收期為 20 年，請問利用雙倍餘額遞減折舊與 1.5 倍餘額遞減折舊時，折舊費用與所造成的帳面價值為何？

解答 針對雙倍餘額遞減折舊法的情形，

$$\alpha = (2)\frac{100\%}{20} = 10\%$$

第 1 年時，折舊額與帳面價值為

$$D_1 = \alpha B_0 = (0.10)(\$42M) = 420 \text{ 萬美元}$$
$$B_1 = (1-\alpha)B_0 = (0.90)(\$42M) = 3,780 \text{ 萬美元}$$

	A	B	C	D	E	F	G
1	Example 7.7: Gas Turbine Depreciation				Input		
2					P	$42,000,000.00	
3	**Period**	**Depreciation**	**Book Value**		Salvage Value	$0.00	
4	0	--	$42,000,000.00		Periods	20	years
5	1	$4,200,000.00	$37,800,000.00		Method	Declining-Balance	
6	2	$3,780,000.00	$34,020,000.00		Multiplier	2.0	
7	3	$3,402,000.00	$30,618,000.00				
8	4	$3,061,800.00	$27,556,200.00		Output		
9	5	$2,755,620.00	$24,800,580.00		Schedule		
10	6	$2,480,058.00	$22,320,522.00	=C6-B7			
11	7	$2,232,052.20	$20,088,469.80				
12	8	$2,008,846.98	$18,079,622.82				
13	9	$1,807,962.28	$16,271,660.54				
14	10	$1,627,166.05	$14,644,494.48				
15	11	$1,464,449.45	$13,180,045.04				
16	12	$1,318,004.50	$11,862,040.53				
17	13	$1,186,204.05	$10,675,836.48				
18	14	$1,067,583.65	$9,608,252.83				
19	15	$960,825.28	$8,647,427.55				
20	16	$864,742.75	$7,782,684.79				
21	17	$778,268.48	$7,004,416.31				
22	18	$700,441.63	$6,303,974.68				
23	19	$630,397.47	$5,673,577.21				
24	20	$567,357.72	$5,106,219.49				
25							
26	=DDB($F$2,$F$3,$F$4,A22,$F$6)						
27							

圖 7.2 燃氣輪機的折舊額與帳面價值，使用雙倍餘額遞減

試算表方法如圖 7.2 所示。我們使用 DDB 函數來計算餘額遞減折舊費用。雖然 DDB 這個詞通常用來指稱雙倍餘額遞減，不過函數

$$=DDB(purchase, salvage, recovery, period, multiplier)$$

可以搭配任何乘數值使用。折舊費用以 DDB 函數計算於 B 欄，帳面價值則計算於 C 欄。此圖描繪了使用乘數 2.0 的計算，如儲存格 F6 所定義的。

藉由將儲存 F6 從 2.0 改爲 1.5，B 欄中 DDB 函數的最後一項引數便會改變，造成新的 1.5 倍餘額遞減的折舊費用。針對 1.5 倍餘額遞減折舊法的情形，

$$\alpha = (1.5)\frac{100\%}{20} = 7.5\%$$

第 1 年時，折舊額與帳面價值爲

$$D_1 = \alpha B_0 = (0.075)(\$42M) = 315 \text{ 萬美元}$$
$$B_1 = (1-\alpha)B_0 = (0.925)(\$42M) = 3,885 \text{ 萬美元}$$

一如預期的，雙倍餘額遞減會造成燃氣輪機較快速的折舊。

　　雖然從上述例題並不是那麼明顯地看得出來，但是餘額遞減折舊法會有一個問題：使用此種方法，我們永遠無法完整回收我們的成本。當我們說「回收成本」時，我們的意思是資產永遠無法完全折舊，而因此永遠無法完全支出。檢驗圖 7.2 的試算表，我們會看到，在雙倍餘額遞減的情況中，20 年後輪機的帳面價值超過 510 萬美元。因此，購買者並未完全得到其所享有的稅項利益額度。

　　我們可以透過計算描繪此項缺失，不過請先考量年度折舊費用的計算。我們取出帳面價值的某個百分比。然後我們會重新計算帳面價值，然後對於剩下的帳面價值再取出相同的百分比。如果我們持續對於剩下的帳面價值取出某個百分比，我們就會永遠剩下某個數值。因此，帳面價值在 N_D 個週期中永遠不會歸零。

　　事實上，帳面價值無法在 N_D 歸爲任何指定的殘餘價值，除非情況有所改變。例如，如果我們在 N_D 個週期之後，需要某個指定的帳面價值，則使用餘額遞減折舊法時，倘若在週期 N_D 之前便已達到這個數值，我們就必須停止折舊。如果我們並未達到這個數值，則最後一個週期所計算的折舊額，就必須增加以達到所需的帳面價值。很明顯的，這些「修正」都不乾淨俐落。這個問題引致我們介紹我們的下一種方法。

7.3.3　餘額遞減轉換至直線折舊法

之前我們點出餘額遞減折舊法的一個顯著缺失：在回收期的折舊費用完結之後，資產的帳面價值並不等於其殘餘價值。爲了克服這個問題，我們可以結合兩種我們方才描述過的方法，餘額遞減以及直線法。

　　我們的概念很簡單直接：在每個週期的開始，使用兩種方法 (直線與餘額遞減) 計算折舊費用，然後選擇費用比較高的那一方：在第 1 年，餘額遞減源於加速折舊法的定義，所以永遠會有較高的折舊費用，直線法則在較後頭的年度會有較高的費用。因此，問題在於判斷此項轉換何時會發生。

我們並不須要在數學上定義新的方法，因爲其定義已隱含於先前的定義之中。反之，我們只會提供一個例題來解釋轉換方法。此種方法與公式 (7.1)，直線法所定義的折舊費用，以及與公式 (7.4) 及 (7.5)，餘額遞減法所定義的折舊費用相較，唯一的差異在於，我們應該將每個週期都視爲「全新的」，從全新的帳面價值重新開始，考量從該點開始使用另一種方法的問題。

 例題 7.8　餘額遞減轉換至直線折舊法

矽品在 2003 年秋季，以每具設備 545.2 萬新台幣的價格，向安捷倫科技購買了 10 具半導體生產設備。[9] 請利用雙倍餘額遞減轉至直線折舊法，判斷在 5 年的回收年限中，單具資產的折舊時程以及帳面價值。為了描繪此方法，假設在回收期末，有 20 萬新台幣的殘餘價值。

🔍 **解答**　要計算雙倍餘額遞減 (此後簡稱 DDB) 折舊法，α 值爲

$$\alpha = (2)\frac{100\%}{5} = 40\%$$

第 1 年時，DDB 折舊額爲

$$D_1 = \alpha B_0 = (0.40)(\text{NT\$}5,452,000.00) = 218 \text{ 萬 } 800.00 \text{ 新台幣}$$

針對直線 (此後簡稱 SL) 折舊法，第 1 年的計算如下：

$$D_1 = \frac{P-S}{N_D} = \frac{\text{NT\$}5,452,000.00 - \text{NT\$}200,000.00}{5} = 105 \text{ 萬 } 400.00 \text{ 新台幣}$$

一如預期的，DDB 的 D_1 大於 SL。因此，第 1 年我們使用 DDB 計算出的折舊額。這造成第 1 年末的帳面價值如下：

$$B_1 = (1-\alpha)B_0 = (0.60)(\text{NT\$}5,452,000.00) = 327 \text{ 萬 } 1,200.00 \text{ 新台幣}$$

第 2 年時，我們繼續我們的 DDB 計算，得到

$$D_2 = \alpha B_1 = (0.40)(\text{NT\$}3,271,200.00) = 130 \text{ 萬 } 8,480.00 \text{ 新台幣}$$

針對 SL，我們重新開始，然後指定數值 B_1 爲 P。同樣的，我們將 N_D 設定爲 4，因爲回收期還剩下 4 年。因此，針對 SL，

$$D_2 = \frac{\text{NT\$}3,271,200.00 - \text{NT\$}200,000.00}{4} = 76 \text{ 萬 } 7,800.00 \text{ 新台幣}$$

9　Nystedy, D., "Taiwan Chipmakers Siliconware, TSMC Buy up New Equipment," *Dow Jones Newswires*, November 13, 2003.

由於 DDB 的 D_2 較大，所以第 2 年我們一樣使用 DDB 來折舊資產，使得

$$B_2 = (1-\alpha)^2 B_0 = (0.60)^2 (NT\$5,452,000.00) = 196\ 萬\ 2,720.00\ 新台幣$$

圖 7.3 的試算表提供了該項資產完整的折舊時程。我們可以利用 MAX、SLN、與 DDB 函數在 Excel 中「建立」一個折舊函數，不過這項工作已經由 VDB 函數完成了，其定義為

=VDB(cost,salvage,life,start_period,end_period,factor,no_switch)

	A	B	C	D	E	F	G
1	Example 7.8: Semiconductor Equipment Depreciation				Input		
2					P	NTD 5,452,000.00	
3	Period	Depreciation	Book Value		Salvage Value	NTD 200,000.00	
4	0	--	NTD 5,452,000.00		Periods	5	years
5	1	NTD 2,180,800.00	NTD 3,271,200.00		Method	Switching	
6	2	NTD 1,308,480.00	NTD 1,962,720.00		Multiplier	2.0	
7	3	NTD 785,088.00	NTD 1,177,632.00				
8	4	NTD 488,816.00	NTD 688,816.00		Output		
9	5	NTD 488,816.00	NTD 200,000.00		Schedule		
10				=C6-B7			
11	=VDB($F$2,$F$3,$F$4,A7,A8,$F$6,FALSE)						
12							

圖 7.3　半導體生產設備購買案的 DDB 轉至 SL 折舊

如試算表的儲存格 B8 所強調的，此函數會呼叫購買價格 (F2)、殘餘價值 (F3)、以及回收期 (F4)。針對週期 4 的計算，我們使用相對性參照來定義開始與結束的週期，分別為 3(A7) 以及 4(A8)。函數呼叫「FALSE」會請求在最佳的轉換時機，轉至直線折舊法。呼叫「TRUE」則會造成一般的 DDB 計算。

從 DDB 至 SL 的轉換發生於週期 4，資產會在剩餘的回收期中以 SL 進行折舊。週期 4 與週期 5 的 48 萬 8,816 新台幣折舊費用，定義了 5 年結束後 20 萬新台幣的帳面價值，如試算表中所示。這便是我們所需的目標，如此一來我們便可以將帳面價值歸為指定數值，這項任務單獨使用餘額遞減法是不可能辦到的。

直線折舊法、餘額遞減折舊法、以及餘額遞減轉至直線折舊法，這 3 種方法構成了目前美國稅法折舊相關部份的基礎。

7.3.4　MACRS 折舊

如你可以想像到的，如果每家公司都使用不同的折舊法與回收期，政府在處理納稅申報單時將會感到痛苦萬分。因此，美國政府總是會提供如何計算折舊費用的指導方針。現行的法律是 1986 年稅務改革法案的成果，雖然偶爾會因為國會各式各樣的舉動而有所修改。眾多修改的其中之一，是現行法律減少了允許使用的折舊法數量。目前的系統稱為「修訂加速成本回收系統」或 MACRS。並不意外的，這個名字源自於 1981 年所建立之加速成本回收系統 (ACRS) 的修訂。

為了計算各週期的折舊額，我們必須進行一些選擇，以及定義一些變數：

1. **折舊系統** (depreciation system)。我們有兩種折舊系統可以使用：一般折舊系統，或 **GDS**，以及可選擇折舊系統，或 **ADS**。GDS 或 ADS 的選擇定義了可使用的折舊法及回收期。我們通常比較偏好使用 GDS，因為此系統允許使用加速折舊法，但是資產持有者也可能會在斟酌之下選用 ADS。如果資產主要使用於美國國外，則我們必須使用 ADS 系統。此外，如果所列舉的資產只有少於 50%的時候使用於商業用途，我們也必須使用 ADS 系統。

2. **資產類型** (Asset Classification)。大多數我們所擁有，使用於商業用途，並且擁有大於 1 年確定使用年限的有形資產，包括建築物、機具、車輛、家具、以及設備等，都可以折舊。某些無形資產，例如軟體、專利、以及商譽等，也可能可以折舊。這些無形資產會根據我們稍後將討論的攤銷規則分配支出。

表 7.3　各種資產的級別年限及回收期實例

設備 (或其中使用的設備)	回收期 (N_D)		
	級別年限	GDS	ADS
路面曳引車	4	3	4
小卡車	4	5	5
半導體製造設備	5	5	5
資訊系統 (電腦)	6	5	5
卡車 (大卡車、混凝土攪拌車、採礦車)、拖車、貨櫃車	6	5	6
伐木、營建、陸上鑽井設備	6	5	6
電子元件、產品、以及系統製造	6	5	6
近海鑽井	7.5	5	7.5
衛星太空設備	8	5	8
巴士、成衣、醫藥、以及牙科用品製造	9	5	9
電話交換設備、化學品製造	9.5	5	9.5
辦公家具、採礦設備、鐵軌	10	7	10
木製品、家具、或航太產品製造	10	7	10
廢棄物減量與資源回收工廠	10	7	10
電話站、有線電視 (CATV) 播送、以及衛星地面接收設備	10	7	10
電報、越洋電纜、以及衛星通訊 (TOCSC) 交換設備	10.5	7	10.5
CATV 前端機房、塑膠成型產品製造	11	7	11
火車頭製造	11.5	7	11.5
航空運輸、汽車、船隻、火車製造	12	7	12

紙漿與紙業	13	7	13
玻璃產品製造、鐵路設備	14	7	14
石油與天然氣探勘及生產、天然氣生產	14	7	14
主要煉鋼廠產品製造	15	7	15
煉油	16	10	16
TOCSC 控制設備	16.5	10	16.5
輸水、電話中央機房設備	18	10	18
公用電力生產 (輪機或核能)、水泥業	20	15	20
……產業所使用的設備			
汽電共生／傳佈、管線運輸、液化天然氣工廠	22	15	22
廢水處理廠、電話配線設備	24	15	24
TOCSC 纜線與長線系統	26.5	20	26.5
電力傳輸與配送	30	20	30
公用天然氣配送	35	20	35
公共用水	50	20	50

資料來源：美國國稅局,"Table of Class Lives and Recovery Periods," Appendix B, Publication 946, pp. 92 102.

　　資產會被歸類為哪個折舊類型，取決於該資產是定義為動產還是不動產。**動產**包括設備、機具、車輛、以及家具等。**不動產**則包含無法移動的永久性資產，例如設施、建築物、道路、橋樑等。

3. **起始基底** (Initial Basis)。我們先前將這項概念定義為初始的帳面價值，等於購買價格加上所有送貨與裝設的成本。這項數值也可能會因為投資減稅額再往下調，我們會在本章稍後加以討論。請注意，根據現行的美國稅法，在所有基底、折舊、與帳面價值的計算中，**資產的殘餘價值都假設為零**。

4. **啓用日期** (Placed-in-Service Date)。這個日期定義了何時可以開始折舊。啓用日期就是資產可以開始提供服務的時間。請注意，這不一定等於第一次使用資產的時間，因為資產有可能被閒置不用。同樣的，實際可以開始折舊的時間，則是由我們接著將予以討論的時間性慣例所支配。

5. **時間性慣例** (Timing Convention)。資產可以根據月中、季中、或年中慣例加以折舊。月中慣例只適用於非住宅區的不動產，以及住宅區的租借房產。我們假設折舊會從房產啓用的第一個月便開始進行。在此慣例下，在資產啓用或處置的那個月，我們只允許一半的一般折舊額。

　　　　季中慣例類似於月中慣例，但是我們會假設資產是在季中啓用。只有在所有由 MACRS 所規範的可折舊資產中，有超過 40%的資產 (以其初始基準的總和值爲量測標準) 是在納稅年度的頭三個月裝設時，才會使用此項慣例。在服務的第一季與最後一季使用一半折舊額的慣例，也適用於此。

　　　　針對不符合月中與季中慣例的房產，我們會施行半年期慣例，這是大多數會發生的情況。在此慣例下，我們假設所有的資產都是在該年度的年中啓用。因此，在資產啓用的第 1 年與資產的處置年，都會被分配給二分之 1 年度的折舊額。

6. **回收期** (Recovery Period)。回收期意指資產會進行折舊的年數。這個時間長度取決於資產的類型以及我們所選擇的折舊系統爲何。表 7.3 提供了一部份摘自美國國稅局所建立之級別年限與回收期表格的回收期實例。請注意，表中共提供了 3 種年限長度：(1) 級別年限 (2) GDS 回收期，以及 (3) ADS 回收期。級別年限回收期是使用在 1981 年以前啓用的資產上，如我們將在本章稍後加以討論的。請注意，GDS 與 ADS 回收期很少會恰好相等。

7. **折舊法** (Depreciation Method)。一旦我們選擇了折舊系統，我們就必須選擇一種折舊法。針對 GDS，此項選擇包含 200%餘額遞減轉至直線折舊法，150%餘額遞減轉至直線折舊法，或直線折舊法。這些選擇會受到預先定義的回收期所限制。如果選擇了 ADS，在預定的回收期中便只能使用直線折舊法。再次，請注意所有折舊法都假設該項資產在回收期結束時沒有殘餘價值。

表 7.4　MACRS 折舊時程，假設使用半年期慣例、GDS、以及 200%餘額遞減轉至直線法

年度	3 年	5 年	7 年	10 年
1	33.33%	20.00%	14.29%	10.00%
2	44.45%	32.00%	24.49%	18.00%
3	14.81%	19.20%	17.49%	14.40%
4	7.41%	11.52%	12.49%	11.52%
5	—	11.52%	8.93%	9.22%
6	—	5.76%	8.92%	7.37%
7	—	—	8.93%	6.55%
8	—	—	4.46%	6.55%
9	—	—	—	6.56%
10	—	—	—	6.55%
11	—	—	—	3.28%

資料來源：美國國稅局，"Instructions for Form 4562," Table A, p. 10, 2003.

表 7.5　MACRS 折舊時程，假設使用半年期慣例、GDS、以及 150%餘額遞減轉至直線法

年度	5 年	7 年	10 年	12 年	15 年	20 年
1	15.00%	10.71%	7.50%	6.25%	5.00%	3.750%
2	25.50%	19.13%	13.88%	11.72%	9.50%	7.219%
3	17.85%	15.03%	11.79%	10.25%	8.55%	6.677%
4	16.66%	12.25%	10.02%	8.97%	7.70%	6.177%
5	16.66%	12.25%	8.74%	7.85%	6.93%	5.713%
6	8.33%	12.25%	8.74%	7.33%	6.23%	5.285%
7	—	12.25%	8.74%	7.33%	5.90%	4.888%
8	—	6.13%	8.74%	7.33%	5.90%	4.522%
9	—	—	8.74%	7.33%	5.91%	4.462%
10	—	—	8.74%	7.33%	5.90%	4.461%
11	—	—	4.73%	7.32%	5.91%	4.462%
12	—	—	—	7.33%	5.90%	4.461%
13	—	—	—	3.66%	5.91%	4.462%
14	—	—	—	—	5.90%	4.461%
15	—	—	—	—	5.91%	4.462%
16	—	—	—	—	2.95%	4.461%
17	—	—	—	—	—	4.462%
18	—	—	—	—	—	4.461%
19	—	—	—	—	—	4.462%
20	—	—	—	—	—	4.461%
21	—	—	—	—	—	2.23%

資料來源：美國國稅局, "Instructions for Form 4562," Table B, p. 10, 2003.

　　一旦做了這些選擇之後，我們便可以透過先前所呈現的公式或政府所提供的表格 (表 7.4 與 7.5) 來計算各週期的折舊費用。閱讀這些表格，我們只須判斷資產的回收期與其目前的使用年度為何即可。表格中定義了有多少初始帳面價值的百分比要做為該年度的折舊費用。

　　我們並沒有不動產的表格，因為其選擇是受限的。住家用的出租房產是以直線法折舊，使用月中慣例與 27.5 年的回收期。非住家的不動產，包括電梯與電扶梯，則是用類似方式於 31.5 年的回收期中折舊。

　　我們會在以下例題中描繪如何使用這些表格。請注意，從餘額遞減法轉至直線折舊法之後，表格的數值將會有所變動。這是由於捨入上的誤差，因為表格只公布到小數點後兩到三位。數值的變動會確保資產在回收期末能夠 100%的折舊。

例題 7.9　使用 GDS 的折舊費用

2003 年底，波音購買了一台 Cray X1 超級電腦，以在其普捷灣資料中心執行結構性分析與流體力學運算程式。[10] 假設購買價格為 3,000 萬美元。請問依循 MACRS，使用 GDS 系統 (雙倍餘額遞減表格) 與半年期慣例的折舊時程，以及所造成的帳面價值為何？

🔍 解答　從表 7.3 中我們看到，根據 MACRS 的 GDS 系統，資訊系統的回收期為 5 年。我們藉由將適當的 MACRS 百分比乘以初始帳面價值 (3,000 萬美元) 來計算折舊費用。我們可選擇使用 200% 餘額遞減 (表 7.4) 或 150% 餘額遞減 (表 7.5) 轉至直線折舊法。假設我們想要盡快折舊我們的資產，所以我們使用雙倍餘額遞減表格 (表 7.4)。因此，D_1 是 3,000 萬美元的 20%，亦即 600 萬美元。

	A	B	C	D	E	F	G	H
1	Example 7.9 : Supercomputer Depreciation					Input		
2						P	$30,000,000.00	
3	Period	MACRS %	Depreciation	Book Value		Salvage Value	$0.00	
4	0	--	--	$30,000,000.00		Periods	5	years
5	1	20.00%	$6,000,000.00	$24,000,000.00		Method	MACRS GDS	
6	2	32.00%	$9,600,000.00	$14,400,000.00		Multiplier	2.0	
7	3	19.20%	$5,760,000.00	$8,640,000.00				
8	4	11.52%	$3,456,000.00	$5,184,000.00		Output		
9	5	11.52%	$3,456,000.00	$1,728,000.00		Schedule		
10	6	5.76%	$1,728,000.00	$0.00	=C6-B7			
11								
12		=$G$2*B8						

圖 7.4　電腦系統在 6 年內的 MACRS 折舊以及所造成的帳面價值

　　圖 7.4 的試算表提供了 6 年中各週期的折舊費用以及其帳面價值。我們透過表 7.4 的百分比，亦即 B 欄中的輸入值計算折舊費用。請注意，這些百分比，總和為 100%，在每個週期是乘以 B_0，而非目前的帳面價值。

　　由於 5 年的回收期與半年期慣例，我們會有 6 年的折舊費用。第 6 年後的帳面價值為零，因為 MACRS 百分比是由雙倍餘額遞減轉至直線折舊法，假設殘餘價值為零所導出的。

 例題 7.10　使用 ADS 的折舊費用

加州的 Intuitive Surgical, Inc. 以 120 萬美元出售了一具機器人，達文西外科手術系統，給醫院以協助手術的進行。機器人準確的行動讓病人的康復時間得以縮短。[11] 假設這家醫院是營利性質，並且選擇使用 ADS 系統折舊這具機器人。如果這具機器人的回收期為 9 年 (根據表 7.3)，假設使用半年期慣例與 ADS 系統，請問其折舊時程為何？

[10]　Derpinghaus, T., "Cray Inc. Wins Boeing Order for Cray X1 Computer," *Dow Jones Newswires*, October 21, 2003.

[11]　Wysocki, B., Jr., "Robots Assist Heart Surgeons," *The Wall Street Journal Online*, February 26, 2004.

🔍 解答 MACRS 表格是針對 GDS 系統建立的。針對 ADS 系統，我們假設使用直線折舊法。其年度折舊費用爲

$$D_n = \frac{\$1.2M}{9} = 13\ 萬\ 3,333.33\ 美元$$

這個數值在第 1 年只有一半，這造成在第 10 年還要進行最後半年的折舊。

	A	B	C	D	E	F	G
1	Example 7.10: Surgical Robot Depreciation				Input		
2					P	$1,200,000.00	
3	**Period**	**Depreciation**	**Book Value**		Salvage Value	$0.00	
4	0	--	$1,200,000.00		Periods	9	years
5	1	$66,666.67	$1,133,333.33		Method	MACRS ADS	
6	2	$133,333.33	$1,000,000.00				
7	3	$133,333.33	$866,666.67		**Output**		
8	4	$133,333.33	$733,333.33		Schedule		
9	5	$133,333.33	$600,000.00				
10	6	$133,333.33	$466,666.67	=C6-B7			
11	7	$133,333.33	$333,333.33				
12	8	$133,333.33	$200,000.00				
13	9	$133,333.33	$66,666.67				
14	10	$66,666.67	$0.00				
15							
16	=SLN($F$2,$F$3,$F$4)						
17							

圖 7.5 醫學機器人在 10 年內的 MACRS ADS 折舊，以及各年度的帳面價值

完整的折舊時程如圖 7.5 的試算表所示。根據 MACRS 規則，SLN 值在第 1 年與第 10 年只有一半。請注意如果選擇的是 GDS 系統，回收期會比較短。

表 7.4 與 7.5 並沒有什麼神秘之處；它們由政府所提供，以便讓不想要計算個別折舊費用的納稅人不須要自行計算。要說明這些表格是如何推導出來的，請考量某項 5 年折舊級別資產的 MACRS 折舊法。假設我們選擇 GDS 系統與 200%餘額遞減轉至直線折舊法，使用半年期慣例 (因爲表格針對此一級別的資產，假設使用半年期慣例)。

我們將初始帳面價值定義爲 100%以推導表 7.4 的百分比。針對雙倍餘額遞減 (DDB) 折舊法，α 值爲 2(100%)/5，或 40%。如此造成的第一個年度折舊，爲

$$D_1 = 0.40(100\%) = 40\%$$

的扣除額。然而，由於半年期慣例，我們必須將此數值減半爲 20%。

針對直線 (SL) 折舊法，第 1 年的扣除額爲

$$D_1 = \frac{100\%}{5} = 20\%$$

同樣的，我們會將第 1 年的扣除額減半，造成 10%的總額。因此，我們會選擇 DDB 值的 20%，與表 7.4 中 5 年級別資產的 D_1 值相符。

現在請考量第 2 年。使用 DDB，

$$D_2 = 0.40(100\% - 20\%) = 32\%$$

由於半年期慣例，我們還剩下 4.5 年的折舊。使用 SL，

$$D_2 = \frac{100\% - 20\%}{4.5} = 17.78\%$$

因為 32%大於 17.78%，所以我們選擇 DDB 為 D_2 值。我們所選擇的數值與表 7.4 所提供的數值相符。

針對第 3 年，DDB 折舊額為

$$D_3 = 0.40(100\% - 20\% - 32\%) = 19.2\%$$

SL 則會得出

$$D_3 = \frac{100\% - 20\% - 32\%}{3.5} = 13.71\%$$

再次，我們選擇 DDB 而 D_3=19.2%。針對 D_4，使用 DDB 造成

$$D_4 = 0.40(100\% - 20\% - 32\% - 19.2\%) = 11.52\%$$

使用 SL 則得到

$$D_4 = \frac{100\% - 20\% - 32\% - 19.2\%}{2.5} = 11.52\%$$

兩種方法在此得到相同的數值，所以我們知道，我們已經抵達轉換點。因此，我們將數值 11.52%賦予 D_4。為了確定我們的選擇是正確的，我們可以使用兩種方法來計算 D_5 的值。使用 DDB，

$$D_5 = 0.40(100\% - 20\% - 32\% - 19.2\% - 11.52\%) = 6.912\%$$

使用 SL 我們則得到

$$D_5 = \frac{100\% - 20\% - 32\% - 19.2\% - 11.52\%}{1.5} = 11.52\%$$

如果我們曾有過懷疑，則現在直線法應該很明顯地大於餘額遞減法。因此，我們知道 11.52%將會是剩餘每個週期的百分比。然而，我們必須注意到，由於半年期慣例，最後一個折舊「年度」(在此例中為第 6 年) 會被折半。因此，第 6 年的百分比是 11.52%的一半，或 5.76%。第 1 年到第 6 年的數值分別為 20%、32%、19.2%、11.52%、11.52%、以及 5.76%，與表 7.3 中的數值相符。

請注意，只有在資產是購買所得，並且在其回收期的 N_D+1 個年度中都一直持有時，表 7.4 中的百分比才是有效的。如果資產會較早被處置 (出售)，則這些百分比有可能會改變。針對 N_D 年級別的資產，在第 2 年到第 N_D 年進行處置，會使得出售年的折舊額減半，一如半年

期慣例所定義的。如果資產是在第 1 年後售出，則其折舊費用是不變的，因為折舊費用已經根據 MACRS 慣例被折半了。同樣的，如果資產是在第 N_D+1 年售出，則折舊額會與表格相同，因為折舊額已經根據慣例折半了。我們會在以下例題中說明此項計算。

 例題 7.11　提早處置資產的折舊計算

加州 El Segundo 的 West Basin Water Recycling Facility 向加拿大的 Trojan Technologies 訂下一筆 UV 水處理系統的訂單，以在 2004 年夏季進行裝設。這筆交易價值估計為 270 萬加幣。此系統每日可處理 4,700 萬公升的廢水。[12] 假設這項資產 (分類為市政廢水處理廠) 會使用 MACRS GDS 系統，在 15 年的使用年限下進行折舊 (表 7.6 的百分比)。更進一步假設，這組系統的成本為 1,987,200 (美元)，並且在第 5 年的使用之後售出。請問在該項資產的 5 年使用期中，其折舊時程為何？而其最後的帳面價值又為何？

解答　水處理設備的折舊時程如表 7.6 所示。請注意，第 5 年的折舊百分比會是 MACRS 所定義之數值 (表 7.5) 的一半。

表 7.6　15 年資產在 5 年後進行處置的 MACRS 折舊

年度 n	MACRS%	D_n	B_n
1	5.00%	\$99,360.00	\$1,887,840.00
2	9.50%	\$188,784.00	\$1,699,056.00
3	8.55%	\$169,905.60	\$1,529,150.40
4	7.70%	\$153,014.40	\$1,376,136.00
5	3.465%	\$68,856.48	\$1,307,279.52

在提早的資產出售中，5 年的折舊額定義了剛好超過 130 萬美元的帳面價值。請注意，只要資產在第 2 到第 15 年中任何 1 年被處置，該年的折舊額便會折半。

7.3.5　選擇折舊法

MACRS 限制了公司可選擇來折舊資產的替代方案數量。然而，我們還是有進行選擇的空間。其一，我們可以選擇使用餘額遞減轉至直線法，或者是純粹的直線法。此外，對於使用年限較短的資產，我們也可以選擇 150%或 200%餘額遞減法。

先前，我們說過，餘額遞減法通常會被稱為「加速」折舊法。這是因為，根據此種方法，在資產使用年限的早期，折舊費用會較直線折舊的費用來得高。加速折舊很重要，因為較高

---

[12]　Moritsugu, J., "Trojan Technologies Gets C\$2.7M California Pact," *Dow Jones Newswires,* October 14, 2003.

的折舊費用意味著較高的支出。雖然聽起來有點詭異，我們會希望擁有較高的折舊支出，因為這會降低所得稅前獲利 (EBIT)。這意味著須支付的稅款金額也會降低。因為資產使用早期的稅款較低，所以就金錢的時間價值來說，所節省之稅額的等值現值會較高。因此，我們通常會比較偏好使用加速折舊法。

　　如果擁有較高支出 (成本) 較為有利的這件事情，聽起來有點費解的話，我們須要理解兩項關鍵因素。其一，折舊是一種支出，但它並不是現金流。請記住，折舊只是一種為了「支出」資本設備，所設計的會計手續。設備已然購買；所以，從納稅人的角度而言，現金流已經發生了。因此，對於納稅人來說，盡快取得較多的折舊額以減少針對所得所支付的稅款來「回收」支出，會是一件有利的事情。其次，無論使用何種折舊法，我們在不同時間所須支付的稅款總額都是相同的。然而，根據所選擇的折舊法不同，稅款的時間性會有所不同。如我們所知，金錢的時間價值原則指出，就正值的利率來說，時間零的金錢價值會高於未來的金錢價值。因此，我們會偏好在資產使用早期較高的折舊支出，因為它們會較早減免較多的稅款，在正值與固定稅率的假設下，由於金錢的時間價值，這樣做會有較高的價值。我們以一個例題來描繪其中差異。

 例題 7.12　折舊法的比較

2004 年冬季，南韓鋼鐵製造商浦項宣布，將會裝設一條新的，為汽車產業製造鋼板 (每年 40 萬公噸的產量) 的連續鍍鋅生產線，以增加產量。這項擴展的成本預期為 1,899 億韓圜，這條生產線會在 2006 年 6 月開始運作。[13] 請使用直線法、餘額遞減法 (2.0 倍與 1.5 倍)、以及轉換 (雙倍餘額遞減至直線) 折舊法，判斷這筆投資案在 15 年回收期中每年的帳面價值。假設這條生產線在 15 年末的殘餘價值為零，並且不使用半年期慣例。

解答　其折舊額與帳面價值的計算如前。表 7.7 提供了直線法 (第 2 欄)、雙倍餘額遞減法 (第 3 欄)、1.5 倍餘額遞減法 (第 4 欄)、以及轉換法 (第 5 欄) 的折舊時程。

我們已經討論過使用餘額遞減法的問題，亦即這種折舊法永遠無法完全折舊資產。這點從表 7.7 底部的總計值可以清楚看出，因為只有直線法與轉換法能夠折舊全部的 1,899 億韓圜。

　　為了說明這些方法在經濟上並不等值，我們也在表 7.7 中提供了折舊費用的等值現值 P，假設利率為 15%。直線法的等值現值計算如下：

$$P = \text{KRW12.66B} \overset{5.8476}{(P/A,15\%,15)} = 740.3 \text{ 億韓圜}$$

[13] Seon-Jin, C., "S Korea Posco to Invest KRW326.7B on Production Lines," *Dow Jones Newswires*, January 6, 2004.

利用 $(P/F, i, N)$ 將每筆折舊費用個別帶回時間零，然後將結果加總，便可以求出其他的現值數值。這項計算類似於我們在第 3 章所介紹之試算表方法，使用 NPV 函數可以輕易地完成。

　　我們要點出的重要結論是，每種方法的 P 值都各不相同。因此，這些折舊法在經濟上並不等值，因為折舊費用的時間性不同。那些無法完全折舊資產的方法，會讓這項差異更加擴大。我們可以在直線法與轉換法之間進行公平的比較，因為兩者都完整的折舊了這筆資產。轉換法的等值現值高出將近 200 億韓圜。因為現值較大，所以轉換法比起直線法，會較快速地折舊資產。如我們先前所指出的，就金錢的時間價值與正值的利率而言，這會造成較多的稅款減免。

表 7.7　鋼板生產線的折舊費用 (單位為十億韓圜)

年度 n	SL D_n	DDB D_n	1.5DB D_n	轉換法 D_n
1	12.66	25.32	18.99	25.32
2	12.66	21.94	17.09	21.94
3	12.66	19.02	15.38	19.02
4	12.66	16.48	13.84	16.48
5	12.66	14.28	12.46	14.28
6	12.66	12.38	11.21	12.38
7	12.66	10.73	10.09	10.73
8	12.66	9.30	9.08	9.30
9	12.66	8.06	8.17	8.63
10	12.66	6.98	7.36	8.63
11	12.66	6.05	6.62	8.63
12	12.66	5.25	5.96	8.63
13	12.66	4.55	5.36	8.63
14	12.66	3.94	4.83	8.63
15	12.66	3.42	4.34	8.63
總計	189.9	167.7	150.8	189.9
P	74.03	88.08	74.04	91.81

　　上述討論再次解釋了為什麼餘額遞減法 (包括轉換法) 會被稱為加速折舊法。檢視表 7.8 的帳面價值，我們會較容易看出這點，我們也將此表格的數值整理於圖 7.6。餘額遞減法較高的折舊費用，會引致資產帳面價值較快速的下降。(此圖也描繪了餘額遞減折舊法的問題，亦即其帳面價值會趨近於，但是永遠無法達到零。)

表 7.8 鋼板生產線的帳面價值 (單位為十億韓圜)

年度 n	SL B_n	DDB B_n	1.5DB B_n	轉換法 B_n
1	177.24	164.58	170.91	164.58
2	164.58	142.64	153.82	142.64
3	151.92	123.62	138.44	123.62
4	139.26	107.14	124.59	107.14
5	126.60	92.85	112.13	92.85
6	113.94	80.47	100.92	80.47
7	101.28	69.74	90.83	69.74
8	88.62	60.44	81.75	60.44
9	75.96	52.38	73.57	51.81
10	63.30	45.40	66.21	43.17
11	50.64	39.35	59.59	34.54
12	37.98	34.10	53.63	25.90
13	25.32	29.55	48.27	17.27
14	12.66	25.61	43.44	18.63
15	0.00	22.20	39.10	10.00

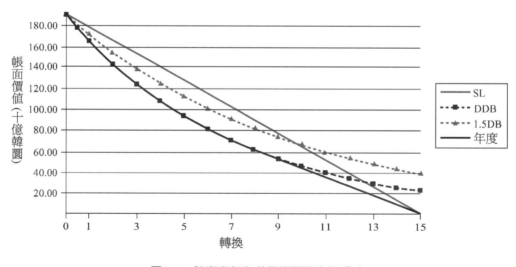

圖 7.6 隨資產年歲增長帳面價值的遞減

因此，如果我們的目標是選擇會提供折價費用最大等值現值的折舊法 (假設以 15% 的利率計算折價)，則我們應選擇使用雙倍餘額遞減的轉換法。

這個例子是典型的案例，就金錢的時間價值而言，加速法相較於直線法，永遠會得到較多的稅款減免。這點可由轉換法的折舊費用等值現值，高於直線法等值現值的事實反映出來。不過，公司還是會有使用直線法的原因，例如想要「平攤」利潤，使用加速折舊法的話，利潤顯然會不停波動。也有一些情況是非使用直線折舊法不可的,例如在美國國外使用的資產。 (在此狀況中,ADS 也定義了較長的回收期,這會造成還要更低的折舊費用。) 最後,加速法 的優越性是建立在固定稅率、固定折價率、以及在資產的使用年限中公司都會賺錢等假設上。 不過,通常來說,我們會偏好轉換技巧。

7.4 稅後現金流

在計算完折舊與納稅額之後,我們便可以齊聚所有得到的資訊,然後計算稅後現金流。這些 現金流便是最終在後續章節中用來從事分析以進行資本投資相關決策的現金流。稅後現金流 的建立可能很複雜;我們有大量的資訊要處理,所以我們建議你使用試算表來建立現金流。

　　我們可以採取許多種方法來計算稅後現金流。後續的運算會採取三步驟的過程:

1. 計算應稅所得。應稅所得,也稱為所得稅前獲利 (EBIT),係由 $EBIT_n = R_n - E_n$ 計算得出,其 中 E_n 包含所有營運支出,例如勞力、物料、以及能源成本,加上折舊額與利息。

2. 計算應付稅款。利用有效稅率 t,我們可計算出應付的稅款,亦即 $t\,EBIT_n$。

3. 計算稅後現金流。稅後現金流等於稅前獲利,減去稅款,然後將折舊額加回,因為折舊額並 非現金流,但是是一種支出。就運算上來說,我們可得 $A_n = EBIT_n - t\,EBIT_n + D_n$。$A_n$ 值會因為 取得任何貸款本金、銷售資產所得的稅後收入、或營運資本而增加,也會因為貸款本金的償 還與支付營運資本而減少。

　　任一週期 n 的稅後現金流 A_n 也可以直接計算如下:

$$
\begin{array}{rcll}
A_n & = & -P_n & \text{(資本投資)} \\
 & + & S_n & \text{(銷售資產所得收入)} \\
 & - & t(S_n - B_n) & \text{(針對銷售資產獲利所支付的稅款)} \\
 & & W & \text{(淨營運資本)} \\
 & + & (1-t)R_n & \text{(稅後一般性收入)} \\
 & - & (1-t)E_n & \text{(稅後營運支出,包括勞力、能源、與物料成本)} \\
 & + & tD_n & \text{(折舊額的稅款減免)} \\
 & - & (1-t)IP_n & \text{(稅後利息款項)} \\
 & - & PP_n & \text{(本金還款)} \\
 & + & B & \text{(所得貸款)}
\end{array}
$$

請注意,此運算方法假設在虧損的情況下,我們會得到扣抵稅額。

　　現在,我們來檢驗一些詳盡的案例,以描繪折舊法、銷售資產、貸款、營運資本、以及 通貨膨脹對於計算稅後現金流造成的影響。這些便是最後會用來進行分析的稅後現金流。因為這些方法每個都需要大量的資料，所以我們在使用自己的估計值來進行後續計算之前，我們會先提供真實生活的案例。

 例題 7.13　現金流的虧損

美信積體在 2003 年秋季以 4,000 萬美元向德州的飛利浦電子買下一座半導體晶圓製造設施。這座設施每年可以生產 800 萬份「加工量」，或每年 5 億美元的收入。[14]

我們做以下假設：第 1 年的收入為 4 億美元，第 2 年為 4.5 億美元，之後到使用年限結束前，每年都為 5 億美元。所有的成本，不算折舊額的話，每年總計皆為 4.5 億美元，直到使用年限結束。在 6 年的年限結束時，此設施沒有殘餘價值，有效稅率為 40%。

此設施會使用 MACRS GDS 系統 (表 7.4 的百分比)，以 5 年的回收期進行折舊。試判斷 6 年中的稅後現金流，假設兩種處理虧損的狀況：(1) 扣抵稅額，以及 (2) 結轉虧損至下期。

解答　在第 1 年的折舊費用為 (.20) ($40M) = 800 萬美元的情況下，我們首年會遭逢 5,800 萬美元的虧損。假設使用我們的第一種方法來處理虧損，我們會得到 (.40)($58M) = 2,320 萬美元的扣抵稅額，使用第二種方法則不須支付稅款。在此狀況下，5,800 萬美元的虧損會被「結轉至下期」。

如圖 7.7 的試算表所示，此專案計畫要到第 3 年才會出現 4,232 萬美元的利潤。使用扣抵稅額法，我們要支付 1,693 萬美元的稅款。使用第二種方法，我們會將先前期的虧損結轉到第 3 期 (總計為 7,080 萬美元)。此項計算可以在 Excel 中使用 MAX 及 SUM 函式完成，如試算表的儲存格 F18 所示。SUM 函數會將虧損結轉至下期，而 MAX 函數則會檢查是否有獲得利潤。請注意，SUM 函數也會檢查先前的稅款是否有予以支付，因為如果某家公司交替處於有獲利及無獲利週期時，問題可能會變得有點微妙。

	A	B	C	D	E	F	G	H	I	J	K
1	Example 7.13: Semiconductor Fab Purchase								Input		
2									Investment	$40.00	million
3	Period	Pn	Rn-En	Dn	EBIT	Taxes	ATCF		Revenues	$400.00	million
4	0	-$40.00	--	--	--	--	-$40.00		G (Revenues)	$50.00	million
5	1	--	-$50.00	$8.00	-$58.00	-$23.20	-$26.80		Max Revenues	$500.00	million
6	2	--	$0.00	$12.80	-$12.80	-$5.12	$5.12		Expenses	$450.00	million
7	3	--	$50.00	$7.68	$42.32	$16.93	$33.07		Salvage Value	$0.00	million
8	4	--	$50.00	$4.61	$45.39	$18.16	$31.84		Interest Rate	12%	per year
9	5	--	$50.00	$4.61	$45.39	$18.16	$31.84		Dep Method	MACRS GDS	2
10	6	--	$50.00	$2.30	$47.70	$19.08	$30.92		Rec. Period	5	years
11					=$J$11*E8	=C9-F9			Tax Rate	40%	
12									Periods	6	years
13	Period	Pn	Rn-En	Dn	EBIT	Taxes	ATCF				
14	0	-$40.00	--	--	--	--	-$40.00		Output		
15	1	--	-$50.00	$8.00	-$58.00	$0.00	-$50.00		Tax credits in A3		
16	2	--	$0.00	$12.80	-$12.80	$0.00	$0.00		Losses carried forward in A13		
17	3	--	$50.00	$7.68	$42.32	$0.00	$50.00				
18	4	--	$50.00	$4.61	$45.39	$6.76	$43.24				
19	5	--	$50.00	$4.61	$45.39	$18.16	$31.84				
20	6	--	$50.00	$2.30	$47.70	$19.08	$30.92				
21		=MAX(SUM($E$15:E18)*$J$11-SUM($F$15:F17),0)									
22											

圖 7.7　在關於虧損的不同假設下的稅款及稅後現金流

[14] Park, J., "Maxim Acquires Submicron Wafer Fabrication Facility in San Antonio, Texas," *Dow Jones Newswires,* October 24, 2003.

4,232 萬美元的利潤會從結轉的虧損 (7,080 萬美元) 中被扣除，造成第 3 年無須支付稅款，並且仍剩下 2,848 萬的虧損會被結轉至再下個週期。第 4 年稅前的獲利總計為 4,539 萬美元。由於有 2,848 萬美元的虧損被結轉過來，所以我們須針對 1,691 萬美元的正值餘額支付 677 萬美元的稅款。

請注意，選擇使用對於虧損計算扣抵稅額，或是將虧損結轉至下期，並不會影響這些現金流的總量，因為稅後現金流的總和與總計所支付的稅款都是相同的。然而，稅款支付的時間性差異，再次凸顯了這兩種方法 (以及所造成的現金流) 在經濟上並不等值的事實。

？？？ 例題 7.14　銷售資產的獲利與虧損

南伊利諾州的 First Cellular 向瑞典的易利信訂下一筆 550 萬美元的訂單，以在其現有的 850-MHz CDMA 網路上，部署 EDGE-ready 的 GSM/GPRS 網路。這筆合約於 2003 年秋季簽訂，預期會使用兩年進行部署。[15]

我們做以下假設：550 萬美元的投資額是平均分配於 2004 及 2005 年，其折舊額也依之切分，因為其中部署了多項資產。(請在 7 年的回收期中，以表 7.4 的百分比使用 MACRS GDS 系統。) 這項投資在 2005 年會帶來 11 萬 5,000 名顧客，每年增加 15%。2005 年每位顧客的平均收入為 40 美元，這項數據在 2006 年會增加至 45 美元，直到專案計畫結束為止 (由於網路的完整部署)。預期維修成本以 2004 年金額表示為 50 萬美元，每年增長 6%。人工成本估計為每年 100 萬美元，每年以 3% 的速率成長。最後，假設專案計畫每年的經常費成本皆為 7.5% 的總投資成本。

假設此網路會在 4 年後 (2008 年底) 退役，請判斷其稅後現金流圖。請針對兩種狀況求解：(a)4 年後 250 萬美元的殘餘價值，與 (b)4 年後 50 萬美元的殘餘價值。有效稅率為 38%。

🔍 解答　此例題的關鍵在於判斷折舊時程以及出售網路資產時剩餘的帳面價值。如圖 7.8 的試算表所示，我們有兩組折舊時程 (儲存格 C12 到 F12，以及儲存格 D13 到 F13)，因為有一半的網路是在時間零部署，另一半則在週期 1 部署。這造成了第一期部署 172 萬美元的總折舊額 (請注意，由於提前處置，第 4 年的折舊額會折半)，以及第二期部署 131 萬美元的總折舊額，定義了銷售時 247 萬美元的總帳面價值。

---

[15]　"Ericsson Gets $5.5M Deal with First Cellular of US," *Dow Jones Newswires,* December 2, 2003.

	A	B	C	D	E	F	G	H	I	J
1	Example 7.14: Cellular Network Deployment							Input		
2								Investment	$5.50	million
3	Year:	2004	2005	2006	2007	2008		Customers	0.115	million per yr.
4	Revenues							g (Customers)	15%	
5	Sales:		$4.60	$5.95	$6.84	$7.87		Revenue (Yr 1)	$40.00	per cust
6	Gain:		$0.00	$0.00	$0.00	$0.03		Revenue	$45.00	per cust
7	Total Inflows:		$4.60	$5.95	$6.84	$7.90		Maintenance	$0.50	million
8	Expenses							g (Maintenance)	6%	
9	Maintenance:		($0.53)	($0.56)	($0.60)	($0.63)		Labor	$1.00	million
10	Labor:		($1.03)	($1.06)	($1.09)	($1.13)		g (Labor)	3%	
11	Overhead:		($0.41)	($0.41)	($0.41)	($0.41)		Overhead	$0.41	million
12	Depreciation 1:		($0.39)	($0.67)	($0.48)	($0.17)		Salvage Value	$2.50	million
13	Depreciation 2:		--	($0.39)	($0.67)	($0.24)		Dep. Method	MACRS GDS	2
14	Total Expenses:		($2.37)	($3.10)	($3.26)	($2.58)		Recovery Period	7	years
15								Tax Rate	38%	
16	Taxable Income:		$2.23	$2.85	$3.59	$5.31	=I12-(I2+SUM(C12:F12)+SUM(D13:F13))			
17								Output		
18	Income Tax:		($0.85)	($1.08)	($1.36)	($2.02)		Cash flow diagram		
19							=F16+F18			
20	Profit A/T:		$1.39	$1.77	$2.22	$3.30	=I12-MAX(F6,0)			
21										
22	Purchase/Salvage:	($2.75)	($2.75)			$2.47	=F22+F20-F12-F13			
23										
24	Cash Flow A/T	($2.75)	($0.97)	$2.83	$3.38	$6.18				

圖 7.8 行動電話網路在提前處置時的稅後現金流圖

在這些網路資產的殘餘價值為 250 萬美元的情況下，我們會得到 30,000 美元的獲利。這筆獲利會被視同一般性所得予以課稅，所以我們只須將之加入儲存格 F6 中的銷售所得收入即可。其他所得的 247 萬美元 (帳面價值) 並不會被課稅，因此只須在判斷稅後現金流時，加入 (位於儲存格 F22) 到稅後利潤中 (儲存格 F24) 即可。

在第二種狀況下，資產的殘餘價值為 50 萬美元，我們會遭逢 197 萬美元的虧損。針對這筆虧損，我們會得到 (.38)($1.97)=74 萬 8,600 美元的扣抵稅額。這筆交易的總額 (124 萬 8600 美元) 會在 2008 年造成 297 萬美元的稅後現金流。

在下一節中，我們藉由詳盡檢驗本章開頭的真實決策問題，來檢視投資減稅、貸款、以及營運資本對於稅後現金流的影響。

7.5 檢視實際的決策問題

在本節中，我們回頭檢視本章開頭關於生質燃料工廠投資案的問題，並且針對以下三個情境建立稅後現金流：

1. 這筆投資是由保留盈餘支付 (現金支付)。

   除了營運資本以外，此題的解答方式皆與先前的例題相同，如圖 7.9 的試算表所示。與取得及償還貸款本金的情形大致相類，營運資本款項對於稅款不會有任何影響，我們只能將其加入稅後現金流中，我們馬上會針對貸款加以討論。由於年限較長，我們並未顯示資料中心以節省空間。

	A	B	C	D	E	F	G	H	I	J	K	L
1	Chapter 7: Ethanal Plant Investment (from Retained Earnings)											
2												
3	Year:	2005	2006	2007	2008	2009	2010	2011	2012	2013	2014	2015
4	Revenues											
5	Sales:		$97.38	$99.81	$102.30	$104.86	$107.48	$110.17	$112.93	$115.75	$118.64	$121.61
6	Gain:		$0.00	$0.00	$0.00	$0.00	$0.00	$0.00	$0.00	$0.00	$0.00	$1.72
7	Total Inflows:		$97.38	$99.81	$102.30	$104.86	$107.48	$110.17	$112.93	$115.75	$118.64	$123.33
8	Expenses											
9	Material:		($52.64)	($52.64)	($52.64)	($52.64)	($52.64)	($52.64)	($52.64)	($52.64)	($52.64)	($52.64)
10	Energy:		($15.53)	($16.07)	($16.63)	($17.21)	($17.82)	($18.44)	($19.08)	($19.75)	($20.44)	($21.16)
11	Labor:		($20.40)	($20.81)	($21.22)	($21.65)	($22.08)	($22.52)	($22.97)	($23.43)	($23.90)	($24.38)
12	Depreciation:		($5.00)	($9.00)	($7.20)	($5.76)	($4.61)	($3.69)	($3.28)	($3.28)	($3.28)	($1.64)
13	Total Expenses:		($93.57)	($98.52)	($97.69)	($97.26)	($97.14)	($97.29)	($97.97)	($99.10)	($100.26)	($99.82)
14												
15	Taxable Income:		$3.81	$1.29	$4.61	$7.60	$10.34	$12.88	$14.95	$16.65	$18.38	$23.51
16												
17	Income Tax:		($1.33)	($0.45)	($1.61)	($2.66)	($3.62)	($4.51)	($5.23)	($5.83)	($6.43)	($8.23)
18												
19	Profit A/T:		$2.48	$0.84	$3.00	$4.94	$6.72	$8.37	$9.72	$10.82	$11.95	$15.28
20												
21	Pur/Sal/Work Cap	($50.00)	$7.50									($4.22)
22												
23	**Cash Flow A/T:**	($50.00)	$14.98	$9.84	$10.20	$10.70	$11.33	$12.06	$12.99	$14.10	$15.22	$12.70

圖 7.9 使用保留盈餘進行乙醇工廠投資的稅後現金流圖

2. 假設這筆投資的進行有 2,000 萬的投資減稅額。

在有抵扣稅額的情形中,第一個週期的折舊費用便等於 2,000 萬美元的抵扣稅額,加上剩下 3,000 萬美元的正常折舊費用 (10%)。這對於公司來說很明顯是較爲有利的,因爲公司可以較快速地支出投資。其他的現金流計算則與前一個問題相同。其現金流圖如圖 7.10 的試算表所示。

	A	B	C	D	E	F	G	H	I	J	K	L
1	Chapter 7: Ethanol Plant Investment (with Investment Credit)											
2												
3	Year:	2005	2006	2007	2008	2009	2010	2011	2012	2013	2014	2015
4	Revenues											
5	Sales:		$97.38	$99.81	$102.30	$104.86	$107.48	$110.17	$112.93	$115.75	$118.64	$121.61
6	Gain:		$0.00	$0.00	$0.00	$0.00	$0.00	$0.00	$0.00	$0.00	$0.00	$1.86
7	Total Inflows:		$97.38	$99.81	$102.30	$104.86	$107.48	$110.17	$112.93	$115.75	$118.64	$123.46
8	Expenses											
9	Material:		($52.64)	($52.64)	($52.64)	($52.64)	($52.64)	($52.64)	($52.64)	($52.64)	($52.64)	($52.64)
10	Energy:		($15.53)	($16.07)	($16.63)	($17.21)	($17.82)	($18.44)	($19.08)	($19.75)	($20.44)	($21.16)
11	Labor:		($20.40)	($20.81)	($21.22)	($21.65)	($22.08)	($22.52)	($22.97)	($23.43)	($23.90)	($24.38)
12	Depreciation:		($23.00)	($5.40)	($2.16)	($3.46)	($2.76)	($2.21)	($1.97)	($1.97)	($1.97)	($1.97)
13	Total Expenses:		($111.57)	($94.92)	($92.65)	($94.96)	($95.30)	($95.81)	($96.66)	($97.79)	($98.95)	($100.14)
14												
15	Taxable Income:		($14.19)	$4.89	$9.65	$9.90	$12.18	$14.36	$16.26	$17.96	$19.69	$23.32
16												
17	Income Tax:		$4.97	($1.71)	($3.38)	($3.47)	($4.26)	($5.02)	($5.69)	($6.28)	($6.89)	($8.16)
18												
19	Profit A/T:		($9.22)	$3.18	$6.27	$6.44	$7.92	$9.33	$10.57	$11.67	$12.80	$15.16
20												
21	Pur/Sal/Work Cap	($50.00)	$7.50									($4.36)
22												
23	**Cash Flow A/T:**	($50.00)	$21.28	$8.58	$8.43	$9.89	$10.68	$11.54	$12.54	$13.64	$14.76	$12.77

圖 7.10 擁有投資扣抵稅額的乙醇工廠投資案的稅後現金流圖

3. 這筆投資是以 3,000 萬美元的貸款與現金進行的。(沒有投資減稅。)

這筆貸款要在 5 年中以等額本息還款償付,假設 6.5% 的年利率。在此情況下,如圖 7.11 的試算表所示,須要加入源自於貸款的利息及本金還款。總計的貸款還款爲

$$A = \$30\mathrm{M}\overset{0.2406}{(A/P,6.5\%,5)} = 721.8 \text{ 萬美元}$$

這在 Excel 中可以直接使用 PMT 函數來計算。每週期的利息款項,如儲存格 C12 到 G12 所示,是透過將利率乘以尚未償付的貸款餘額計算出來的。本金款項 (例如儲存格 C22) 則是藉由將 PMT 函數所傳回的 721.8 萬美元減去利息款項計算出來的。請注意,儲存格 O21 及 O22 分別定義了貸款的利率與時間長度。

	A	B	C	D	E	F	G	H	I	J	K	L
1	Chapter 7: Ethanol Plant Investment (with Loan)											
2	=-$O$20*SUM($B$22:C22)											
3	Year:	2005	2006	2007	2008	2009	2010	2011	2012	2013	2014	2015
4	Revenues											
5	Sales:		$97.38	$99.81	$102.30	$104.86	$107.48	$110.17	$112.93	$115.75	$118.64	$121.61
6	Gain:		$0.00	$0.00	$0.00	$0.00	$0.00	$0.00	$0.00	$0.00	$0.00	$1.72
7	Total Inflows:		$97.38	$99.81	$102.30	$104.86	$107.48	$110.17	$112.93	$115.75	$118.64	$123.33
8	Expenses											
9	Material:		($52.64)	($52.64)	($52.64)	($52.64)	($52.64)	($52.64)	($52.64)	($52.64)	($52.64)	($52.64)
10	Energy:		($15.53)	($16.07)	($16.63)	($17.21)	($17.82)	($18.44)	($19.08)	($19.75)	($20.44)	($21.16)
11	Labor:		($20.40)	($20.81)	($21.22)	($21.65)	($22.08)	($22.52)	($22.97)	($23.43)	($23.90)	($24.38)
12	Interest:		($1.95)	($1.61)	($1.24)	($0.85)	($0.44)					
13	Depreciation:		($5.00)	($9.00)	($7.20)	($5.76)	($4.61)	($3.69)	($3.28)	($3.28)	($3.28)	($1.64)
14	Total Expenses:		($95.52)	($100.12)	($98.94)	($98.12)	($97.59)	($97.29)	($97.97)	($99.10)	($100.26)	($99.82)
15												
16	Taxable Income:		$1.86	($0.31)	$3.37	$6.75	$9.90	$12.88	$14.95	$16.65	$18.38	$23.51
17												
18	Income Tax:		($0.65)	$0.11	($1.18)	($2.36)	($3.46)	($4.51)	($5.23)	($5.83)	($6.43)	($8.23)
19												
20	Profit A/T:		$1.21	($0.20)	$2.19	$4.39	$6.43	$8.37	$9.72	$10.82	$11.95	$15.28
21												
22	Loan Principal:	$30.00	($5.27)	($5.61)	($5.98)	($6.36)	($6.78)					
23												
24	Pur/Sal/Work Cap	($50.00)	$7.50	=PMT($O$20,$O$21,$O$18)-C12								($4.22)
25												
26	**Cash Flow A/T:**	($50.00)	$8.44	$3.18	$3.41	$3.78	$4.26	$12.06	$12.99	$14.10	$15.22	$12.70

圖 7.11 包含 3,000 萬美元貸款的乙醇工廠投資案的現金流圖

　　請注意，每期的稅後現金流等於稅後的利潤，加上折舊費用，然後減去本金還款。因此，所得的本金，償還的本金，資產的購買，以及營運資本，都不會影響到稅款。

7.6 稅後 MARR

應該很清楚的是，稅前現金流圖與稅後現金流圖之間，有相當大的差異。一般而言，稅後現金流會較小，因為所得稅的支付會減少某個週期所產生的現金。先前，我們定義過 MARR 為如果我們想要看到我們的投資賺錢，所需的最小利率。我們必須在加入稅款的情況下調整所需的報酬率，因此，我們現在要定義稅後的 MARR，標記為 MARR′，定義為

$$\text{MARR}' = (1 - t)\,\text{MARR} \tag{7.8}$$

此公式會折扣，或減少 MARR 與其相關的預期報酬率，因為稅款會減少我們的稅前現金流。我們不會使用額外的標記法，我們只會使用「稅前」及「稅後」MARR 兩種用詞以求清楚。

7.7 重點整理

1. 為了籌措政府的運作資金，政府會針對各式各樣的活動課稅。企業須針對一般性所得，例如產品或服務的銷售，以及非一般性所得，例如源自於投資或銷售資產所得的利潤，支付稅款。

2. 一般所得稅是針對利潤支付，利潤等於收入與支出之間的差值。

3. 臺灣常見稅率包含營利事業所得稅率和個人綜合所得稅，分別採單一稅率及累進稅率。

4. 資產的購買並不構成支出。反之，資產會在某個預定的使用年限中進行支出。每年的費用定義為折舊額。

5. 折舊並非現金流，但是是一種支出。因此，折舊會減少某個週期須支付的稅款總額。

6. 資產的初始帳面價值通常等於資產的購買與裝設價格。資產在使用期間任一時間點的帳面價值，等於初始帳面價值與到該時間點之前所有累積的折舊額之間的差值。

7. 直線折舊法提供了每年相同的折舊額。餘額遞減折舊法提供了每年相同 (帳面價值) 百分比的折舊額。

8. 目前的美國稅法依循的是修訂加速成本回收系統，或稱 MACRS。此系統建立在直線法、餘額遞減法、以及餘額遞減轉換到直線法之上。

9. 為了折舊某項資產，我們必須知道初始帳面價值、折舊法、以及回收期。就 MACRS 而言，我們也必須知道時間性的慣例以及啟用的日期。

10. 相較於直線法，加速折舊法會在資產的使用期頭幾年提供較快速的折舊。我們通常比較偏好加速折舊法，因為這類折舊法能夠在專案計畫的早期減少所支付的稅款，由於金錢的時間價值，這是我們較希望看到的後果。

11. 如果資產在回收期結束之前便已退役，MACRS 並不提供完整的折舊年度。殘餘價值 (市價) 與帳面價值之間的差值，定義了銷售資產所得為獲利或虧損。

12. 稅後現金流是由收入減去支出 (包含稅款) 所構成的。貸款的取得、本金的還款、以及營運資本款項，都不會影響到稅款。

13. 在分析稅後現金流時，我們應該用有效稅率來調整 MARR。

7.8　習題

7.8.1　觀念題

1. 請問稅款對於資本投資的分析有何影響？

2. 何謂利潤？利潤跟稅款之間有何關連？

3. 請問一般性所得與非一般性所得之間的差異為何？

4. 何謂有效稅率？為什麼我們會想要計算有效稅率？

5. 請定義資產的初始帳面價值，以及要如何加以判斷。

6. 何謂資產的帳面價值？它與資產的市場殘餘價值有關嗎？試解釋之。

7. 何謂折舊？它是一種現金流嗎？它會如何影響稅款？

8. 為什麼餘額遞減折舊法會被稱為做加速折舊法？

9. 為什麼比起直線折舊法，我們通常會比較偏好加速折舊法？

10. 請問我們會有不想要使用加速折舊法的時候嗎？試解釋之。

11. 試推導 3 年的 MACRS 折舊百分比。

12. 試推導資產帳面價值的一般運算式，假設針對 3 年級別的資產使用 MACRS 折舊。

13. 試針對級別年限 27.5 年級的不動產，推導頭 3 年的 MACRS 折舊百分比。假設此項資產於該年的第一個月開始提供服務。

14. 國會近期通過一項法案，提供符合資格的資產，在頭 1 年可擁有額外 20%的折舊額。針對 5 年級別的資產，試判斷新的 6 年折舊百分比，假設我們先使用了 20%的折舊額，使得有 80% 的初始帳面價值須要在*原來的*回收期進行折舊。

15. 請問要如何計算源自於銷售資產所得的獲利或虧損？

16. 請問資產的退役與資產的汰換有何差別？

17. 請問資本獲利是由什麼東西構成的？

18. 何謂消耗？我們何時須要計算消耗？

19. 在專案計畫的經濟學分析中，我們何時宜於將虧損結轉至下期？試解釋之。請問另一種選擇為何？

20. 請問投資減稅會如何鼓勵投資？

21. 何謂攤銷？我們何時須要計算攤銷？

22. 請問在稅後現金流圖中，有哪些現金流成員對於稅款沒有影響？

23. 請問貸款的償付對於稅後現金流有何影響？

24. MARR 等同於稅後 MARR 嗎？

7.8.2　習作題

1. 某家公司 1 年賺進 185,500 元，請問該公司須要支付多少營利事業所得稅？

2. 某家公司 1 年賺進 2 仟萬元，請問該公司須要支付多少營利事業所得稅？

3. 某人 1 年綜合所得是 300 萬元，請利用表 7.2 的稅率以及採例題 7.5 的第一種累計方式計算，其須支付多少綜合所得稅？

4. 某人 1 年綜合所得是 500 萬元，請利用表 7.2 的稅率以及採例題 7.5 的第二種快速計算方式，其須支付多少綜合所得稅？

5. 以 35 萬美元買入某項資產。這項資產的回收期為 5 年，並且在第 5 年有 25,000 美元的殘餘價值。試使用直線（SL）折舊法計算每年的折舊金額與帳面價值。

6. 以 150 萬美元購買某項 7 年折舊等級資產，這項資產有 30 萬美元的殘餘價值。假設使用雙倍餘額遞減轉至直線折舊法，試判斷其折舊時程及所造成的帳面價值。

7. 以 200 萬美元購買某項 3 年折舊等級資產，這項資產沒有殘餘價值。使用 150%餘額遞減折舊法，試判斷其折舊時程及所造成的帳面價值。

8. 以 200 萬美元購買某項 3 年折舊等級的資產，這項資產沒有殘餘價值。請使用直線折舊法計算每年的折舊金額與帳面價值。

9. 以 75 萬美元購買某項年折舊等級資產，這項資產沒有殘餘價值。請使用半年慣例之直線折舊法計算此項資產每年的折舊金額與帳面價值。

10. 美國的某家衛星業者以 2.5 億美元的成本（投資加上裝設）發射一具新人造衛星。其折舊期為 5 年，試以 MACRS-GDS 的 5 年折舊等級計算此項資產每年的折舊金額與帳面價值。

11. 請將以下指示應用在前一題上頭：

(a) 假設該具衛星在 6 年後變得陳舊過時，而遭到「關閉」。試計算「出售」該筆資產的獲利或虧損。

(b) 假設這具衛星是在 3 年後「關閉」，請重新計算其獲利或虧損。

(c) 如果該具衛星是在 6 年後以 2,500 萬美元出售給另一家衛星業者，請重新計算其獲利或虧損。

(d) 如果該具衛星是在 3 年後以 1 億 2,500 萬美元出售給另一家衛星業者，請重新計算其獲利或虧損。

(e) 如果該具衛星是在 3 年後以 5,000 萬美元出售給另一家衛星業者，請重新計算其獲利或虧損。

(f) 如果該具衛星在 3 年後被汰換成另一具 3 億美元的衛星 (這具衛星被「關閉」，另一具衛星則被發射以取代前者的位置)，請判斷新替換的衛星在其回收期加上 1 年中的折舊時程及帳面價值。

12. 某家鋼鐵製造業者購買了 1,000 萬美元的新設備，這具設備在 MACRS GDS 規則底下被歸類為 7 年級別的資產。請根據 (a) 表 7.4 及 7.5 的 MACRS 百分比，以及 (b) 可選擇直線折舊法折舊這項資產。假設兩種方法都使用半年期慣例。如果資產是在第 3 年與第 4 年後售出，請問兩種方法的帳面價值差異為何？

13. 以 3,000 萬美元興建一座廢水處理設施。請使用 MACRS 規則下的加速折舊法，並假設使用半年期慣例，試建立此設施的折舊時程。(請利用表 7.3 以判斷其回收期。)

14. 某家貨車運輸公司花費 50,000 美元購買了新的曳引車，以經由道路運輸貨物。請利用 MACRS，不使用半年期慣例，以 ADS 系統折舊這些卡車。

15. 某家貨車運輸公司花費 45,000 美元購買新的曳引車以運輸貨物。請利用 MACRS-GDS 的 3 年折舊等級 (使用半年期慣例)，計算此項資產每年的折舊金額與帳面價值。

16. 購買一座 60 萬美元的 5 年折舊等級資產。每年的人工成本為$10 萬美元、物料成本$20 萬美元，每年營業收入為$100 萬美元。若有效稅率為 34%，且沒有殘餘價值。請以 MACRS-GDS 的 5 年折舊等級 (即雙倍餘額遞減轉至直線折舊法與半年期慣例)，請建立 6 年的稅後現金流，並比較稅前與稅後現金流之現值差異 (MARR = 5%)。

17. 以 10 萬美元購買某項資產。這項資產第 1 年會產生$85,000 美元的收入，之後每年增加$10,000 美元的收入，而每年支出為$30,000 美元。這項資產為 5 年折舊等級，假設使用 MACRS-GDS 系統。若有效稅率為 34%，且沒有殘餘價值。請建立 6 年的稅後現金，並比較稅前與稅後現金流之現值差異 (MARR = 8%)。

18. Swift Transportation 向 Volvo 訂購了 4000 輛 VN670 曳引車。[16] 假設 Swift 在 2004 年從 Volvo 得到 800 輛車。更進一步假設，每輛曳引車的購買價格為 75,000 美元。如果資產是依循 MACRS GDS 系統進行折舊 (使用 3 年的回收期以及半年期慣例)，請針對以下 3 種情境，判斷其折舊時程，以及銷售所得的獲利或虧損：

    (a) 在第 2 年底以每輛 25,000 美元的價格售出曳引車。

    (b) 在第 3 年底以每輛 25,000 美元的價格售出曳引車。

    (c) 在第 4 年底以每輛 10,000 美元的價格售出曳引車。

    (d) 請使用選用直線法，重做以上分析。

19. 達美航空向龐巴迪訂購了 32 架五十人座的 CRJ200 噴射機，以提供其 Delta Connection 的合作公司使用。這筆訂單價值為 7.8 億美元。[17] 請考量擁有 7 年回收期，成本為 2,440 萬美元的單項資產。請計算其回收期中的折舊時程，假設

    (a) 使用直線法，且沒有殘餘價值。

    (b) 使用 150%餘額法。

    (c) 使用 200%餘額遞減轉換到直線法。

    (d) 使用年數合計法，且沒有殘餘價值。

    請針對上述每種折舊法，計算下列飛機銷售情況所得的獲利或虧損：

    (a) 在第 3 年後以 500 萬美元售出。

    (b) 在第 6 年後以 0 美元售出。

    (c) 在第 4 年後以 1,500 萬美元售出。

    (d) 在第 5 年後以 1,500 萬美元售出。

---

[16] "PRESS RELEASE:Volvo secures major order in U.S.," *Dow Jones Newswires*, December 5, 2003.

[17] Lee, S., "Delta Connection Announces Aircraft Plans for 2004 and 2005," *Dow Jones Newswires,* March 2, 2004.

20. 我們可以用 12 萬 5,000 美元買下某種配置的 IBM z890 中規模大型主機。[18] 假設回收期爲 5 年，試計算支付 12 萬 5,000 美元之後的折舊額以及帳面價值。請使用

   (a) 直線法與 10,000 美元的殘餘價值。

   (b) 直線法且沒有殘餘價值。

   (c) 雙倍餘額遞減法。

   (d) 150%餘額遞減法。

   (e) 150%餘額遞減轉至直線法。

   (f) 200%餘額遞減轉至直線法，以及 10,000 美元的殘餘價值。

   (g) 年數合計法，以及 10,000 美元的殘餘價值。

   (h) 年數合計法，且沒有殘餘價值。

21. Duke Energy 宣布，將會以 4 億 7,500 萬美元出售其位於美國南部的八座發電廠。Duke 預期可以從這筆銷售中得到 5 億美元的稅項利益。[19]

　　我們做以下假設考量其中一座發電廠，假設這座電廠是在 2000 年底啓用，成本爲 3.5 億美元。進一步假設，這座電廠是在 2004 年底以 6,000 萬美元售出。這座電廠根據 GDS 系統被歸類爲 15 年資產，有效稅率爲 35%。

   (a) 假設這座電廠使用 MACRS (GDS，餘額遞減轉至直線法，半年期慣例) 進行折舊。試計算此電廠在銷售時的帳面價值，以及相關的稅後現金流。

   (b) 假設這座電廠使用 MACRS (GDS，可選擇直線法，半年期慣例) 進行折舊。試計算此電廠在銷售時的帳面價值，以及相關的稅後現金流。

   (c) 假設售價爲 2.5 億美元，請重新計算 (a) 部份與 (b) 部份的答案。

22. Goldcorp, Inc.正在擴展其 Red Lake Mine 的營運，該公司花費 9,200 萬美元設置另一座豎井，此座豎井會將每年的產量增加 20 萬盎司。此項可能性源自於新礦床蘊藏了額外 380 萬盎司的金礦。該豎井預計於 2007 年開始生產。[20] 請使用美國法律，判斷這項擴展最高的年度消耗費用。假設金價爲每盎司 390 美元，運作成本爲每盎司 70 美元。

23. BHP Billiton 正以 1.82 億美元的成本開發加拿大的 Panda 地下鑽石礦 (與該專案計畫的參與者共同分攤)。這項投資案預計在 6 年的生產年限中，可以產出 470 萬克拉的鑽石。[21] 假設在此專案計畫的 6 年中產量皆相等，且每克拉的收入爲 100 美元，成本爲 80 美元。請問根據美國稅法，每年所核准的最高消耗額爲多少？(假設 15%的消耗比率。)

---

[18] Devine, N., "IBM Unveils World's Most Sophisticated Mid-Size Mainframe; IBM Celebrates 40 Years of Mainframe Technology with Launch of New Mainframe and Storage Systems," *Dow Jones Newswires,* April 7, 2004.

[19] "NEWS WRAP:Duke Energy to Sell 8 Power Plants for $475M," *Dow Jones Newswires,* May 4, 2004.

[20] Locke, T., "Goldcorp Sees Big Potential for Red Lake Mine," *Dow Jones Newswires,* September 23, 2003.

[21] Johnston, E., "BHP Billiton:Approves US$182M Panda Project in Canada," *Dow Jones Newswires*, May 4, 2004.

24. Chicago Bridge and Iron 取得一筆 8,000 萬美元的合約，以爲 Trunkline 液化天然氣，Southern Union Co.的子公司，擴建其 Lake Charles 的液化天然氣接收端口。此項擴建案從 2003 年底開始，持續至 2005 年。合約內容包含工程、採買、興建、以及委外製作的 14 萬立方公尺儲存槽、幫浦、蒸餾器，還有用以增加產出量的土木、機械、以及電氣工程。此項專案計畫會將每日的產出量增加 5.7 億立方英呎。[22]

　　我們做以下假設：8,000 萬美元的投資額平均分配於 2004 及 2005 年，於 2006 年開始運作。同時假設銷售的平均收入爲每日 5 億立方英呎，每年 300 日，第 1 年的銷售價格爲每 1,000 立方英呎 4.5 美元，每年增長 3%直到專案計畫結束爲止。第 1 年運作的物料成本總計爲每 1,000 立方英呎 2.5 美元，以每年 0.5%的速率增加，而運作與維修 (O&M)，以及經常費成本，則總計爲每年 500 萬美元。最後，假設所有的虧損都會得到扣抵稅額，有效稅率爲 40%，而在 15 年使用年限結束後，該座設施的殘餘價值爲 1,500 萬美元。

(a) 如果資產的 8,000 萬美元是根據 MACRS (餘額遞減轉至直線法) 在 15 年回收期中進行折舊，試計算這項擴建案在 15 年使用年限中的年末稅後現金流。

(b) 如果殘餘價值爲 0 美元，請問最後 1 年的現金流會有何改變？

(c) 如果殘餘價值爲 3,000 萬美元，請問最後 1 年的現金流會有何改變？

(d) 假設這項資產是在 15 年回收期中，以可選擇直線法折舊。請重新計算年末的稅後現金流，然後將你的答案與 (a) 部份的答案相較。

25. 洛克希德馬汀公司宣布，該公司將會花費 2,400 萬美元以翻新一座老舊的飛船工廠，這座工廠位於俄亥俄州的 Akron，一度在二次世界大戰時用來建造飛船。[23]

　　我們做以下假設：這座設施的資金來源是向美國政府借貸的 2,000 萬美元貸款，在 5 年內以等額年度款項償付 (年利率爲 5.5%)。同時假設這筆投資是以可選擇直線法折舊，使用半年期慣例以及 7 年的回收期。試判斷 10 年中的稅後現金流，假設這座設施在該段期間每年可產生 1,500 萬美元的收入，而其他所有成本每年總計爲 500 萬美元。最後，假設此專案計畫在週期 1 得到一筆 1,000 萬美元的營運資本，並且在專案計畫結束時會悉數歸還。有效稅率爲 36%。所有虧損皆結轉至下期，同時假設在使用年限結束後，沒有殘餘價值。

26. 吉列在其俄羅斯聖彼得堡的工廠投資了 2,000 萬美元，以倍增其銷售往中東、東歐、以及美國的刮鬍刀產量。[24] 因爲這座設施是在美國國外擴建，所以依照 MACRS，折舊必須依循 ADS 系統進行。假設這項資產是定義爲「成衣、醫藥、或牙科用品製造」的設備，請判斷其折舊時程 (直線法及半年慣例)。(請參見表 7.3。) 請將此時程，與這類資產如果位於美國國內時，

---

[22]　Reynolds, L., "CB&I Wins EPC Pact for Expansion of U.S. LNG Terminal," *Dow Jones Newswires,* October 8, 2003.

[23]　"Lockheed, Govt Announce Plan to Update Ohio Blimp Factory," *Dow Jones Newswires*, March 25, 2004.

[24]　Moscow Bureau, "Gillette to Invest $20 Mln in Russian Plant - Vedomosti," *Dow Jones Newswires*, February 20, 2004.

可使之加速最快的方法 (GDS 系統) 相較。針對兩種折舊時程，請利用 35%的稅率，判斷其對於每個週期的稅後現金流的影響 (通常稱爲折舊稅盾)。請問這兩種折舊稅盾的現值差異爲何？假設年利率爲 15%。

27. 福特於 2004 年花費 7,300 萬美元，擴展其卡車部門位於肯塔基州路易斯威爾的工廠產量。這項擴建案包含 95,000 平方英呎的設施，備有製造檔泥板、頂板、引擎蓋等零件的沖壓機，於 2006 初啓用。產出量預期爲每週總計 10 萬組零件。[25]

我們做以下假設：這項資產被歸類爲 7 年資產，而其殘餘價值每多使用 1 年，就會減少 1,000 萬美元。此外，假設使用 MACRS，雙倍餘額遞減，以及 *季中*慣例，試計算與資產購買、折舊時程、以及資產處置密切相關的稅後現金流。(沒有任何其他收入或支出。) 進一步假設，這座設施是在第 1 年的第一季裝設。所有的虧損都可以抵稅，稅率爲 39%。最後，假設研究期爲 2、3、4、5、6、7、8 年。(設施會在該年的第一季關閉。)

28. 2004 年，可口可樂完成了其位於中國西北方 (甘肅省蘭州市) 成本 1,200 萬美元的瓶罐工廠的興建。這座工廠的產量爲每年 2,400 萬箱瓶罐。[26]

我們做以下假設：根據 MACRS 的 ADS 規則，這座工廠被歸類爲 12 年資產，並且在該段期間會根據直線法以及半年慣例進行折舊。如果 1,200 萬美元的投資額發生於時間零，而且在年限結束時沒有殘餘價值，請建立在 13 年週期中的稅後現金流圖。以下數據爲時間零數值：售價預期爲每箱 10 美元，每年增長 3%，成本爲每箱 9 美元，每年增長 1.2%。固定成本假設爲每年 500 萬美元 (不會通貨膨脹)。有效稅率爲 40%，且所有生產的瓶罐都會售出。

7.8.3 選擇題

1. 使用直線折舊法，則 50,000 美元，沒有殘餘價值，回收期爲 7 年的資產，每週期折舊費用爲
  (a) 5,000 美元。
  (b) 6,250 美元。
  (c) 7,140 美元。
  (d) 8,000 美元。

2. 下列何者不會影響某段期間的稅款計算：
  (a) 折舊費用。
  (b) 貸款本金還款。
  (c) 營運資本款項。
  (d) (b) 與 (c) 皆是。

[25] Carty, S.S., "Ford to Invest $73M in Kentucky Truck Plant Production," *Dow Jones Newswires*, March 22, 2004.
[26] Batson, A., "Coca-Cola to Open US$12 Mln Bottling Plant in NW China," *Dow Jones Newswires*, May 26, 2004.

3. 如果稅率爲 20%利潤的單一稅率，而某家公司有 50 萬美元的收入，20 萬美元的支出，以及 50,000 美元的折舊額，該公司所須支付的稅款金額爲

   (a) 50,000 美元。

   (b) 100,000 美元。

   (c) 60,000 美元。

   (d) 80,000 美元。

4. 根據 MACRS，定義爲 3 年資產的 40 萬美元資產，第 1 年使用 MACRS 百分比的折舊費用爲

   (a) 120,000 美元。

   (b) 133,320 美元。

   (c) 66,660 美元。

   (d) 266,640 美元。

5. 使用直線折舊法，則 25,000 美元，沒有殘餘價值，回收期爲 5 年的機器，其 3 年後的帳面價值爲

   (a) 0 美元。

   (b) 5000 美元。

   (c) 20,000 美元。

   (d) 10,000 美元。

6. 如果稅率爲 20%利潤的單一稅率，而某家公司有 50 萬美元的收入，20 萬美元的支出，以及 50,000 美元的折舊額，則其稅後現金流爲

   (a) 30 萬美元。

   (b) 25 萬美元。

   (c) 45 萬美元。

   (d) 20 萬美元。

7. 如果針對前 10 萬美元的利潤，須要支付 10%的稅款，而針對 10 萬 0,001 美元到 20 萬美元的利潤，則須要支付 15%的稅款，請問針對 17 萬 5,000 美元的利潤所支付的稅款最接近於

   (a) 26,250 美元。

   (b) 20,000 美元。

   (c) 21,250 美元。

   (d) 17,500 美元。

8. 如果針對前 10 萬美元的利潤，須要支付 10%的稅款，而針對 10 萬 0,001 美元到 20 萬美元的利潤，則須要支付 15%的稅款，請問針對 17 萬 5,000 美元的利潤所支付的有效稅率最接近於

   (a) 10%。

(b) 12.1%。

(c) 15%。

(d) 12.5%。

9. 某項 75,000 美元的資產，使用直線折舊法在 5 年中進行折舊。如果在第 3 年後以 33,000 美元售出此項資產，則會

(a) 造成 3000 美元的獲利。

(b) 造成 2000 美元的虧損。

(c) 造成 2000 美元的獲利。

(d) 造成 3000 美元的虧損。

10. 某項以 10 萬美元購買，然後使用加速 MACRS 百分比以 5 年資產的方式進行折舊的資產，在第 3 年後售出。其帳面價值最接近於

(a) 48,000 美元。

(b) 38,400 美元。

(c) 80,000 美元。

(d) 28,800 美元。

11. 使用雙倍餘額遞減折舊法，則 200 萬美元，沒有殘餘價值，回收期為 10 年的資產，第 1 年的折舊費用為

(a) 20 萬美元。

(b) 80 萬美元。

(c) 40 萬美元。

(d) 以上皆非。

12. 折舊是

(a) 一種支出。

(b) 一種現金流。

(c) 一種資產出租的費用。

(d) 以上皆非。

13. 使用雙倍餘額遞減折舊法，則 200 萬美元，沒有殘餘價值，回收期為 10 年的資產，兩年後的帳面價值為

(a) 165 萬美元。

(b) 172 萬美元。

(c) 160 萬美元。

(d) 128 萬美元。

14. 根據加速 MACRS 百分比，25 萬美元，回收期爲 7 年，殘餘價值爲 10,000 美元的資產，第 5 年的折舊費用最接近於

(a) 22,300 美元。

(b) 21,400 美元。

(c) 43,900 美元。

(d) 33,900 美元。

15. 在使用餘額遞減轉至直線法計算折舊額時，

(a) 第 1 年永遠會使用餘額遞減折舊。

(b) 轉換是從直線折舊轉至餘額遞減折舊。

(c) 最後 1 年永遠會使用直線折舊。

(d) (a) 與 (c) 皆正確。

16. 如果稅前計算的 MARR (在評估專案計畫時使用的利率) 爲每年 15%而有效稅率爲 40%，則用來進行分析的稅後 MARR 最接近於

(a) 21%。

(b) 6%。

(c) 9%。

(d) 15%。

17. 在某個週期，某家公司擔負 500 萬美元的收入；200 萬美元的物料、勞力、及能源支出；100 萬美元的折舊額；50 萬美元的利息支出；以及 75 萬美元的貸款本金還款。如果有效稅率爲 40%，則該公司所支付的稅款金額爲

(a) 160 萬美元。

(b) 60 萬美元。

(c) 30 萬美元。

(d) 45 萬美元。

18. 在某個週期，某家公司擔負 500 萬美元的收入；200 萬美元的物料、勞力、及能源支出；100 萬美元的折舊額；50 萬美元的利息支出；以及 75 萬美元的貸款本金還款。如果有效稅率爲 40%，則該週期的稅後現金流最接近於

(a) 115 萬美元。

(b) 215 萬美元。

(c) 325 萬美元。

(d) 185 萬美元。

19. 10 萬美元，沒有殘餘價值，回收期為 3 年的資產，第 3 年末的帳面價值為：

(a) 使用 MACRS 規則為 0 美元。

(b) 使用 MACRS 規則為 741 美元。

(c) 使用直線折舊為 0 美元。

(d) (b) 與 (c) 皆正確。

20. MACRS (修訂 ACRS) 所公布的折舊百分比假設

(a) 使用餘額遞減轉至直線折舊法。

(b) 資產沒有殘餘價值。

(c) 第 1 年度一半的折舊額。

(d) 以上皆是。

NOTE

第四部分
附　録

Chapter 1

1(d) ; 2(b) ; 3(c) ; 4(c) ; 5(b) ; 6(d).

Chapter 2

1(c) ; 2(b) ; 3(d) ; 4(a) ; 5(a) ; 6(d) ; 7(a) ; 8(b) ; 9(a) ; 10(c) ; 11(d) ; 12(d) ; 13(b) ; 14(d) ; 15(a) ; 16(b) ; 17(b) ; 18(a).

Chapter 3

1(b) ; 2(d) ; 3(a) ; 4(b) ; 5(c) ; 6(d) ; 7(a) ; 8(d) ; 9(b) ; 10(b) ; 11(d) ; 12(c) ; 13(a) ; 14(c) ; 15(b).

Chapter 4

1(b) ; 2(a) ; 3(d) ; 4(c) ; 5(c) ; 6(a) ; 7(b) ; 8(c) ; 9(d) ; 10(a) ; 11(c) ; 12(d) ; 13(c) ; 14(b) ; 15(a) ; 16(b) ; 17(b) ; 18(a) ; 19(d) ; 20(b) ; 21(b) ; 22(h) ; 23(c) ; 24(d) ; 25(d) ; 26(b) ; 27(a) ; 28(c).

Chapter 5

1(c) ; 2(a) ; 3(b) ; 4(c) ; 5(d) ; 6(b) ; 7(a) ; 8(a) ; 9(d) ; 10(b) ; 11(b) ; 12(a) ; 13(b).

Chapter 6

1(b) ; 2(b) ; 3(c) ; 4(d) ; 5(a) ; 6(b) ; 7(c) ; 8(a) ; 9(a) ; 10(b) ; 11(b) ; 12(c) ; 13(c) ; 14(d) ; 15(c).

Chapter 7

1(c) ; 2(d) ; 3(a) ; 4(b) ; 5(d) ; 6(b) ; 7(c) ; 8(b) ; 9(a) ; 10(b) ; 11(c) ; 12(a) ; 13(d) ; 14(a) ; 15(d) ; 16(c) ; 17(b) ; 18(a) ; 19(d) ; 20(d).

TABLE A.1 *i* = 0.25%

N	F/P	F/A	F/G	P/F	P/A	P/G	A/F	A/P	A/G
1	1.0025	1.0000	0.0000	0.9975	0.9975	0.0000	1.0000	1.0025	0.0000
2	1.0050	2.0025	1.0000	0.9950	1.9925	0.9950	0.4994	0.5019	0.4994
3	1.0075	3.0075	3.0025	0.9925	2.9851	2.9801	0.3325	0.3350	0.9983
4	1.0100	4.0150	6.0100	0.9901	3.9751	5.9503	0.2491	0.2516	1.4969
5	1.0126	5.0251	10.0250	0.9876	4.9627	9.9007	0.1990	0.2015	1.9950
6	1.0151	6.0376	15.0501	0.9851	5.9478	14.8263	0.1656	0.1681	2.4927
7	1.0176	7.0527	21.0877	0.9827	6.9305	20.7223	0.1418	0.1443	2.9900
8	1.0202	8.0704	28.1404	0.9802	7.9107	27.5839	0.1239	0.1264	3.4869
9	1.0227	9.0905	36.2108	0.9778	8.8885	35.4061	0.1100	0.1125	3.9834
10	1.0253	10.1133	45.3013	0.9753	9.8639	44.1842	0.0989	0.1014	4.4794
11	1.0278	11.1385	55.4146	0.9729	10.8368	53.9133	0.0898	0.0923	4.9750
12	1.0304	12.1664	66.5531	0.9705	11.8073	64.5886	0.0822	0.0847	5.4702
13	1.0330	13.1968	78.7195	0.9681	12.7753	76.2053	0.0758	0.0783	5.9650
14	1.0356	14.2298	91.9163	0.9656	13.7410	88.7587	0.0703	0.0728	6.4594
15	1.0382	15.2654	106.1461	0.9632	14.7042	102.2441	0.0655	0.0680	6.9534
16	1.0408	16.3035	121.4114	0.9608	15.6650	116.6567	0.0613	0.0638	7.4469
17	1.0434	17.3443	137.7150	0.9584	16.6235	131.9917	0.0577	0.0602	7.9401
18	1.0460	18.3876	155.0593	0.9561	17.5795	148.2446	0.0544	0.0569	8.4328
19	1.0486	19.4336	173.4469	0.9537	18.5332	165.4106	0.0515	0.0540	8.9251
20	1.0512	20.4822	192.8805	0.9513	19.4845	183.4851	0.0488	0.0513	9.4170
21	1.0538	21.5334	213.3627	0.9489	20.4334	202.4634	0.0464	0.0489	9.9085
22	1.0565	22.5872	234.8961	0.9466	21.3800	222.3410	0.0443	0.0468	10.3995
23	1.0591	23.6437	257.4834	0.9442	22.3241	243.1131	0.0423	0.0448	10.8901
24	1.0618	24.7028	281.1271	0.9418	23.2660	264.7753	0.0405	0.0430	11.3804
25	1.0644	25.7646	305.8299	0.9395	24.2055	287.3230	0.0388	0.0413	11.8702
26	1.0671	26.8290	331.5945	0.9371	25.1426	310.7516	0.0373	0.0398	12.3596
27	1.0697	27.8961	358.4235	0.9348	26.0774	335.0566	0.0358	0.0383	12.8485
28	1.0724	28.9658	386.3195	0.9325	27.0099	360.2334	0.0345	0.0370	13.3371
29	1.0751	30.0382	415.2853	0.9301	27.9400	386.2776	0.0333	0.0358	13.8252
30	1.0778	31.1133	445.3235	0.9278	28.8679	413.1847	0.0321	0.0346	14.3130
35	1.0913	36.5292	611.6949	0.9163	33.4724	560.5076	0.0274	0.0299	16.7454
40	1.1050	42.0132	805.2816	0.9050	38.0199	728.7399	0.0238	0.0263	19.1673
45	1.1189	47.5661	1026.4256	0.8937	42.5109	917.3400	0.0210	0.0235	21.5789
50	1.1330	53.1887	1275.4731	0.8826	46.9462	1125.7767	0.0188	0.0213	23.9802
55	1.1472	58.8819	1552.7746	0.8717	51.3264	1353.5286	0.0170	0.0195	26.3710
60	1.1616	64.6467	1858.6850	0.8609	55.6524	1600.0845	0.0155	0.0180	28.7514
65	1.1762	70.4839	2193.5639	0.8502	59.9246	1864.9427	0.0142	0.0167	31.1215
70	1.1910	76.3944	2557.7749	0.8396	64.1439	2147.6111	0.0131	0.0156	33.4812
75	1.2059	82.3792	2951.6868	0.8292	68.3108	2447.6069	0.0121	0.0146	35.8305
80	1.2211	88.4392	3375.6726	0.8189	72.4260	2764.4568	0.0113	0.0138	38.1694
85	1.2364	94.5753	3830.1100	0.8088	76.4901	3097.6963	0.0106	0.0131	40.4980
90	1.2520	100.7885	4315.3817	0.7987	80.5038	3446.8700	0.0099	0.0124	42.8162
95	1.2677	107.0797	4831.8750	0.7888	84.4677	3811.5311	0.0093	0.0118	45.1241
100	1.2836	113.4500	5379.9822	0.7790	88.3825	4191.2417	0.0088	0.0113	47.4216

TABLE A.2　*i* = 0.50%

N	F/P	F/A	F/G	P/F	P/A	P/G	A/F	A/P	A/G
1	1.0050	1.0000	0.0000	0.9950	0.9950	0.0000	1.0000	1.0050	0.0000
2	1.0100	2.0050	1.0000	0.9901	1.9851	0.9901	0.4988	0.5038	0.4988
3	1.0151	3.0150	3.0050	0.9851	2.9702	2.9604	0.3317	0.3367	0.9967
4	1.0202	4.0301	6.0200	0.9802	3.9505	5.9011	0.2481	0.2531	1.4938
5	1.0253	5.0503	10.0501	0.9754	4.9259	9.8026	0.1980	0.2030	1.9900
6	1.0304	6.0755	15.1004	0.9705	5.8964	14.6552	0.1646	0.1696	2.4855
7	1.0355	7.1059	21.1759	0.9657	6.8621	20.4493	0.1407	0.1457	2.9801
8	1.0407	8.1414	28.2818	0.9609	7.8230	27.1755	0.1228	0.1278	3.4738
9	1.0459	9.1821	36.4232	0.9561	8.7791	34.8244	0.1089	0.1139	3.9668
10	1.0511	10.2280	45.6053	0.9513	9.7304	43.3865	0.0978	0.1028	4.4589
11	1.0564	11.2792	55.8333	0.9466	10.6770	52.8526	0.0887	0.0937	4.9501
12	1.0617	12.3356	67.1125	0.9419	11.6189	63.2136	0.0811	0.0861	5.4406
13	1.0670	13.3972	79.4480	0.9372	12.5562	74.4602	0.0746	0.0796	5.9302
14	1.0723	14.4642	92.8453	0.9326	13.4887	86.5835	0.0691	0.0741	6.4190
15	1.0777	15.5365	107.3095	0.9279	14.4166	99.5743	0.0644	0.0694	6.9069
16	1.0831	16.6142	122.8461	0.9233	15.3399	113.4238	0.0602	0.0652	7.3940
17	1.0885	17.6973	139.4603	0.9187	16.2586	128.1231	0.0565	0.0615	7.8803
18	1.0939	18.7858	157.1576	0.9141	17.1728	143.6634	0.0532	0.0582	8.3658
19	1.0994	19.8797	175.9434	0.9096	18.0824	160.0360	0.0503	0.0553	8.8504
20	1.1049	20.9791	195.8231	0.9051	18.9874	177.2322	0.0477	0.0527	9.3342
21	1.1104	22.0840	216.8022	0.9006	19.8880	195.2434	0.0453	0.0503	9.8172
22	1.1160	23.1944	238.8862	0.8961	20.7841	214.0611	0.0431	0.0481	10.2993
23	1.1216	24.3104	262.0806	0.8916	21.6757	233.6768	0.0411	0.0461	10.7806
24	1.1272	25.4320	286.3910	0.8872	22.5629	254.0820	0.0393	0.0443	11.2611
25	1.1328	26.5591	311.8230	0.8828	23.4456	275.2686	0.0377	0.0427	11.7407
26	1.1385	27.6919	338.3821	0.8784	24.3240	297.2281	0.0361	0.0411	12.2195
27	1.1442	28.8304	366.0740	0.8740	25.1980	319.9523	0.0347	0.0397	12.6975
28	1.1499	29.9745	394.9044	0.8697	26.0677	343.4332	0.0334	0.0384	13.1747
29	1.1556	31.1244	424.8789	0.8653	26.9330	367.6625	0.0321	0.0371	13.6510
30	1.1614	32.2800	456.0033	0.8610	27.7941	392.6324	0.0310	0.0360	14.1265
35	1.1907	38.1454	629.0756	0.8398	32.0354	528.3123	0.0262	0.0312	16.4915
40	1.2208	44.1588	831.7695	0.8191	36.1722	681.3347	0.0226	0.0276	18.8359
45	1.2516	50.3242	1064.8328	0.7990	40.2072	850.7631	0.0199	0.0249	21.1595
50	1.2832	56.6452	1329.0326	0.7793	44.1428	1035.6966	0.0177	0.0227	23.4624
55	1.3156	63.1258	1625.1550	0.7601	47.9814	1235.2686	0.0158	0.0208	25.7447
60	1.3489	69.7700	1954.0061	0.7414	51.7256	1448.6458	0.0143	0.0193	28.0064
65	1.3829	76.5821	2316.4124	0.7231	55.3775	1675.0272	0.0131	0.0181	30.2475
70	1.4178	83.5661	2713.2211	0.7053	58.9394	1913.6427	0.0120	0.0170	32.4680
75	1.4536	90.7265	3145.3010	0.6879	62.4136	2163.7525	0.0110	0.0160	34.6679
80	1.4903	98.0677	3613.5427	0.6710	65.8023	2424.6455	0.0102	0.0152	36.8474
85	1.5280	105.5943	4118.8594	0.6545	69.1075	2695.6389	0.0095	0.0145	39.0065
90	1.5666	113.3109	4662.1872	0.6383	72.3313	2976.0769	0.0088	0.0138	41.1451
95	1.6061	121.2224	5244.4859	0.6226	75.4757	3265.3298	0.0082	0.0132	43.2633
100	1.6467	129.3337	5866.7397	0.6073	78.5426	3562.7934	0.0077	0.0127	45.3613

TABLE A.3　*i* = 0.75%

N	F/P	F/A	F/G	P/F	P/A	P/G	A/F	A/P	A/G
1	1.0075	1.0000	0.0000	0.9926	0.9926	0.0000	1.0000	1.0075	0.0000
2	1.0151	2.0075	1.0000	0.9852	1.9777	0.9852	0.4981	0.5056	0.4981
3	1.0227	3.0226	3.0075	0.9778	2.9556	2.9408	0.3308	0.3383	0.9950
4	1.0303	4.0452	6.0301	0.9706	3.9261	5.8525	0.2472	0.2547	1.4907
5	1.0381	5.0756	10.0753	0.9633	4.8894	9.7058	0.1970	0.2045	1.9851
6	1.0459	6.1136	15.1508	0.9562	5.8456	14.4866	0.1636	0.1711	2.4782
7	1.0537	7.1595	21.2645	0.9490	6.7946	20.1808	0.1397	0.1472	2.9701
8	1.0616	8.2132	28.4240	0.9420	7.7366	26.7747	0.1218	0.1293	3.4608
9	1.0696	9.2748	36.6371	0.9350	8.6716	34.2544	0.1078	0.1153	3.9502
10	1.0776	10.3443	45.9119	0.9280	9.5996	42.6064	0.0967	0.1042	4.4384
11	1.0857	11.4219	56.2563	0.9211	10.5207	51.8174	0.0876	0.0951	4.9253
12	1.0938	12.5076	67.6782	0.9142	11.4349	61.8740	0.0800	0.0875	5.4110
13	1.1020	13.6014	80.1858	0.9074	12.3423	72.7632	0.0735	0.0810	5.8954
14	1.1103	14.7034	93.7872	0.9007	13.2430	84.4720	0.0680	0.0755	6.3786
15	1.1186	15.8137	108.4906	0.8940	14.1370	96.9876	0.0632	0.0707	6.8606
16	1.1270	16.9323	124.3042	0.8873	15.0243	110.2973	0.0591	0.0666	7.3413
17	1.1354	18.0593	141.2365	0.8807	15.9050	124.3887	0.0554	0.0629	7.8207
18	1.1440	19.1947	159.2958	0.8742	16.7792	139.2494	0.0521	0.0596	8.2989
19	1.1525	20.3387	178.4905	0.8676	17.6468	154.8671	0.0492	0.0567	8.7759
20	1.1612	21.4912	198.8292	0.8612	18.5080	171.2297	0.0465	0.0540	9.2516
21	1.1699	22.6524	220.3204	0.8548	19.3628	188.3253	0.0441	0.0516	9.7261
22	1.1787	23.8223	242.9728	0.8484	20.2112	206.1420	0.0420	0.0495	10.1994
23	1.1875	25.0010	266.7951	0.8421	21.0533	224.6682	0.0400	0.0475	10.6714
24	1.1964	26.1885	291.7961	0.8358	21.8891	243.8923	0.0382	0.0457	11.1422
25	1.2054	27.3849	317.9845	0.8296	22.7188	263.8029	0.0365	0.0440	11.6117
26	1.2144	28.5903	345.3694	0.8234	23.5422	284.3888	0.0350	0.0425	12.0800
27	1.2235	29.8047	373.9597	0.8173	24.3595	305.6387	0.0336	0.0411	12.5470
28	1.2327	31.0282	403.7644	0.8112	25.1707	327.5416	0.0322	0.0397	13.0128
29	1.2420	32.2609	434.7926	0.8052	25.9759	350.0867	0.0310	0.0385	13.4774
30	1.2513	33.5029	467.0536	0.7992	26.7751	373.2631	0.0298	0.0373	13.9407
35	1.2989	39.8538	647.1750	0.7699	30.6827	498.2471	0.0251	0.0326	16.2387
40	1.3483	46.4465	859.5309	0.7416	34.4469	637.4693	0.0215	0.0290	18.5058
45	1.3997	53.2901	1105.3483	0.7145	38.0732	789.7173	0.0188	0.0263	20.7421
50	1.4530	60.3943	1385.9010	0.6883	41.5664	953.8486	0.0166	0.0241	22.9476
55	1.5083	67.7688	1702.5112	0.6630	44.9316	1128.7869	0.0148	0.0223	25.1223
60	1.5657	75.4241	2056.5516	0.6387	48.1734	1313.5189	0.0133	0.0208	27.2665
65	1.6253	83.3709	2449.4470	0.6153	51.2963	1507.0910	0.0120	0.0195	29.3801
70	1.6872	91.6201	2882.6764	0.5927	54.3046	1708.6065	0.0109	0.0184	31.4634
75	1.7514	100.1833	3357.7753	0.5710	57.2027	1917.2225	0.0100	0.0175	33.5163
80	1.8180	109.0725	3876.3374	0.5500	59.9944	2132.1472	0.0092	0.0167	35.5391
85	1.8873	118.3001	4440.0174	0.5299	62.6838	2352.6375	0.0085	0.0160	37.5318
90	1.9591	127.8790	5050.5326	0.5104	65.2746	2577.9961	0.0078	0.0153	39.4946
95	2.0337	137.8225	5709.6660	0.4917	67.7704	2807.5694	0.0073	0.0148	41.4277
100	2.1111	148.1445	6419.2683	0.4737	70.1746	3040.7453	0.0068	0.0143	43.3311

TABLE A.4 *i* = 1%

N	F/P	F/A	F/G	P/F	P/A	P/G	A/F	A/P	A/G
1	1.0100	1.0000	0.0000	0.9901	0.9901	0.0000	1.0000	1.0100	0.0000
2	1.0201	2.0100	1.0000	0.9803	1.9704	0.9803	0.4975	0.5075	0.4975
3	1.0303	3.0301	3.0100	0.9706	2.9410	2.9215	0.3300	0.3400	0.9934
4	1.0406	4.0604	6.0401	0.9610	3.9020	5.8044	0.2463	0.2563	1.4876
5	1.0510	5.1010	10.1005	0.9515	4.8534	9.6103	0.1960	0.2060	1.9801
6	1.0615	6.1520	15.2015	0.9420	5.7955	14.3205	0.1625	0.1725	2.4710
7	1.0721	7.2135	21.3535	0.9327	6.7282	19.9168	0.1386	0.1486	2.9602
8	1.0829	8.2857	28.5671	0.9235	7.6517	26.3812	0.1207	0.1307	3.4478
9	1.0937	9.3685	36.8527	0.9143	8.5660	33.6959	0.1067	0.1167	3.9337
10	1.1046	10.4622	46.2213	0.9053	9.4713	41.8435	0.0956	0.1056	4.4179
11	1.1157	11.5668	56.6835	0.8963	10.3676	50.8067	0.0865	0.0965	4.9005
12	1.1268	12.6825	68.2503	0.8874	11.2551	60.5687	0.0788	0.0888	5.3815
13	1.1381	13.8093	80.9328	0.8787	12.1337	71.1126	0.0724	0.0824	5.8607
14	1.1495	14.9474	94.7421	0.8700	13.0037	82.4221	0.0669	0.0769	6.3384
15	1.1610	16.0969	109.6896	0.8613	13.8651	94.4810	0.0621	0.0721	6.8143
16	1.1726	17.2579	125.7864	0.8528	14.7179	107.2734	0.0579	0.0679	7.2886
17	1.1843	18.4304	143.0443	0.8444	15.5623	120.7834	0.0543	0.0643	7.7613
18	1.1961	19.6147	161.4748	0.8360	16.3983	134.9957	0.0510	0.0610	8.2323
19	1.2081	20.8109	181.0895	0.8277	17.2260	149.8950	0.0481	0.0581	8.7017
20	1.2202	22.0190	201.9004	0.8195	18.0456	165.4664	0.0454	0.0554	9.1694
21	1.2324	23.2392	223.9194	0.8114	18.8570	181.6950	0.0430	0.0530	9.6354
22	1.2447	24.4716	247.1586	0.8034	19.6604	198.5663	0.0409	0.0509	10.0998
23	1.2572	25.7163	271.6302	0.7954	20.4558	216.0660	0.0389	0.0489	10.5626
24	1.2697	26.9735	297.3465	0.7876	21.2434	234.1800	0.0371	0.0471	11.0237
25	1.2824	28.2432	324.3200	0.7798	22.0232	252.8945	0.0354	0.0454	11.4831
26	1.2953	29.5256	352.5631	0.7720	22.7952	272.1957	0.0339	0.0439	11.9409
27	1.3082	30.8209	382.0888	0.7644	23.5596	292.0702	0.0324	0.0424	12.3971
28	1.3213	32.1291	412.9097	0.7568	24.3164	312.5047	0.0311	0.0411	12.8516
29	1.3345	33.4504	445.0388	0.7493	25.0658	333.4863	0.0299	0.0399	13.3044
30	1.3478	34.7849	478.4892	0.7419	25.8077	355.0021	0.0287	0.0387	13.7557
35	1.4166	41.6603	666.0276	0.7059	29.4086	470.1583	0.0240	0.0340	15.9871
40	1.4889	48.8864	888.6373	0.6717	32.8347	596.8561	0.0205	0.0305	18.1776
45	1.5648	56.4811	1148.1075	0.6391	36.0945	733.7037	0.0177	0.0277	20.3273
50	1.6446	64.4632	1446.3182	0.6080	39.1961	879.4176	0.0155	0.0255	22.4363
55	1.7285	72.8525	1785.2457	0.5785	42.1472	1032.8148	0.0137	0.0237	24.5049
60	1.8167	81.6697	2166.9670	0.5504	44.9550	1192.8061	0.0122	0.0222	26.5333
65	1.9094	90.9366	2593.6649	0.5237	47.6266	1358.3903	0.0110	0.0210	28.5217
70	2.0068	100.6763	3067.6337	0.4983	50.1685	1528.6474	0.0099	0.0199	30.4703
75	2.1091	110.9128	3591.2847	0.4741	52.5871	1702.7340	0.0090	0.0190	32.3793
80	2.2167	121.6715	4167.1522	0.4511	54.8882	1879.8771	0.0082	0.0182	34.2492
85	2.3298	132.9790	4797.8997	0.4292	57.0777	2059.3701	0.0075	0.0175	36.0801
90	2.4486	144.8633	5486.3267	0.4084	59.1609	2240.5675	0.0069	0.0169	37.8724
95	2.5735	157.3538	6235.3755	0.3886	61.1430	2422.8811	0.0064	0.0164	39.6265
100	2.7048	170.4814	7048.1383	0.3697	63.0289	2605.7758	0.0059	0.0159	41.3426

TABLE A.5 *i* = 1.25%

N	F/P	F/A	F/G	P/F	P/A	P/G	A/F	A/P	A/G
1	1.0125	1.0000	0.0000	0.9877	0.9877	0.0000	1.0000	1.0125	0.0000
2	1.0252	2.0125	1.0000	0.9755	1.9631	0.9755	0.4969	0.5094	0.4969
3	1.0380	3.0377	3.0125	0.9634	2.9265	2.9023	0.3292	0.3417	0.9917
4	1.0509	4.0756	6.0502	0.9515	3.8781	5.7569	0.2454	0.2579	1.4845
5	1.0641	5.1266	10.1258	0.9398	4.8178	9.5160	0.1951	0.2076	1.9752
6	1.0774	6.1907	15.2524	0.9282	5.7460	14.1569	0.1615	0.1740	2.4638
7	1.0909	7.2680	21.4430	0.9167	6.6627	19.6571	0.1376	0.1501	2.9503
8	1.1045	8.3589	28.7110	0.9054	7.5681	25.9949	0.1196	0.1321	3.4348
9	1.1183	9.4634	37.0699	0.8942	8.4623	33.1487	0.1057	0.1182	3.9172
10	1.1323	10.5817	46.5333	0.8832	9.3455	41.0973	0.0945	0.1070	4.3975
11	1.1464	11.7139	57.1150	0.8723	10.2178	49.8201	0.0854	0.0979	4.8758
12	1.1608	12.8604	68.8289	0.8615	11.0793	59.2967	0.0778	0.0903	5.3520
13	1.1753	14.0211	81.6893	0.8509	11.9302	69.5072	0.0713	0.0838	5.8262
14	1.1900	15.1964	95.7104	0.8404	12.7706	80.4320	0.0658	0.0783	6.2982
15	1.2048	16.3863	110.9068	0.8300	13.6005	92.0519	0.0610	0.0735	6.7682
16	1.2199	17.5912	127.2931	0.8197	14.4203	104.3481	0.0568	0.0693	7.2362
17	1.2351	18.8111	144.8843	0.8096	15.2299	117.3021	0.0532	0.0657	7.7021
18	1.2506	20.0462	163.6953	0.7996	16.0295	130.8958	0.0499	0.0624	8.1659
19	1.2662	21.2968	183.7415	0.7898	16.8193	145.1115	0.0470	0.0595	8.6277
20	1.2820	22.5630	205.0383	0.7800	17.5993	159.9316	0.0443	0.0568	9.0874
21	1.2981	23.8450	227.6013	0.7704	18.3697	175.3392	0.0419	0.0544	9.5450
22	1.3143	25.1431	251.4463	0.7609	19.1306	191.3174	0.0398	0.0523	10.0006
23	1.3307	26.4574	276.5894	0.7515	19.8820	207.8499	0.0378	0.0503	10.4542
24	1.3474	27.7881	303.0467	0.7422	20.6242	224.9204	0.0360	0.0485	10.9056
25	1.3642	29.1354	330.8348	0.7330	21.3573	242.5132	0.0343	0.0468	11.3551
26	1.3812	30.4996	359.9702	0.7240	22.0813	260.6128	0.0328	0.0453	11.8024
27	1.3985	31.8809	390.4699	0.7150	22.7963	279.2040	0.0314	0.0439	12.2478
28	1.4160	33.2794	422.3507	0.7062	23.5025	298.2719	0.0300	0.0425	12.6911
29	1.4337	34.6954	455.6301	0.6975	24.2000	317.8019	0.0288	0.0413	13.1323
30	1.4516	36.1291	490.3255	0.6889	24.889	337.7797	0.0277	0.0402	13.5715
35	1.5446	43.5709	685.6696	0.6474	28.2079	443.9037	0.0230	0.0355	15.7369
40	1.6436	51.4896	919.1646	0.6084	31.3269	559.2320	0.0194	0.0319	17.8515
45	1.7489	59.9157	1193.2553	0.5718	34.2582	682.2710	0.0167	0.0292	19.9156
50	1.8610	68.8818	1510.5432	0.5373	37.0129	811.6738	0.0145	0.0270	21.9295
55	1.9803	78.4225	1873.7964	0.5050	39.6017	946.2277	0.0128	0.0253	23.8936
60	2.1072	88.5745	2285.9606	0.4746	42.0346	1084.8429	0.0113	0.0238	25.8083
65	2.2422	99.3771	2750.1700	0.4460	44.3210	1226.5421	0.0101	0.0226	27.6741
70	2.3859	110.8720	3269.7598	0.4191	46.4697	1370.4513	0.0090	0.0215	29.4913
75	2.5388	123.1035	3848.2789	0.3939	48.4890	1515.7904	0.0081	0.0206	31.2605
80	2.7015	136.1188	4489.5036	0.3702	50.3867	1661.8651	0.0073	0.0198	32.9822
85	2.8746	149.9682	5197.4522	0.3479	52.1701	1808.0598	0.0067	0.0192	34.6570
90	3.0588	164.7050	5976.4006	0.3269	53.8461	1953.8303	0.0061	0.0186	36.2855
95	3.2548	180.3862	6830.8985	0.3072	55.4211	2098.6973	0.0055	0.0180	37.8682
100	3.4634	197.0723	7765.7874	0.2887	56.9013	2242.2411	0.0051	0.0176	39.4058

TABLE A.6　*i* = 1.5%

N	F/P	F/A	F/G	P/F	P/A	P/G	A/F	A/P	A/G
1	1.0150	1.0000	0.0000	0.9852	0.9852	0.0000	1.0000	1.0150	0.0000
2	1.0302	2.0150	1.0000	0.9707	1.9559	0.9707	0.4963	0.5113	0.4963
3	1.0457	3.0452	3.0150	0.9563	2.9122	2.8833	0.3284	0.3434	0.9901
4	1.0614	4.0909	6.0602	0.9422	3.8544	5.7098	0.2444	0.2594	1.4814
5	1.0773	5.1523	10.1511	0.9283	4.7826	9.4229	0.1941	0.2091	1.9702
6	1.0934	6.2296	15.3034	0.9145	5.6972	13.9956	0.1605	0.1755	2.4566
7	1.1098	7.3230	21.5329	0.9010	6.5982	19.4018	0.1366	0.1516	2.9405
8	1.1265	8.4328	28.8559	0.8877	7.4859	25.6157	0.1186	0.1336	3.4219
9	1.1434	9.5593	37.2888	0.8746	8.3605	32.6125	0.1046	0.1196	3.9008
10	1.1605	10.7027	46.8481	0.8617	9.2222	40.3675	0.0934	0.1084	4.3772
11	1.1779	11.8633	57.5508	0.8489	10.0711	48.8568	0.0843	0.0993	4.8512
12	1.1956	13.0412	69.4141	0.8364	10.9075	58.0571	0.0767	0.0917	5.3227
13	1.2136	14.2368	82.4553	0.8240	11.7315	67.9454	0.0702	0.0852	5.7917
14	1.2318	15.4504	96.6921	0.8118	12.5434	78.4994	0.0647	0.0797	6.2582
15	1.2502	16.6821	112.1425	0.7999	13.3432	89.6974	0.0599	0.0749	6.7223
16	1.2690	17.9324	128.8247	0.7880	14.1313	101.5178	0.0558	0.0708	7.1839
17	1.2880	19.2014	146.7570	0.7764	14.9076	113.9400	0.0521	0.0671	7.6431
18	1.3073	20.4894	165.9584	0.7649	15.6726	126.9435	0.0488	0.0638	8.0997
19	1.3270	21.7967	186.4478	0.7536	16.4262	140.5084	0.0459	0.0609	8.5539
20	1.3469	23.1237	208.2445	0.7425	17.1686	154.6154	0.0432	0.0582	9.0057
21	1.3671	24.4705	231.3681	0.7315	17.9001	169.2453	0.0409	0.0559	9.4550
22	1.3876	25.8376	255.8387	0.7207	18.6208	184.3798	0.0387	0.0537	9.9018
23	1.4084	27.2251	281.6762	0.7100	19.3309	200.0006	0.0367	0.0517	10.3462
24	1.4295	28.6335	308.9014	0.6995	20.0304	216.0901	0.0349	0.0499	10.7881
25	1.4509	30.0630	337.5349	0.6892	20.7196	232.6310	0.0333	0.0483	11.2276
26	1.4727	31.5140	367.5979	0.6790	21.3986	249.6065	0.0317	0.0467	11.6646
27	1.4948	32.9867	399.1119	0.6690	22.0676	267.0002	0.0303	0.0453	12.0992
28	1.5172	34.4815	432.0986	0.6591	22.7267	284.7958	0.0290	0.0440	12.5313
29	1.5400	35.9987	466.5801	0.6494	23.3761	302.9779	0.0278	0.0428	12.9610
30	1.5631	37.5387	502.5788	0.6398	24.0158	321.5310	0.0266	0.0416	13.3883
35	1.6839	45.5921	706.1392	0.5939	27.0756	419.3521	0.0219	0.0369	15.4882
40	1.8140	54.2679	951.1929	0.5513	29.9158	524.3568	0.0184	0.0334	17.5277
45	1.9542	63.6142	1240.9467	0.5117	32.5523	635.0110	0.0157	0.0307	19.5074
50	2.1052	73.6828	1578.8552	0.4750	34.9997	749.9636	0.0136	0.0286	21.4277
55	2.2679	84.5296	1968.6399	0.4409	37.2715	868.0285	0.0118	0.0268	23.2894
60	2.4432	96.2147	2414.3101	0.4093	39.3803	988.1674	0.0104	0.0254	25.0930
65	2.6320	108.8028	2920.1848	0.3799	41.3378	1109.4752	0.0092	0.0242	26.8393
70	2.8355	122.3638	3490.9169	0.3527	43.1549	1231.1658	0.0082	0.0232	28.5290
75	3.0546	136.9728	4131.5187	0.3274	44.8416	1352.5600	0.0073	0.0223	30.1631
80	3.2907	152.7109	4847.3902	0.3039	46.4073	1473.0741	0.0065	0.0215	31.7423
85	3.5450	169.6652	5644.3484	0.2821	47.8607	1592.2095	0.0059	0.0209	33.2676
90	3.8189	187.9299	6528.6600	0.2619	49.2099	1709.5439	0.0053	0.0203	34.7399
95	4.1141	207.6061	7507.0762	0.2431	50.4622	1824.7224	0.0048	0.0198	36.1602
100	4.4320	228.8030	8586.8696	0.2256	51.6247	1937.4506	0.0044	0.0194	37.5295

TABLE A.7　*i* = 1.75%

N	F/P	F/A	F/G	P/F	P/A	P/G	A/F	A/P	A/G
1	1.0175	1.0000	0.0000	0.9828	0.9828	0.0000	1.0000	1.0175	0.0000
2	1.0353	2.0175	1.0000	0.9659	1.9487	0.9659	0.4957	0.5132	0.4957
3	1.0534	3.0528	3.0175	0.9493	2.8980	2.8645	0.3276	0.3451	0.9884
4	1.0719	4.1062	6.0703	0.9330	3.8309	5.6633	0.2435	0.2610	1.4783
5	1.0906	5.1781	10.1765	0.9169	4.7479	9.3310	0.1931	0.2106	1.9653
6	1.1097	6.2687	15.3546	0.9011	5.6490	13.8367	0.1595	0.1770	2.4494
7	1.1291	7.3784	21.6233	0.8856	6.5346	19.1506	0.1355	0.1530	2.9306
8	1.1489	8.5075	29.0017	0.8704	7.4051	25.2435	0.1175	0.1350	3.4089
9	1.1690	9.6564	37.5093	0.8554	8.2605	32.0870	0.1036	0.1211	3.8844
10	1.1894	10.8254	47.1657	0.8407	9.1012	39.6535	0.0924	0.1099	4.3569
11	1.2103	12.0148	57.9911	0.8263	9.9275	47.9162	0.0832	0.1007	4.8266
12	1.2314	13.2251	70.0059	0.8121	10.7395	56.8489	0.0756	0.0931	5.2934
13	1.2530	14.4565	83.2310	0.7981	11.5376	66.4260	0.0692	0.0867	5.7573
14	1.2749	15.7095	97.6876	0.7844	12.3220	76.6227	0.0637	0.0812	6.2184
15	1.2972	16.9844	113.3971	0.7709	13.0929	87.4149	0.0589	0.0764	6.6765
16	1.3199	18.2817	130.3816	0.7576	13.8505	98.7792	0.0547	0.0722	7.1318
17	1.3430	19.6016	148.6632	0.7446	14.5951	110.6926	0.0510	0.0685	7.5842
18	1.3665	20.9446	168.2648	0.7318	15.3269	123.1328	0.0477	0.0652	8.0338
19	1.3904	22.3112	189.2095	0.7192	16.0461	136.0783	0.0448	0.0623	8.4805
20	1.4148	23.7016	211.5206	0.7068	16.7529	149.5080	0.0422	0.0597	8.9243
21	1.4395	25.1164	235.2223	0.6947	17.4475	163.4013	0.0398	0.0573	9.3653
22	1.4647	26.5559	260.3386	0.6827	18.1303	177.7385	0.0377	0.0552	9.8034
23	1.4904	28.0207	286.8946	0.6710	18.8012	192.5000	0.0357	0.0532	10.2387
24	1.5164	29.5110	314.9152	0.6594	19.4607	207.6671	0.0339	0.0514	10.6711
25	1.5430	31.0275	344.4262	0.6481	20.1088	223.2214	0.0322	0.0497	11.1007
26	1.5700	32.5704	375.4537	0.6369	20.7457	239.1451	0.0307	0.0482	11.5274
27	1.5975	34.1404	408.0241	0.6260	21.3717	255.4210	0.0293	0.0468	11.9513
28	1.6254	35.7379	442.1646	0.6152	21.9870	272.0321	0.0280	0.0455	12.3724
29	1.6539	37.3633	477.9024	0.6046	22.5916	288.9623	0.0268	0.0443	12.7907
30	1.6828	39.0172	515.2657	0.5942	23.1858	306.1954	0.0256	0.0431	13.2061
35	1.8353	47.7308	727.4766	0.5449	26.0073	396.3824	0.0210	0.0385	15.2412
40	2.0016	57.2341	984.8077	0.4996	28.5942	492.0109	0.0175	0.0350	17.2066
45	2.1830	67.5986	1291.3476	0.4581	30.9663	591.5540	0.0148	0.0323	19.1032
50	2.3808	78.9022	1651.5557	0.4200	33.1412	693.7010	0.0127	0.0302	20.9317
55	2.5965	91.2302	2070.2950	0.3851	35.1354	797.3321	0.0110	0.0285	22.6931
60	2.8318	104.6752	2552.8695	0.3531	36.9640	901.4954	0.0096	0.0271	24.3885
65	3.0884	119.3386	3105.0636	0.3238	38.6406	1005.3872	0.0084	0.0259	26.0189
70	3.3683	135.3308	3733.1862	0.2969	40.1779	1108.3333	0.0074	0.0249	27.5856
75	3.6735	152.7721	4444.1175	0.2722	41.5875	1209.7738	0.0065	0.0240	29.0899
80	4.0064	171.7938	5245.3614	0.2496	42.8799	1309.2482	0.0058	0.0233	30.5329
85	4.3694	192.5393	6145.1017	0.2289	44.0650	1406.3828	0.0052	0.0227	31.9161
90	4.7654	215.1646	7152.2638	0.2098	45.1516	1500.8798	0.0046	0.0221	33.2409
95	5.1972	239.8402	8276.5820	0.1924	46.1479	1592.5069	0.0042	0.0217	34.5087
100	5.6682	266.7518	9528.6725	0.1764	47.0615	1681.0886	0.0037	0.0212	35.7211

TABLE A.8 *i* = 2%

N	F/P	F/A	F/G	P/F	P/A	P/G	A/F	A/P	A/G
1	1.0200	1.0000	0.0000	0.9804	0.9804	0.0000	1.0000	1.0200	0.0000
2	1.0404	2.0200	1.0000	0.9612	1.9416	0.9612	0.4950	0.5150	0.4950
3	1.0612	3.0604	3.0200	0.9423	2.8839	2.8458	0.3268	0.3468	0.9868
4	1.0824	4.1216	6.0804	0.9238	3.8077	5.6173	0.2426	0.2626	1.4752
5	1.1041	5.2040	10.2020	0.9057	4.7135	9.2403	0.1922	0.2122	1.9604
6	1.1262	6.3081	15.4060	0.8880	5.6014	13.6801	0.1585	0.1785	2.4423
7	1.1487	7.4343	21.7142	0.8706	6.4720	18.9035	0.1345	0.1545	2.9208
8	1.1717	8.5830	29.1485	0.8535	7.3255	24.8779	0.1165	0.1365	3.3961
9	1.1951	9.7546	37.7314	0.8368	8.1622	31.5720	0.1025	0.1225	3.8681
10	1.2190	10.9497	47.4860	0.8203	8.9826	38.9551	0.0913	0.1113	4.3367
11	1.2434	12.1687	58.4358	0.8043	9.7868	46.9977	0.0822	0.1022	4.8021
12	1.2682	13.4121	70.6045	0.7885	10.5753	55.6712	0.0746	0.0946	5.2642
13	1.2936	14.6803	84.0166	0.7730	11.3484	64.9475	0.0681	0.0881	5.7231
14	1.3195	15.9739	98.6969	0.7579	12.1062	74.7999	0.0626	0.0826	6.1786
15	1.3459	17.2934	114.6708	0.7430	12.8493	85.2021	0.0578	0.0778	6.6309
16	1.3728	18.6393	131.9643	0.7284	13.5777	96.1288	0.0537	0.0737	7.0799
17	1.4002	20.0121	150.6035	0.7142	14.2919	107.5554	0.0500	0.0700	7.5256
18	1.4282	21.4123	170.6156	0.7002	14.9920	119.4581	0.0467	0.0667	7.9681
19	1.4568	22.8406	192.0279	0.6864	15.6785	131.8139	0.0438	0.0638	8.4073
20	1.4859	24.2974	214.8685	0.6730	16.3514	144.6003	0.0412	0.0612	8.8433
21	1.5157	25.7833	239.1659	0.6598	17.0112	157.7959	0.0388	0.0588	9.2760
22	1.5460	27.2990	264.9492	0.6468	17.6580	171.3795	0.0366	0.0566	9.7055
23	1.5769	28.8450	292.2482	0.6342	18.2922	185.3309	0.0347	0.0547	10.1317
24	1.6084	30.4219	321.0931	0.6217	18.9139	199.6305	0.0329	0.0529	10.5547
25	1.6406	32.0303	351.5150	0.6095	19.5235	214.2592	0.0312	0.0512	10.9745
26	1.6734	33.6709	383.5453	0.5976	20.1210	229.1987	0.0297	0.0497	11.3910
27	1.7069	35.3443	417.2162	0.5859	20.7069	244.4311	0.0283	0.0483	11.8043
28	1.7410	37.0512	452.5605	0.5744	21.2813	259.9392	0.0270	0.0470	12.2145
29	1.7758	38.7922	489.6117	0.5631	21.8444	275.7064	0.0258	0.0458	12.6214
30	1.8114	40.5681	528.4040	0.5521	22.3965	291.7164	0.0246	0.0446	13.0251
35	1.9999	49.9945	749.7239	0.5000	24.9986	374.8826	0.0200	0.0400	14.9961
40	2.2080	60.4020	1020.0992	0.4529	27.3555	461.9931	0.0166	0.0366	16.8885
45	2.4379	71.8927	1344.6355	0.4102	29.4902	551.5652	0.0139	0.0339	18.7034
50	2.6916	84.5794	1728.9701	0.3715	31.4236	642.3606	0.0118	0.0318	20.4420
55	2.9717	98.5865	2179.3267	0.3365	33.1748	733.3527	0.0101	0.0301	22.1057
60	3.2810	114.0515	2702.5770	0.3048	34.7609	823.6975	0.0088	0.0288	23.6961
65	3.6225	131.1262	3306.3078	0.2761	36.1975	912.7085	0.0076	0.0276	25.2147
70	3.9996	149.9779	3998.8956	0.2500	37.4986	999.8343	0.0067	0.0267	26.6632
75	4.4158	170.7918	4789.5886	0.2265	38.6771	1084.6393	0.0059	0.0259	28.0434
80	4.8754	193.7720	5688.5979	0.2051	39.7445	1166.7868	0.0052	0.0252	29.3572
85	5.3829	219.1439	6707.1969	0.1858	40.7113	1246.0241	0.0046	0.0246	30.6064
90	5.9431	247.1567	7857.8328	0.1683	41.5869	1322.1701	0.0040	0.0240	31.7929
95	6.5617	278.0850	9154.2480	0.1524	42.3800	1395.1033	0.0036	0.0236	32.9189
100	7.2446	312.2323	10611.6153	0.1380	43.0984	1464.7527	0.0032	0.0232	33.9863

TABLE A.9　*i* = 3%

N	F/P	F/A	F/G	P/F	P/A	P/G	A/F	A/P	A/G
1	1.0300	1.0000	0.0000	0.9709	0.9709	0.0000	1.0000	1.0300	0.0000
2	1.0609	2.0300	1.0000	0.9426	1.9135	0.9426	0.4926	0.5226	0.4926
3	1.0927	3.0909	3.0300	0.9151	2.8286	2.7729	0.3235	0.3535	0.9803
4	1.1255	4.1836	6.1209	0.8885	3.7171	5.4383	0.2390	0.2690	1.4631
5	1.1593	5.3091	10.3045	0.8626	4.5797	8.8888	0.1884	0.2184	1.9409
6	1.1941	6.4684	15.6137	0.8375	5.4172	13.0762	0.1546	0.1846	2.4138
7	1.2299	7.6625	22.0821	0.8131	6.2303	17.9547	0.1305	0.1605	2.8819
8	1.2668	8.8923	29.7445	0.7894	7.0197	23.4806	0.1125	0.1425	3.3450
9	1.3048	10.1591	38.6369	0.7664	7.7861	29.6119	0.0984	0.1284	3.8032
10	1.3439	11.4639	48.7960	0.7441	8.5302	36.3088	0.0872	0.1172	4.2565
11	1.3842	12.8078	60.2599	0.7224	9.2526	43.5330	0.0781	0.1081	4.7049
12	1.4258	14.1920	73.0677	0.7014	9.9540	51.2482	0.0705	0.1005	5.1485
13	1.4685	15.6178	87.2597	0.6810	10.6350	59.4196	0.0640	0.0940	5.5872
14	1.5126	17.0863	102.8775	0.6611	11.2961	68.0141	0.0585	0.0885	6.0210
15	1.5580	18.5989	119.9638	0.6419	11.9379	77.0002	0.0538	0.0838	6.4500
16	1.6047	20.1569	138.5627	0.6232	12.5611	86.3477	0.0496	0.0796	6.8742
17	1.6528	21.7616	158.7196	0.6050	13.1661	96.0280	0.0460	0.0760	7.2936
18	1.7024	23.4144	180.4812	0.5874	13.7535	106.0137	0.0427	0.0727	7.7081
19	1.7535	25.1169	203.8956	0.5703	14.3238	116.2788	0.0398	0.0698	8.1179
20	1.8061	26.8704	229.0125	0.5537	14.8775	126.7987	0.0372	0.0672	8.5229
21	1.8603	28.6765	255.8829	0.5375	15.4150	137.5496	0.0349	0.0649	8.9231
22	1.9161	30.5368	284.5593	0.5219	15.9369	148.5094	0.0327	0.0627	9.3186
23	1.9736	32.4529	315.0961	0.5067	16.4436	159.6566	0.0308	0.0608	9.7093
24	2.0328	34.4265	347.5490	0.4919	16.9355	170.9711	0.0290	0.0590	10.0954
25	2.0938	36.4593	381.9755	0.4776	17.4131	182.4336	0.0274	0.0574	10.4768
26	2.1566	38.5530	418.4347	0.4637	17.8768	194.0260	0.0259	0.0559	10.8535
27	2.2213	40.7096	456.9878	0.4502	18.3270	205.7309	0.0246	0.0546	11.2255
28	2.2879	42.9309	497.6974	0.4371	18.7641	217.5320	0.0233	0.0533	11.5930
29	2.3566	45.2189	540.6283	0.4243	19.1885	229.4137	0.0221	0.0521	11.9558
30	2.4273	47.5754	585.8472	0.4120	19.6004	241.3613	0.0210	0.0510	12.3141
35	2.8139	60.4621	848.7361	0.3554	21.4872	301.6267	0.0165	0.0465	14.0375
40	3.2620	75.4013	1180.0420	0.3066	23.1148	361.7499	0.0133	0.0433	15.6502
45	3.7816	92.7199	1590.6620	0.2644	24.5187	420.6325	0.0108	0.0408	17.1556
50	4.3839	112.7969	2093.2289	0.2281	25.7298	477.4803	0.0089	0.0389	18.5575
55	5.0821	136.0716	2702.3873	0.1968	26.7744	531.7411	0.0073	0.0373	19.8600
60	5.8916	163.0534	3435.1146	0.1697	27.6756	583.0526	0.0061	0.0361	21.0674
65	6.8300	194.3328	4311.0919	0.1464	28.4529	631.2010	0.0051	0.0351	22.1841
70	7.9178	230.5941	5353.1355	0.1263	29.1234	676.0869	0.0043	0.0343	23.2145
75	9.1789	272.6309	6587.6952	0.1089	29.7018	717.6978	0.0037	0.0337	24.1634
80	10.6409	321.3630	8045.4340	0.0940	30.2008	756.0865	0.0031	0.0331	25.0353
85	12.3357	377.8570	9761.8984	0.0811	30.6312	791.3529	0.0026	0.0326	25.8349
90	14.3005	443.3489	11778.2968	0.0699	31.0024	823.6302	0.0023	0.0323	26.5667
95	16.5782	519.2720	14142.4009	0.0603	31.3227	853.0742	0.0019	0.0319	27.2351
100	19.2186	607.2877	16909.5911	0.0520	31.5989	879.8540	0.0016	0.0316	27.8444

TABLE A.10　*i* = 4%

N	F/P	F/A	F/G	P/F	P/A	P/G	A/F	A/P	A/G
1	1.0400	1.0000	0.0000	0.9615	0.9615	0.0000	1.0000	1.0400	0.0000
2	1.0816	2.0400	1.0000	0.9246	1.8861	0.9246	0.4902	0.5302	0.4902
3	1.1249	3.1216	3.0400	0.8890	2.7751	2.7025	0.3203	0.3603	0.9739
4	1.1699	4.2465	6.1616	0.8548	3.6299	5.2670	0.2355	0.2755	1.4510
5	1.2167	5.4163	10.4081	0.8219	4.4518	8.5547	0.1846	0.2246	1.9216
6	1.2653	6.6330	15.8244	0.7903	5.2421	12.5062	0.1508	0.1908	2.3857
7	1.3159	7.8983	22.4574	0.7599	6.0021	17.0657	0.1266	0.1666	2.8433
8	1.3686	9.2142	30.3557	0.7307	6.7327	22.1806	0.1085	0.1485	3.2944
9	1.4233	10.5828	39.5699	0.7026	7.4353	27.8013	0.0945	0.1345	3.7391
10	1.4802	12.0061	50.1527	0.6756	8.1109	33.8814	0.0833	0.1233	4.1773
11	1.5395	13.4864	62.1588	0.6496	8.7605	40.3772	0.0741	0.1141	4.6090
12	1.6010	15.0258	75.6451	0.6246	9.3851	47.2477	0.0666	0.1066	5.0343
13	1.6651	16.6268	90.6709	0.6006	9.9856	54.4546	0.0601	0.1001	5.4533
14	1.7317	18.2919	107.2978	0.5775	10.5631	61.9618	0.0547	0.0947	5.8659
15	1.8009	20.0236	125.5897	0.5553	11.1184	69.7355	0.0499	0.0899	6.2721
16	1.8730	21.8245	145.6133	0.5339	11.6523	77.7441	0.0458	0.0858	6.6720
17	1.9479	23.6975	167.4378	0.5134	12.1657	85.9581	0.0422	0.0822	7.0656
18	2.0258	25.6454	191.1353	0.4936	12.6593	94.3498	0.0390	0.0790	7.4530
19	2.1068	27.6712	216.7807	0.4746	13.1339	102.8933	0.0361	0.0761	7.8342
20	2.1911	29.7781	244.4520	0.4564	13.5903	111.5647	0.0336	0.0736	8.2091
21	2.2788	31.9692	274.2300	0.4388	14.0292	120.3414	0.0313	0.0713	8.5779
22	2.3699	34.2480	306.1992	0.4220	14.4511	129.2024	0.0292	0.0692	8.9407
23	2.4647	36.6179	340.4472	0.4057	14.8568	138.1284	0.0273	0.0673	9.2973
24	2.5633	39.0826	377.0651	0.3901	15.2470	147.1012	0.0256	0.0656	9.6479
25	2.6658	41.6459	416.1477	0.3751	15.6221	156.1040	0.0240	0.0640	9.9925
26	2.7725	44.3117	457.7936	0.3607	15.9828	165.1212	0.0226	0.0626	10.3312
27	2.8834	47.0842	502.1054	0.3468	16.3296	174.1385	0.0212	0.0612	10.6640
28	2.9987	49.9676	549.1896	0.3335	16.6631	183.1424	0.0200	0.0600	10.9909
29	3.1187	52.9663	599.1572	0.3207	16.9837	192.1206	0.0189	0.0589	11.3120
30	3.2434	56.0849	652.1234	0.3083	17.2920	201.0618	0.0178	0.0578	11.6274
35	3.9461	73.6522	966.3056	0.2534	18.6646	244.8768	0.0136	0.0536	13.1198
40	4.8010	95.0255	1375.6379	0.2083	19.7928	286.5303	0.0105	0.0505	14.4765
45	5.8412	121.0294	1900.7348	0.1712	20.7200	325.4028	0.0083	0.0483	15.7047
50	7.1067	152.6671	2566.6771	0.1407	21.4822	361.1638	0.0066	0.0466	16.8122
55	8.6464	191.1592	3403.9793	0.1157	22.1086	393.6890	0.0052	0.0452	17.8070
60	10.5196	237.9907	4449.7671	0.0951	22.6235	422.9966	0.0042	0.0442	18.6972
65	12.7987	294.9684	5749.2095	0.0781	23.0467	449.2014	0.0034	0.0434	19.4909
70	15.5716	364.2905	7357.2615	0.0642	23.3945	472.4789	0.0027	0.0427	20.1961
75	18.9453	448.6314	9340.7842	0.0528	23.6804	493.0408	0.0022	0.0422	20.8206
80	23.0498	551.2450	11781.1244	0.0434	23.9154	511.1161	0.0018	0.0418	21.3718
85	28.0436	676.0901	14777.2531	0.0357	24.1085	526.9384	0.0015	0.0415	21.8569
90	34.1193	827.9833	18449.5833	0.0293	24.2673	540.7369	0.0012	0.0412	22.2826
95	41.5114	1012.7846	22944.6162	0.0241	24.3978	552.7307	0.0010	0.0410	22.6550
100	50.5049	1237.6237	28440.5926	0.0198	24.5050	563.1249	0.0008	0.0408	22.9800

TABLE　A.11　*i* = 5%

N	F/P	F/A	F/G	P/F	P/A	P/G	A/F	A/P	A/G
1	1.0500	1.0000	0.0000	0.9524	0.9524	0.0000	1.0000	1.0500	0.0000
2	1.1025	2.0500	1.0000	0.9070	1.8594	0.9070	0.4878	0.5378	0.4878
3	1.1576	3.1525	3.0500	0.8638	2.7232	2.6347	0.3172	0.3672	0.9675
4	1.2155	4.3101	6.2025	0.8227	3.5460	5.1028	0.2320	0.2820	1.4391
5	1.2763	5.5256	10.5126	0.7835	4.3295	8.2369	0.1810	0.2310	1.9025
6	1.3401	6.8019	16.0383	0.7462	5.0757	11.9680	0.1470	0.1970	2.3579
7	1.4071	8.1420	22.8402	0.7107	5.7864	16.2321	0.1228	0.1728	2.8052
8	1.4775	9.5491	30.9822	0.6768	6.4632	20.9700	0.1047	0.1547	3.2445
9	1.5513	11.0266	40.5313	0.6446	7.1078	26.1268	0.0907	0.1407	3.6758
10	1.6289	12.5779	51.5579	0.6139	7.7217	31.6520	0.0795	0.1295	4.0991
11	1.7103	14.2068	64.1357	0.5847	8.3064	37.4988	0.0704	0.1204	4.5144
12	1.7959	15.9171	78.3425	0.5568	8.8633	43.6241	0.0628	0.1128	4.9219
13	1.8856	17.7130	94.2597	0.5303	9.3936	49.9879	0.0565	0.1065	5.3215
14	1.9799	19.5986	111.9726	0.5051	9.8986	56.5538	0.0510	0.1010	5.7133
15	2.0789	21.5786	131.5713	0.4810	10.3797	63.2880	0.0463	0.0963	6.0973
16	2.1829	23.6575	153.1498	0.4581	10.8378	70.1597	0.0423	0.0923	6.4736
17	2.2920	25.8404	176.8073	0.4363	11.2741	77.1405	0.0387	0.0887	6.8423
18	2.4066	28.1324	202.6477	0.4155	11.6896	84.2043	0.0355	0.0855	7.2034
19	2.5270	30.5390	230.7801	0.3957	12.0853	91.3275	0.0327	0.0827	7.5569
20	2.6533	33.0660	261.3191	0.3769	12.4622	98.4884	0.0302	0.0802	7.9030
21	2.7860	35.7193	294.3850	0.3589	12.8212	105.6673	0.0280	0.0780	8.2416
22	2.9253	38.5052	330.1043	0.3418	13.1630	112.8461	0.0260	0.0760	8.5730
23	3.0715	41.4305	368.6095	0.3256	13.4886	120.0087	0.0241	0.0741	8.8971
24	3.2251	44.5020	410.0400	0.3101	13.7986	127.1402	0.0225	0.0725	9.2140
25	3.3864	47.7271	454.5420	0.2953	14.0939	134.2275	0.0210	0.0710	9.5238
26	3.5557	51.1135	502.2691	0.2812	14.3752	141.2585	0.0196	0.0696	9.8266
27	3.7335	54.6691	553.3825	0.2678	14.6430	148.2226	0.0183	0.0683	10.1224
28	3.9201	58.4026	608.0517	0.2551	14.8981	155.1101	0.0171	0.0671	10.4114
29	4.1161	62.3227	666.4542	0.2429	15.1411	161.9126	0.0160	0.0660	10.6936
30	4.3219	66.4388	728.7770	0.2314	15.3725	168.6226	0.0151	0.0651	10.9691
35	5.5160	90.3203	1106.4061	0.1813	16.3742	200.5807	0.0111	0.0611	12.2498
40	7.0400	120.7998	1615.9955	0.1420	17.1591	229.5452	0.0083	0.0583	13.3775
45	8.9850	159.7002	2294.0031	0.1113	17.7741	255.3145	0.0063	0.0563	14.3644
50	11.4674	209.3480	3186.9599	0.0872	18.2559	277.9148	0.0048	0.0548	15.2233
55	14.6356	272.7126	4354.2524	0.0683	18.6335	297.5104	0.0037	0.0537	15.9664
60	18.6792	353.5837	5871.6744	0.0535	18.9293	314.3432	0.0028	0.0528	16.6062
65	23.8399	456.7980	7835.9602	0.0419	19.1611	328.6910	0.0022	0.0522	17.1541
70	30.4264	588.5285	10370.5702	0.0329	19.3427	340.8409	0.0017	0.0517	17.6212
75	38.8327	756.6537	13633.0744	0.0258	19.4850	351.0721	0.0013	0.0513	18.0176
80	49.5614	971.2288	17824.5764	0.0202	19.5965	359.6460	0.0010	0.0510	18.3526
85	63.2544	1245.0871	23201.7414	0.0158	19.6838	366.8007	0.0008	0.0508	18.6346
90	80.7304	1594.6073	30092.1460	0.0124	19.7523	372.7488	0.0006	0.0506	18.8712
95	103.0347	2040.6935	38913.8706	0.0097	19.8059	377.6774	0.0005	0.0505	19.0689
100	131.5013	2610.0252	50200.5031	0.0076	19.8479	381.7492	0.0004	0.0504	19.2337

TABLE A.12 *i* = 6%

N	F/P	F/A	F/G	P/F	P/A	P/G	A/F	A/P	A/G
1	1.0600	1.0000	0.0000	0.9434	0.9434	0.0000	1.0000	1.0600	0.0000
2	1.1236	2.0600	1.0000	0.8900	1.8334	0.8900	0.4854	0.5454	0.4854
3	1.1910	3.1836	3.0600	0.8396	2.6730	2.5692	0.3141	0.3741	0.9612
4	1.2625	4.3746	6.2436	0.7921	3.4651	4.9455	0.2286	0.2886	1.4272
5	1.3382	5.6371	10.6182	0.7473	4.2124	7.9345	0.1774	0.2374	1.8836
6	1.4185	6.9753	16.2553	0.7050	4.9173	11.4594	0.1434	0.2034	2.3304
7	1.5036	8.3938	23.2306	0.6651	5.5824	15.4497	0.1191	0.1791	2.7676
8	1.5938	9.8975	31.6245	0.6274	6.2098	19.8416	0.1010	0.1610	3.1952
9	1.6895	11.4913	41.5219	0.5919	6.8017	24.5768	0.0870	0.1470	3.6133
10	1.7908	13.1808	53.0132	0.5584	7.3601	29.6023	0.0759	0.1359	4.0220
11	1.8983	14.9716	66.1940	0.5268	7.8869	34.8702	0.0668	0.1268	4.4213
12	2.0122	16.8699	81.1657	0.4970	8.3838	40.3369	0.0593	0.1193	4.8113
13	2.1329	18.8821	98.0356	0.4688	8.8527	45.9629	0.0530	0.1130	5.1920
14	2.2609	21.0151	116.9178	0.4423	9.2950	51.7128	0.0476	0.1076	5.5635
15	2.3966	23.2760	137.9328	0.4173	9.7122	57.5546	0.0430	0.1030	5.9260
16	2.5404	25.6725	161.2088	0.3936	10.1059	63.4592	0.0390	0.0990	6.2794
17	2.6928	28.2129	186.8813	0.3714	10.4773	69.4011	0.0354	0.0954	6.6240
18	2.8543	30.9057	215.0942	0.3503	10.8276	75.3569	0.0324	0.0924	6.9597
19	3.0256	33.7600	245.9999	0.3305	11.1581	81.3062	0.0296	0.0896	7.2867
20	3.2071	36.7856	279.7599	0.3118	11.4699	87.2304	0.0272	0.0872	7.6051
21	3.3996	39.9927	316.5454	0.2942	11.7641	93.1136	0.0250	0.0850	7.9151
22	3.6035	43.3923	356.5382	0.2775	12.0416	98.9412	0.0230	0.0830	8.2166
23	3.8197	46.9958	399.9305	0.2618	12.3034	104.7007	0.0213	0.0813	8.5099
24	4.0489	50.8156	446.9263	0.2470	12.5504	110.3812	0.0197	0.0797	8.7951
25	4.2919	54.8645	497.7419	0.2330	12.7834	115.9732	0.0182	0.0782	9.0722
26	4.5494	59.1564	552.6064	0.2198	13.0032	121.4684	0.0169	0.0769	9.3414
27	4.8223	63.7058	611.7628	0.2074	13.2105	126.8600	0.0157	0.0757	9.6029
28	5.1117	68.5281	675.4685	0.1956	13.4062	132.1420	0.0146	0.0746	9.8568
29	5.4184	73.6398	743.9966	0.1846	13.5907	137.3096	0.0136	0.0736	10.1032
30	5.7435	79.0582	817.6364	0.1741	13.7648	142.3588	0.0126	0.0726	10.3422
35	7.6861	111.4348	1273.9130	0.1301	14.4982	165.7427	0.0090	0.0690	11.4319
40	10.2857	154.7620	1912.6994	0.0972	15.0463	185.9568	0.0065	0.0665	12.3590
45	13.7646	212.7435	2795.7252	0.0727	15.4558	203.1096	0.0047	0.0647	13.1413
50	18.4202	290.3359	4005.5984	0.0543	15.7619	217.4574	0.0034	0.0634	13.7964
55	24.6503	394.1720	5652.8671	0.0406	15.9905	229.3222	0.0025	0.0625	14.3411
60	32.9877	533.1282	7885.4697	0.0303	16.1614	239.0428	0.0019	0.0619	14.7909
65	44.1450	719.0829	10901.3810	0.0227	16.2891	246.9450	0.0014	0.0614	15.1601
70	59.0759	967.9322	14965.5362	0.0169	16.3845	253.3271	0.0010	0.0610	15.4613
75	79.0569	1300.9487	20432.4780	0.0126	16.4558	258.4527	0.0008	0.0608	15.7058
80	105.7960	1746.5999	2776.6649	0.0095	16.5091	262.5493	0.0006	0.0606	15.9033
85	141.5789	2342.9817	37633.0290	0.0071	16.5489	265.8096	0.0004	0.0604	16.0620
90	189.4645	3141.0752	50851.2531	0.0053	16.5787	268.3946	0.0003	0.0603	16.1891
95	253.5463	4209.1042	68568.4042	0.0039	16.6009	270.4375	0.0002	0.0602	16.2905
100	339.3021	5638.3681	92306.1343	0.0029	16.6175	272.0471	0.0002	0.0602	16.3711

TABLE A.13　*i* = 7%

N	F/P	F/A	F/G	P/F	P/A	P/G	A/F	A/P	A/G
1	1.0700	1.0000	0.0000	0.9346	0.9346	0.0000	1.0000	1.0700	0.0000
2	1.1449	2.0700	1.0000	0.8734	1.8080	0.8734	0.4831	0.5531	0.4831
3	1.2250	3.2149	3.0700	0.8163	2.6243	2.5060	0.3111	0.3811	0.9549
4	1.3108	4.4399	6.2849	0.7629	3.3872	4.7947	0.2252	0.2952	1.4155
5	1.4026	5.7507	10.7248	0.7130	4.1002	7.6467	0.1739	0.2439	1.8650
6	1.5007	7.1533	16.4756	0.6663	4.7665	10.9784	0.1398	0.2098	2.3032
7	1.6058	8.6540	23.6289	0.6227	5.3893	14.7149	0.1156	0.1856	2.7304
8	1.7182	10.2598	32.2829	0.5820	5.9713	18.7889	0.0975	0.1675	3.1465
9	1.8385	11.9780	42.5427	0.5439	6.5152	23.1404	0.0835	0.1535	3.5517
10	1.9672	13.8164	54.5207	0.5083	7.0236	27.7156	0.0724	0.1424	3.9461
11	2.1049	15.7836	68.3371	0.4751	7.4987	32.4665	0.0634	0.1334	4.3296
12	2.2522	17.8885	84.1207	0.4440	7.9427	37.3506	0.0559	0.1259	4.7025
13	2.4098	20.1406	102.0092	0.4150	8.3577	42.3302	0.0497	0.1197	5.0648
14	2.5785	22.5505	122.1498	0.3878	8.7455	47.3718	0.0443	0.1143	5.4167
15	2.7590	25.1290	144.7003	0.3624	9.1079	52.4461	0.0398	0.1098	5.7583
16	2.9522	27.8881	169.8293	0.3387	9.4466	57.5271	0.0359	0.1059	6.0897
17	3.1588	30.8402	197.7174	0.3166	9.7632	62.5923	0.0324	0.1024	6.4110
18	3.3799	33.9990	228.5576	0.2959	10.0591	67.6219	0.0294	0.0994	6.7225
19	3.6165	37.3790	262.5566	0.2765	10.3356	72.5991	0.0268	0.0968	7.0242
20	3.8697	40.9955	299.9356	0.2584	10.5940	77.5091	0.0244	0.0944	7.3163
21	4.1406	44.8652	340.9311	0.2415	10.8355	82.3393	0.0223	0.0923	7.5990
22	4.4304	49.0057	385.7963	0.2257	11.0612	87.0793	0.0204	0.0904	7.8725
23	4.7405	53.4361	434.8020	0.2109	11.2722	91.7201	0.0187	0.0887	8.1369
24	5.0724	58.1767	488.2382	0.1971	11.4693	96.2545	0.0172	0.0872	8.3923
25	5.4274	63.2490	546.4148	0.1842	11.6536	100.6765	0.0158	0.0858	8.6391
26	5.8074	68.6765	609.6639	0.1722	11.8258	104.9814	0.0146	0.0846	8.8773
27	6.2139	74.4838	678.3403	0.1609	11.9867	109.1656	0.0134	0.0834	9.1072
28	6.6488	80.6977	752.8242	0.1504	12.1371	113.2264	0.0124	0.0824	9.3289
29	7.1143	87.3465	833.5218	0.1406	12.2777	117.1622	0.0114	0.0814	9.5427
30	7.6123	94.4608	920.8684	0.1314	12.4090	120.9718	0.0106	0.0806	9.7487
35	10.6766	138.2369	1474.8125	0.0937	12.9477	138.1353	0.0072	0.0772	10.6687
40	14.9745	199.6351	2280.5016	0.0668	13.3317	152.2928	0.0050	0.0750	11.4233
45	21.0025	285.7493	3439.2759	0.0476	13.6055	163.7559	0.0035	0.0735	12.0360
50	29.4570	406.5289	5093.2704	0.0339	13.8007	172.9051	0.0025	0.0725	12.5287
55	41.3150	575.9286	7441.8370	0.0242	13.9399	180.1243	0.0017	0.0717	12.9215
60	57.9464	813.5204	10764.5769	0.0173	14.0392	185.7677	0.0012	0.0712	13.2321
65	81.2729	1146.7552	15453.6452	0.0123	14.1099	190.1452	0.0009	0.0709	13.4760
70	113.9894	1614.1342	22059.0596	0.0088	14.1604	193.5185	0.0006	0.0706	13.6662
75	159.8760	2269.6574	31352.2488	0.0063	14.1964	196.1035	0.0004	0.0704	13.8136
80	224.2344	3189.0627	44415.1811	0.0045	14.2220	198.0748	0.0003	0.0703	13.9273
85	314.5003	4478.5761	62765.3731	0.0032	14.2403	199.5717	0.0002	0.0702	14.0146
90	441.1030	6287.1854	88531.2204	0.0023	14.2533	200.7042	0.0002	0.0702	14.0812
95	618.6697	8823.8535	124697.9077	0.0016	14.2626	201.5581	0.0001	0.0701	14.1319
100	867.7163	12381.6618	175452.3113	0.0012	14.2693	202.2001	0.0001	0.0701	14.1703

TABLE A.14　*i* = 8%

N	F/P	F/A	F/G	P/F	P/A	P/G	A/F	A/P	A/G
1	1.0800	1.0000	0.0000	0.9259	0.9259	0.0000	1.0000	1.0800	0.0000
2	1.1664	2.0800	1.0000	0.8573	1.7833	0.8573	0.4808	0.5608	0.4808
3	1.2597	3.2464	3.0800	0.7938	2.5771	2.4450	0.3080	0.3880	0.9487
4	1.3605	4.5061	6.3264	0.7350	3.3121	4.6501	0.2219	0.3019	1.4040
5	1.4693	5.8666	10.8325	0.6806	3.9927	7.3724	0.1705	0.2505	1.8465
6	1.5869	7.3359	16.6991	0.6302	4.6229	10.5233	0.1363	0.2163	2.2763
7	1.7138	8.9228	24.0350	0.5835	5.2064	14.0242	0.1121	0.1921	2.6937
8	1.8509	10.6366	32.9578	0.5403	5.7466	17.8061	0.0940	0.1740	3.0985
9	1.9990	12.4876	43.5945	0.5002	6.2469	21.8081	0.0801	0.1601	3.4910
10	2.1589	14.4866	56.0820	0.4632	6.7101	25.9768	0.0690	0.1490	3.8713
11	2.3316	16.6455	70.5686	0.4289	7.1390	30.2657	0.0601	0.1401	4.2395
12	2.5182	18.9771	87.2141	0.3971	7.5361	34.6339	0.0527	0.1327	4.5957
13	2.7196	21.4953	106.1912	0.3677	7.9038	39.0463	0.0465	0.1265	4.9402
14	2.9372	24.2149	127.6865	0.3405	8.2442	43.4723	0.0413	0.1213	5.2731
15	3.1722	27.1521	151.9014	0.3152	8.5595	47.8857	0.0368	0.1168	5.5945
16	3.4259	30.3243	179.0535	0.2919	8.8514	52.2640	0.0330	0.1130	5.9046
17	3.7000	33.7502	209.3778	0.2703	9.1216	56.5883	0.0296	0.1096	6.2037
18	3.9960	37.4502	243.1280	0.2502	9.3719	60.8426	0.0267	0.1067	6.4920
19	4.3157	41.4463	280.5783	0.2317	9.6036	65.0134	0.0241	0.1041	6.7697
20	4.6610	45.7620	322.0246	0.2145	9.8181	69.0898	0.0219	0.1019	7.0369
21	5.0338	50.4229	367.7865	0.1987	10.0168	73.0629	0.0198	0.0998	7.2940
22	5.4365	55.4568	418.2094	0.1839	10.2007	76.9257	0.0180	0.0980	7.5412
23	5.8715	60.8933	473.6662	0.1703	10.3711	80.6726	0.0164	0.0964	7.7786
24	6.3412	66.7648	534.5595	0.1577	10.5288	84.2997	0.0150	0.0950	8.0066
25	6.8485	73.1059	601.3242	0.1460	10.6748	87.8041	0.0137	0.0937	8.2254
26	7.3964	79.9544	674.4302	0.1352	10.8100	91.1842	0.0125	0.0925	8.4352
27	7.9881	87.3508	754.3846	0.1252	10.9352	94.4390	0.0114	0.0914	8.6363
28	8.6271	95.3388	841.7354	0.1159	11.0511	97.5687	0.0105	0.0905	8.8289
29	9.3173	103.9659	937.0742	0.1073	11.1584	100.5738	0.0096	0.0896	9.0133
30	10.0627	113.2832	1041.0401	0.0994	11.2578	103.4558	0.0088	0.0888	9.1897
35	14.7853	172.3168	1716.4600	0.0676	11.6546	116.0920	0.0058	0.0858	9.9611
40	21.7245	259.0565	2738.2065	0.0460	11.9246	126.0422	0.0039	0.0839	10.5699
45	31.9204	386.5056	4268.8202	0.0313	12.1084	133.7331	0.0026	0.0826	11.0447
50	46.9016	573.7702	6547.1270	0.0213	12.2335	139.5928	0.0017	0.0817	11.4107
55	68.9139	848.9232	9924.0400	0.0145	12.3186	144.0065	0.0012	0.0812	11.6902
60	101.2571	1253.2133	14915.1662	0.0099	12.3766	147.3000	0.0008	0.0808	11.9015
65	148.7798	1847.2481	22278.1010	0.0067	12.4160	149.7387	0.0005	0.0805	12.0602
70	218.6064	2720.0801	33126.0009	0.0046	12.4428	151.5326	0.0004	0.0804	12.1783
75	321.2045	4002.5566	49094.4578	0.0031	12.4611	152.8448	0.0002	0.0802	12.2658
80	471.9548	5886.9354	72586.6929	0.0021	12.4735	153.8001	0.0002	0.0802	12.3301
85	693.4565	8655.7061	107133.8264	0.0014	12.4820	154.4925	0.0001	0.0801	12.3772
90	1018.9151	12723.9386	157924.2327	0.0010	12.4877	154.9925	0.0001	0.0801	12.4116
95	1497.1205	18701.5069	232581.3357	0.0007	12.4917	155.3524	0.0001	0.0801	12.4365
100	2199.7613	27484.5157	342306.4463	0.0005	12.4943	155.6107	0.0000	0.0800	12.4545

TABLE A.15　*i* = 9%

N	F/P	F/A	F/G	P/F	P/A	P/G	A/F	A/P	A/G
1	1.0900	1.0000	0.0000	0.9174	0.9174	0.0000	1.0000	1.0900	0.0000
2	1.1881	2.0900	1.0000	0.8417	1.7591	0.8417	0.4785	0.5685	0.4785
3	1.2950	3.2781	3.0900	0.7722	2.5313	2.3860	0.3051	0.3951	0.9426
4	1.4116	4.5731	6.3681	0.7084	3.2397	4.5113	0.2187	0.3087	1.3925
5	1.5386	5.9847	10.9412	0.6499	3.8897	7.1110	0.1671	0.2571	1.8282
6	1.6771	7.5233	16.9259	0.5963	4.4859	10.0924	0.1329	0.2229	2.2498
7	1.8280	9.2004	24.4493	0.5470	5.0330	13.3746	0.1087	0.1987	2.6574
8	1.9926	11.0285	33.6497	0.5019	5.5348	16.8877	0.0907	0.1807	3.0512
9	2.1719	13.0210	44.6782	0.4604	5.9952	20.5711	0.0768	0.1668	3.4312
10	2.3674	15.1929	57.6992	0.4224	6.4177	24.3728	0.0658	0.1558	3.7978
11	2.5804	17.5603	72.8921	0.3875	6.8052	28.2481	0.0569	0.1469	4.1510
12	2.8127	20.1407	90.4524	0.3555	7.1607	32.1590	0.0497	0.1397	4.4910
13	3.0658	22.9534	110.5932	0.3262	7.4869	36.0731	0.0436	0.1336	4.8182
14	3.3417	26.0192	133.5465	0.2992	7.7862	39.9633	0.0384	0.1284	5.1326
15	3.6425	29.3609	159.5657	0.2745	8.0607	43.8069	0.0341	0.1241	5.4346
16	3.9703	33.0034	188.9267	0.2519	8.3126	47.5849	0.0303	0.1203	5.7245
17	4.3276	36.9737	221.9301	0.2311	8.5436	51.2821	0.0270	0.1170	6.0024
18	4.7171	41.3013	258.9038	0.2120	8.7556	54.8860	0.0242	0.1142	6.2687
19	5.1417	46.0185	300.2051	0.1945	8.9501	58.3868	0.0217	0.1117	6.5236
20	5.6044	51.1601	346.2236	0.1784	9.1285	61.7770	0.0195	0.1095	6.7674
21	6.1088	56.7645	397.3837	0.1637	9.2922	65.0509	0.0176	0.1076	7.0006
22	6.6586	62.8733	454.1482	0.1502	9.4424	68.2048	0.0159	0.1059	7.2232
23	7.2579	69.5319	517.0215	0.1378	9.5802	71.2359	0.0144	0.1044	7.4357
24	7.9111	76.7898	586.5535	0.1264	9.7066	74.1433	0.0130	0.1030	7.6384
25	8.6231	84.7009	663.3433	0.1160	9.8226	76.9265	0.0118	0.1018	7.8316
26	9.3992	93.3240	748.0442	0.1064	9.9290	79.5863	0.0107	0.1007	8.0156
27	10.2451	102.7231	841.3682	0.0976	10.0266	82.1241	0.0097	0.0997	8.1906
28	11.1671	112.9682	944.0913	0.0895	10.1161	84.5419	0.0089	0.0989	8.3571
29	12.1722	124.1354	1057.0595	0.0822	10.1983	86.8422	0.0081	0.0981	8.5154
30	13.2677	136.3075	1181.1949	0.0754	10.2737	89.0280	0.0073	0.0973	8.6657
35	20.4140	215.7108	2007.8973	0.0490	10.5668	98.3590	0.0046	0.0946	9.3083
40	31.4094	337.8824	3309.8049	0.0318	10.7574	105.3762	0.0030	0.0930	9.7957
45	48.3273	525.8587	5342.8748	0.0207	10.8812	110.5561	0.0019	0.0919	10.1603
50	74.3575	815.0836	8500.9284	0.0134	10.9617	114.3251	0.0012	0.0912	10.4295
55	114.4083	1260.0918	13389.9088	0.0087	11.0140	117.0362	0.0008	0.0908	10.6261
60	176.0313	1944.7921	20942.1348	0.0057	11.0480	118.9683	0.0005	0.0905	10.7683
65	270.8460	2998.2885	32592.0942	0.0037	11.0701	120.3344	0.0003	0.0903	10.8702
70	416.7301	4619.2232	50546.9242	0.0024	11.0844	121.2942	0.0002	0.0902	10.9427
75	641.1909	7113.2321	78202.5794	0.0016	11.0938	121.9646	0.0001	0.0901	10.9940
80	986.5517	10950.5741	120784.1566	0.0010	11.0998	122.4306	0.0001	0.0901	11.0299
85	1517.9320	16854.8003	186331.1147	0.0007	11.1038	122.7533	0.0001	0.0901	11.0551
90	2335.5266	25939.1842	287213.1583	0.0004	11.1064	122.9758	0.0000	0.0900	11.0726
95	3593.4971	39916.6350	442462.6107	0.0003	11.1080	123.1287	0.0000	0.0900	11.0847
100	5529.0408	61422.6755	681363.0607	0.0002	11.1091	123.2335	0.0000	0.0900	11.0930

TABLE A.16 *i* = 10%

N	F/P	F/A	F/G	P/F	P/A	P/G	A/F	A/P	A/G
1	1.1000	1.0000	0.0000	0.9091	0.9091	0.0000	1.0000	1.1000	0.0000
2	1.2100	2.1000	1.0000	0.8264	1.7355	0.8264	0.4762	0.5762	0.4762
3	1.3310	3.3100	3.1000	0.7513	2.4869	2.3291	0.3021	0.4021	0.9366
4	1.4641	4.6410	6.4100	0.6830	3.1699	4.3781	0.2155	0.3155	1.3812
5	1.6105	6.1051	11.0510	0.6209	3.7908	6.8618	0.1638	0.2638	1.8101
6	1.7716	7.7156	17.1561	0.5645	4.3553	9.6842	0.1296	0.2296	2.2236
7	1.9487	9.4872	24.8717	0.5132	4.8684	12.7631	0.1054	0.2054	2.6216
8	2.1436	11.4359	34.3589	0.4665	5.3349	16.0287	0.0874	0.1874	3.0045
9	2.3579	13.5795	45.7948	0.4241	5.7590	19.4215	0.0736	0.1736	3.3724
10	2.5937	15.9374	59.3742	0.3855	6.1446	22.8913	0.0627	0.1627	3.7255
11	2.8531	18.5312	75.3117	0.3505	6.4951	26.3963	0.0540	0.1540	4.0641
12	3.1384	21.3843	93.8428	0.3186	6.8137	29.9012	0.0468	0.1468	4.3884
13	3.4523	24.5227	115.2271	0.2897	7.1034	33.3772	0.0408	0.1408	4.6988
14	3.7975	27.9750	139.7498	0.2633	7.3667	36.8005	0.0357	0.1357	4.9955
15	4.1772	31.7725	167.7248	0.2394	7.6061	40.1520	0.0315	0.1315	5.2789
16	4.5950	35.9497	199.4973	0.2176	7.8237	43.4164	0.0278	0.1278	5.5493
17	5.0545	40.5447	235.4470	0.1978	8.0216	46.5819	0.0247	0.1247	5.8071
18	5.5599	45.5992	275.9917	0.1799	8.2014	49.6395	0.0219	0.1219	6.0526
19	6.1159	51.1591	321.5909	0.1635	8.3649	52.5827	0.0195	0.1195	6.2861
20	6.7275	57.2750	372.7500	0.1486	8.5136	55.4069	0.0175	0.1175	6.5081
21	7.4002	64.0025	430.0250	0.1351	8.6487	58.1095	0.0156	0.1156	6.7189
22	8.1403	71.4027	494.0275	0.1228	8.7715	60.6893	0.0140	0.1140	6.9189
23	8.9543	79.5430	565.4302	0.1117	8.8832	63.1462	0.0126	0.1126	7.1085
24	9.8497	88.4973	644.9733	0.1015	8.9847	65.4813	0.0113	0.1113	7.2881
25	10.8347	98.3471	733.4706	0.0923	9.0770	67.6964	0.0102	0.1102	7.4580
26	11.9182	109.1818	831.8177	0.0839	9.1609	69.7940	0.0092	0.1092	7.6186
27	13.1100	121.0999	940.9994	0.0763	9.2372	71.7773	0.0083	0.1083	7.7704
28	14.4210	134.2099	1062.0994	0.0693	9.3066	73.6495	0.0075	0.1075	7.9137
29	15.8631	148.6309	1196.3093	0.0630	9.3696	75.4146	0.0067	0.1067	8.0489
30	17.4494	164.4940	1344.9402	0.0573	9.4269	77.0766	0.0061	0.1061	8.1762
31	19.1943	181.9434	1509.4342	0.0521	9.4790	78.6395	0.0055	0.1055	8.2962
32	21.1138	201.1378	1691.3777	0.0474	9.5264	80.1078	0.0050	0.1050	8.4091
33	23.2252	222.2515	1892.5154	0.0431	9.5694	81.4856	0.0045	0.1045	8.5152
34	25.5477	245.4767	2114.7670	0.0391	9.6086	82.7773	0.0041	0.1041	8.6149
35	28.1024	271.0244	2360.2437	0.0356	9.6442	83.9872	0.0037	0.1037	8.7086
36	30.9127	299.1268	2631.2681	0.0323	9.6765	85.1194	0.0033	0.1033	8.7965
37	34.0039	330.0395	2930.3949	0.0294	9.7059	86.1781	0.0030	0.1030	8.8789
38	37.4043	364.0434	3260.4343	0.0267	9.7327	87.1673	0.0027	0.1027	8.9562
39	41.1448	401.4478	3624.4778	0.0243	9.7570	88.0908	0.0025	0.1025	9.0285
40	45.2593	442.5926	4025.9256	0.0221	9.7791	88.9525	0.0023	0.1023	9.0962

TABLE A.17　*i* = 11%

N	F/P	F/A	F/G	P/F	P/A	P/G	A/F	A/P	A/G
1	1.1100	1.0000	0.0000	0.9009	0.9009	0.0000	1.0000	1.1100	0.0000
2	1.2321	2.1100	1.0000	0.8116	1.7125	0.8116	0.4739	0.5839	0.4739
3	1.3676	3.3421	3.1100	0.7312	2.4437	2.2740	0.2992	0.4092	0.9306
4	1.5181	4.7097	6.4521	0.6587	3.1024	4.2502	0.2123	0.3223	1.3700
5	1.6851	6.2278	11.1618	0.5935	3.6959	6.6240	0.1606	0.2706	1.7923
6	1.8704	7.9129	17.3896	0.5346	4.2305	9.2972	0.1264	0.2364	2.1976
7	2.0762	9.7833	25.3025	0.4817	4.7122	12.1872	0.1022	0.2122	2.5863
8	2.3045	11.8594	35.0858	0.4339	5.1461	15.2246	0.0843	0.1943	2.9585
9	2.5580	14.1640	46.9452	0.3909	5.5370	18.3520	0.0706	0.1806	3.3144
10	2.8394	16.7220	61.1092	0.3522	5.8892	21.5217	0.0598	0.1698	3.6544
11	3.1518	19.5614	77.8312	0.3173	6.2065	24.6945	0.0511	0.1611	3.9788
12	3.4985	22.7132	97.3926	0.2858	6.4924	27.8388	0.0440	0.1540	4.2879
13	3.8833	26.2116	120.1058	0.2575	6.7499	30.9290	0.0382	0.1482	4.5822
14	4.3104	30.0949	146.3174	0.2320	6.9819	33.9449	0.0332	0.1432	4.8619
15	4.7846	34.4054	176.4124	0.2090	7.1909	36.8709	0.0291	0.1391	5.1275
16	5.3109	39.1899	210.8177	0.1883	7.3792	39.6953	0.0255	0.1355	5.3794
17	5.8951	44.5008	250.0077	0.1696	7.5488	42.4095	0.0225	0.1325	5.6180
18	6.5436	50.3959	294.5085	0.1528	7.7016	45.0074	0.0198	0.1298	5.8439
19	7.2633	56.9395	344.9044	0.1377	7.8393	47.4856	0.0176	0.1276	6.0574
20	8.0623	64.2028	401.8439	0.1240	7.9633	49.8423	0.0156	0.1256	6.2590
21	8.9492	72.2651	466.0468	0.1117	8.0751	52.0771	0.0138	0.1238	6.4491
22	9.9336	81.2143	538.3119	0.1007	8.1757	54.1912	0.0123	0.1223	6.6283
23	11.0263	91.1479	619.5262	0.0907	8.2664	56.1864	0.0110	0.1210	6.7969
24	12.2392	102.1742	710.6741	0.0817	8.3481	58.0656	0.0098	0.1198	6.9555
25	13.5855	114.4133	812.8482	0.0736	8.4217	59.8322	0.0087	0.1187	7.1045
26	15.0799	127.9988	927.2616	0.0663	8.4881	61.4900	0.0078	0.1178	7.2443
27	16.7386	143.0786	1055.2603	0.0597	8.5478	63.0433	0.0070	0.1170	7.3754
28	18.5799	159.8173	1198.3390	0.0538	8.6016	64.4965	0.0063	0.1163	7.4982
29	20.6237	178.3972	1358.1562	0.0485	8.6501	65.8542	0.0056	0.1156	7.6131
30	22.8923	199.0209	1536.5534	0.0437	8.6938	67.1210	0.0050	0.1150	7.7206
31	25.4104	221.9132	1735.5743	0.0394	8.7331	68.3016	0.0045	0.1145	7.8210
32	28.2056	247.3236	1957.4875	0.0355	8.7686	69.4007	0.0040	0.1140	7.9147
33	31.3082	275.5292	2204.8111	0.0319	8.8005	70.4228	0.0036	0.1136	8.0021
34	34.7521	306.8374	2480.3403	0.0288	8.8293	71.3724	0.0033	0.1133	8.0836
35	38.5749	341.5896	2787.1778	0.0259	8.8552	72.2538	0.0029	0.1129	8.1594
36	42.8181	380.1644	3128.7673	0.0234	8.8786	73.0712	0.0026	0.1126	8.2300
37	47.5281	422.9825	3508.9317	0.0210	8.8996	73.8286	0.0024	0.1124	8.2957
38	52.7562	470.5106	3931.9142	0.0190	8.9186	74.5300	0.0021	0.1121	8.3567
39	58.5593	523.2667	4402.4248	0.0171	8.9357	75.1789	0.0019	0.1119	8.4133
40	65.0009	581.8261	4925.6915	0.0154	8.9511	75.7789	0.0017	0.1117	8.4659

TABLE A.18 i = 12%

N	F/P	F/A	F/G	P/F	P/A	P/G	A/F	A/P	A/G
1	1.1200	1.0000	0.0000	0.8929	0.8929	0.0000	1.0000	1.1200	0.0000
2	1.2544	2.1200	1.0000	0.7972	1.6901	0.7972	0.4717	0.5917	0.4717
3	1.4049	3.3744	3.1200	0.7118	2.4018	2.2208	0.2963	0.4163	0.9246
4	1.5735	4.7793	6.4944	0.6355	3.0373	4.1273	0.2092	0.3292	1.3589
5	1.7623	6.3528	11.2737	0.5674	3.6048	6.3970	0.1574	0.2774	1.7746
6	1.9738	8.1152	17.6266	0.5066	4.1114	8.9302	0.1232	0.2432	2.1720
7	2.2107	10.0890	25.7418	0.4523	4.5638	11.6443	0.0991	0.2191	2.5515
8	2.4760	12.2997	35.8308	0.4039	4.9676	14.4714	0.0813	0.2013	2.9131
9	2.7731	14.7757	48.1305	0.3606	5.3282	17.3563	0.0677	0.1877	3.2574
10	3.1058	17.5487	62.9061	0.3220	5.6502	20.2541	0.0570	0.1770	3.5847
11	3.4785	20.6546	80.4549	0.2875	5.9377	23.1288	0.0484	0.1684	3.8953
12	3.8960	24.1331	101.1094	0.2567	6.1944	25.9523	0.0414	0.1614	4.1897
13	4.3635	28.0291	125.2426	0.2292	6.4235	28.7024	0.0357	0.1557	4.4683
14	4.8871	32.3926	153.2717	0.2046	6.6282	31.3624	0.0309	0.1509	4.7317
15	5.4736	37.2797	185.6643	0.1827	6.8109	33.9202	0.0268	0.1468	4.9803
16	6.1304	42.7533	222.9440	0.1631	6.9740	36.3670	0.0234	0.1434	5.2147
17	6.8660	48.8837	265.6973	0.1456	7.1196	38.6973	0.0205	0.1405	5.4353
18	7.6900	55.7497	314.5810	0.1300	7.2497	40.9080	0.0179	0.1379	5.6427
19	8.6128	63.4397	370.3307	0.1161	7.3658	42.9979	0.0158	0.1358	5.8375
20	9.6463	72.0524	433.7704	0.1037	7.4694	44.9676	0.0139	0.1339	6.0202
21	10.8038	81.6987	505.8228	0.0926	7.5620	46.8188	0.0122	0.1322	6.1913
22	12.1003	92.5026	587.5215	0.0826	7.6446	48.5543	0.0108	0.1308	6.3514
23	13.5523	104.6029	680.0241	0.0738	7.7184	50.1776	0.0096	0.1296	6.5010
24	15.1786	118.1552	784.6270	0.0659	7.7843	51.6929	0.0085	0.1285	6.6406
25	17.0001	133.3339	902.7823	0.0588	7.8431	53.1046	0.0075	0.1275	6.7708
26	19.0401	150.3339	1036.1161	0.0525	7.8957	54.4177	0.0067	0.1267	6.8921
27	21.3249	169.3740	1186.4501	0.0469	7.9426	55.6369	0.0059	0.1259	7.0049
28	23.8839	190.6989	1355.8241	0.0419	7.9844	56.7674	0.0052	0.1252	7.1098
29	26.7499	214.5828	1546.5229	0.0374	8.0218	57.8141	0.0047	0.1247	7.2071
30	29.9599	241.3327	1761.1057	0.0334	8.0552	58.7821	0.0041	0.1241	7.2974
31	33.5551	271.2926	2002.4384	0.0298	8.0850	59.6761	0.0037	0.1237	7.3811
32	37.5817	304.8477	2273.7310	0.0266	8.1116	60.5010	0.0033	0.1233	7.4586
33	42.0915	342.4294	2578.5787	0.0238	8.1354	61.2612	0.0029	0.1229	7.5302
34	47.1425	384.5210	2921.0082	0.0212	8.1566	61.9612	0.0026	0.1226	7.5965
35	52.7996	431.6635	3305.5291	0.0189	8.1755	62.6052	0.0023	0.1223	7.6577
36	59.1356	484.4631	3737.1926	0.0169	8.1924	63.1970	0.0021	0.1221	7.7141
37	66.2318	543.5987	4221.6558	0.0151	8.2075	63.7406	0.0018	0.1218	7.7661
38	74.1797	609.8305	4765.2544	0.0135	8.2210	64.2394	0.0016	0.1216	7.8141
39	83.0812	684.0102	5375.0850	0.0120	8.2330	64.6967	0.0015	0.1215	7.8582
40	93.0510	767.0914	6059.0952	0.0107	8.2438	65.1159	0.0013	0.1213	7.8988

TABLE A.19　*i* = 13%

N	F/P	F/A	F/G	P/F	P/A	P/G	A/F	A/P	A/G
1	1.1300	1.0000	0.0000	0.8850	0.8850	0.0000	1.0000	1.1300	0.0000
2	1.2769	2.1300	1.0000	0.7831	1.6681	0.7831	0.4695	0.5995	0.4695
3	1.4429	3.4069	3.1300	0.6931	2.3612	2.1692	0.2935	0.4235	0.9187
4	1.6305	4.8498	6.5369	0.6133	2.9745	4.0092	0.2062	0.3362	1.3479
5	1.8424	6.4803	11.3867	0.5428	3.5172	6.1802	0.1543	0.2843	1.7571
6	2.0820	8.3227	17.8670	0.4803	3.9975	8.5818	0.1202	0.2502	2.1468
7	2.3526	10.4047	26.1897	0.4251	4.4226	11.1322	0.0961	0.2261	2.5171
8	2.6584	12.7573	36.5943	0.3762	4.7988	13.7653	0.0784	0.2084	2.8685
9	3.0040	15.4157	49.3516	0.3329	5.1317	16.4284	0.0649	0.1949	3.2014
10	3.3946	18.4197	64.7673	0.2946	5.4262	19.0797	0.0543	0.1843	3.5162
11	3.8359	21.8143	83.1871	0.2607	5.6869	21.6867	0.0458	0.1758	3.8134
12	4.3345	25.6502	105.0014	0.2307	5.9176	24.2244	0.0390	0.1690	4.0936
13	4.8980	29.9847	130.6515	0.2042	6.1218	26.6744	0.0334	0.1634	4.3573
14	5.5348	34.8827	160.6362	0.1807	6.3025	29.0232	0.0287	0.1587	4.6050
15	6.2543	40.4175	195.5190	0.1599	6.4624	31.2617	0.0247	0.1547	4.8375
16	7.0673	46.6717	235.9364	0.1415	6.6039	33.3841	0.0214	0.1514	5.0552
17	7.9861	53.7391	282.6082	0.1252	6.7291	35.3876	0.0186	0.1486	5.2589
18	9.0243	61.7251	336.3472	0.1108	6.8399	37.2714	0.0162	0.1462	5.4491
19	10.1974	70.7494	398.0724	0.0981	6.9380	39.0366	0.0141	0.1441	5.6265
20	11.5231	80.9468	468.8218	0.0868	7.0248	40.6854	0.0124	0.1424	5.7917
21	13.0211	92.4699	549.7686	0.0768	7.1016	42.2214	0.0108	0.1408	5.9454
22	14.7138	105.4910	642.2385	0.0680	7.1695	43.6486	0.0095	0.1395	6.0881
23	16.6266	120.2048	747.7295	0.0601	7.2297	44.9718	0.0083	0.1383	6.2205
24	18.7881	136.8315	867.9343	0.0532	7.2829	46.1960	0.0073	0.1373	6.3431
25	21.2305	155.6196	1004.7658	0.0471	7.3300	47.3264	0.0064	0.1364	6.4566
26	23.9905	176.8501	1160.3854	0.0417	7.3717	48.3685	0.0057	0.1357	6.5614
27	27.1093	200.8406	1337.2355	0.0369	7.4086	49.3276	0.0050	0.1350	6.6582
28	30.6335	227.9499	1538.0761	0.0326	7.4412	50.2090	0.0044	0.1344	6.7474
29	34.6158	258.5834	1766.0260	0.0289	7.4701	51.0179	0.0039	0.1339	6.8296
30	39.1159	293.1992	2024.6093	0.0256	7.4957	51.7592	0.0034	0.1334	6.9052
31	44.2010	332.3151	2317.8086	0.0226	7.5183	52.4380	0.0030	0.1330	6.9747
32	49.9471	376.5161	2650.1237	0.0200	7.5383	53.0586	0.0027	0.1327	7.0385
33	56.4402	426.4632	3026.6398	0.0177	7.5560	53.6256	0.0023	0.1323	7.0971
34	63.7774	482.9034	3453.1029	0.0157	7.5717	54.1430	0.0021	0.1321	7.1507
35	72.0685	546.6808	3936.0063	0.0139	7.5856	54.6148	0.0018	0.1318	7.1998
36	81.4374	618.7493	4482.6871	0.0123	7.5979	55.0446	0.0016	0.1316	7.2448
37	92.0243	700.1867	5101.4364	0.0109	7.6087	55.4358	0.0014	0.1314	7.2858
38	103.9874	792.2110	5801.6232	0.0096	7.6183	55.7916	0.0013	0.1313	7.3233
39	117.5058	896.1984	6593.8342	0.0085	7.6268	56.1150	0.0011	0.1311	7.3576
40	132.7816	1013.7042	7490.0326	0.0075	7.6344	56.4087	0.0010	0.1310	7.3888

TABLE　A.20　　*i* = 14%

N	F/P	F/A	F/G	P/F	P/A	P/G	A/F	A/P	A/G
1	1.1400	1.0000	0.0000	0.8772	0.8772	0.0000	1.0000	1.1400	0.0000
2	1.2996	2.1400	1.0000	0.7695	1.6467	0.7695	0.4673	0.6073	0.4673
3	1.4815	3.4396	3.1400	0.6750	2.3216	2.1194	0.2907	0.4307	0.9129
4	1.6890	4.9211	6.5796	0.5921	2.9137	3.8957	0.2032	0.3432	1.3370
5	1.9254	6.6101	11.5007	0.5194	3.4331	5.9731	0.1513	0.2913	1.7399
6	2.1950	8.5355	18.1108	0.4556	3.8887	8.2511	0.1172	0.2572	2.1218
7	2.5023	10.7305	26.6464	0.3996	4.2883	10.6489	0.0932	0.2332	2.4832
8	2.8526	13.2328	37.3769	0.3506	4.6389	13.1028	0.0756	0.2156	2.8246
9	3.2519	16.0853	50.6096	0.3075	4.9464	15.5629	0.0622	0.2022	3.1463
10	3.7072	19.3373	66.6950	0.2697	5.2161	17.9906	0.0517	0.1917	3.4490
11	4.2262	23.0445	86.0323	0.2366	5.4527	20.3567	0.0434	0.1834	3.7333
12	4.8179	27.2707	109.0768	0.2076	5.6603	22.6399	0.0367	0.1767	3.9998
13	5.4924	32.0887	136.3475	0.1821	5.8424	24.8247	0.0312	0.1712	4.2491
14	6.2613	37.5811	168.4362	0.1597	6.0021	26.9009	0.0266	0.1666	4.4819
15	7.1379	43.8424	206.0172	0.1401	6.1422	28.8623	0.0228	0.1628	4.6990
16	8.1372	50.9804	249.8597	0.1229	6.2651	30.7057	0.0196	0.1596	4.9011
17	9.2765	59.1176	300.8400	0.1078	6.3729	32.4305	0.0169	0.1569	5.0888
18	10.5752	68.3941	359.9576	0.0946	6.4674	34.0380	0.0146	0.1546	5.2630
19	12.0557	78.9692	428.3517	0.0829	6.5504	35.5311	0.0127	0.1527	5.4243
20	13.7435	91.0249	507.3209	0.0728	6.6231	36.9135	0.0110	0.1510	5.5734
21	15.6676	104.7684	598.3458	0.0638	6.6870	38.1901	0.0095	0.1495	5.7111
22	17.8610	120.4360	703.1143	0.0560	6.7429	39.3658	0.0083	0.1483	5.8381
23	20.3616	138.2970	823.5503	0.0491	6.7921	40.4463	0.0072	0.1472	5.9549
24	23.2122	158.6586	961.8473	0.0431	6.8351	41.4371	0.0063	0.1463	6.0624
25	26.4619	181.8708	1120.5059	0.0378	6.8729	42.3441	0.0055	0.1455	6.1610
26	30.1666	208.3327	1302.3767	0.0331	6.9061	43.1728	0.0048	0.1448	6.2514
27	34.3899	238.4993	1510.7095	0.0291	6.9352	43.9289	0.0042	0.1442	6.3342
28	39.2045	272.8892	1749.2088	0.0255	6.9607	44.6176	0.0037	0.1437	6.4100
29	44.6931	312.0937	2022.0980	0.0224	6.9830	45.2441	0.0032	0.1432	6.4791
30	50.9502	356.7868	2334.1918	0.0196	7.0027	45.8132	0.0028	0.1428	6.5423
31	58.0832	407.7370	2690.9786	0.0172	7.0199	46.3297	0.0025	0.1425	6.5998
32	66.2148	465.8202	3098.7156	0.0151	7.0350	46.7979	0.0021	0.1421	6.6522
33	75.4849	532.0350	3564.5358	0.0132	7.0482	47.2218	0.0019	0.1419	6.6998
34	86.0528	607.5199	4096.5708	0.0116	7.0599	47.6053	0.0016	0.1416	6.7431
35	98.1002	693.5727	4704.0907	0.0102	7.0700	47.9519	0.0014	0.1414	6.7824
36	111.8342	791.6729	5397.6634	0.0089	7.0790	48.2649	0.0013	0.1413	6.8180
37	127.4910	903.5071	6189.3363	0.0078	7.0868	48.5472	0.0011	0.1411	6.8503
38	145.3397	1030.9981	7092.8434	0.0069	7.0937	48.8018	0.0010	0.1410	6.8796
39	165.6873	1176.3378	8123.8415	0.0060	7.0997	49.0312	0.0009	0.1409	6.9060
40	188.8835	1342.0251	9300.1793	0.0053	7.1050	49.2376	0.0007	0.1407	6.9300

TABLE A.21   *i* = 15%

N	F/P	F/A	F/G	P/F	P/A	P/G	A/F	A/P	A/G
1	1.1500	1.0000	0.0000	0.8696	0.8696	0.0000	1.0000	1.1500	0.0000
2	1.3225	2.1500	1.0000	0.7561	1.6257	0.7561	0.4651	0.6151	0.4651
3	1.5209	3.4725	3.1500	0.6575	2.2832	2.0712	0.2880	0.4380	0.9071
4	1.7490	4.9934	6.6225	0.5718	2.8550	3.7864	0.2003	0.3503	1.3263
5	2.0114	6.7424	11.6159	0.4972	3.3522	5.7751	0.1483	0.2983	1.7228
6	2.3131	8.7537	18.3583	0.4323	3.7845	7.9368	0.1142	0.2642	2.0972
7	2.6600	11.0668	27.1120	0.3759	4.1604	10.1924	0.0904	0.2404	2.4498
8	3.0590	13.7268	38.1788	0.3269	4.4873	12.4807	0.0729	0.2229	2.7813
9	3.5179	16.7858	51.9056	0.2843	4.7716	14.7548	0.0596	0.2096	3.0922
10	4.0456	20.3037	68.6915	0.2472	5.0188	16.9795	0.0493	0.1993	3.3832
11	4.6524	24.3493	88.9952	0.2149	5.2337	19.1289	0.0411	0.1911	3.6549
12	5.3503	29.0017	113.3444	0.1869	5.4206	21.1849	0.0345	0.1845	3.9082
13	6.1528	34.3519	142.3461	0.1625	5.5831	23.1352	0.0291	0.1791	4.1438
14	7.0757	40.5047	176.6980	0.1413	5.7245	24.9725	0.0247	0.1747	4.3624
15	8.1371	47.5804	217.2027	0.1229	5.8474	26.6930	0.0210	0.1710	4.5650
16	9.3576	55.7175	264.7831	0.1069	5.9542	28.2960	0.0179	0.1679	4.7522
17	10.7613	65.0751	320.5006	0.0929	6.0472	29.7828	0.0154	0.1654	4.9251
18	12.3755	75.8364	385.5757	0.0808	6.1280	31.1565	0.0132	0.1632	5.0843
19	14.2318	88.2118	461.4121	0.0703	6.1982	32.4213	0.0113	0.1613	5.2307
20	16.3665	102.4436	549.6239	0.0611	6.2593	33.5822	0.0098	0.1598	5.3651
21	18.8215	118.8101	652.0675	0.0531	6.3125	34.6448	0.0084	0.1584	5.4883
22	21.6447	137.6316	770.8776	0.0462	6.3587	35.6150	0.0073	0.1573	5.6010
23	24.8915	159.2764	908.5092	0.0402	6.3988	36.4988	0.0063	0.1563	5.7040
24	28.6252	184.1678	1067.7856	0.0349	6.4338	37.3023	0.0054	0.1554	5.7979
25	32.9190	212.7930	1251.9534	0.0304	6.4641	38.0314	0.0047	0.1547	5.8834
26	37.8568	245.7120	1464.7465	0.0264	6.4906	38.6918	0.0041	0.1541	5.9612
27	43.5353	283.5688	1710.4584	0.0230	6.5135	39.2890	0.0035	0.1535	6.0319
28	50.0656	327.1041	1994.0272	0.0200	6.5335	39.8283	0.0031	0.1531	6.0960
29	57.5755	377.1697	2321.1313	0.0174	6.5509	40.3146	0.0027	0.1527	6.1541
30	66.2118	434.7451	2698.3010	0.0151	6.5660	40.7526	0.0023	0.1523	6.2066
31	76.1435	500.9569	3133.0461	0.0131	6.5791	41.1466	0.0020	0.1520	6.2541
32	87.5651	577.1005	3634.0030	0.0114	6.5905	41.5006	0.0017	0.1517	6.2970
33	100.6998	664.6655	4211.1035	0.0099	6.6005	41.8184	0.0015	0.1515	6.3357
34	115.8048	765.3654	4875.7690	0.0086	6.6091	42.1033	0.0013	0.1513	6.3705
35	133.1755	881.1702	5641.1344	0.0075	6.6166	42.3586	0.0011	0.1511	6.4019
36	153.1519	1014.3457	6522.3045	0.0065	6.6231	42.5872	0.0010	0.1510	6.4301
37	176.1246	1167.4975	7536.6502	0.0057	6.6288	42.7916	0.0009	0.1509	6.4554
38	202.5433	1343.6222	8704.1477	0.0049	6.6338	42.9743	0.0007	0.1507	6.4781
39	232.9248	1546.1655	10047.7699	0.0043	6.6380	43.1374	0.0006	0.1506	6.4985
40	267.8635	1779.0903	11593.9354	0.0037	6.6418	43.2830	0.0006	0.1506	6.5168

TABLE A.22 i = 16%

N	F/P	F/A	F/G	P/F	P/A	P/G	A/F	A/P	A/G
1	1.1600	1.0000	0.0000	0.8621	0.8621	0.0000	1.0000	1.1600	0.0000
2	1.3456	2.1600	1.0000	0.7432	1.6052	0.7432	0.4630	0.6230	0.4630
3	1.5609	3.5056	3.1600	0.6407	2.2459	2.0245	0.2853	0.4453	0.9014
4	1.8106	5.0665	6.6656	0.5523	2.7982	3.6814	0.1974	0.3574	1.3156
5	2.1003	6.8771	11.7321	0.4761	3.2743	5.5858	0.1454	0.3054	1.7060
6	2.4364	8.9775	18.6092	0.4104	3.6847	7.6380	0.1114	0.2714	2.0729
7	2.8262	11.4139	27.5867	0.3538	4.0386	9.7610	0.0876	0.2476	2.4169
8	3.2784	14.2401	39.0006	0.3050	4.3436	11.8962	0.0702	0.2302	2.7388
9	3.8030	17.5185	53.2407	0.2630	4.6065	13.9998	0.0571	0.2171	3.0391
10	4.4114	21.3215	70.7592	0.2267	4.8332	16.0399	0.0469	0.2069	3.3187
11	5.1173	25.7329	92.0807	0.1954	5.0286	17.9941	0.0389	0.1989	3.5783
12	5.9360	30.8502	117.8136	0.1685	5.1971	19.8472	0.0324	0.1924	3.8189
13	6.8858	36.7862	148.6637	0.1452	5.3423	21.5899	0.0272	0.1872	4.0413
14	7.9875	43.6720	185.4499	0.1252	5.4675	23.2175	0.0229	0.1829	4.2464
15	9.2655	51.6595	229.1219	0.1079	5.5755	24.7284	0.0194	0.1794	4.4352
16	10.7480	60.9250	280.7814	0.0930	5.6685	26.1241	0.0164	0.1764	4.6086
17	12.4677	71.6730	341.7064	0.0802	5.7487	27.4074	0.0140	0.1740	4.7676
18	14.4625	84.1407	413.3795	0.0691	5.8178	28.5828	0.0119	0.1719	4.9130
19	16.7765	98.6032	497.5202	0.0596	5.8775	29.6557	0.0101	0.1701	5.0457
20	19.4608	115.3797	596.1234	0.0514	5.9288	30.6321	0.0087	0.1687	5.1666
21	22.5745	134.8405	711.5032	0.0443	5.9731	31.5180	0.0074	0.1674	5.2766
22	26.1864	157.4150	846.3437	0.0382	6.0113	32.3200	0.0064	0.1664	5.3765
23	30.3762	183.6014	1003.7587	0.0329	6.0442	33.0442	0.0054	0.1654	5.4671
24	35.2364	213.9776	1187.3600	0.0284	6.0726	33.6970	0.0047	0.1647	5.5490
25	40.8742	249.2140	1401.3376	0.0245	6.0971	34.2841	0.0040	0.1640	5.6230
26	47.4141	290.0883	1650.5517	0.0211	6.1182	34.8114	0.0034	0.1634	5.6898
27	55.0004	337.5024	1940.6399	0.0182	6.1364	35.2841	0.0030	0.1630	5.7500
28	63.8004	392.5028	2278.1423	0.0157	6.1520	35.7073	0.0025	0.1625	5.8041
29	74.0085	456.3032	2670.6451	0.0135	6.1656	36.0856	0.0022	0.1622	5.8528
30	85.8499	530.3117	3126.9483	0.0116	6.1772	36.4234	0.0019	0.1619	5.8964
31	99.5859	616.1616	3657.2600	0.0100	6.1872	36.7247	0.0016	0.1616	5.9356
32	115.5196	715.7475	4273.4217	0.0087	6.1959	36.9930	0.0014	0.1614	5.9706
33	134.0027	831.2671	4989.1691	0.0075	6.2034	37.2318	0.0012	0.1612	6.0019
34	155.4432	965.2698	5820.4362	0.0064	6.2098	37.4441	0.0010	0.1610	6.0299
35	180.3141	1120.7130	6785.7060	0.0055	6.2153	37.6327	0.0009	0.1609	6.0548
36	209.1643	1301.0270	7906.4189	0.0048	6.2201	37.8000	0.0008	0.1608	6.0771
37	242.6306	1510.1914	9207.4460	0.0041	6.2242	37.9484	0.0007	0.1607	6.0969
38	281.4515	1752.8220	10717.6373	0.0036	6.2278	38.0799	0.0006	0.1606	6.1145
39	326.4838	2034.2735	12470.4593	0.0031	6.2309	38.1963	0.0005	0.1605	6.1302
40	378.7212	2360.7572	14504.7328	0.0026	6.2335	38.2992	0.0004	0.1604	6.1441

TABLE A.23 *i* = 17%

N	F/P	F/A	F/G	P/F	P/A	P/G	A/F	A/P	A/G
1	1.1700	1.0000	0.0000	0.8547	0.8547	0.0000	1.0000	1.1700	0.0000
2	1.3689	2.1700	1.0000	0.7305	1.5852	0.7305	0.4608	0.6308	0.4608
3	1.6016	3.5389	3.1700	0.6244	2.2096	1.9793	0.2826	0.4526	0.8958
4	1.8739	5.1405	6.7089	0.5337	2.7432	3.5802	0.1945	0.3645	1.3051
5	2.1924	7.0144	11.8494	0.4561	3.1993	5.4046	0.1426	0.3126	1.6893
6	2.5652	9.2068	18.8638	0.3898	3.5892	7.3538	0.1086	0.2786	2.0489
7	3.0012	11.7720	28.0707	0.3332	3.9224	9.3530	0.0849	0.2549	2.3845
8	3.5115	14.7733	39.8427	0.2848	4.2072	11.3465	0.0677	0.2377	2.6969
9	4.1084	18.2847	54.6159	0.2434	4.4506	13.2937	0.0547	0.2247	2.9870
10	4.8068	22.3931	72.9006	0.2080	4.6586	15.1661	0.0447	0.2147	3.2555
11	5.6240	27.1999	95.2937	0.1778	4.8364	16.9442	0.0368	0.2068	3.5035
12	6.5801	32.8239	122.4937	0.1520	4.9884	18.6159	0.0305	0.2005	3.7318
13	7.6987	39.4040	155.3176	0.1299	5.1183	20.1746	0.0254	0.1954	3.9417
14	9.0075	47.1027	194.7216	0.1110	5.2293	21.6178	0.0212	0.1912	4.1340
15	10.5387	56.1101	241.8243	0.0949	5.3242	22.9463	0.0178	0.1878	4.3098
16	12.3303	66.6488	297.9344	0.0811	5.4053	24.1628	0.0150	0.1850	4.4702
17	14.4265	78.9792	364.5832	0.0693	5.4746	25.2719	0.0127	0.1827	4.6162
18	16.8790	93.4056	443.5624	0.0592	5.5339	26.2790	0.0107	0.1807	4.7488
19	19.7484	110.2846	536.9680	0.0506	5.5845	27.1905	0.0091	0.1791	4.8689
20	23.1056	130.0329	647.2526	0.0433	5.6278	28.0128	0.0077	0.1777	4.9776
21	27.0336	153.1385	777.2855	0.0370	5.6648	28.7526	0.0065	0.1765	5.0757
22	31.6293	180.1721	930.4240	0.0316	5.6964	29.4166	0.0056	0.1756	5.1641
23	37.0062	211.8013	1110.5961	0.0270	5.7234	30.0111	0.0047	0.1747	5.2436
24	43.2973	248.8076	1322.3975	0.0231	5.7465	30.5423	0.0040	0.1740	5.3149
25	50.6578	292.1049	1571.2050	0.0197	5.7662	31.0160	0.0034	0.1734	5.3789
26	59.2697	342.7627	1863.3099	0.0169	5.7831	31.4378	0.0029	0.1729	5.4362
27	69.3455	402.0323	2206.0726	0.0144	5.7975	31.8128	0.0025	0.1725	5.4873
28	81.1342	471.3778	2608.1049	0.0123	5.8099	32.1456	0.0021	0.1721	5.5329
29	94.9271	552.5121	3079.4827	0.0105	5.8204	32.4405	0.0018	0.1718	5.5736
30	111.0647	647.4391	3631.9948	0.0090	5.8294	32.7016	0.0015	0.1715	5.6098
31	129.9456	758.5038	4279.4339	0.0077	5.8371	32.9325	0.0013	0.1713	5.6419
32	152.0364	888.4494	5037.9377	0.0066	5.8437	33.1364	0.0011	0.1711	5.6705
33	177.8826	1040.4858	5926.3871	0.0056	5.8493	33.3163	0.0010	0.1710	5.6958
34	208.1226	1218.3684	6966.8729	0.0048	5.8541	33.4748	0.0008	0.1708	5.7182
35	243.5035	1426.4910	8185.2413	0.0041	5.8582	33.6145	0.0007	0.1707	5.7380
36	284.8991	1669.9945	9611.7323	0.0035	5.8617	33.7373	0.0006	0.1706	5.7555
37	333.3319	1954.8936	11281.7268	0.0030	5.8647	33.8453	0.0005	0.1705	5.7710
38	389.9983	2288.2255	13236.6204	0.0026	5.8673	33.9402	0.0004	0.1704	5.7847
39	456.2980	2678.2238	15524.8458	0.0022	5.8695	34.0235	0.0004	0.1704	5.7967
40	533.8687	3134.5218	18203.0696	0.0019	5.8713	34.0965	0.0003	0.1703	5.8073

TABLE A.24   *i* = 18%

N	F/P	F/A	F/G	P/F	P/A	P/G	A/F	A/P	A/G
1	1.1800	1.0000	0.0000	0.8475	0.8475	0.0000	1.0000	1.1800	0.0000
2	1.3924	2.1800	1.0000	0.7182	1.5656	0.7182	0.4587	0.6387	0.4587
3	1.6430	3.5724	3.1800	0.6086	2.1743	1.9354	0.2799	0.4599	0.8902
4	1.9388	5.2154	6.7524	0.5158	2.6901	3.4828	0.1917	0.3717	1.2947
5	2.2878	7.1542	11.9678	0.4371	3.1272	5.2312	0.1398	0.3198	1.6728
6	2.6996	9.4420	19.1220	0.3704	3.4976	7.0834	0.1059	0.2859	2.0252
7	3.1855	12.1415	28.5640	0.3139	3.8115	8.9670	0.0824	0.2624	2.3526
8	3.7589	15.3270	40.7055	0.2660	4.0776	10.8292	0.0652	0.2452	2.6558
9	4.4355	19.0859	56.0325	0.2255	4.3030	12.6329	0.0524	0.2324	2.9358
10	5.2338	23.5213	75.1184	0.1911	4.4941	14.3525	0.0425	0.2225	3.1936
11	6.1759	28.7551	98.6397	0.1619	4.6560	15.9716	0.0348	0.2148	3.4303
12	7.2876	34.9311	127.3948	0.1372	4.7932	17.4811	0.0286	0.2086	3.6470
13	8.5994	42.2187	162.3259	0.1163	4.9095	18.8765	0.0237	0.2037	3.8449
14	10.1472	50.8180	204.5446	0.0985	5.0081	20.1576	0.0197	0.1997	4.0250
15	11.9737	60.9653	255.3626	0.0835	5.0916	21.3269	0.0164	0.1964	4.1887
16	14.1290	72.9390	316.3279	0.0708	5.1624	22.3885	0.0137	0.1937	4.3369
17	16.6722	87.0680	389.2669	0.0600	5.2223	23.3482	0.0115	0.1915	4.4708
18	19.6733	103.7403	476.3349	0.0508	5.2732	24.2123	0.0096	0.1896	4.5916
19	23.2144	123.4135	580.0752	0.0431	5.3162	24.9877	0.0081	0.1881	4.7003
20	27.3930	146.6280	703.4887	0.0365	5.3527	25.6813	0.0068	0.1868	4.7978
21	32.3238	174.0210	850.1167	0.0309	5.3837	26.3000	0.0057	0.1857	4.8851
22	38.1421	206.3448	1024.1377	0.0262	5.4099	26.8506	0.0048	0.1848	4.9632
23	45.0076	244.4868	1230.4825	0.0222	5.4321	27.3394	0.0041	0.1841	5.0329
24	53.1090	289.4945	1474.9693	0.0188	5.4509	27.7725	0.0035	0.1835	5.0950
25	62.6686	342.6035	1764.4638	0.0160	5.4669	28.1555	0.0029	0.1829	5.1502
26	73.9490	405.2721	2107.0673	0.0135	5.4804	28.4935	0.0025	0.1825	5.1991
27	87.2598	479.2211	2512.3394	0.0115	5.4919	28.7915	0.0021	0.1821	5.2425
28	102.9666	566.4809	2991.5605	0.0097	5.5016	29.0537	0.0018	0.1818	5.2810
29	121.5005	669.4475	3558.0414	0.0082	5.5098	29.2842	0.0015	0.1815	5.3149
30	143.3706	790.9480	4227.4888	0.0070	5.5168	29.4864	0.0013	0.1813	5.3448
31	169.1774	934.3186	5018.4368	0.0059	5.5227	29.6638	0.0011	0.1811	5.3712
32	199.6293	1103.4960	5952.7555	0.0050	5.5277	29.8191	0.0009	0.1809	5.3945
33	235.5625	1303.1253	7056.2514	0.0042	5.5320	29.9549	0.0008	0.1808	5.4149
34	277.9638	1538.6878	8359.3767	0.0036	5.5356	30.0736	0.0006	0.1806	5.4328
35	327.9973	1816.6516	9898.0645	0.0030	5.5386	30.1773	0.0006	0.1806	5.4485
36	387.0368	2144.6489	11714.7161	0.0026	5.5412	30.2677	0.0005	0.1805	5.4623
37	456.7034	2531.6857	13859.3650	0.0022	5.5434	30.3465	0.0004	0.1804	5.4744
38	538.9100	2988.3891	16391.0507	0.0019	5.5452	30.4152	0.0003	0.1803	5.4849
39	635.9139	3527.2992	19379.4399	0.0016	5.5468	30.4749	0.0003	0.1803	5.4941
40	750.3783	4163.2130	22906.7390	0.0013	5.5482	30.5269	0.0002	0.1802	5.5022

TABLE　A.25　　*i* = 19%

N	F/P	F/A	F/G	P/F	P/A	P/G	A/F	A/P	A/G
1	1.1900	1.0000	0.0000	0.8403	0.8403	0.0000	1.0000	1.1900	0.0000
2	1.4161	2.1900	1.0000	0.7062	1.5465	0.7062	0.4566	0.6466	0.4566
3	1.6852	3.6061	3.1900	0.5934	2.1399	1.8930	0.2773	0.4673	0.8846
4	2.0053	5.2913	6.7961	0.4987	2.6386	3.3890	0.1890	0.3790	1.2844
5	2.3864	7.2966	12.0874	0.4190	3.0576	5.0652	0.1371	0.3271	1.6566
6	2.8398	9.6830	19.3840	0.3521	3.4098	6.8259	0.1033	0.2933	2.0019
7	3.3793	12.5227	29.0669	0.2959	3.7057	8.6014	0.0799	0.2699	2.3211
8	4.0214	15.9020	41.5896	0.2487	3.9544	10.3421	0.0629	0.2529	2.6154
9	4.7854	19.9234	57.4916	0.2090	4.1633	12.0138	0.0502	0.2402	2.8856
10	5.6947	24.7089	77.4151	0.1756	4.3389	13.5943	0.0405	0.2305	3.1331
11	6.7767	30.4035	102.1239	0.1476	4.4865	15.0699	0.0329	0.2229	3.3589
12	8.0642	37.1802	132.5275	0.1240	4.6105	16.4340	0.0269	0.2169	3.5645
13	9.5964	45.2445	169.7077	0.1042	4.7147	17.6844	0.0221	0.2121	3.7509
14	11.4198	54.8409	214.9522	0.0876	4.8023	18.8228	0.0182	0.2082	3.9196
15	13.5895	66.2607	269.7931	0.0736	4.8759	19.8530	0.0151	0.2051	4.0717
16	16.1715	79.8502	336.0537	0.0618	4.9377	20.7806	0.0125	0.2025	4.2086
17	19.2441	96.0218	415.9040	0.0520	4.9897	21.6120	0.0104	0.2004	4.3314
18	22.9005	115.2659	511.9257	0.0437	5.0333	22.3543	0.0087	0.1987	4.4413
19	27.2516	138.1664	627.1916	0.0367	5.0700	23.0148	0.0072	0.1972	4.5394
20	32.4294	165.4180	765.3580	0.0308	5.1009	23.6007	0.0060	0.1960	4.6268
21	38.5910	197.8474	930.7760	0.0259	5.1268	24.1190	0.0051	0.1951	4.7045
22	45.9233	236.4385	1128.6235	0.0218	5.1486	24.5763	0.0042	0.1942	4.7734
23	54.6487	282.3618	1365.0619	0.0183	5.1668	24.9788	0.0035	0.1935	4.8344
24	65.0320	337.0105	1647.4237	0.0154	5.1822	25.3325	0.0030	0.1930	4.8883
25	77.3881	402.0425	1984.4342	0.0129	5.1951	25.6426	0.0025	0.1925	4.9359
26	92.0918	479.4306	2386.4767	0.0109	5.2060	25.9141	0.0021	0.1921	4.9777
27	109.5893	571.5224	2865.9072	0.0091	5.2151	26.1514	0.0017	0.1917	5.0145
28	130.4112	681.1116	3437.4296	0.0077	5.2228	26.3584	0.0015	0.1915	5.0468
29	155.1893	811.5228	4118.5412	0.0064	5.2292	26.5388	0.0012	0.1912	5.0751
30	184.6753	966.7122	4930.0640	0.0054	5.2347	26.6958	0.0010	0.1910	5.0998
31	219.7636	1151.3875	5896.7762	0.0046	5.2392	26.8324	0.0009	0.1909	5.1215
32	261.5187	1371.1511	7048.1637	0.0038	5.2430	26.9509	0.0007	0.1907	5.1403
33	311.2073	1632.6698	8419.3148	0.0032	5.2462	27.0537	0.0006	0.1906	5.1568
34	370.3366	1943.8771	10051.9846	0.0027	5.2489	27.1428	0.0005	0.1905	5.1711
35	440.7006	2314.2137	11995.8617	0.0023	5.2512	27.2200	0.0004	0.1904	5.1836
36	524.4337	2754.9143	14310.0754	0.0019	5.2531	27.2867	0.0004	0.1904	5.1944
37	624.0761	3279.3481	17064.9897	0.0016	5.2547	27.3444	0.0003	0.1903	5.2038
38	742.6506	3903.4242	20344.3378	0.0013	5.2561	27.3942	0.0003	0.1903	5.2119
39	883.7542	4646.0748	24247.7620	0.0011	5.2572	27.4372	0.0002	0.1902	5.2190
40	1051.6675	5529.8290	28893.8367	0.0010	5.2582	27.4743	0.0002	0.1902	5.2251

TABLE A.26 *i* = 20%

N	F/P	F/A	F/G	P/F	P/A	P/G	A/F	A/P	A/G
1	1.2000	1.0000	0.0000	0.8333	0.8333	0.0000	1.0000	1.2000	0.0000
2	1.4400	2.2000	1.0000	0.6944	1.5278	0.6944	0.4545	0.6545	0.4545
3	1.7280	3.6400	3.2000	0.5787	2.1065	1.8519	0.2747	0.4747	0.8791
4	2.0736	5.3680	6.8400	0.4823	2.5887	3.2986	0.1863	0.3863	1.2742
5	2.4883	7.4416	12.2080	0.4019	2.9906	4.9061	0.1344	0.3344	1.6405
6	2.9860	9.9299	19.6496	0.3349	3.3255	6.5806	0.1007	0.3007	1.9788
7	3.5832	12.9159	29.5795	0.2791	3.6046	8.2551	0.0774	0.2774	2.2902
8	4.2998	16.4991	42.4954	0.2326	3.8372	9.8831	0.0606	0.2606	2.5756
9	5.1598	20.7989	58.9945	0.1938	4.0310	11.4335	0.0481	0.2481	2.8364
10	6.1917	25.9587	79.7934	0.1615	4.1925	12.8871	0.0385	0.2385	3.0739
11	7.4301	32.1504	105.7521	0.1346	4.3271	14.2330	0.0311	0.2311	3.2893
12	8.9161	39.5805	137.9025	0.1122	4.4392	15.4667	0.0253	0.2253	3.4841
13	10.6993	48.4966	177.4830	0.0935	4.5327	16.5883	0.0206	0.2206	3.6597
14	12.8392	59.1959	225.9796	0.0779	4.6106	17.6008	0.0169	0.2169	3.8175
15	15.4070	72.0351	285.1755	0.0649	4.6755	18.5095	0.0139	0.2139	3.9588
16	18.4884	87.4421	357.2106	0.0541	4.7296	19.3208	0.0114	0.2114	4.0851
17	22.1861	105.9306	444.6528	0.0451	4.7746	20.0419	0.0094	0.2094	4.1976
18	26.6233	128.1167	550.5833	0.0376	4.8122	20.6805	0.0078	0.2078	4.2975
19	31.9480	154.7400	678.7000	0.0313	4.8435	21.2439	0.0065	0.2065	4.3861
20	38.3376	186.6880	833.4400	0.0261	4.8696	21.7395	0.0054	0.2054	4.4643
21	46.0051	225.0256	1020.1280	0.0217	4.8913	22.1742	0.0044	0.2044	4.5334
22	55.2061	271.0307	1245.1536	0.0181	4.9094	22.5546	0.0037	0.2037	4.5941
23	66.2474	326.2369	1516.1843	0.0151	4.9245	22.8867	0.0031	0.2031	4.6475
24	79.4968	392.4842	1842.4212	0.0126	4.9371	23.1760	0.0025	0.2025	4.6943
25	95.3962	471.9811	2234.9054	0.0105	4.9476	23.4276	0.0021	0.2021	4.7352
26	114.4755	567.3773	2706.8865	0.0087	4.9563	23.6460	0.0018	0.2018	4.7709
27	137.3706	681.8528	3274.2638	0.0073	4.9636	23.8353	0.0015	0.2015	4.8020
28	164.8447	819.2233	3956.1166	0.0061	4.9697	23.9991	0.0012	0.2012	4.8291
29	197.8136	984.0680	4775.3399	0.0051	4.9747	24.1406	0.0010	0.2010	4.8527
30	237.3763	1181.8816	5759.4078	0.0042	4.9789	24.2628	0.0008	0.2008	4.8731
31	284.8516	1419.2579	6941.2894	0.0035	4.9824	24.3681	0.0007	0.2007	4.8908
32	341.8219	1704.1095	8360.5473	0.0029	4.9854	24.4588	0.0006	0.2006	4.9061
33	410.1863	2045.9314	10064.6568	0.0024	4.9878	24.5368	0.0005	0.2005	4.9194
34	492.2235	2456.1176	12110.5881	0.0020	4.9898	24.6038	0.0004	0.2004	4.9308
35	590.6682	2948.3411	14566.7057	0.0017	4.9915	24.6614	0.0003	0.2003	4.9406
36	708.8019	3539.0094	17515.0469	0.0014	4.9929	24.7108	0.0003	0.2003	4.9491
37	850.5622	4247.8112	21054.0562	0.0012	4.9941	24.7531	0.0002	0.2002	4.9564
38	1020.6747	5098.3735	25301.8675	0.0010	4.9951	24.7894	0.0002	0.2002	4.9627
39	1224.8096	6119.0482	30400.2410	0.0008	4.9959	24.8204	0.0002	0.2002	4.9681
40	1469.7716	7343.8578	36519.2892	0.0007	4.9966	24.8469	0.0001	0.2001	4.9728

TABLE A.27　　*i* = 21%

N	F/P	F/A	F/G	P/F	P/A	P/G	A/F	A/P	A/G
1	1.2100	1.0000	0.0000	0.8264	0.8264	0.0000	1.0000	1.2100	0.0000
2	1.4641	2.2100	1.0000	0.6830	1.5095	0.6830	0.4525	0.6625	0.4525
3	1.7716	3.6741	3.2100	0.5645	2.0739	1.8120	0.2722	0.4822	0.8737
4	2.1436	5.4457	6.8841	0.4665	2.5404	3.2115	0.1836	0.3936	1.2641
5	2.5937	7.5892	12.3298	0.3855	2.9260	4.7537	0.1318	0.3418	1.6246
6	3.1384	10.1830	19.9190	0.3186	3.2446	6.3468	0.0982	0.3082	1.9561
7	3.7975	13.3214	30.1020	0.2633	3.5079	7.9268	0.0751	0.2851	2.2597
8	4.5950	17.1189	43.4234	0.2176	3.7256	9.4502	0.0584	0.2684	2.5366
9	5.5599	21.7139	60.5423	0.1799	3.9054	10.8891	0.0461	0.2561	2.7882
10	6.7275	27.2738	82.2562	0.1486	4.0541	12.2269	0.0367	0.2467	3.0159
11	8.1403	34.0013	109.5300	0.1228	4.1769	13.4553	0.0294	0.2394	3.2213
12	9.8497	42.1416	143.5314	0.1015	4.2784	14.5721	0.0237	0.2337	3.4059
13	11.9182	51.9913	185.6729	0.0839	4.3624	15.5790	0.0192	0.2292	3.5712
14	14.4210	63.9095	237.6643	0.0693	4.4317	16.4804	0.0156	0.2256	3.7188
15	17.4494	78.3305	301.5737	0.0573	4.4890	17.2828	0.0128	0.2228	3.8500
16	21.1138	95.7799	379.9042	0.0474	4.5364	17.9932	0.0104	0.2204	3.9664
17	25.5477	116.8937	475.6841	0.0391	4.5755	18.6195	0.0086	0.2186	4.0694
18	30.9127	142.4413	592.5778	0.0323	4.6079	19.1694	0.0070	0.2170	4.1602
19	37.4043	173.3540	735.0191	0.0267	4.6346	19.6506	0.0058	0.2158	4.2400
20	45.2593	210.7584	908.3731	0.0221	4.6567	20.0704	0.0047	0.2147	4.3100
21	54.7637	256.0176	1119.1315	0.0183	4.6750	20.4356	0.0039	0.2139	4.3713
22	66.2641	310.7813	1375.1491	0.0151	4.6900	20.7526	0.0032	0.2132	4.4248
23	80.1795	377.0454	1685.9304	0.0125	4.7025	21.0269	0.0027	0.2127	4.4714
24	97.0172	457.2249	2062.9758	0.0103	4.7128	21.2640	0.0022	0.2122	4.5119
25	117.3909	554.2422	2520.2007	0.0085	4.7213	21.4685	0.0018	0.2118	4.5471
26	142.0429	671.6330	3074.4429	0.0070	4.7284	21.6445	0.0015	0.2115	4.5776
27	171.8719	813.6759	3746.0759	0.0058	4.7342	21.7957	0.0012	0.2112	4.6039
28	207.9651	985.5479	4559.7519	0.0048	4.7390	21.9256	0.0010	0.2110	4.6266
29	251.6377	1193.5129	5545.2997	0.0040	4.7430	22.0368	0.0008	0.2108	4.6462
30	304.4816	1445.1507	6738.8127	0.0033	4.7463	22.1321	0.0007	0.2107	4.6631
31	368.4228	1749.6323	8183.9634	0.0027	4.7490	22.2135	0.0006	0.2106	4.6775
32	445.7916	2118.0551	9933.5957	0.0022	4.7512	22.2830	0.0005	0.2105	4.6900
33	539.4078	2563.8467	12051.6507	0.0019	4.7531	22.3424	0.0004	0.2104	4.7006
34	652.6834	3103.2545	14615.4974	0.0015	4.7546	22.3929	0.0003	0.2103	4.7097
35	789.7470	3755.9379	17718.7519	0.0013	4.7559	22.4360	0.0003	0.2103	4.7175
36	955.5938	4545.6848	21474.6897	0.0010	4.7569	22.4726	0.0002	0.2102	4.7242
37	1156.2685	5501.2787	26020.3746	0.0009	4.7578	22.5037	0.0002	0.2102	4.7299
38	1399.0849	6657.5472	31521.6533	0.0007	4.7585	22.5302	0.0002	0.2102	4.7347
39	1692.8927	8056.6321	38179.2004	0.0006	4.7591	22.5526	0.0001	0.2101	4.7389
40	2048.4002	9749.5248	46235.8325	0.0005	4.7596	22.5717	0.0001	0.2101	4.7424

TABLE A.28 *i* = 22%

N	F/P	F/A	F/G	P/F	P/A	P/G	A/F	A/P	A/G
1	1.2200	1.0000	0.0000	0.8197	0.8197	0.0000	1.0000	1.2200	0.0000
2	1.4884	2.2200	1.0000	0.6719	1.4915	0.6719	0.4505	0.6705	0.4505
3	1.8158	3.7084	3.2200	0.5507	2.0422	1.7733	0.2697	0.4897	0.8683
4	2.2153	5.5242	6.9284	0.4514	2.4936	3.1275	0.1810	0.4010	1.2542
5	2.7027	7.7396	12.4526	0.3700	2.8636	4.6075	0.1292	0.3492	1.6090
6	3.2973	10.4423	20.1922	0.3033	3.1669	6.1239	0.0958	0.3158	1.9337
7	4.0227	13.7396	30.6345	0.2486	3.4155	7.6154	0.0728	0.2928	2.2297
8	4.9077	17.7623	44.3741	0.2038	3.6193	9.0417	0.0563	0.2763	2.4982
9	5.9874	22.6700	62.1364	0.1670	3.7863	10.3779	0.0441	0.2641	2.7409
10	7.3046	28.6574	84.8064	0.1369	3.9232	11.6100	0.0349	0.2549	2.9593
11	8.9117	35.9620	113.4638	0.1122	4.0354	12.7321	0.0278	0.2478	3.1551
12	10.8722	44.8737	149.4259	0.0920	4.1274	13.7438	0.0223	0.2423	3.3299
13	13.2641	55.7459	194.2996	0.0754	4.2028	14.6485	0.0179	0.2379	3.4855
14	16.1822	69.0100	250.0455	0.0618	4.2646	15.4519	0.0145	0.2345	3.6233
15	19.7423	85.1922	319.0555	0.0507	4.3152	16.1610	0.0117	0.2317	3.7451
16	24.0856	104.9345	404.2477	0.0415	4.3567	16.7838	0.0095	0.2295	3.8524
17	29.3844	129.0201	509.1822	0.0340	4.3908	17.3283	0.0078	0.2278	3.9465
18	35.8490	158.4045	638.2023	0.0279	4.4187	17.8025	0.0063	0.2263	4.0289
19	43.7358	194.2535	796.6068	0.0229	4.4415	18.2141	0.0051	0.2251	4.1009
20	53.3576	237.9893	990.8603	0.0187	4.4603	18.5702	0.0042	0.2242	4.1635
21	65.0963	291.3469	1228.8496	0.0154	4.4756	18.8774	0.0034	0.2234	4.2178
22	79.4175	356.4432	1520.1965	0.0126	4.4882	19.1418	0.0028	0.2228	4.2649
23	96.8894	435.8607	1876.6398	0.0103	4.4985	19.3689	0.0023	0.2223	4.3056
24	118.2050	532.7501	2312.5005	0.0085	4.5070	19.5635	0.0019	0.2219	4.3407
25	144.2101	650.9551	2845.2506	0.0069	4.5139	19.7299	0.0015	0.2215	4.3709
26	175.9364	795.1653	3496.2057	0.0057	4.5196	19.8720	0.0013	0.2213	4.3968
27	214.6424	971.1016	4291.3710	0.0047	4.5243	19.9931	0.0010	0.2210	4.4191
28	261.8637	1185.7440	5262.4726	0.0038	4.5281	20.0962	0.0008	0.2208	4.4381
29	319.4737	1447.6077	6448.2166	0.0031	4.5312	20.1839	0.0007	0.2207	4.4544
30	389.7579	1767.0813	7895.8243	0.0026	4.5338	20.2583	0.0006	0.2206	4.4683
31	475.5046	2156.8392	9662.9056	0.0021	4.5359	20.3214	0.0005	0.2205	4.4801
32	580.1156	2632.3439	11819.7448	0.0017	4.5376	20.3748	0.0004	0.2204	4.4902
33	707.7411	3212.4595	14452.0887	0.0014	4.5390	20.4200	0.0003	0.2203	4.4988
34	863.4441	3920.2006	17664.5482	0.0012	4.5402	20.4582	0.0003	0.2203	4.5060
35	1053.4018	4783.6447	21584.7488	0.0009	4.5411	20.4905	0.0002	0.2202	4.5122
36	1285.1502	5837.0466	26368.3935	0.0008	4.5419	20.5178	0.0002	0.2202	4.5174
37	1567.8833	7122.1968	32205.4401	0.0006	4.5426	20.5407	0.0001	0.2201	4.5218
38	1912.8176	8690.0801	39327.6370	0.0005	4.5431	20.5601	0.0001	0.2201	4.5256
39	2333.6375	10602.8978	48017.7171	0.0004	4.5435	20.5763	0.0001	0.2201	4.5287
40	2847.0378	12936.5353	58620.6148	0.0004	4.5439	20.5900	0.0001	0.2201	4.5314

TABLE A.29　　*i* = 23%

N	F/P	F/A	F/G	P/F	P/A	P/G	A/F	A/P	A/G
1	1.2300	1.0000	0.0000	0.8130	0.8130	0.0000	1.0000	1.2300	0.0000
2	1.5129	2.2300	1.0000	0.6610	1.4740	0.6610	0.4484	0.6784	0.4484
3	1.8609	3.7429	3.2300	0.5374	2.0114	1.7358	0.2672	0.4972	0.8630
4	2.2889	5.6038	6.9729	0.4369	2.4483	3.0464	0.1785	0.4085	1.2443
5	2.8153	7.8926	12.5767	0.3552	2.8035	4.4672	0.1267	0.3567	1.5935
6	3.4628	10.7079	20.4693	0.2888	3.0923	5.9112	0.0934	0.3234	1.9116
7	4.2593	14.1708	31.1772	0.2348	3.3270	7.3198	0.0706	0.3006	2.2001
8	5.2389	18.4300	45.3480	0.1909	3.5179	8.6560	0.0543	0.2843	2.4605
9	6.4439	23.6690	63.7780	0.1552	3.6731	9.8975	0.0422	0.2722	2.6946
10	7.9259	30.1128	87.4470	0.1262	3.7993	11.0330	0.0332	0.2632	2.9040
11	9.7489	38.0388	117.5598	0.1026	3.9018	12.0588	0.0263	0.2563	3.0905
12	11.9912	47.7877	155.5986	0.0834	3.9852	12.9761	0.0209	0.2509	3.2560
13	14.7491	59.7788	203.3862	0.0678	4.0530	13.7897	0.0167	0.2467	3.4023
14	18.1414	74.5280	263.1651	0.0551	4.1082	14.5063	0.0134	0.2434	3.5311
15	22.3140	92.6694	337.6930	0.0448	4.1530	15.1337	0.0108	0.2408	3.6441
16	27.4462	114.9834	430.3624	0.0364	4.1894	15.6802	0.0087	0.2387	3.7428
17	33.7588	142.4295	545.3458	0.0296	4.2190	16.1542	0.0070	0.2370	3.8289
18	41.5233	176.1883	687.7753	0.0241	4.2431	16.5636	0.0057	0.2357	3.9036
19	51.0737	217.7116	863.9636	0.0196	4.2627	16.9160	0.0046	0.2346	3.9684
20	62.8206	268.7853	1081.6753	0.0159	4.2786	17.2185	0.0037	0.2337	4.0243
21	77.2694	331.6059	1350.4606	0.0129	4.2916	17.4773	0.0030	0.2330	4.0725
22	95.0413	408.8753	1682.0665	0.0105	4.3021	17.6983	0.0024	0.2324	4.1139
23	116.9008	503.9166	2090.9418	0.0086	4.3106	17.8865	0.0020	0.2320	4.1494
24	143.7880	620.8174	2594.8584	0.0070	4.3176	18.0464	0.0016	0.2316	4.1797
25	176.8593	764.6054	3215.6759	0.0057	4.3232	18.1821	0.0013	0.2313	4.2057
26	217.5369	941.4647	3980.2813	0.0046	4.3278	18.2970	0.0011	0.2311	4.2278
27	267.5704	1159.0016	4921.7460	0.0037	4.3316	18.3942	0.0009	0.2309	4.2465
28	329.1115	1426.5719	6080.7476	0.0030	4.3346	18.4763	0.0007	0.2307	4.2625
29	404.8072	1755.6835	7507.3195	0.0025	4.3371	18.5454	0.0006	0.2306	4.2760
30	497.9129	2160.4907	9263.0030	0.0020	4.3391	18.6037	0.0005	0.2305	4.2875
31	612.4328	2658.4036	11423.4937	0.0016	4.3407	18.6526	0.0004	0.2304	4.2971
32	753.2924	3270.8364	14081.8973	0.0013	4.3421	18.6938	0.0003	0.2303	4.3053
33	926.5496	4024.1287	17352.7336	0.0011	4.3431	18.7283	0.0002	0.2302	4.3122
34	1139.6560	4950.6783	21376.8624	0.0009	4.3440	18.7573	0.0002	0.2302	4.3180
35	1401.7769	6090.3344	26327.5407	0.0007	4.3447	18.7815	0.0002	0.2302	4.3228
36	1724.1856	7492.1113	32417.8751	0.0006	4.3453	18.8018	0.0001	0.2301	4.3269
37	2120.7483	9216.2969	39909.9864	0.0005	4.3458	18.8188	0.0001	0.2301	4.3304
38	2608.5204	11337.0451	49126.2832	0.0004	4.3462	18.8330	0.0001	0.2301	4.3333
39	3208.4801	13945.5655	60463.3284	0.0003	4.3465	18.8449	0.0001	0.2301	4.3357
40	3946.4305	17154.0456	74408.8939	0.0003	4.3467	18.8547	0.0001	0.2301	4.3377

TABLE A.30　　*i* = 24%

N	F/P	F/A	F/G	P/F	P/A	P/G	A/F	A/P	A/G
1	1.2400	1.0000	0.0000	0.8065	0.8065	0.0000	1.0000	1.2400	0.0000
2	1.5376	2.2400	1.0000	0.6504	1.4568	0.6504	0.4464	0.6864	0.4464
3	1.9066	3.7776	3.2400	0.5245	1.9813	1.6993	0.2647	0.5047	0.8577
4	2.3642	5.6842	7.0176	0.4230	2.4043	2.9683	0.1759	0.4159	1.2346
5	2.9316	8.0484	12.7018	0.3411	2.7454	4.3327	0.1242	0.3642	1.5782
6	3.6352	10.9801	20.7503	0.2751	3.0205	5.7081	0.0911	0.3311	1.8898
7	4.5077	14.6153	31.7303	0.2218	3.2423	7.0392	0.0684	0.3084	2.1710
8	5.5895	19.1229	46.3456	0.1789	3.4212	8.2915	0.0523	0.2923	2.4236
9	6.9310	24.7125	65.4685	0.1443	3.5655	9.4458	0.0405	0.2805	2.6492
10	8.5944	31.6434	90.1810	0.1164	3.6819	10.4930	0.0316	0.2716	2.8499
11	10.6571	40.2379	121.8244	0.0938	3.7757	11.4313	0.0249	0.2649	3.0276
12	13.2148	50.8950	162.0623	0.0757	3.8514	12.2637	0.0196	0.2596	3.1843
13	16.3863	64.1097	212.9573	0.0610	3.9124	12.9960	0.0156	0.2556	3.3218
14	20.3191	80.4961	277.0670	0.0492	3.9616	13.6358	0.0124	0.2524	3.4420
15	25.1956	100.8151	357.5631	0.0397	4.0013	14.1915	0.0099	0.2499	3.5467
16	31.2426	126.0108	458.3782	0.0320	4.0333	14.6716	0.0079	0.2479	3.6376
17	38.7408	157.2534	584.3890	0.0258	4.0591	15.0846	0.0064	0.2464	3.7162
18	48.0386	195.9942	741.6423	0.0208	4.0799	15.4385	0.0051	0.2451	3.7840
19	59.5679	244.0328	937.6365	0.0168	4.0967	15.7406	0.0041	0.2441	3.8423
20	73.8641	303.6006	1181.6693	0.0135	4.1103	15.9979	0.0033	0.2433	3.8922
21	91.5915	377.4648	1485.2699	0.0109	4.1212	16.2162	0.0026	0.2426	3.9349
22	113.5735	469.0563	1862.7347	0.0088	4.1300	16.4011	0.0021	0.2421	3.9712
23	140.8312	582.6298	2331.7910	0.0071	4.1371	16.5574	0.0017	0.2417	4.0022
24	174.6306	723.4610	2914.4208	0.0057	4.1428	16.6891	0.0014	0.2414	4.0284
25	216.5420	898.0916	3637.8818	0.0046	4.1474	16.7999	0.0011	0.2411	4.0507
26	268.5121	1114.6336	4535.9735	0.0037	4.1511	16.8930	0.0009	0.2409	4.0695
27	332.9550	1383.1457	5650.6071	0.0030	4.1542	16.9711	0.0007	0.2407	4.0853
28	412.8642	1716.1007	7033.7528	0.0024	4.1566	17.0365	0.0006	0.2406	4.0987
29	511.9516	2128.9648	8749.8535	0.0020	4.1585	17.0912	0.0005	0.2405	4.1099
30	634.8199	2640.9164	10878.8183	0.0016	4.1601	17.1369	0.0004	0.2404	4.1193
31	787.1767	3275.7363	13519.7347	0.0013	4.1614	17.1750	0.0003	0.2403	4.1272
32	976.0991	4062.9130	16795.4710	0.0010	4.1624	17.2067	0.0002	0.2402	4.1338
33	1210.3629	5039.0122	20858.3840	0.0008	4.1632	17.2332	0.0002	0.2402	4.1394
34	1500.8500	6249.3751	25897.3962	0.0007	4.1639	17.2552	0.0002	0.2402	4.1440
35	1861.0540	7750.2251	32146.7713	0.0005	4.1644	17.2734	0.0001	0.2401	4.1479
36	2307.7070	9611.2791	39896.9964	0.0004	4.1649	17.2886	0.0001	0.2401	4.1511
37	2861.5567	11918.9861	49508.2755	0.0003	4.1652	17.3012	0.0001	0.2401	4.1537
38	3548.3303	14780.5428	61427.2616	0.0003	4.1655	17.3116	0.0001	0.2401	4.1560
39	4399.9295	18328.8731	76207.8044	0.0002	4.1657	17.3202	0.0001	0.2401	4.1578
40	5455.9126	22728.8026	94536.6775	0.0002	4.1659	17.3274	0.0000	0.2400	4.1593

TABLE A.31 *i* = 25%

N	F/P	F/A	F/G	P/F	P/A	P/G	A/F	A/P	A/G
1	1.2500	1.0000	0.0000	0.8000	0.8000	0.0000	1.0000	1.2500	0.0000
2	1.5625	2.2500	1.0000	0.6400	1.4400	0.6400	0.4444	0.6944	0.4444
3	1.9531	3.8125	3.2500	0.5120	1.9520	1.6640	0.2623	0.5123	0.8525
4	2.4414	5.7656	7.0625	0.4096	2.3616	2.8928	0.1734	0.4234	1.2249
5	3.0518	8.2070	12.8281	0.3277	2.6893	4.2035	0.1218	0.3718	1.5631
6	3.8147	11.2588	21.0352	0.2621	2.9514	5.5142	0.0888	0.3388	1.8683
7	4.7684	15.0735	32.2939	0.2097	3.1611	6.7725	0.0663	0.3163	2.1424
8	5.9605	19.8419	47.3674	0.1678	3.3289	7.9469	0.0504	0.3004	2.3872
9	7.4506	25.8023	67.2093	0.1342	3.4631	9.0207	0.0388	0.2888	2.6048
10	9.3132	33.2529	93.0116	0.1074	3.5705	9.9870	0.0301	0.2801	2.7971
11	11.6415	42.5661	126.2645	0.0859	3.6564	10.8460	0.0235	0.2735	2.9663
12	14.5519	54.2077	168.8306	0.0687	3.7251	11.6020	0.0184	0.2684	3.1145
13	18.1899	68.7596	223.0383	0.0550	3.7801	12.2617	0.0145	0.2645	3.2437
14	22.7374	86.9495	291.7979	0.0440	3.8241	12.8334	0.0115	0.2615	3.3559
15	28.4217	109.6868	378.7474	0.0352	3.8593	13.3260	0.0091	0.2591	3.4530
16	35.5271	138.1085	488.4342	0.0281	3.8874	13.7482	0.0072	0.2572	3.5366
17	44.4089	173.6357	626.5427	0.0225	3.9099	14.1085	0.0058	0.2558	3.6084
18	55.5112	218.0446	800.1784	0.0180	3.9279	14.4147	0.0046	0.2546	3.6698
19	69.3889	273.5558	1018.2230	0.0144	3.9424	14.6741	0.0037	0.2537	3.7222
20	86.7362	342.9447	1291.7788	0.0115	3.9539	14.8932	0.0029	0.2529	3.7667
21	108.4202	429.6809	1634.7235	0.0092	3.9631	15.0777	0.0023	0.2523	3.8045
22	135.5253	538.1011	2064.4043	0.0074	3.9705	15.2326	0.0019	0.2519	3.8365
23	169.4066	673.6264	2602.5054	0.0059	3.9764	15.3625	0.0015	0.2515	3.8634
24	211.7582	843.0329	3276.1318	0.0047	3.9811	15.4711	0.0012	0.2512	3.8861
25	264.6978	1054.7912	4119.1647	0.0038	3.9849	15.5618	0.0009	0.2509	3.9052
26	330.8722	1319.4890	5173.9559	0.0030	3.9879	15.6373	0.0008	0.2508	3.9212
27	413.5903	1650.3612	6493.4449	0.0024	3.9903	15.7002	0.0006	0.2506	3.9346
28	516.9879	2063.9515	8143.8061	0.0019	3.9923	15.7524	0.0005	0.2505	3.9457
29	646.2349	2580.9394	10207.7577	0.0015	3.9938	15.7957	0.0004	0.2504	3.9551
30	807.7936	3227.1743	12788.6971	0.0012	3.9950	15.8316	0.0003	0.2503	3.9628
31	1009.7420	4034.9678	16015.8713	0.0010	3.9960	15.8614	0.0002	0.2502	3.9693
32	1262.1774	5044.7098	20050.8392	0.0008	3.9968	15.8859	0.0002	0.2502	3.9746
33	1577.7218	6306.8872	25095.5490	0.0006	3.9975	15.9062	0.0002	0.2502	3.9791
34	1972.1523	7884.6091	31402.4362	0.0005	3.9980	15.9229	0.0001	0.2501	3.9828
35	2465.1903	9856.7613	39287.0453	0.0004	3.9984	15.9367	0.0001	0.2501	3.9858
36	3081.4879	12321.9516	49143.8066	0.0003	3.9987	15.9481	0.0001	0.2501	3.9883
37	3851.8599	15403.4396	61465.7582	0.0003	3.9990	15.9574	0.0001	0.2501	3.9904
38	4814.8249	19255.2994	76869.1978	0.0002	3.9992	15.9651	0.0001	0.2501	3.9921
39	6018.5311	24070.1243	96124.4972	0.0002	3.9993	15.9714	0.0000	0.2500	3.9935
40	7523.1638	30088.6554	120194.6215	0.0001	3.9995	15.9766	0.0000	0.2500	3.9947

TABLE A.32   *i* = 30%

N	F/P	F/A	F/G	P/F	P/A	P/G	A/F	A/P	A/G
1	1.3000	1.0000	0.0000	0.7692	0.7692	0.0000	1.0000	1.3000	0.0000
2	1.6900	2.3000	1.0000	0.5917	1.3609	0.5917	0.4348	0.7348	0.4348
3	2.1970	3.9900	3.3000	0.4552	1.8161	1.5020	0.2506	0.5506	0.8271
4	2.8561	6.1870	7.2900	0.3501	2.1662	2.5524	0.1616	0.4616	1.1783
5	3.7129	9.0431	13.4770	0.2693	2.4356	3.6297	0.1106	0.4106	1.4903
6	4.8268	12.7560	22.5201	0.2072	2.6427	4.6656	0.0784	0.3784	1.7654
7	6.2749	17.5828	35.2761	0.1594	2.8021	5.6218	0.0569	0.3569	2.0063
8	8.1573	23.8577	52.8590	0.1226	2.9247	6.4800	0.0419	0.3419	2.2156
9	10.6045	32.0150	76.7167	0.0943	3.0190	7.2343	0.0312	0.3312	2.3963
10	13.7858	42.6195	108.7317	0.0725	3.0915	7.8872	0.0235	0.3235	2.5512
11	17.9216	56.4053	151.3512	0.0558	3.1473	8.4452	0.0177	0.3177	2.6833
12	23.2981	74.3270	207.7565	0.0429	3.1903	8.9173	0.0135	0.3135	2.7952
13	30.2875	97.6250	282.0835	0.0330	3.2233	9.3135	0.0102	0.3102	2.8895
14	39.3738	127.9125	379.7085	0.0254	3.2487	9.6437	0.0078	0.3078	2.9685
15	51.1859	167.2863	507.6210	0.0195	3.2682	9.9172	0.0060	0.3060	3.0344
16	66.5417	218.4722	674.9073	0.0150	3.2832	10.1426	0.0046	0.3046	3.0892
17	86.5042	285.0139	893.3795	0.0116	3.2948	10.3276	0.0035	0.3035	3.1345
18	112.4554	371.5180	1178.3934	0.0089	3.3037	10.4788	0.0027	0.3027	3.1718
19	146.1920	483.9734	1549.9114	0.0068	3.3105	10.6019	0.0021	0.3021	3.2025
20	190.0496	630.1655	2033.8849	0.0053	3.3158	10.7019	0.0016	0.3016	3.2275
21	247.0645	820.2151	2664.0503	0.0040	3.3198	10.7828	0.0012	0.3012	3.2480
22	321.1839	1067.2796	3484.2654	0.0031	3.3230	10.8482	0.0009	0.3009	3.2646
23	417.5391	1388.4635	4551.5450	0.0024	3.3254	10.9009	0.0007	0.3007	3.2781
24	542.8008	1806.0026	5940.0086	0.0018	3.3272	10.9433	0.0006	0.3006	3.2890
25	705.6410	2348.8033	7746.0111	0.0014	3.3286	10.9773	0.0004	0.3004	3.2979
26	917.3333	3054.4443	10094.8145	0.0011	3.3297	11.0045	0.0003	0.3003	3.3050
27	1192.5333	3971.7776	13149.2588	0.0008	3.3305	11.0263	0.0003	0.3003	3.3107
28	1550.2933	5164.3109	17121.0364	0.0006	3.3312	11.0437	0.0002	0.3002	3.3153
29	2015.3813	6714.6042	22285.3474	0.0005	3.3317	11.0576	0.0001	0.3001	3.3189
30	2619.9956	8729.9855	28999.9516	0.0004	3.3321	11.0687	0.0001	0.3001	3.3219

TABLE A.33　　*i* = 35%

N	F/P	F/A	F/G	P/F	P/A	P/G	A/F	A/P	A/G
1	1.3500	1.0000	0.0000	0.7407	0.7407	0.0000	1.0000	1.3500	0.0000
2	1.8225	2.3500	1.0000	0.5487	1.2894	0.5487	0.4255	0.7755	0.4255
3	2.4604	4.1725	3.3500	0.4064	1.6959	1.3616	0.2397	0.5897	0.8029
4	3.3215	6.6329	7.5225	0.3011	1.9969	2.2648	0.1508	0.5008	1.1341
5	4.4840	9.9544	14.1554	0.2230	2.2200	3.1568	0.1005	0.4505	1.4220
6	6.0534	14.4384	24.1098	0.1652	2.3852	3.9828	0.0693	0.4193	1.6698
7	8.1722	20.4919	38.5482	0.1224	2.5075	4.7170	0.0488	0.3988	1.8811
8	11.0324	28.6640	59.0400	0.0906	2.5982	5.3515	0.0349	0.3849	2.0597
9	14.8937	39.6964	87.7040	0.0671	2.6653	5.8886	0.0252	0.3752	2.2094
10	20.1066	54.5902	127.4005	0.0497	2.7150	6.3363	0.0183	0.3683	2.3338
11	27.1439	74.6967	181.9906	0.0368	2.7519	6.7047	0.0134	0.3634	2.4364
12	36.6442	101.8406	256.6873	0.0273	2.7792	7.0049	0.0098	0.3598	2.5205
13	49.4697	138.4848	358.5279	0.0202	2.7994	7.2474	0.0072	0.3572	2.5889
14	66.7841	187.9544	497.0127	0.0150	2.8144	7.4421	0.0053	0.3553	2.6443
15	90.1585	254.7385	684.9671	0.0111	2.8255	7.5974	0.0039	0.3539	2.6889
16	121.7139	344.8970	939.7056	0.0082	2.8337	7.7206	0.0029	0.3529	2.7246
17	164.3138	466.6109	1284.6025	0.0061	2.8398	7.8180	0.0021	0.3521	2.7530
18	221.8236	630.9247	1751.2134	0.0045	2.8443	7.8946	0.0016	0.3516	2.7756
19	299.4619	852.7483	2382.1381	0.0033	2.8476	7.9547	0.0012	0.3512	2.7935
20	404.2736	1152.2103	3234.8864	0.0025	2.8501	8.0017	0.0009	0.3509	2.8075
21	545.7693	1556.4838	4387.0967	0.0018	2.8519	8.0384	0.0006	0.3506	2.8186
22	736.7886	2102.2532	5943.5805	0.0014	2.8533	8.0669	0.0005	0.3505	2.8272
23	994.6646	2839.0418	8045.8337	0.0010	2.8543	8.0890	0.0004	0.3504	2.8340
24	1342.7973	3833.7064	10884.8755	0.0007	2.8550	8.1061	0.0003	0.3503	2.8393
25	1812.7763	5176.5037	14718.5820	0.0006	2.8556	8.1194	0.0002	0.3502	2.8433
26	2447.2480	6989.2800	19895.0857	0.0004	2.8560	8.1296	0.0001	0.3501	2.8465
27	3303.7848	9436.5280	26884.3656	0.0003	2.8563	8.1374	0.0001	0.3501	2.8490
28	4460.1095	12740.3128	36320.8936	0.0002	2.8565	8.1435	0.0001	0.3501	2.8509
29	6021.1478	17200.4222	49061.2064	0.0002	2.8567	8.1481	0.0001	0.3501	2.8523
30	8128.5495	23221.5700	66261.6286	0.0001	2.8568	8.1517	0.0000	0.3500	2.8535

TABLE A.34   *i* = 40%

N	F/P	F/A	F/G	P/F	P/A	P/G	A/F	A/P	A/G
1	1.4000	1.0000	0.0000	0.7143	0.7143	0.0000	1.0000	1.4000	0.0000
2	1.9600	2.4000	1.0000	0.5102	1.2245	0.5102	0.4167	0.8167	0.4167
3	2.7440	4.3600	3.4000	0.3644	1.5889	1.2391	0.2294	0.6294	0.7798
4	3.8416	7.1040	7.7600	0.2603	1.8492	2.0200	0.1408	0.5408	1.0923
5	5.3782	10.9456	14.8640	0.1859	2.0352	2.7637	0.0914	0.4914	1.3580
6	7.5295	16.3238	25.8096	0.1328	2.1680	3.4278	0.0613	0.4613	1.5811
7	10.5414	23.8534	42.1334	0.0949	2.2628	3.9970	0.0419	0.4419	1.7664
8	14.7579	34.3947	65.9868	0.0678	2.3306	4.4713	0.0291	0.4291	1.9185
9	20.6610	49.1526	100.3815	0.0484	2.3790	4.8585	0.0203	0.4203	2.0422
10	28.9255	69.8137	149.5342	0.0346	2.4136	5.1696	0.0143	0.4143	2.1419
11	40.4957	98.7391	219.3478	0.0247	2.4383	5.4166	0.0101	0.4101	2.2215
12	56.6939	139.2348	318.0870	0.0176	2.4559	5.6106	0.0072	0.4072	2.2845
13	79.3715	195.9287	457.3217	0.0126	2.4685	5.7618	0.0051	0.4051	2.3341
14	111.1201	275.3002	653.2504	0.0090	2.4775	5.8788	0.0036	0.4036	2.3729
15	155.5681	386.4202	928.5506	0.0064	2.4839	5.9688	0.0026	0.4026	2.4030
16	217.7953	541.9883	1314.9708	0.0046	2.4885	6.0376	0.0018	0.4018	2.4262
17	304.9135	759.7837	1856.9592	0.0033	2.4918	6.0901	0.0013	0.4013	2.4441
18	426.8789	1064.6971	2616.7428	0.0023	2.4941	6.1299	0.0009	0.4009	2.4577
19	597.6304	1491.5760	3681.4400	0.0017	2.4958	6.1601	0.0007	0.4007	2.4682
20	836.6826	2089.2064	5173.0160	0.0012	2.4970	6.1828	0.0005	0.4005	2.4761
21	1171.3556	2925.8889	7262.2223	0.0009	2.4979	6.1998	0.0003	0.4003	2.4821
22	1639.8978	4097.2445	10188.1113	0.0006	2.4985	6.2127	0.0002	0.4002	2.4866
23	2295.8569	5737.1423	14285.3558	0.0004	2.4989	6.2222	0.0002	0.4002	2.4900
24	3214.1997	8032.9993	20022.4981	0.0003	2.4992	6.2294	0.0001	0.4001	2.4925
25	4499.8796	11247.1990	28055.4974	0.0002	2.4994	6.2347	0.0001	0.4001	2.4944
26	6299.8314	15747.0785	39302.6963	0.0002	2.4996	6.2387	0.0001	0.4001	2.4959
27	8819.7640	22046.9099	55049.7749	0.0001	2.4997	6.2416	0.0000	0.4000	2.4969
28	12347.6696	30866.6739	77096.6848	0.0001	2.4998	6.2438	0.0000	0.4000	2.4977
29	17286.7374	43214.3435	107963.3587	0.0001	2.4999	6.2454	0.0000	0.4000	2.4983
30	24201.4324	60501.0809	151177.7022	0.0000	2.4999	6.2466	0.0000	0.4000	2.4988

TABLE A.35 *i* = 45%

N	F/P	F/A	F/G	P/F	P/A	P/G	A/F	A/P	A/G
1	1.4500	1.0000	0.0000	0.6897	0.6897	0.0000	1.0000	1.4500	0.0000
2	2.1025	2.4500	1.0000	0.4756	1.1653	0.4756	0.4082	0.8582	0.4082
3	3.0486	4.5525	3.4500	0.3280	1.4933	1.1317	0.2197	0.6697	0.7578
4	4.4205	7.6011	8.0025	0.2262	1.7195	1.8103	0.1316	0.5816	1.0528
5	6.4097	12.0216	15.6036	0.1560	1.8755	2.4344	0.0832	0.5332	1.2980
6	9.2941	18.4314	27.6253	0.1076	1.9831	2.9723	0.0543	0.5043	1.4988
7	13.4765	27.7255	46.0566	0.0742	2.0573	3.4176	0.0361	0.4861	1.6612
8	19.5409	41.2019	73.7821	0.0512	2.1085	3.7758	0.0243	0.4743	1.7907
9	28.3343	60.7428	114.9840	0.0353	2.1438	4.0581	0.0165	0.4665	1.8930
10	41.0847	89.0771	175.7269	0.0243	2.1681	4.2772	0.0112	0.4612	1.9728
11	59.5728	130.1618	264.8040	0.0168	2.1849	4.4450	0.0077	0.4577	2.0344
12	86.3806	189.7346	394.9657	0.0116	2.1965	4.5724	0.0053	0.4553	2.0817
13	125.2518	276.1151	584.7003	0.0080	2.2045	4.6682	0.0036	0.4536	2.1176
14	181.6151	401.3670	860.8155	0.0055	2.2100	4.7398	0.0025	0.4525	2.1447
15	263.3419	582.9821	1262.1824	0.0038	2.2138	4.7929	0.0017	0.4517	2.1650
16	381.8458	846.3240	1845.1645	0.0026	2.2164	4.8322	0.0012	0.4512	2.1802
17	553.6764	1228.1699	2691.4886	0.0018	2.2182	4.8611	0.0008	0.4508	2.1915
18	802.8308	1781.8463	3919.6584	0.0012	2.2195	4.8823	0.0006	0.4506	2.1998
19	1164.1047	2584.6771	5701.5047	0.0009	2.2203	4.8978	0.0004	0.4504	2.2059
20	1687.9518	3748.7818	8286.1818	0.0006	2.2209	4.9090	0.0003	0.4503	2.2104
21	2447.5301	5436.7336	12034.9636	0.0004	2.2213	4.9172	0.0002	0.4502	2.2136
22	3548.9187	7884.2638	17471.6972	0.0003	2.2216	4.9231	0.0001	0.4501	2.2160
23	5145.9321	11433.1824	25355.9610	0.0002	2.2218	4.9274	0.0001	0.4501	2.2178
24	7461.6015	16579.1145	36789.1434	0.0001	2.2219	4.9305	0.0001	0.4501	2.2190
25	10819.3222	24040.7161	53368.2580	0.0001	2.2220	4.9327	0.0000	0.4500	2.2199
26	15688.0172	34860.0383	77408.9741	0.0001	2.2221	4.9343	0.0000	0.4500	2.2206
27	22747.6250	50548.0556	112269.0124	0.0000	2.2221	4.9354	0.0000	0.4500	2.2210
28	32984.0563	73295.6806	162817.0680	0.0000	2.2222	4.9362	0.0000	0.4500	2.2214
29	47826.8816	106279.7368	236112.7485	0.0000	2.2222	4.9368	0.0000	0.4500	2.2216
30	69348.9783	154106.6184	342392.4854	0.0000	2.2222	4.9372	0.0000	0.4500	2.2218

TABLE A.36   *i* = 50%

N	F/P	F/A	F/G	P/F	P/A	P/G	A/F	A/P	A/G
1	1.5000	1.0000	0.0000	0.6667	0.6667	0.0000	1.0000	1.5000	0.0000
2	2.2500	2.5000	1.0000	0.4444	1.1111	0.4444	0.4000	0.9000	0.4000
3	3.3750	4.7500	3.5000	0.2963	1.4074	1.0370	0.2105	0.7105	0.7368
4	5.0625	8.1250	8.2500	0.1975	1.6049	1.6296	0.1231	0.6231	1.0154
5	7.5938	13.1875	16.3750	0.1317	1.7366	2.1564	0.0758	0.5758	1.2417
6	11.3906	20.7813	29.5625	0.0878	1.8244	2.5953	0.0481	0.5481	1.4226
7	17.0859	32.1719	50.3438	0.0585	1.8829	2.9465	0.0311	0.5311	1.5648
8	25.6289	49.2578	82.5156	0.0390	1.9220	3.2196	0.0203	0.5203	1.6752
9	38.4434	74.8867	131.7734	0.0260	1.9480	3.4277	0.0134	0.5134	1.7596
10	57.6650	113.3301	206.6602	0.0173	1.9653	3.5838	0.0088	0.5088	1.8235
11	86.4976	170.9951	319.9902	0.0116	1.9769	3.6994	0.0058	0.5058	1.8713
12	129.7463	257.4927	490.9854	0.0077	1.9846	3.7842	0.0039	0.5039	1.9068
13	194.6195	387.2390	748.4780	0.0051	1.9897	3.8459	0.0026	0.5026	1.9329
14	291.9293	581.8585	1135.7170	0.0034	1.9931	3.8904	0.0017	0.5017	1.9519
15	437.8939	873.7878	1717.5756	0.0023	1.9954	3.9224	0.0011	0.5011	1.9657
16	656.8408	1311.6817	2591.3633	0.0015	1.9970	3.9452	0.0008	0.5008	1.9756
17	985.2613	1968.5225	3903.0450	0.0010	1.9980	3.9614	0.0005	0.5005	1.9827
18	1477.8919	2953.7838	5871.5675	0.0007	1.9986	3.9729	0.0003	0.5003	1.9878
19	2216.8378	4431.6756	8825.3513	0.0005	1.9991	3.9811	0.0002	0.5002	1.9914
20	3325.2567	6648.5135	13257.0269	0.0003	1.9994	3.9868	0.0002	0.5002	1.9940
21	4987.8851	9973.7702	19905.5404	0.0002	1.9996	3.9908	0.0001	0.5001	1.9958
22	7481.8276	14961.6553	29879.3106	0.0001	1.9997	3.9936	0.0001	0.5001	1.9971
23	11222.7415	22443.4829	44840.9659	0.0001	1.9998	3.9955	0.0000	0.5000	1.9980
24	16834.1122	33666.2244	67284.4488	0.0001	1.9999	3.9969	0.0000	0.5000	1.9986
25	25251.1683	50500.3366	100950.6732	0.0000	1.9999	3.9979	0.0000	0.5000	1.9990
26	37876.7524	75751.5049	151451.0098	0.0000	1.9999	3.9985	0.0000	0.5000	1.9993
27	56815.1287	113628.2573	227202.5146	0.0000	2.0000	3.9990	0.0000	0.5000	1.9995
28	85222.6930	170443.3860	340830.7720	0.0000	2.0000	3.9993	0.0000	0.5000	1.9997
29	127834.0395	255666.0790	511274.1580	0.0000	2.0000	3.9995	0.0000	0.5000	1.9998
30	191751.0592	383500.1185	766940.2369	0.0000	2.0000	3.9997	0.0000	0.5000	1.9998

A

中斷　(Abandonment)
作業基礎成本估計　(Activity-based costing)
稅後 MARR　(After-tax MARR)
替代方案　(Alternatives)
相依　(dependent)
維持現狀　(do-nothing)
產生　(generating)
在團隊中　(in group)
獨力　(alone)
獨立　(independent)
互斥　(mutually exclusive)
攤銷　(Amortization)
年度等額價值　(Annual equivalent worth)

B

資產負債表　(Balance sheet)
貝氏定理　(Bayes' Theorem)
益本分析　(Benefit–cost analysis)
益本比　(Benefit–cost ratio)
短期債券　(Bills)，參見債券
債券　(Bonds)
配息　(coupon)
配息款項　(coupon payment)
票面利率　(coupon rate)
折價購買　(discount purchase)
面值　(par; face value)
溢價購買　(premium purchase)
評比　(rating)
到期殖利率　(yield to maturity)
零息　(zero coupon)
帳面價值　(Book value)
收支平衡分析　(Break-even analysis)
多重專案　(Multiple projects)
單一專案　(Single project)
企畫案　(Business case)

C

資本　(Capital)
資本預算編列　(Capital budgeting)
程序　(process)
包含報酬的資本回收率　(Capital recovery with return)
資本化等額　(Capitalized equivalent amount)
現金流　(Cash flow)
實際金額　(actual dollars)
稅後　(after-tax)
等差變額系列　(arithmetic gradient series)
固定金額　(constant dollars)
連續性　(continuous)
流通貨幣　(current dollars)
圖　(diagram)
離散性　(discrete)
等額多次付款系列　(equal-payment series)
等比變額系列　(geometric gradient series)
流入　(inflow)
淨　(net)
流出　(outflow)
機率性　(probabilistic)
實質貨幣　(real dollars)
單筆款項　(single payment)
時間性　(timing)
現金流量表　(Cash flow statement)
挑戰者　(Challenger)
消費者物價指數　(Consumer price index; CPI)
成本　(Cost)
直接　(direct)
間接　(indirect)
管理　(overhead)
沉沒　(sunk)
成本會計　(Cost accounting)
成本估計　(Cost estimation)
曲線擬合　(curve fitting)

因素法　(factor method)

指數法　(index method)

冪律與規模估計模型　(power law and sizing model)

單位法　(unit method)

資本成本　(Cost of capital)

流通貨幣　(Current dollars)，參見現金流(Cash flow)

D

決策網路　(Decision network)

決策樹　(Decision tree)

條件機率　(conditional probabilities)

多階段　(multistage)

回溯程序　(rollback procedure)

單階段　(single-stage)

二階段　(two-stage)

決策　(Decision making)

主觀判斷　(judgment in)

程序　(process)

在確定性下　(under certainty)

在風險下　(under risk)

在不確定性下　(under uncertainty)

衛冕者　(Defender)

延緩替代方案　(Delay option)

德菲法　(Delphi method)

消耗　(Depletion)

折舊　(Depreciation)

ACRS

ADR　(資產折舊範圍；asset depreciation range)

餘額遞減　(declining-balance)

MACRS

直線　(straight-line)

年數合計　(sum-of-years'-digits)

轉換　(switching)

笛卡兒定律　(Descartes' rule)

設計程序　(Design process)

壓倒性　(Dominance)

動態規劃　(Dynamic programming)

E

經濟性等值　(Economic equivalence)

經濟壽命　(Economic life)

經濟附加價值　(Economic value added)

規模經濟　(Economies of scale)

效能前緣　(Efficiency frontier)

工程經濟學　(Engineering economy)

評估　(Estimation)

誤差　(errors)

更新　(updating)

匯率　(Exchange rates)

執行和　(Executive summary)

擴展　(Expansion)

外部報酬率　(External rate of return; ERR)

F

外國貨幣　(Foreign currency)

終值　(Future worth)

I

所得　(Income)

EBIT

虧損　(losses)

非一般性　(non-ordinary)

一般性　(ordinary)

損益表　(Income statement)

遞增投資額分析　(Incremental investment analysis)

通貨膨脹　(Inflation)

通貨膨脹率　(inflation rate)

通貨膨脹率　(Inflation rate)

利息　(Interest)

複利　(compound)

複利週期　(compounding period)

　連續性　(continuous)

　離散性　(discrete)

單利　(simple)

利息因子　(Interest factor)

複利總額　(compound amount)

等差變額系列　(arithmetic gradient series)
等額多次付款系列　(equal-payment series)
等比變額系列　(geometric gradient series)
單筆款項　(single-payment)
等額多次付款　(equal-payment)
　等差變額系列　(arithmetic gradient series)
　資本回收　(capital-recovery)
　等比變額系列　(geometric gradient series)
　沉沒資金　(sinking-fund)
現值　(present worth)
　等差變額系列　(arithmetic gradient series)
　等額多次付款　(equal-payment)
　等比變額系列　(geometric gradient series)
　單筆款項　(single-payment)
利率　(Interest rate)
APR
有效　(effective)
無通膨　(inflation-free)
LIBOR
市場　(market)
名目　(nominal)
內部報酬率　(Internal rate of return)
尋求　(Finding)
排名問題　(Ranking problem)
內部報酬率　(Internal rate of return; IRR)
內插法　(Interpolation)
投資減稅　(Investment credit)

L

學習曲線　(Learning curve)
生命週期成本　(Life-cycle cost)
貸款　(Loans)
餘額　(balance)
利率　(interest rate)
還款計畫　(payment plan)
本金　(principal)

M

市場附加價值　(Market value added)
MARR

最小門檻值分析　(Minimum-threshold analysis)
修正內部報酬率　(Modified internal rate of return)
多屬性分析　(Multiattribute analysis)
多重專案　(multiple projects)
單一專案　(single project)

N

民意團體程序　(Nominal group process)
非經濟性因素　(Noneconomic factors)
Norstrom 準則　(Norstrom's criterion)
中期債券　(Notes)，參見債券(Bonds)
NPV 指數　(NPV index)

O

機會成本　(Opportunity cost)
指認機會　(Opportunity recognition)

P

Pareto 最佳解　(Pareto optimal)
還本期　(Payback period)
包含利息的還本期　(Payback period with interest)
投資組合　(Portfolio)
實行後分析　(Postimplementation analysis)
現值　(Present worth)
本金　(Principal)
問題定義　(Problem definition)
利潤　(Profit)
獲利指數　(Profitability index)
專案　(Project)
收益　(revenue)
服務　(service)
專案結餘　(Project balance)
專案消去法　(Project elimination methods)
專案評估　(Project evaluation)
專案排名　(Project ranking)
專案選擇　(Project selection)
購買力　(Purchasing power)

總投資額分析 (Total investment analysis)
貸款的眞實成本 (True cost of loan)

U

不同年限的分析 (Unequal-lives analysis)
收益專案 (revenue projects)
服務專案 (service projects)
效用 (Utility)
效用函數 (Utility function)

V

完美資訊的價值 (Value of perfect
information)
Visual Basic

W

WACC
加權計分 (Weighted score)
運作資本 (Working capital)

NOTE

NOTE

國家圖書館出版品預行編目資料

工程經濟學與決策程序/Joseph C. Hartman 原著 ； 鄭純媛，曾兆堂編譯. ——
二版. — 新北市 ： 全華圖書股份有限公司，2021.03
　　面 ；　　公分
譯自 ： Engineering Economy and the Decision-Making Process
ISBN 978-986-503-584-6（平裝）
1.工程經濟學 2.統計決策
440.016　　　　　　　　　　　　　　　　　　　110002650

工程經濟學與決策程序（精簡版）
Engineering Economy and the Decision-Making Process

原著 / Joseph C. Hartman
編譯 / 鄭純媛、曾兆堂
發行人 / 陳本源
執行編輯 /呂昱潔、葉佩祈
封面設計 / 楊昭琅
出版者 / 台灣培生教育出版股份有限公司
　　　　　地址：103 台北市大同區市民大道一段 209 號 11 樓 M222
　　　　　電話：(02)2181-1683
　　　　　傳真：(02)3322-9568
　　　　　網址：http://www.pearson.com.tw/
　　　　　E-mail：cstw@pearson.com
發行所暨總代理 / 全華圖書股份有限公司
郵政帳號 / 0100836-1 號
印刷者 / 宏懋打字印刷股份有限公司
圖書編號 / 0809301
二版一刷 / 2021 年 07 月
定價 / 新台幣 480 元
ISBN / 978-986-503-584-6
全華圖書 / www.chwa.com.tw
全華網路書店 Open Tech / www.opentech.com.tw
若您對本書有任何問題，歡迎來信指導 book@chwa.com.tw

臺北總公司(北區營業處)
地址：23671 新北市土城區忠義路 21 號
電話：(02) 2262-5666
傳真：(02) 6637-3695、6637-3696

中區營業處
地址：40256 臺中市南區樹義一巷 26 號
電話：(04) 2261-8485
傳真：(04) 3600-9806(高中職)
　　　(04) 3601-8600(大專)

南區營業處
地址：80769 高雄市三民區應安街 12 號
電話：(07) 381-1377
傳真：(07) 862-5562

版權所有 · 翻印必究

23671 新北市土城區忠義路21號
全華圖書股份有限公司

行銷企劃部　收

廣　告　回　信
板橋郵局登記證
板橋廣字第540號

歡迎加入 全華會員

● 會員獨享
會員享購書折扣、紅利積點、生日禮金、不定期優惠活動…等。

● 如何加入會員
掃QRcode或填妥讀者回函卡直接傳真(02) 2262-0900或寄回，將由專人協助登入會員資料，待收到E-MAIL通知後即可成為會員。

如何購買 全華書籍

1. 網路購書
全華網路書店「http://www.opentech.com.tw」，加入會員購書更便利，並享有紅利積點回饋等各式優惠。

2. 實體門市
歡迎至全華門市（新北市土城區忠義路21號）或各大書局選購。

3. 來電訂購
(1) 訂購專線：(02) 2262-5666 轉 321-324
(2) 傳真專線：(02) 6637-3696
(3) 郵局劃撥（帳號：0100836-1　戶名：全華圖書股份有限公司）
※ 購書未滿 990 元者，酌收運費 80 元。

OpenTech.com.tw 全華網路書店

全華網路書店 www.opentech.com.tw
E-mail: service@chwa.com.tw

讀者回函卡　掃 QRcode 線上填寫 ▶▶▶

姓名：　　　　　　　生日：西元　　　年　　　月　　　日　　性別：□男 □女

電話：（　　）　　　　　　手機：

e-mail：（必填）

註：數字零，請用 Φ 表示，數字 1 與英文 L 請另註明並書寫端正，謝謝。

通訊處：□□□□□

學歷：□高中・職 □專科 □大學 □碩士 □博士

職業：□工程師 □教師 □學生 □軍・公 □其他

學校/公司：　　　　　　　　　科系/部門：

・需求書類：

□A. 電子 □B. 電機 □C. 資訊 □D. 機械 □E. 汽車 □F. 工管 □G. 土木 □H. 化工 □I. 設計

□J. 商管 □K. 日文 □L. 美容 □M. 休閒 □N. 餐飲 □O. 其他

・本次購買圖書為：　　　　　　　　　書號：

・您對本書的評價：

封面設計：□非常滿意 □滿意 □尚可 □需改善，請說明

內容表達：□非常滿意 □滿意 □尚可 □需改善，請說明

版面編排：□非常滿意 □滿意 □尚可 □需改善，請說明

印刷品質：□非常滿意 □滿意 □尚可 □需改善，請說明

書籍定價：□非常滿意 □滿意 □尚可 □需改善，請說明

整體評價：請說明

・您在何處購買本書？

□書局 □網路書店 □書展 □團購 □其他

・您購買本書的原因？（可複選）

□個人需要 □公司採購 □親友推薦 □老師指定用書 □其他

・您希望全華以何種方式提供出版訊息及特惠活動？

□電子報 □DM □廣告（媒體名稱　　　　　　　）

・您是否上過全華網路書店？（www.opentech.com.tw）

□是 □否　您的建議

・您希望全華出版哪些書籍？

・您希望全華加強哪些服務？

感謝您提供寶貴意見，全華將秉持服務的熱忱，出版更多好書，以饗讀者。

填寫日期：　　　/　　　/

2020.09 修訂

親愛的讀者：

感謝您對全華圖書的支持與愛護，雖然我們很慎重的處理每一本書，但恐仍有疏漏之處，若您發現本書有任何錯誤，請填寫於勘誤表內寄回，我們將於再版時修正，您的批評與指教是我們進步的原動力，謝謝！

全華圖書　敬上

勘　誤　表

書 號	頁 數	行 數	書 名	作 者
			錯誤或不當之詞句	建議修改之詞句

我有話要說：　（其它之批評與建議，如封面、編排、內容、印刷品質等⋯⋯）